计算机平面设计专业系列教材

AutoCAD

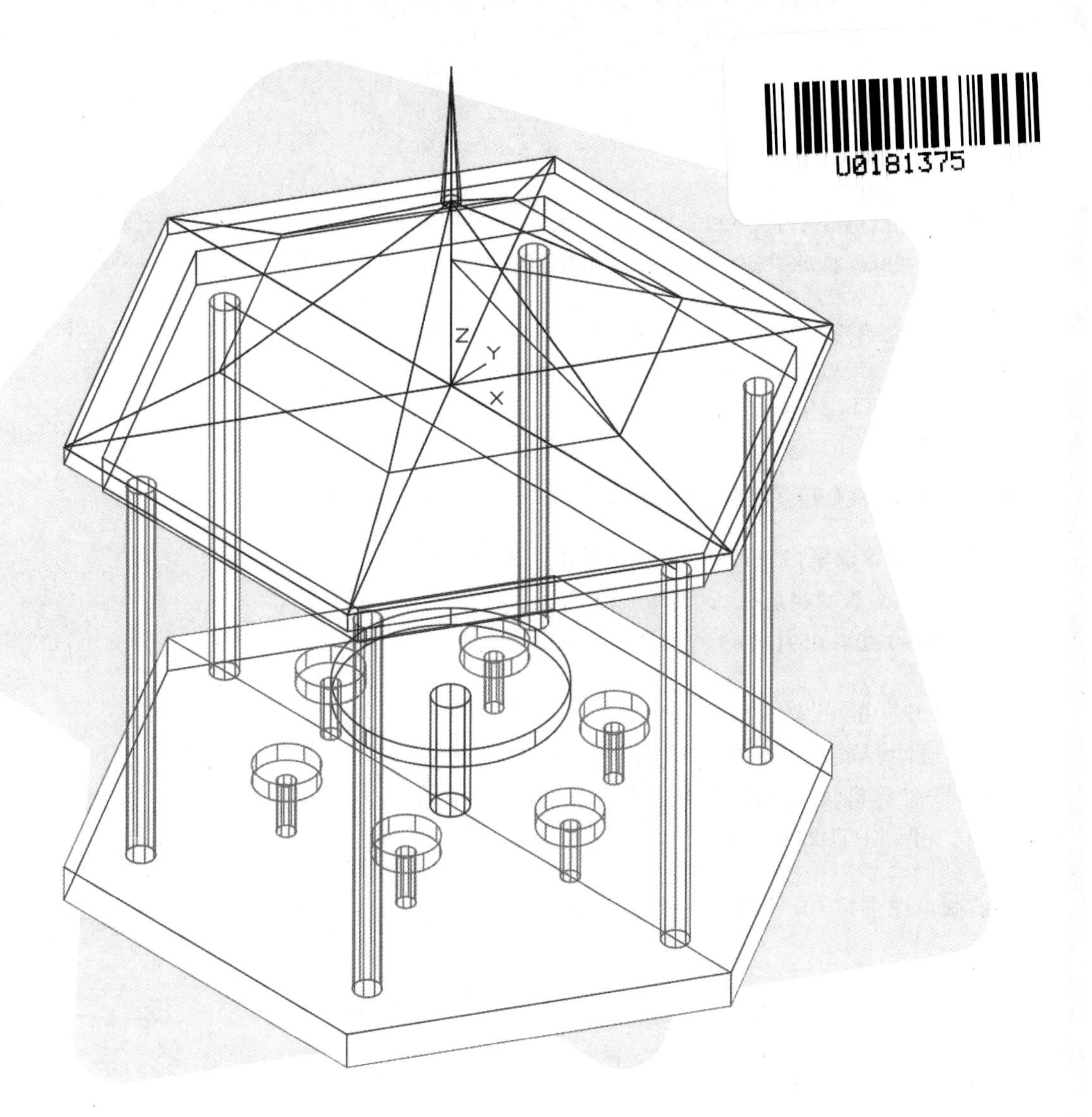

建筑及室内装饰绘图基础

AutoCAD Jianzhu ji Shinei Zhuangshi Huitu Jichu

（第2版）

◎主编 赵建英 ◎副主编 张永红 王志超

中国教育出版传媒集团
高等教育出版社·北京

内容简介

本书是计算机平面设计专业系列教材之一，在第1版基础上修订而成，全书以任务驱动的方式，将知识点与操作技能融合在一起。在一系列实际任务的完成中学习和练习 AutoCAD 的基本操作。

本书主要内容分基础篇、操作篇和应用篇，每一篇又分若干项目。基础篇主要学习 AutoCAD 的基础知识，项目1学习 AutoCAD 基础知识和操作，项目2完成绘图环境的设置。操作篇中，项目3学习二维图形的绘制；项目4完成图形的编辑修改；项目5完成文字和尺寸的标注、图块和表格的创建以及图形的打印输出；项目6学习三维图形的绘制。应用篇中，项目7将综合运用 AutoCAD 知识，完成室内装潢设计图的绘制。

本书提供书中所用案例的素材和源文件。使用本书封底所附的学习卡，登录 http://abook.hep.com.cn/sve，可获得更多资源。

本书结合社会、学校和个人的实际需求，精心设计每一个任务，努力做到职业教育与社会需求零对接，可作为职业院校计算机应用、计算机平面设计以及建筑装潢专业的教材和培训教程，也可作为 AutoCAD 初学者和自学者的入门用书。

图书在版编目(CIP)数据

AutoCAD 建筑及室内装饰绘图基础/赵建英主编.--2版.--北京:高等教育出版社,2022.8（2023.12重印）

ISBN 978-7-04-059119-4

Ⅰ.①A…　Ⅱ.①赵…　Ⅲ.①建筑装饰-建筑制图-计算机辅助设计-AutoCAD 软件-中等专业学校-教材②室内装饰设计-计算机辅助设计-AutoCAD 软件-中等专业学校-教材　Ⅳ.①TU238.2-39

中国版本图书馆 CIP 数据核字(2022)第142142号

策划编辑　陈　莉　　责任编辑　周海燕　　封面设计　张申申　　版式设计　马　云
责任绘图　黄云燕　　责任校对　高　歌　　责任印制　沈心怡

出版发行　高等教育出版社
社　　址　北京市西城区德外大街4号
邮政编码　100120
印　　刷　北京印刷集团有限责任公司
开　　本　889mm×1194mm　1/16
印　　张　19.75
字　　数　410千字
购书热线　010-58581118
咨询电话　400-810-0598
网　　址　http://www.hep.edu.cn
　　　　　http://www.hep.com.cn
网上订购　http://www.hepmall.com.cn
　　　　　http://www.hepmall.com
　　　　　http://www.hepmall.cn
版　　次　2013年8月第1版
　　　　　2022年8月第2版
印　　次　2023年12月第3次印刷
定　　价　48.00元

物 料 号　59119-00

第二版前言

本书第 1 版 2013 年出版以来，Autodesk 公司开发的 AutoCAD 软件，已进行了多次升级，功能更加强大，界面和操作也发生了相应变化，同时建筑装饰行业的理念也发生了变化。基于上述变化，我们对本书进行全面修订。

在保持第 1 版适用范围、框架结构、语言精练等特色的基础上，进一步对文字表述、图例说明进行了推敲、修改和完善；更换了部分任务的载体和巩固提高内容；书中的所有图形均采用最新 Autodesk 的版本界面；在命令调用和操作方法中增添了版本升级后的相关内容。

随着人们对生活居住环境要求的不断提升，建筑及室内装饰工程领域对掌握 AutoCAD 的专业技术人员的需求量越来越大。熟练掌握和运用 AutoCAD，已经成为一名室内设计或相关技术人员最基本的技能要求。本书主要讲授 AutoCAD 在建筑及室内装饰工程领域的应用。

职业教育已经形成了以服务发展为宗旨，以促进就业为导向的人才培养模式，正视学生的就业需求。本着这样的理念，本书编者结合多年的教学经验和实践经验，在编写本书的过程中，力求使本书在符合职业教育教学需求的基础上有所创新和突破，主要有以下特色：

1. 教学内容任务化

本书的立足点是学生的“学”，把教学内容中理论知识的典型应用和实践范例，巧妙地设计成“任务”，以典型工作任务为主线，在任务实施中蕴含要学习的基本概念和要求，以任务驱动教学。任务经过精心编排后，符合中职学生的认知特点，由易到难，由简单到复杂，由单一任务到综合性任务，使学习者在完成每个任务中体验获得感。

2. 教学过程互动化

本书编写中始终遵循提出任务目标、讲解任务内容、进行任务分析和任务实施的逻辑顺序，完成任务后，又加入了任务评价和巩固提高环节，培养学生的创造性思维和融会贯通的能力，促使学生在学习中多动脑、多动手、多总结，保持积极主动的学习状态，通过教学的良性互动，达到事半功倍的学习效果。

3. 理论教学实践化

教材编写中坚持"理实一体"的教学思想，将知识点的讲授和学生完成任务的过程相结合，使学与做融为一体。

本书的参考学时数为 84 学时，建议学时分配如下：

项目	内容	完成学时
项目 1	AutoCAD 基础知识和操作	4
项目 2	设置绘图环境	4
项目 3	绘制二维图形	24
项目 4	编辑修改图形	18
项目 5	编辑输出图形	12
项目 6	绘制三维图形	12
项目 7	绘制室内装潢设计图	10
合计		84

建议任务完成的讲授和实践训练时间比为 1 : 3。

本书由赵建英主编，张永红、王志超担任副主编，韩军峰担任主审。编写人员及分工如下：贾毅（项目1），延晋文（项目2），倪璟（项目3任务1、项目6任务1），张曦（项目3任务2、项目4任务1），赵建英（项目3任务3-5），田博（项目3任务6-8），朱磊（项目4任务2-3），尚哲敏（项目4任务4），王志超（项目5任务1、任务3），王雯（项目5任务2、任务4），张斌兴（项目5任务5、项目7任务3、项目7任务5），张永红（项目6任务2），郭瑞琦（项目7任务1、任务4），张闯伟（项目7任务2）。

在本书编写中，得到了太原长江孚来印刷制版有限公司的大力帮助，逯林泉、张璐璐提供了大量素材、资料、有关案例的实际场地和实物，在图形绘制思路上给予了很多指导和建议。编者在编写过程中，参阅了许多教材，吸收、借鉴了有关资料和案例，同时得到了很多同行和朋友的大力支持和帮助。谨在此对上述同志和有关作者一并致谢。

由于编者水平有限，书中难免有不足和疏漏之处，敬请广大读者和同行批评指正，读者意见反馈邮箱：zz_dzyj@pub.hep.cn。

编　者

2022年3月

第一版前言

AutoCAD 是由 Autodesk 公司开发的通用计算机辅助绘图与设计软件，具有易于掌握、使用方便、体系结构开放等特点，在设计、绘图和相互协作方面功能强大。AutoCAD 自 1982 年问世以来，不断升级，其功能逐渐完善。

随着人们对生活居住环境的要求不断提升，建筑及室内装饰工程领域急需掌握 AutoCAD 的专业技术人员。熟练掌握和运用 AutoCAD，已经成为一名室内设计或相关工程技术人员最基本的技能要求。本书主要讲授 AutoCAD 2012 在建筑及室内装饰工程领域的应用。

职业教育逐步形成了以就业为导向，以岗位需求为标准的人才培养模式，强调“零距离”上岗。本着这样的理念，本书编者结合多年的教学经验和实践经验，在编写本书的过程中，力求使本书在符合职业教育教学需求的基础上有所创新和突破，主要有以下特色：

1. 教学内容任务化

教材的立足点是学生的“学”，把教学内容中理论知识的典型应用和实践范例，巧妙地设计成“任务”，以典型工作任务为主线，在任务中蕴含要学习的基本概念和要求，以任务来驱动教学。任务经过精心编排后，符合中职学生的认知特点，由易到难，由简单到复杂，由单一任务逐渐过渡到综合性任务，使学习者在完成每个任务和项目的过程中不感觉枯燥，而且有成就感。

2. 教学过程互动化

教材编写中始终遵循提出任务目标、讲解任务内容、进行任务实施的逻辑顺序，完成任务后，又加入自我评价环节和巩固提高环节，促使学生在学习中多动脑、多动手、多总结，保持积极主动的学习状态，通过教学的良性互动，达到事半功倍的学习效果。

3. 理论实践一体化

教材编写中坚持“理实一体”的教学思想，将知识点的讲授和学生完成任务的过程相结合，学与做融为一体。

本书以 AutoCAD 2012 版本为平台，将学习内容分 3 部分共 7 个项目，以任务驱动的方式进行编写。基础篇中，项目 1 针对 AutoCAD 2012 基础知识进行学习和操作，项目 2 完成绘图前的绘图环境设置。操作篇中，项目 3 围绕二维图形的绘制，将绘图命令的学习融入典型实例的任务完成过程中；项目 4 完成图形的编辑修改，以提高绘图效率和精度；项目 5 完成图形的后期处理，包括文字和尺寸的标注、图块和表格的创建以及图形的打印输出；项目 6 围绕三维图形的绘制，学习常见实体的绘制、编辑和修改。应用篇中，项目 7 将综合运用 AutoCAD 知识，完成室内装潢设计图的绘制。全书中所绘图形由于图形物体不同使用的尺寸标注起止符号采用了两种标准，读者使用时注意其区别。

本书的参考学时数为 72 学时，建议学时分配如下：

项目	内容	学时分配
项目 1	AutoCAD 2012 基础知识和操作	4
项目 2	设置绘图环境	4
项目 3	绘制二维图形	22
项目 4	编辑修改图形	16
项目 5	编辑输出图形	10
项目 6	绘制三维图形	8
项目 7	绘制室内装潢设计图	8
合计		72

建议任务完成的讲授和实践训练时间比为 1∶3。

本书配套光盘提供书中所用案例的素材和源文件。本书配套学习卡网络教学资源，使用本书封底所附的学习卡，登录 http://abook.hep.com.cn/sve，可获得相关资源。

本书由赵建英主编，张永红、毕超担任副主编，编写人员及分工如下：潘丽云（项目 1），贾峰（项目 2），赵建英（项目 3 任务 1–4），赵彬（项目 3 任务 5–8），王雯（项目 4 任务 1–2），史磊（项目 4 任务 3–4），张曦（项目 5 任务 1–2），张永红（项目 5 任务 3–5），李红（项目 6 任务 1），张婧靓（项目 6 任务 2），王志超（项目 7 任务 1–2），毕超（项目 7 任务 3–5）。在本书编写过程中得到了太原长江孚来印刷制版有限公司的大力帮助，提供了大量素材、资料、有关案例的实际场地和实物，在图形绘制思路上给予了很多指导和建议；逯林泉、武涌、刘力波、张璐璐也提供了大量现场实际案例。编者在编写过程中参阅了许多教材，吸收、借鉴了有关资料和案例，并得到了很多同事和朋友的大力支持和帮助。韩军峰老师对全书进行了认真审阅。在此对上述同志和有关作者一并致谢。

由于时间仓促、编者水平有限，书中难免有不足和疏漏之处，敬请广大读者和同行批评指正，读者意见反馈邮箱：zz_dzyj@ pub. hep. cn。

编　者

2013 年 5 月

M U L U

目 录

基础篇

项目 1　AutoCAD 基础知识和操作

掌握 AutoCAD 基础知识，是熟练操作 AutoCAD 软件的前提。本项目中，将 AutoCAD 的基本知识点分解成 4 个任务，通过对 4 个任务的学习，力争使初学者尽快熟悉 AutoCAD 的工作界面、命令输入方式以及文件管理等基本知识和操作方法。

任务 1　认识和调整 AutoCAD 的工作界面

任务目标

1. 了解 AutoCAD 的应用和主要功能
2. 掌握 AutoCAD 的启动、退出方法
3. 掌握切换 AutoCAD 工作空间的方法
4. 熟悉 AutoCAD 的工作界面
5. 掌握 AutoCAD 工作界面的调整方法

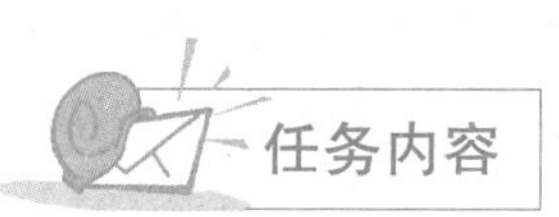

任务内容

打开 AutoCAD 软件，进行 AutoCAD 工作空间的切换，熟悉其工作界面，根据绘图需要调整工作界面。

任务分析

本任务主要是熟悉和调整 AutoCAD 工作界面，调用常用工具栏，布置好绘图环境。

知识准备

1. AutoCAD 的主要功能

AutoCAD 是由 Autodesk 公司开发的计算机辅助绘图与设计软件包,AutoCAD 软件一直占据 CAD 市场的主导地位,是因为它具有以下强大的功能和特点。

- 二维和三维图形绘制与编辑。
- 尺寸标注。
- 文字标注。
- 视图显示控制。
- 创建表格。
- 参数化绘图。
- 数据库管理。
- 开放的体系结构。
- 支持多种硬件设备。
- 支持多种操作平台。
- 通用性、易用性,适用于各类用户。

此外,从 AutoCAD 2000 开始,又增添了许多强大的功能,如 AutoCAD 设计中心(ADC)、多文档设计环境(MDE)、Internet 驱动、新的对象捕捉功能、增强的标注功能以及局部打开和局部加载的功能。

2. AutoCAD 的实际应用

AutoCAD 在全球被广泛使用,可以用于土木建筑、装饰装潢、电子工业、机械设计、服装加工、城市规划、园林设计、水电工程、航空航天、交通运输等诸多领域。

通过以下图例,可以了解 AutoCAD 的实际应用和主要功能。

① 工程设计人员运用 AutoCAD 绘制的零件图,如图 1-1 所示。

② 设计人员运用 AutoCAD 设计的电路图,如图 1-2 所示。电气工程技术人员将根据这张图进行相应的操作,对于设计人员来说,如果今后再设计新的电路图时,图中的各种电子元件无须重复绘制,可从已绘图形或 AutoCAD 设计中心直接调用,大大提高了工作效率。

③ 运用 AutoCAD 也可以设计住宅平面图,如图 1-3 所示,它为住宅设计、装修提供直观参考依据。

④ 装饰公司为某小区设计的凉亭轴测图,如图 1-4 所示。它形象直观,便于客户了解设计效果,从而做出选择。

⑤ 运用 AutoCAD 可以呈现零件的三维视图和效果图,如图 1-5 所示。设计人员可直观地

看到设计效果。

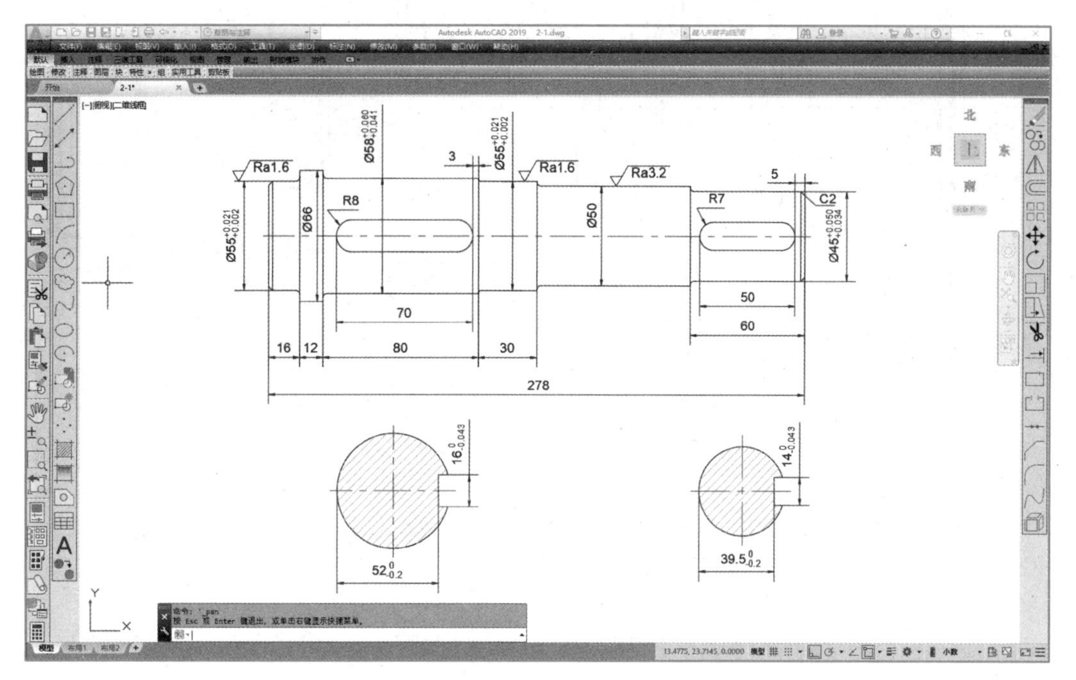

图 1-1 零件图

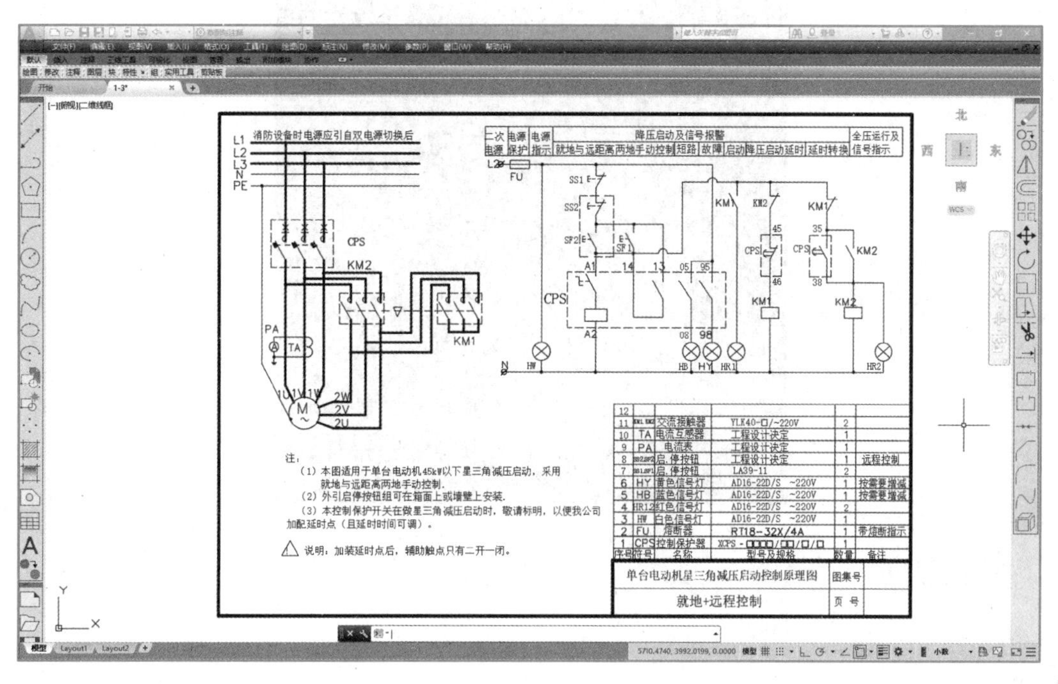

图 1-2 电路图

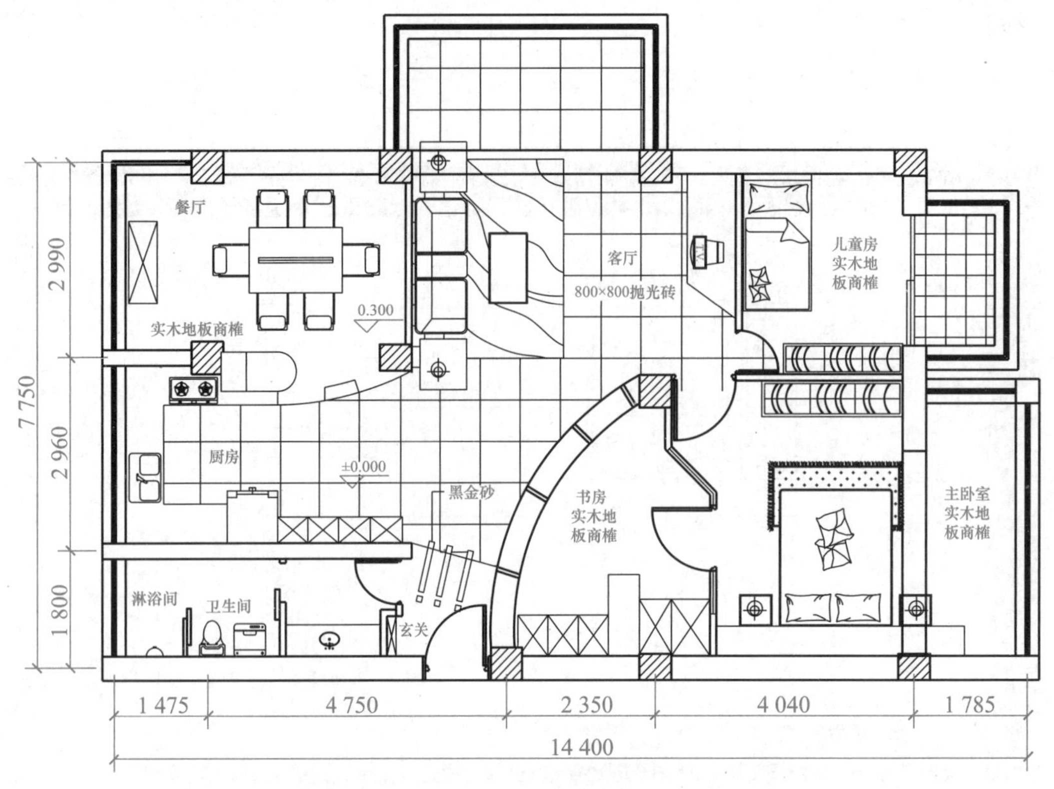

图 1-3　住宅平面图

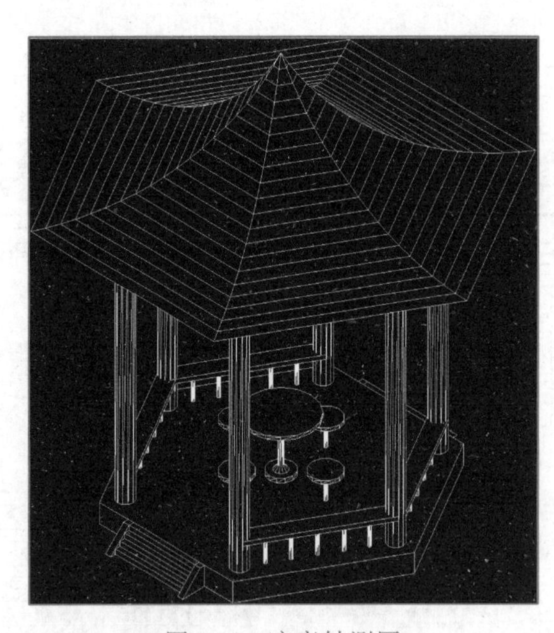

图 1-4　凉亭轴测图

任务实施

1. 启动和退出 AutoCAD

安装 AutoCAD 后，系统会自动在 Windows 桌面上生成对应的快捷图标。双击该快捷图标，

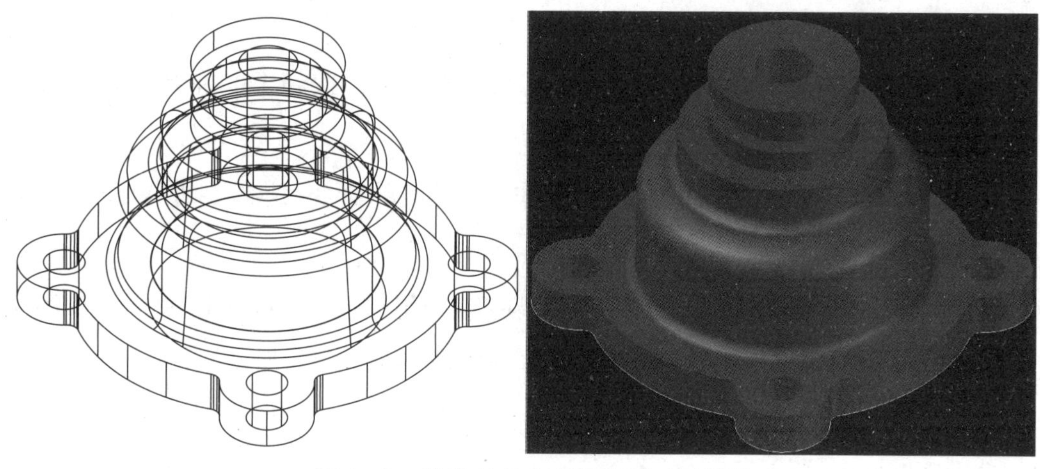

图 1-5　某零件的三维视图和效果图

即可启动软件。与启动其他应用程序一样，也可以通过 Windows 资源管理器、Windows 任务栏按钮等启动 AutoCAD。

退出 AutoCAD 的方法与其他应用程序一样，学习者可独立完成。

2. 切换 AutoCAD 的工作空间

单击图 1-6 中所示的“快速入门”处的“开始绘制”或“开始”右侧的“+”，进入 AutoCAD 的默认工作界面，如图 1-7 所示。AutoCAD 为用户提供了“草图与注释”“三维基础”和“三维建模”3 种工作空间模式，默认为“草图与注释”工作空间。

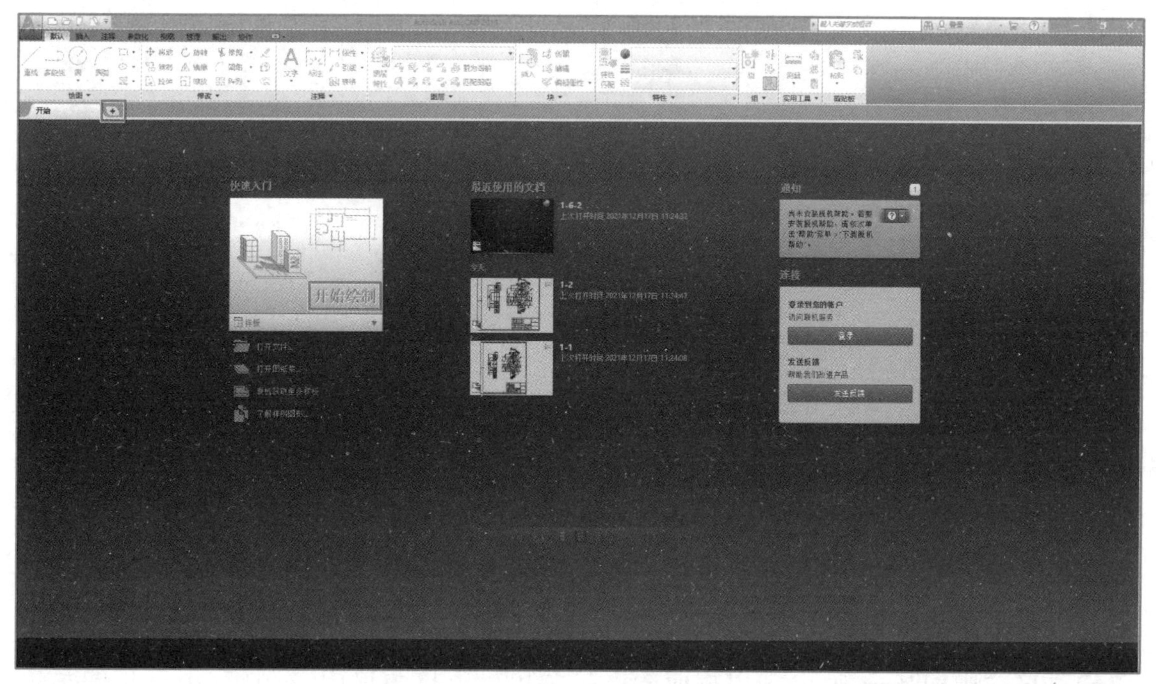

图 1-6　AutoCAD 默认界面

切换工作空间的方法有以下几种：

- 方法 1：单击界面左上角“快速访问工具栏”的工作空间切换下拉菜单按钮，如图 1-6

所示,出现“工作空间”下拉菜单,选择要使用的工作空间。

- 方法 2:单击界面右下角状态栏上的“切换工作空间”按钮⚙,在弹出的菜单中单击要切换的工作空间。
- 方法 3:单击菜单栏上的“工具”→“工作空间”菜单命令,选择要进入的工作空间。

3. 熟悉 AutoCAD 的工作界面

AutoCAD 的工作界面由标题栏、菜单栏、工具栏、菜单浏览器、快速访问工具栏、功能区、命令栏、状态栏、绘图区、坐标系、模型/布局选项卡等组成,如图 1-7 所示。

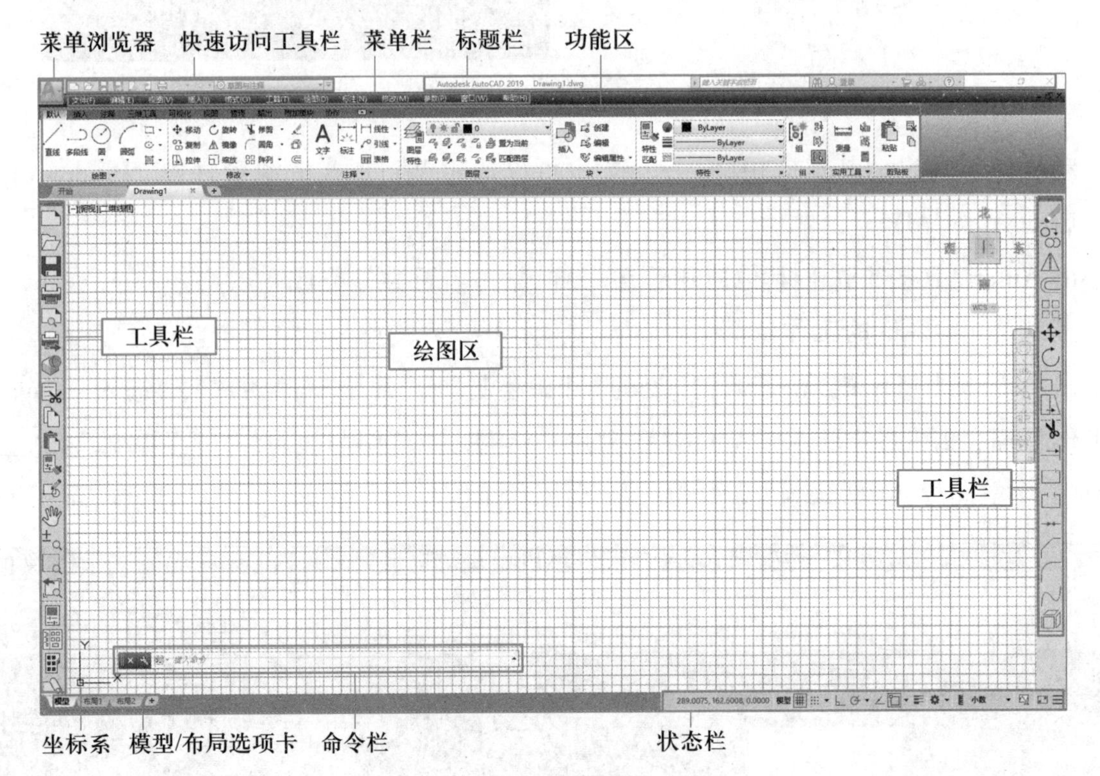

图 1-7　AutoCAD 的工作界面

(1) 标题栏

AutoCAD 标题栏与其他 Windows 应用程序类似,用于显示 AutoCAD 的程序图标以及当前所操作图形文件的名称。右上角有应用程序的最小化、最大化和关闭窗口按钮。

(2) 菜单栏

标题栏下面一栏为菜单栏,在菜单栏中可以执行 AutoCAD 的绝大部分命令,所有工具栏的命令都可以在菜单栏中找到。

单击菜单栏中的某一项,会弹出相应的下拉菜单。下拉菜单中,右侧有小三角的菜单项表示它还有子菜单。图 1-8 所示为“格式”菜单的下拉菜单,单击“图层工具”子菜单后会显示出其子菜单内容;右侧有三个小点的菜单项表示单击该菜单项后会弹出一个对话框;右侧没有内容的菜单项,单击它后会执行对应的 AutoCAD 命令。

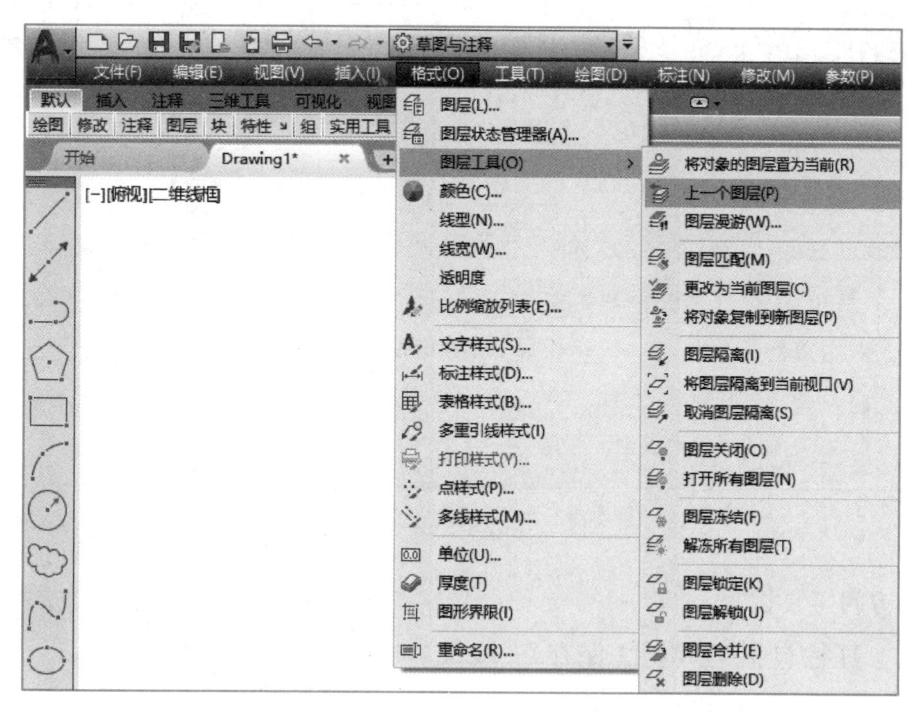

图 1-8 “格式”菜单

在“快速访问工具栏”的下拉菜单中可设置显示和隐藏“菜单栏”。

为方便起见,本书做如下约定:

① 菜单命令书写中一律采用如下格式:单击“格式”→“图层工具”→“上一个图层”菜单命令。

② “↙”表示按 Enter 键或空格键操作。

(3) 工具栏

AutoCAD 提供了 40 多个工具栏,每一个工具栏上均有一些形象化的按钮,单击某一按钮,可以启动 AutoCAD 的相应命令。在绘图过程中,工具栏可随时调出、关闭、调整位置,非常方便。通过工具栏中的按钮执行命令是大多数操作者常用的方法。

用户可以根据需要打开或关闭任一个工具栏。方法有以下几种:

- 方法 1:在已有工具栏上右击,AutoCAD 弹出工具栏快捷菜单,通过其可实现工具栏的打开与关闭。以打开“绘图”工具栏为例,右击任何一个工具栏,弹出快捷菜单,选择“绘图”选项,该选项前出现“√”,表示“绘图”工具栏已打开,如图 1-9 所示。
- 方法 2:通过单击“工具”→“工具栏”→“AutoCAD”对应的菜单命令,也可以打开 AutoCAD 的各工具栏。

(4) 菜单浏览器

单击菜单浏览器,AutoCAD 会将浏览器展开,如图 1-10 所示,用户可通过单击菜单浏览器显示内容执行相应的操作。

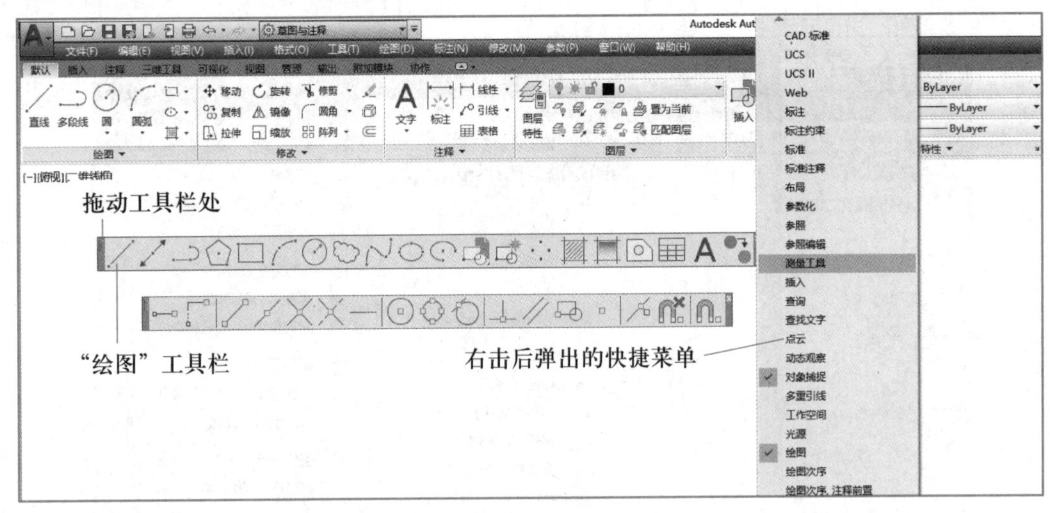

图 1-9　打开的“绘图”工具栏

(5) 快速访问工具栏

快速访问工具栏包括“新建”“保存”“重做”“打印”等常用工具,用户也可在上面存储经常使用的命令。操作方法是单击该工具栏右侧的三角图标,在弹出的下拉菜单中进行设置。

(6) 功能区

功能区按逻辑分组进行工具排序。功能区由多个功能选项卡组成,每单击一个选项卡,下方则会对应展示出一个面板,面板中包括了创建和修改图形需要的工具和控件,单击面板上的控件按钮,可执行相应命令,如图 1-11 所示。

功能区的选项卡和面板可以调整,如图 1-12 所示,包括最小化为选项卡、最小化为面板标题、最小化为面板按钮。单击功能区右侧的下三角按钮或在功能区上右击,即可调整和设置选项卡和面板。

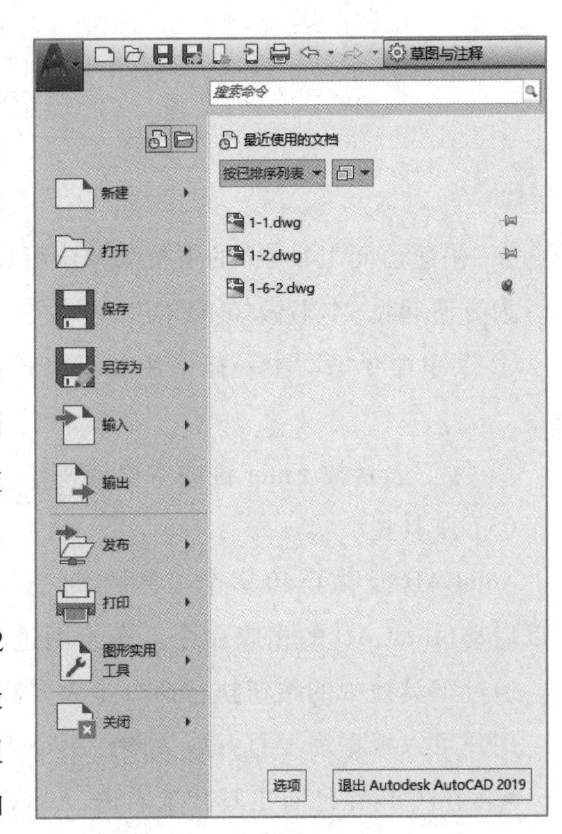

图 1-10　菜单浏览器的展开内容

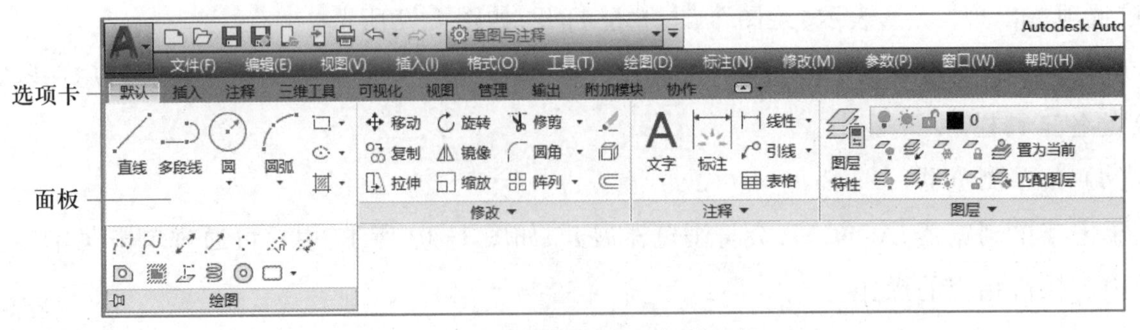

图 1-11　功能区的选项卡和面板

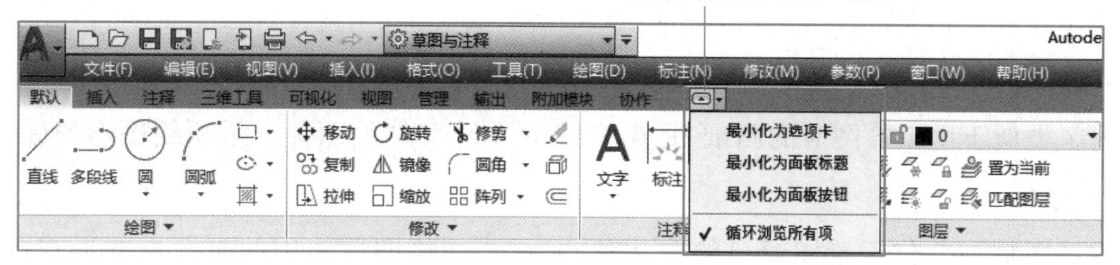

图 1-12　功能区的设置

为了使绘图区域尽可能大一些,往往需调整面板位置。单击某一面板并拖动面板到目标位置,可使面板成为浮动面板,如图 1-13 所示。拖动面板左侧深色区域到功能区或单击面板右侧的下三角按钮,可将浮动面板返回功能区。

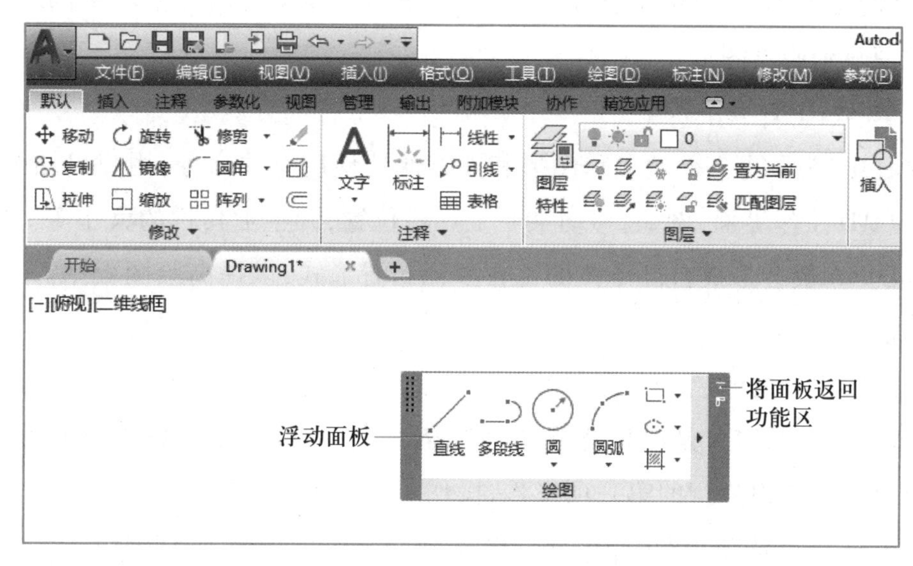

图 1-13　浮动面板

(7) 命令栏

命令栏是 AutoCAD 显示用户通过鼠标或键盘输入命令和显示 AutoCAD 提示信息的地方。

通过拖动窗口边框的方式可以改变命令窗口的大小,使其显示更多信息。

使用 Ctrl+9 组合键可将关闭的命令栏重新调出。

使用 F2 键可查看命令栏中更多的操作信息。

(8) 状态栏

状态栏提供对某些最常用的绘图工具的快速访问,也可以设置当前的绘图状态,或通过单击某些工具的下拉箭头来访问它们的其他设置。如可以切换设置栅格显示、正交模式、极轴追踪、对象捕捉、对象捕捉追踪、夹点、捕捉等状态。

状态栏右侧是状态栏托盘,包括常见的显示工具和注释工具。通过这些按钮可以控制图形和绘图区的状态。

单击状态栏中的按钮可以打开或关闭某一状态。按钮亮显表示该状态打开,暗色表示该状态关闭。

(9) 绘图区

绘图区类似于手工绘图时的图纸,是用户使用 AutoCAD 绘图并显示所绘图形的区域。

(10) 坐标系

坐标系图标通常位于绘图窗口的左下角,显示当前绘图所使用的坐标系的形式以及坐标方向等。AutoCAD 提供世界坐标系(World Coordinate System,WCS)和用户坐标系(User Coordinate System,UCS)两种。世界坐标系为默认坐标系。

(11) 模型/布局选项卡

“模型/布局选项卡”用于实现模型空间与图纸空间的切换。布局是指系统为绘图设置的一种环境,包括图纸大小、尺寸单位、角度设定等。模型空间是我们通常绘图的环境,图纸空间可以以不同视图显示所绘图形。

4. 调整 AutoCAD 的工作界面

在绘图过程中,为了更有效地显示图形和更方便地使用有关命令,用户可结合自己的绘图习惯调整 AutoCAD 工作界面,例如,移动某一工具栏位置,调整工具栏的大小等。随着对 AutoCAD 的熟悉,用户一般会形成自己习惯的工作界面布置形式,以提高绘图效率。下面主要学习三项调整内容。

(1) 修改绘图窗口的颜色

在默认情况下,绘图窗口是黑色背景白色线条,一般不符合大多数用户的习惯,因此修改绘图窗口颜色是许多用户进行的第一项操作,操作步骤如下:

① 单击“工具”→“选项”菜单命令,打开“选项”对话框,如图 1-14 所示。

② 单击“显示”选项卡,在“窗口元素”组中单击“颜色”按钮,打开“图形窗口颜色”对话框,如图 1-15 所示。

③ 单击对话框中“颜色”组中的下拉按钮,在下拉列表中选择需要的颜色,然后单击“应用并关闭”按钮,绘图窗口即变成所选颜色。大多数用户一般会选择白色作为绘图窗口的颜色。

(2) 关闭栅格

单击状态栏中的“栅格显示”按钮,可去掉或添加绘图区的栅格线。

(3) 调整工具栏

工具栏是一组图标型工具按钮的组合,在默认情况下,在绘制图形时常用的工具栏有“标准”“特性”“图层”“样式”“绘图”和“修改”工具栏。为了使绘图区域尽可能大,方便绘图和操作,对这些工具栏可进行位置调整。

打开工具栏时,工具栏会显示在绘图区内,称为浮动工具栏,图 1-9 所示的“绘图”工具栏

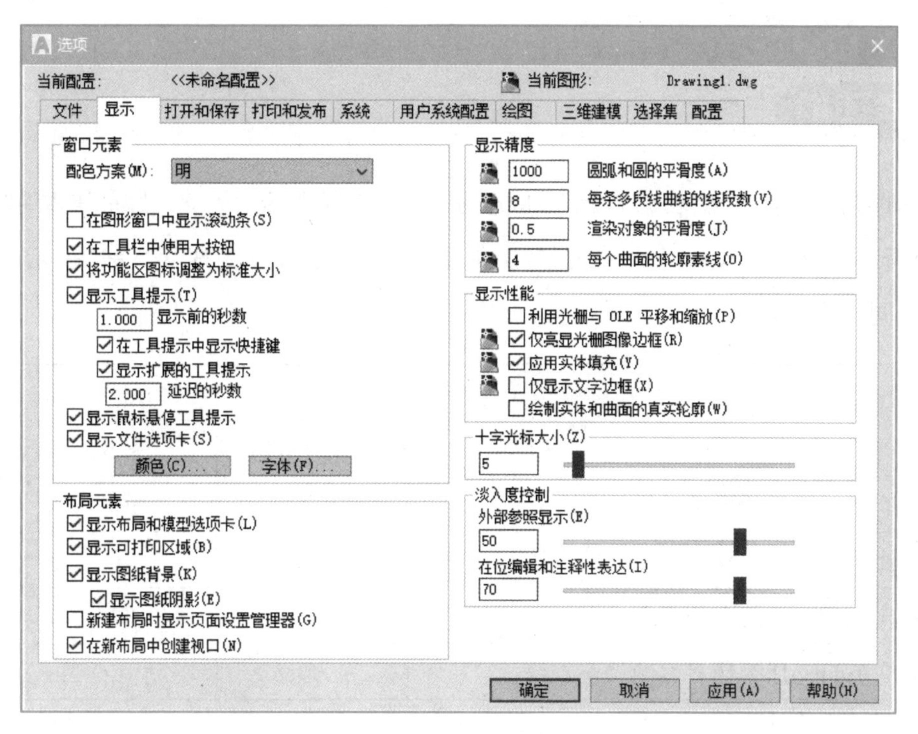

图 1-14 “选项”对话框

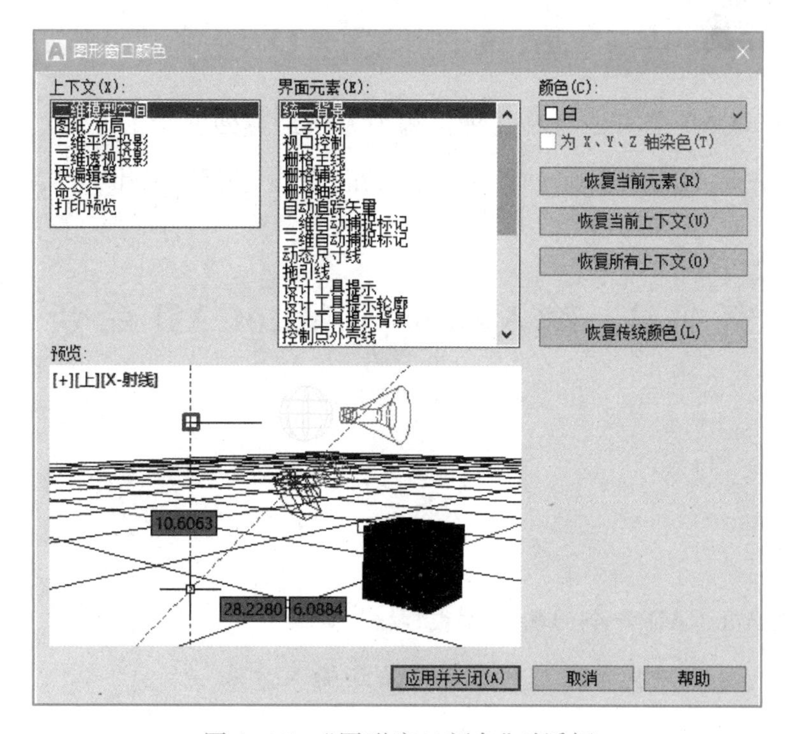

图 1-15 “图形窗口颜色”对话框

就处在绘图区内，给绘图带来许多不便，我们可以调整其位置或大小。调整工具栏的位置时，拖动工具栏左右两侧的灰色区域到目标位置即可；改变工具栏大小时，可通过拖动工具栏的上下左右边界来实现；需关闭工具栏时，单击工具栏右侧的关闭按钮。

进行自我评价时，学习者根据自己完成任务的效果填写评价表，熟练掌握用“★★★”表示，基本掌握但不熟练用“★★”表示，依靠课本提示或教师指导完成用“★”表示。后续任务中的评价方式相同，不再赘述。

序号	评价内容	评价完成效果		
		★★★	★★	★
1	掌握 AutoCAD 的启动、退出方法			
2	掌握切换 AutoCAD 工作空间的方法			
3	认识 AutoCAD 的工作界面			
4	掌握 AutoCAD 工作界面的调整方法			

1. 总结退出 AutoCAD 的方法有哪几种？哪种方法最方便？
2. 有些工具栏图标的右侧带有一个下三角按钮，单击它会出现什么结果？

任务2　输入和执行 AutoCAD 命令

1. 熟悉并掌握 AutoCAD 命令的输入方式、执行步骤
2. 掌握命令执行过程中提示信息的选择方法和输入方法

使用直线命令绘制一个矩形，注意观察命令行提示信息，并根据提示信息进行操作，注意观察执行步骤。

根据矩形的特点，使用直线命令绘制水平线和垂直线，即矩形的4条边。执行直线命令后，根据命令行提示逐步进行操作，完成4条边的绘制。

1. 命令输入方式

AutoCAD 命令的输入方式有多种，列举如下：

- 通过功能区按钮执行。
- 通过工具栏按钮执行。
- 通过菜单栏命令执行。

重复执行上次使用的命令，有以下两种方法：

- 在绘图区右击，系统会立即重复执行上次使用的命令。
- 按 Enter 键或按空格(Space)键重复执行上次命令。

输入命令后，在命令行会提示下一步操作，用户按照命令提示输入相应命令或参数后按 Enter 键，即可完成命令的执行。

输入命令时，英文大小写字母均可，符号必须在英文状态下半角输入。

2. 命令的取消方式

在执行命令的任何时刻都可以取消或终止命令的执行，方法有以下几种：

- 在快速访问工具栏中单击“放弃”按钮。
- 在命令行输入 UNDO(或输入 U)后按 Enter 键。
- 按 Esc 键。
- 右击，从弹出的快捷菜单中选择“取消”命令。

3. 了解工具栏按钮

在使用工具栏按钮时，将鼠标指针停留在某功能区或工具栏按钮上时，将显示该按钮的命令名、概括说明、快捷键和命令标记，如图 1-16 所示；如果鼠标指针在某一按钮处停留超过一定时间，将显示补充提示，如图 1-17 所示。

4. 体验命令的执行

下面以利用直线命令绘制一个 100×85 的矩形为例来熟悉命令的执行。常用直线命令的调用方法有以下几种：

- 使用选项卡：单击“默认”选项卡→“绘图”功能区→“直线”按钮╱。

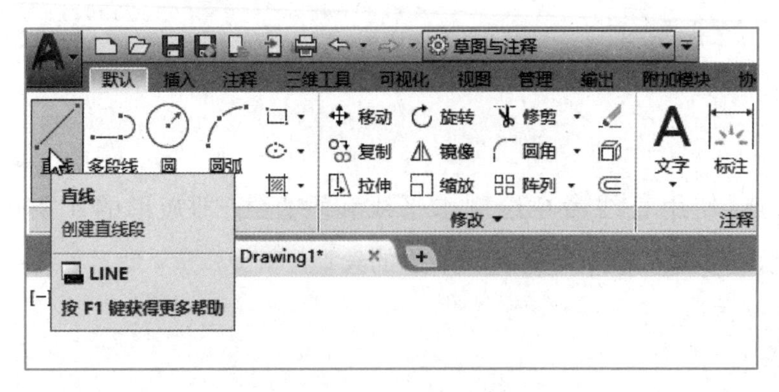

图 1-16 "直线"命令的简要提示

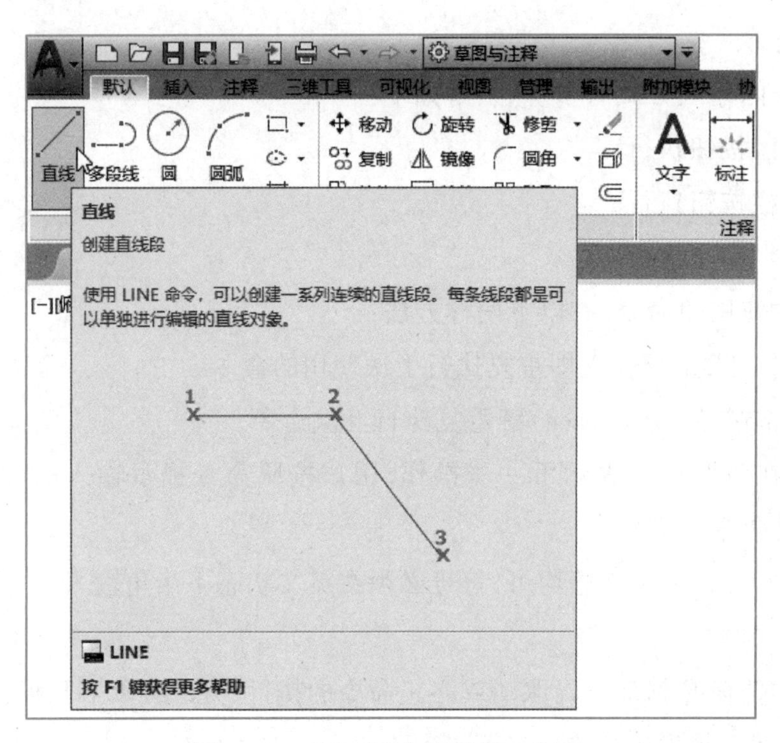

图 1-17 "直线"命令的补充提示

- 使用菜单命令:单击"绘图"→"直线"菜单命令。
- 使用绘图工具栏:单击"绘图"→"直线"按钮╱。

单击"绘图"→"直线"菜单命令,命令行提示和操作步骤如下:

命令行: line↙ //输入 line,按 Enter 键,或执行其他方法

指定第一点: //在绘图区任意指定一点,也可输入一个坐标值,确定轮廓左下角点

指定下一点或[放弃(U)]:100↙ //单击状态栏中的"正交模式"按钮,将鼠标水平向右拖动,出现一条随鼠标移动而变化的线条,称其为橡皮筋或轨迹线,使橡皮筋指向 X 轴正向,输入距离值 100,按 Enter 键,确定轮廓右下角点

指定下一点或[放弃(U)]:85↙ //将鼠标向上拖动,使橡皮筋指向 Y 轴正向,输入距离值 85,按 Enter 键,确定轮廓右上角点

指定下一点或[闭合(C)/放弃(U)]:100↙　//将鼠标向左拖动,使橡皮筋指向 X 轴负向,输入距离值 100,按 Enter 键,确定轮廓左上角点

指定下一点或[闭合(C)/放弃(U)]:C↙　//输入 C,按 Enter 键,确定矩形

在绘图过程中,要取消刚刚执行完的步骤时,输入命令提示中的"U",按 Enter 键即可。

说明:本书中,在执行某一命令后,叙述命令执行过程时,依据命令行提示信息讲解操作步骤。命令行提示信息、输入执行内容以加底纹的形式显示,"//"后的内容是对输入执行内容的讲解和说明。书中后续任务各命令的执行和讲解形式相同,不再赘述。

5. 透明命令

在 AutoCAD 中,有些命令不仅可以直接执行,还可以在其他命令的执行过程中插入并执行,待该命令执行完毕,系统继续执行原命令,这种命令称为透明命令。这种命令一般多为修改图形设置或打开辅助绘图工具的命令。例如,在执行直线命令过程中,打开正交模式状态,然后继续执行直线命令,此时执行的正交模式命令即为透明命令。

6. 命令行提示信息

命令行除了接收用户输入的命令或数据,还显示命令的下一步执行信息,以引导用户进行下一步操作。例如,执行圆命令后,提示行会出现图 1-18 显示的信息。

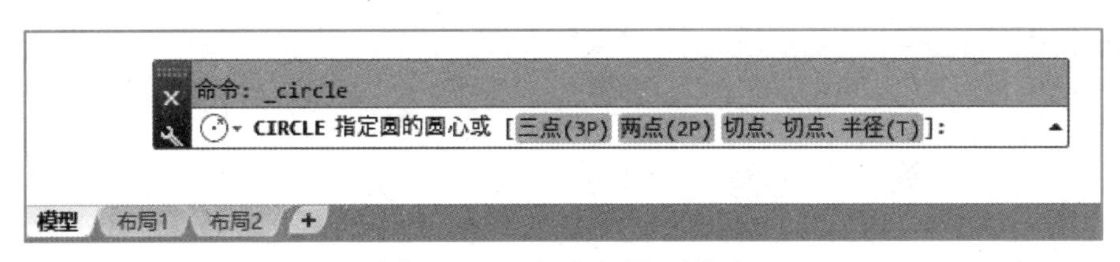

图 1-18　命令行提示信息

该信息提示我们,绘制圆的方式有 4 种,选择"指定圆的圆心"方式可直接输入圆心位置,若选择方括号内的某种方式时,可输入选项后圆括号内字符并按 Enter 键。如选择"三点"方式,输入"3P"后按 Enter 键即可。出现在"< >"内的信息为缺省信息,即默认信息,如果要选择该信息执行命令,可直接按 Enter 键。

序号	评价内容	评价完成效果		
		★★★	★★	★
1	掌握 AutoCAD 命令的输入方式			
2	掌握 AutoCAD 命令的取消方式			
3	了解工具栏按钮信息的获取方法			
4	掌握命令行提示信息的选择和输入方法			

1. 通过练习，发现哪些输入命令的方式最有效快捷？

2. 按 F2 键，查看并分析弹出的信息，有何发现和启发？

任务3　输入坐标值

1. 了解 AutoCAD 的坐标系和切换方法

2. 掌握坐标输入方法

利用直线命令，输入各点坐标，绘制一个矩形。

绘制直线时，需要输入端点的坐标。根据矩形的特点，4 个端点的位置可根据长度和宽度确定。本任务中将用相对坐标的输入方式完成直线各点的确定。

1. AutoCAD 的坐标系

在绘图过程中要精确定位某个对象时，必须以某个坐标系作为参照，以便精确拾取点的位置。在 AutoCAD 中，坐标系分为世界坐标系（WCS）和用户坐标系（UCS），两种坐标系下都可以通过坐标(x,y)来精确定位点。

默认情况下，在开始绘制新图形时，当前坐标系为世界坐标系（WCS），它包括 X 轴和 Y 轴（如果在三维空间工作，还有一个 Z 轴）。WCS 坐标轴的交汇处显示“□”形标记，所有的位移都是相对于原点计算的，并且沿 X 轴正向及 Y 轴正向的位移规定为正方向。

在 AutoCAD 中，为了能够更好地辅助绘图，经常需要修改坐标系的原点和方向，这时世界坐标系将变为用户坐标系(UCS)。UCS 的原点以及 X 轴、Y 轴、Z 轴方向都可以移动及旋转，甚至可以依赖于图形中某个特定的对象。UCS 没有“□”形标记。执行用户坐标系命令的方法有以下几种：

- 使用选项卡：单击“视图”选项卡→“视口工具”面板→“UCS 图标”按钮。
- 使用菜单命令：单击“工具”→“新建 UCS”→“三点”菜单命令。
- 使用 UCS 工具栏：单击“三点”按钮。
- 使用命令行：输入 UCS↙。

2. 坐标输入方式

坐标是表示点的最基本方法。在 AutoCAD 中，点的坐标可以使用绝对直角坐标、绝对极坐标、相对直角坐标和相对极坐标 4 种方法表示，它们在命令行中的输入格式分别如下：

① 绝对直角坐标是从点(0,0)或(0,0,0)出发的位移，可以使用分数、小数或科学记数等形式表示点的 X 轴、Y 轴、Z 轴坐标值，坐标间用逗号隔开，输入格式为：X,Y[,Z]，例如，点(8.2,5.1)和(3,5,8.2)。

② 绝对极坐标是从点(0,0)或(0,0,0)出发的位移，但给定的是距离和角度，其中距离和角度用“<”分开，且规定 X 轴正向为 0°，逆时针为正，输入格式为：长度<角度，如(4.27<60)、(34<30)。

③ 相对直角坐标或相对极坐标是指相对于某一点的 X 轴和 Y 轴位移，或距离和角度。它的表示方法是在绝对坐标表达方式前加上“@”号，例如，相对直角坐标(@-13,8)，相对极坐标点(@11<24)。相对极坐标中的角度是目标点和上一点或参考点连线与 X 轴的夹角。

注意：在输入坐标值时，不需要输入括号，数值及符号必须在英文状态下半角输入。

3. 体验坐标的输入

下面以利用直线命令绘制一个 100×85 矩形为例来熟悉坐标的输入。

命令行提示和操作步骤如下：

命令：line↙　//输入 line，按 Enter 键，或执行其他方法

指定第一点：　//在绘图区任意指定一点，也可输入一个坐标值，确定轮廓左下角点

指定下一点或[放弃(U)]：@100,0↙　//输入@100,0，也可输入@100<0，按 Enter 键，确定轮廓右下角点

指定下一点或[放弃(U)]：@0,85↙　//输入@0,85，也可输入@85<90，按 Enter 键，确定轮廓右上角点

指定下一点或[闭合(C)/放弃(U)]：@-100,0↙　//输入@-100,0，也可输入@100<180，按 Enter 键，确定轮廓左上角点

指定下一点或[闭合(C)/放弃(U)]：c↙　//输入 c，也可输入@85<270 或@0,-85 或

@85<-90,按 Enter 键

序号	评价内容	评价完成效果		
		★★★	★★	★
1	了解 AutoCAD 的两种坐标系			
2	了解 AutoCAD 的两种坐标系的切换			
3	掌握坐标的 4 种输入方式			

利用直线命令和输入点坐标的方式,绘制一个正三角形,尺寸自定。

任务 4　管理 AutoCAD 图形文件

掌握新建、打开、保存、关闭图形文件的方法

新建一个名为"矩形"的图形文件,绘制完成后保存图形,并退出 AutoCAD。重新打开该文件,绘制矩形对角线后再执行"保存"或"另存为"命令。

启动 AutoCAD 后,系统将默认一文件名,可以将其保存为一个新的文件,也可新建一个文件,新建、保存、打开、关闭文件的方法与其他应用软件相同,在完成过程中,需要注意新建文件时选择模板的类型,以及保存时确定文件的类型。

任务实施

1. 创建图形文件

启动 AutoCAD 后系统会自动生成一个名为“Drawing1”的图形文件,也可以自己创建新的文件,常用操作方法有以下几种:

- 使用快速访问工具栏:单击“新建”按钮。
- 使用菜单命令:单击“文件”→“新建”菜单命令。
- 使用“标准”工具栏:单击“新建”按钮。
- 使用快捷键:按 Ctrl+N 组合键。

无论使用哪种方法,系统都会打开如图 1-19 所示的“选择样板”对话框。从列表中选择一个样板后单击“打开”按钮,或直接双击选中的样板,即可创建一个以选中的样板文件为样板的新图形文件。

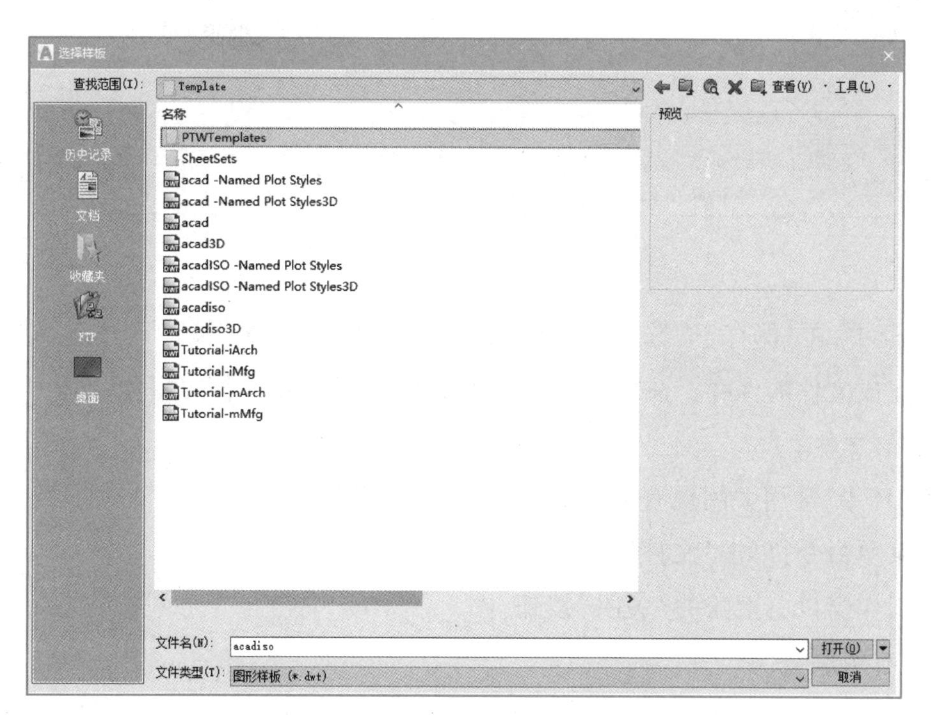

图 1-19 “选择样板”对话框

如果不想使用样板文件创建新图形,可以单击“选择样板”对话框中“打开”按钮旁边的箭头,选择其下拉列表框中的“无样板打开-公制”选项或“无样板打开-英制”选项。

实操 1-1:单击“无样板打开-公制”选项创建一个新的图形文件,然后绘制一个矩形。绘制矩形方法参考前一任务。

2. 保存图形

在 AutoCAD 中,常用保存现有文件的操作方法有以下几种:

- 使用快速访问工具栏:单击“保存”按钮。
- 使用菜单命令:单击“文件”→“保存”菜单命令。
- 使用“标准”工具栏:单击“保存”按钮。

对新创建的文件执行上述任何一种方法,都会打开“图形另存为”对话框,如图 1-20 所示。

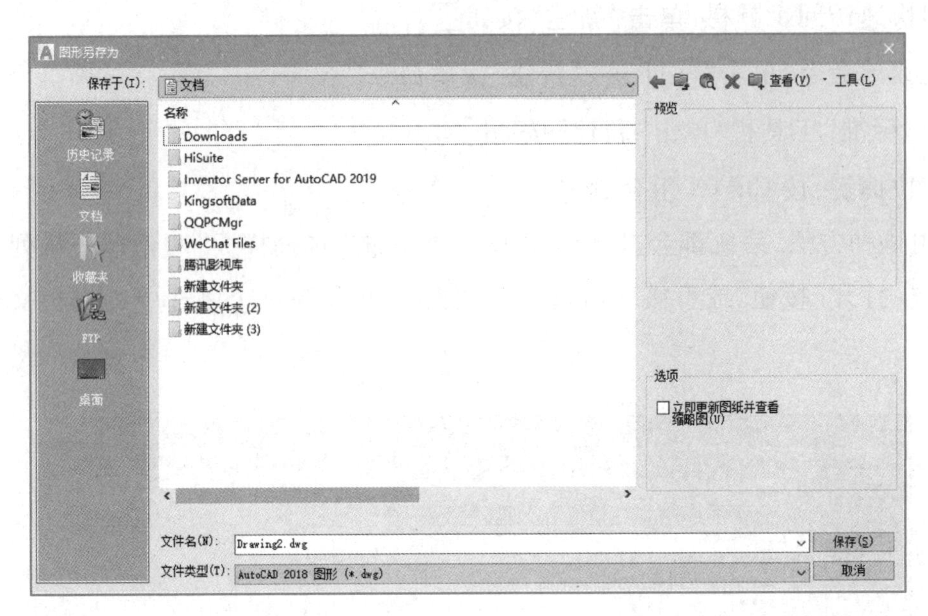

图 1-20 “图形另存为”对话框

在该对话框中,在“保存于”选项中选择保存位置,在“文件名”文本框中输入“矩形”,单击“保存”按钮,完成文件的保存。注意观察保存前后标题栏中文件名的变化。

3. 关闭图形文件

在 AutoCAD 中,常用关闭现有文件的操作方法有以下几种:

- 使用菜单命令:单击“文件”→“关闭”菜单命令。
- 单击工作窗口右上角的“关闭”按钮。

4. 打开已有图形文件

打开一个已有文件,常有以下方法:

- 使用快速访问工具栏:单击“打开”按钮。
- 使用菜单命令:单击“文件”→“打开”菜单命令。
- 使用“标准”工具栏:单击“打开”按钮。

执行上述任一方法,将打开“选择文件”对话框,如图 1-21 所示。

按照上述执行方式,打开实操 1-1 中的“矩形”文件。

使用直线命令绘制矩形对角线,操作方法如下:

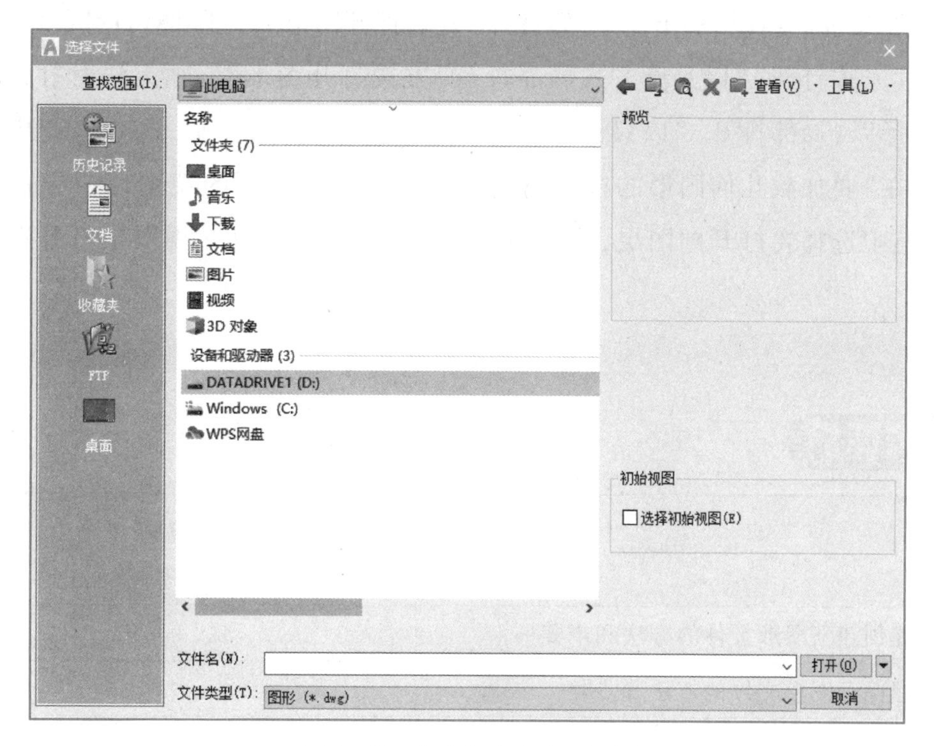

图 1-21 “选择文件”对话框

执行直线命令后,打开“对象捕捉”状态。在“对象捕捉”按钮处右击,在弹出的快捷菜单中选择“设置”命令,在弹出的对话框中选中“端点”为捕捉对象,关闭对话框。将鼠标指针移至矩形的一个端点,出现“□”符号和“端点”提示时单击,再将鼠标指针移至对角点,重复前次操作,完成对角线绘制。然后保存修改后的图形。

当打开多个文件时,可对多个文件进行窗口排列。在“视图”选项卡的“界面”功能区单击“水平平铺”“垂直平铺”或“层叠”按钮,如图 1-22 所示。或单击“窗口”菜单命令,在下拉菜单中选择排列方式即可。

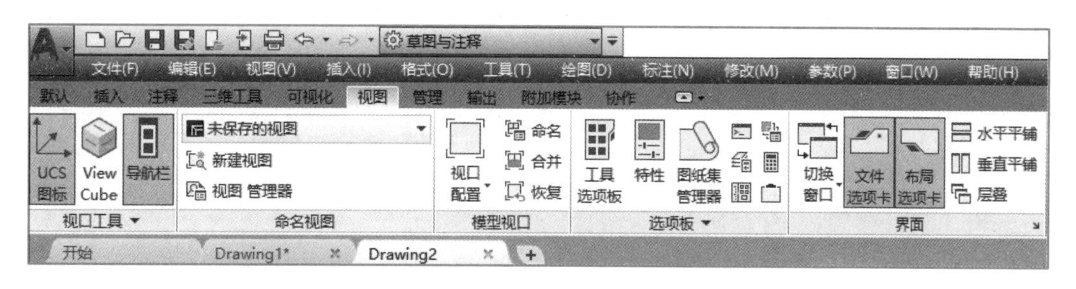

图 1-22 多个文件的窗口排列方式

在 AutoCAD 中,可以用“打开”“以只读方式打开”“局部打开”和“以只读方式局部打开”4

种方式打开图形文件。当以“打开”“局部打开”方式打开图形时，可以对打开的图形进行编辑，如果用“以只读方式打开”“以只读方式局部打开”方式打开图形时，则无法对打开的图形进行编辑。如果选择以“局部打开”“以只读方式局部打开”方式打开图形，这时将打开“局部打开”对话框。可以在“要加载几何图形的视图”选项组中选择要打开的视图，在“要加载几何图形的图层”选项组中选择要打开的图层，然后单击“打开”按钮，即可在视图中打开选中图层上的对象。

序号	评价内容	评价完成效果		
		★★★	★★	★
1	掌握创建新图形文件的方法和步骤			
2	掌握保存图形文件的方法和步骤			
3	掌握关闭图形文件的方法和步骤			
4	掌握打开已有文件的方法和步骤			

1. “保存”和“另存为”命令有什么区别？将本任务中的图形文件进行“另存为”操作，观察并完成相应操作。

2. 新建一个名为“直线”的图形文件，绘制一条直线，关闭该文件，观察关闭时弹出的对话框内容，并根据对话框内容进行操作。

项目 2　设置绘图环境

为了提高绘图效率，保证同一单位、部门、合作单位间，同一项目中绘图对象信息的一致性，使得图形文件更容易交流，同时也是操作者形成自己的绘图风格和习惯的需求，在绘制图形前，都需要预先设置好绘图环境，如绘图单位、图纸界限、线型及图层的对象特性等，设置后可保存为一个模板文件，以备以后的绘图中直接调用。

本项目通过完成“设置图形界限及绘图单位”“设置图层及对象特性”“设置常用辅助绘图工具的模式”3 个任务，掌握设置绘图环境的内容和方法，养成良好的绘图习惯。

任务 1　设置图形界限及绘图单位

1. 了解图纸规格
2. 掌握设置图形界限和绘图单位的方法

创建“绘图环境”文件，设置以下绘图环境：

① 设置绘图单位格式。长度“类型”为“小数”，“精度”为“0.00”；角度“类型”为“度/分/秒”，“精度”为“0d00′”。

② 设置图形界限为 A3 图幅：297 mm×420 mm。

本任务中，创建名为“绘图环境”的文件，然后通过执行“格式”→“单位”和“图形界限”菜单命令，在对话框中完成有关设置。

知识准备

1. 图纸规格

国家标准规定的图纸基本幅面有A0、A1、A2、A3、A4，它们的图幅大小分别是841×1 189、594×841、420×594、297×420、210×297，以上均以毫米（mm）为单位。使用时应优先选用国家标准规定的图纸幅面。

2. 设置图形单位

在AutoCAD中，用户可以采用1∶1的比例绘图，因此，所有的直线、圆和其他对象都可以以真实大小来绘制。例如，一个长200 mm的零件，可以按200 mm的真实大小来绘制，在需要打印出图时，再将图形按图纸大小进行缩放。

一般情况下，在开始绘制新图时，要先进行图形单位的设置，包括长度单位、角度单位、精度及角度的度量方向等。具体操作方法有以下几种：

- 使用菜单浏览器：单击“菜单浏览器”→“图形实用工具”→“单位”命令。
- 使用菜单命令：单击“格式”→“单位”菜单命令。
- 使用命令行：输入UNITS↙。

执行上述任一方法，将打开“图形单位”对话框，如图2-1所示。在该对话框中，可根据绘图要求或需要进行长度类型和精度、角度类型和精度、方向等的设置。本书中若无特殊说明，使用长度单位均为毫米（mm），角度单位均为度。

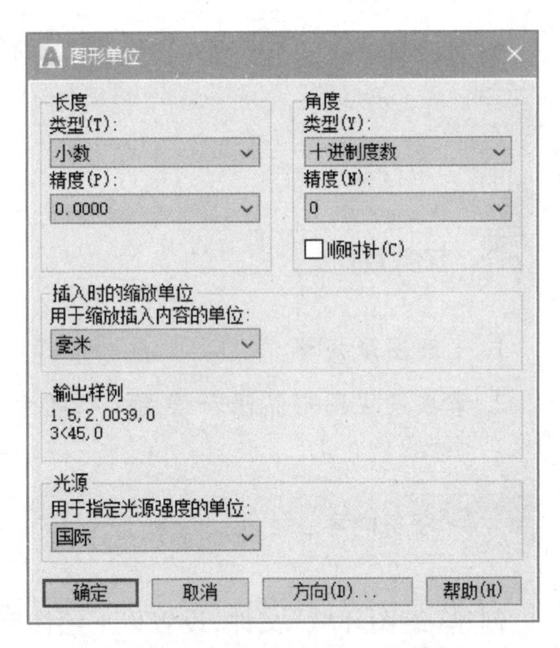

图2-1 “图形单位”对话框

在AutoCAD中，默认的绘图方向是以东为0°，逆时针方向为正，在“图形单位”对话框中单击“方向”按钮，在打开的“方向控制”对话框中可查看方向设置。

在状态栏中单击“自定义”按钮，在弹出的快捷菜单中单击“单位”选项，如图2-2所示，可在状态栏中显示当前单位信息。

3. 设置图形界限

图形界限是指绘图的区域。AutoCAD提供的从A0到A4的样板图，已经设置了图形界限，也可以自行设置新的图形界限。常用操作方法有以下几种：

- 使用菜单命令：单击“格式”→“图形界限”菜单命令。

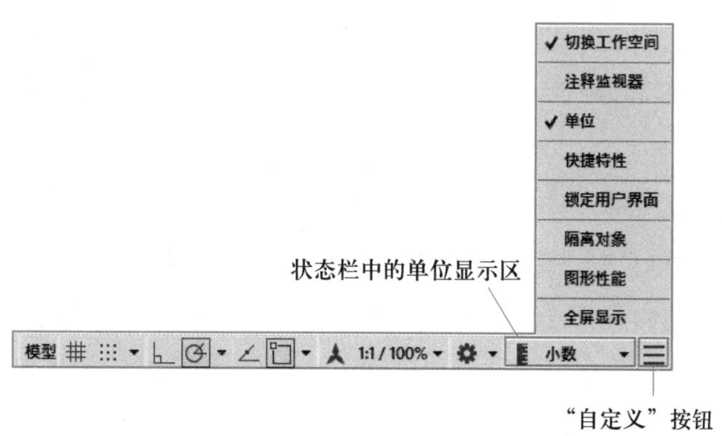

图 2-2　设置图形单位

- 使用命令行：输入 LIMITS↙。

输入命令后，在命令行提示中显示以下提示：

指定左下角点或［开(ON)/关(OFF)］<0.0000,0.0000>：

在命令执行中，由左下角点和右上角点确定的矩形区域为图形界限，它也决定了显示栅格的绘图区域。我们可根据提示来完成图形界限的设置，执行命令后，在命令行提示窗口中输入左下角点和右上角点的坐标。通常不改变图形界限左下角点的位置，只需给出右上角点的坐标，即可确定区域的宽度和高度值。

对于图形界限的开(ON)/关(OFF)，输入 ON，打开图形界限的控制，不允许绘制的图形超出设置的界限，当绘制的对象参数超出图形界限时，将显示“超出图形界限”提示，无法绘制图形。输入 OFF，关闭绘图界限，所绘制的图形不受图形界限的影响。

1. 创建“绘图环境”文件

启动 AutoCAD，系统将自动创建一个 AutoCAD 图形文件，执行“保存”命令，将其保存为“绘图环境”的文件。

2. 设置绘图单位

单击“格式”→“单位”菜单命令，打开“图形单位”对话框，按照任务要求，在“长度”组中的“类型”下拉列表中选择“小数”，“精度”下拉列表中选择“0.00”；“角度”组中的“类型”下拉列表中选择“度/分/秒”，“精度”下拉列表中选择“0d00′”。单击“确定”按钮，完成相应设置，如图 2-3 所示。

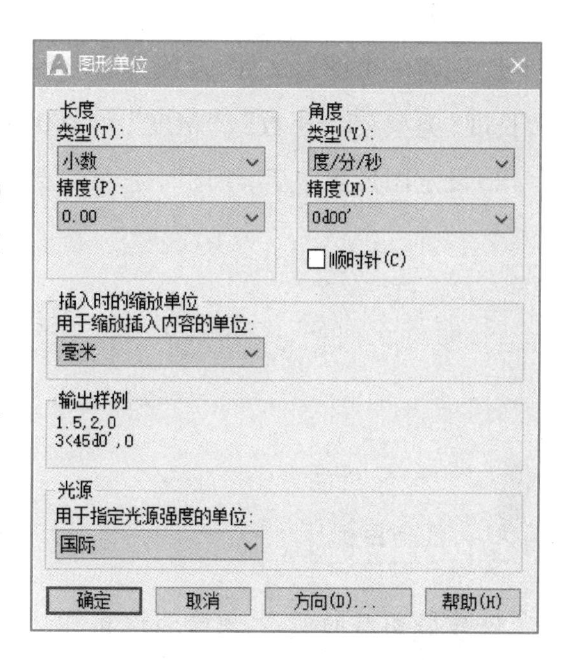

图 2-3　设置图形单位相应参数

3. 设置图形界限

单击“格式”→“图形界限”菜单命令，在命令行提示中完成以下操作：

命令：limits

重新设置模型空间界限：

指定左下角点或[开(ON)/关(OFF)] <0.0000,0.0000>：↙　　//按 Enter 键

指定右上角点 <420.0000,297.0000>：297,420 ↙　　//输入 297,420，按 Enter 键

4. 保存文件

单击“保存”按钮，对完成的内容进行保存。

序号	评价内容	评价完成效果		
		★★★	★★	★
1	熟练掌握设置绘图单位的方法			
2	熟练掌握设置图形界限的方法			
3	了解图幅的标准规格			

1. 创建一个图形文件，设置其图形界限为“297×210”（单位为 mm），方向以顺时针方向为正，长度“类型”为“小数”，“精度”为“0.0”；角度“类型”为“弧度”，“精度”为“0.00r”。

2. 设定图形界限后，绘图时是否需要考虑绘图比例？

任务 2　设置图层及对象特性

1. 掌握图层的创建、删除和设置

2. 掌握线型、线宽及颜色等对象特性的设置和修改

任务内容

创建名为“图层管理”的图形文件，完成下列任务。

① 完成表 2-1 中的内容设置。

表 2-1　图层及对象特性内容

图层名	颜色	线型	线宽	图层状态
墙体	红色	Continuous	0.50	关闭
窗户	绿色	CENTER	默认	解冻
装饰物	黄色	Continuous	0.30	锁定
技术要求	蓝色	Continuous	默认	当前
尺寸线	红色	Continuous	0.30	打开
门	蓝色	CENTER	默认	冻结
家具	绿色	DASHED	默认	解锁

② 将“尺寸线”图层的颜色改为“洋红”，线型修改为“DASHED”。

③ 删除“窗户”图层。

任务分析

本任务中，在创建名为“图层管理”的图形文件后，需要创建墙体、窗户、装饰物、技术要求、尺寸线、门、家具 7 个图层，并对各图层的对象特性进行设置和修改。所进行的设置和操作，均在“图层特性管理器”对话框中完成。

知识准备

一、设置对象特性

图形中的每一个对象都有其相应的特性，对象特性包含基本特性和几何特性，基本特性包括对象的颜色、线型、图层及线宽等，几何特性包括对象的尺寸和位置等。这里先介绍线型、线宽、颜色的设置。

1. 设置线型

绘图时经常需要采用不同的线型，如虚线、中心线、实线等。设置线型的方法有以下几种：

- 使用选项卡：单击“默认”选项卡→“特性”面板→“线型”命令。

- 使用菜单命令：单击“格式”→“线型”菜单命令。
- 使用命令行：输入 LINETYPE ↙。

执行线型命令后，弹出“线型管理器”对话框，如图 2-4 所示。

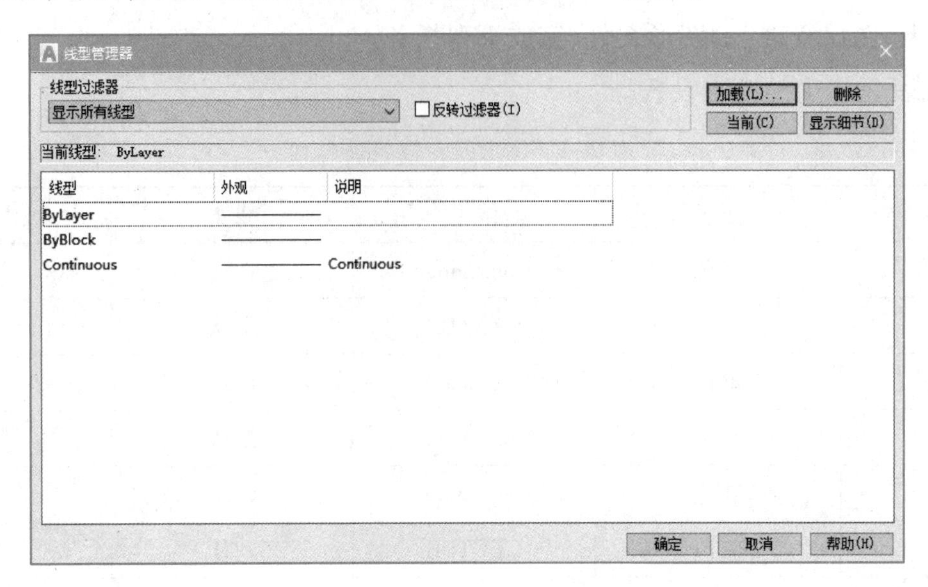

图 2-4 “线型管理器”对话框

对话框的“线型”列表框中如果没有列出需要的线型，可从线型库加载。单击“加载”按钮，弹出“加载或重载线型”对话框，如图 2-5 所示，从中选择要加载的线型并单击“确定”按钮。完成加载后，加载的线型被添加到“线型管理器”对话框的“线型”列表中，在列表中选择要加载的线型，然后单击“确定”按钮。

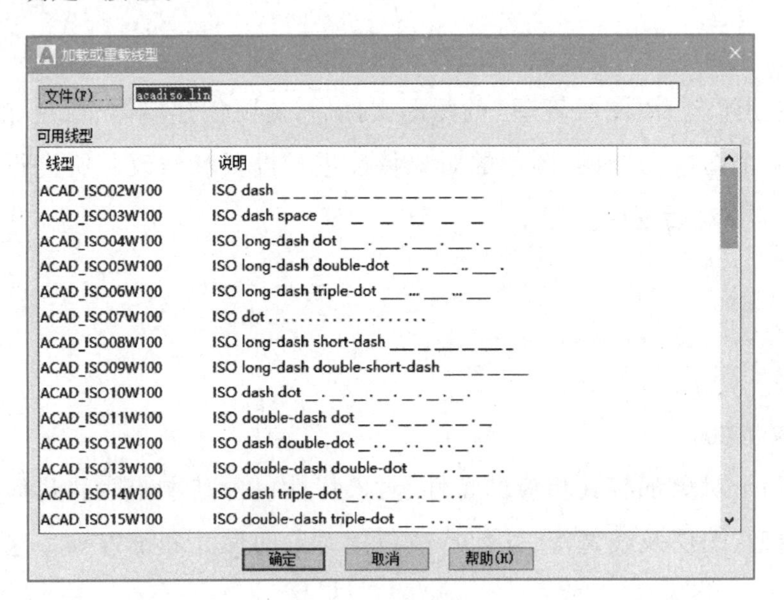

图 2-5 “加载或重载线型”对话框

2. 设置线宽

线型可以根据要求以不同的线宽绘制、显示。

设置线宽的方法有以下几种：

- 使用选项卡：单击“默认”选项卡→“特性”面板→“线宽”→“线宽设置”命令。
- 使用菜单命令：单击“格式”→“线宽”菜单命令。
- 使用命令行：输入 LWEIGHT ↙。

执行线宽命令后，弹出“线宽设置”对话框，如图 2-6 所示。

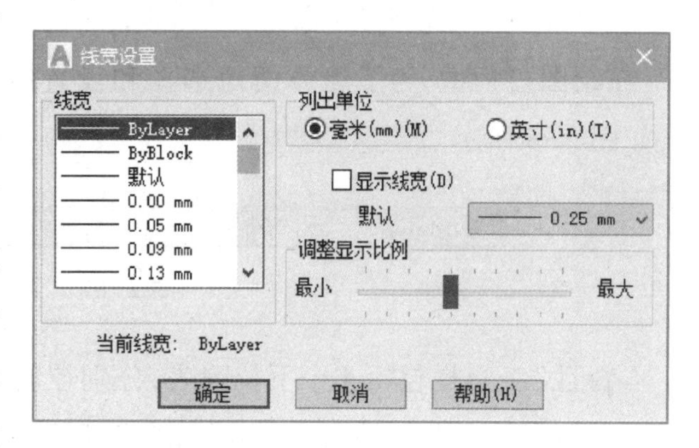

图 2-6 “线宽设置”对话框

“线宽设置”对话框的“线宽”列表框中列出了 AutoCAD 提供的 20 余种线宽，用户可从中在“ByLayer(随层)”“ByBlock(随块)”或某一具体线宽之间选择。还可以通过此对话框进行其他设置，如单位、显示比例等。选择线宽后，单击“确定”按钮，关闭对话框，完成设置。

在绘图时，为了便于查看图形，一般在绘图过程中不选择显示线宽比例和进行线宽设置，在图形绘制完后，需要输出、打印或显示图形时，才进行线宽设置和显示线宽比例。

在状态栏中单击“自定义”按钮，在弹出的快捷菜单中单击“线宽”命令，可在状态栏中显示当前线宽信息。

3. 设置颜色

用 AutoCAD 绘图时，可以将图形对象用不同的颜色表示。AutoCAD 提供了丰富的颜色方案供用户使用，其中最常用的颜色方案是采用索引颜色，即用自然数表示颜色，共有 255 种颜色，其中 1~7 号为标准颜色，分别为：1 红色、2 黄色、3 绿色、4 青色、5 蓝色、6 洋红、7 白色（如果绘图背景的颜色是白色，7 号颜色显示为黑色）。

设置绘图颜色的方法有以下几种：

- 使用选项卡：单击“默认”选项卡→“特性”面板→“对象颜色”→“更多颜色”命令。
- 使用菜单命令：单击“格式”→“颜色”菜单命令。
- 使用命令行：输入 COLOR ↙。

执行颜色命令后，弹出“选择颜色”对话框，如图 2-7 所示。

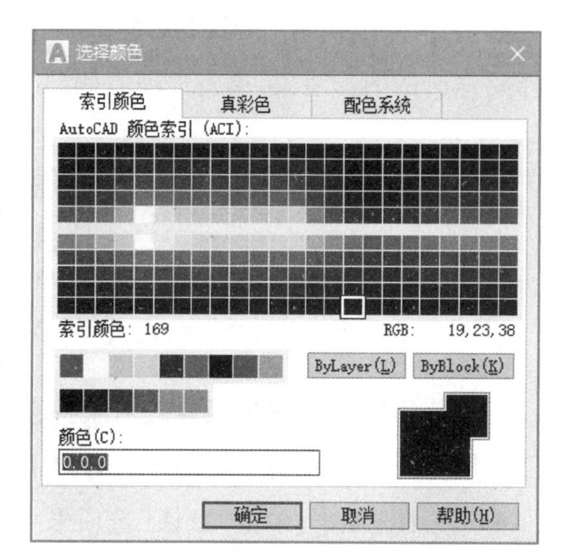

图 2-7 “选择颜色”对话框

“选择颜色”对话框中有“索引颜色”“真彩色”和“配色系统”3 个选项卡，用不同的方式确定绘图颜色。在“索引颜色”选项卡中，用户可以将绘图颜色设为 ByLayer（随层）、ByBlock（随块）或某一具体颜色。其中，随层指所绘对象的颜色总是与对象所在图层设置的绘图颜色相一致，这是最常用到的设置。单击选定的颜色，单击“确定”按钮，关闭对话框，完成设置。

二、管理对象特性

1. “特性”工具栏

在绘图过程中，为了更方便地选择和设置线型、线宽、颜色，我们可充分利用“特性”工具栏，如图 2-8 所示。

图 2-8 “特性”工具栏

“特性”工具栏包括 4 个下拉列表，分别控制对象的颜色、线型、线宽和打印样式。颜色、线型、线宽的当前设置都是“ByLayer”，即“随层”，表示当前的对象特性随图层而定。绘图时，可分别在各个下拉列表中选择已设置好的颜色、线型、线宽，也可单击“其他”选项，对颜色和线型重新选择。

2. 修改对象特性

在绘图过程中，可根据需要对图形的线型、线宽、颜色等特性进行修改、更换。管理对象特性的方法有使用“特性”工具栏、功能区、“特性”选项板、“特性匹配”等。

（1）使用“特性”工具栏修改对象特性

选择要修改的对象，此时“特性”工具栏显示该对象的特性，在“对象特性”工具栏相应的下拉列表中重新选定特性，即可更改。一般在绘制复杂图形时，不建议采用此方法修改对象特性，以免造成混乱。

（2）使用功能区修改对象特性

如图 2-9 所示，在“默认”选项卡的“特性”功能区，依次显示了对象颜色、线宽、线型选项。选择要修改的图形对象，单击选项右侧的下三角按钮，在下拉列表中选定相应特性即可。

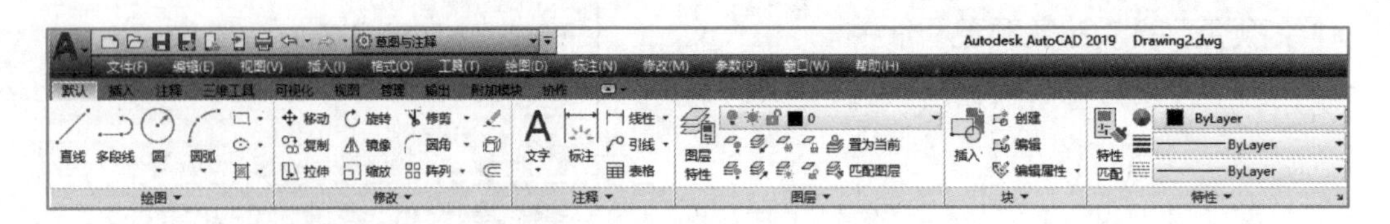

图 2-9 功能区特性选项

（3）使用“特性”选项板修改对象特性

常用打开“特性”选项板的方法有以下几种：

- 使用选项卡：单击“默认”选项卡→“特性”面板右侧的下三角按钮。
- 使用菜单命令：单击“工具”→“选项板”→“特性”菜单命令或单击“修改”→“特性”菜

单命令。

- 使用“标准”工具栏:单击“特性”按钮。

执行命令后,会弹出“特性”选项板,如图 2-10 所示。“特性”选项板默认处于浮动状态。在“特性”选项板的标题栏上右击,将弹出一个快捷菜单。可通过该快捷菜单确定是否隐藏选项板、是否在选项板内显示特性的说明部分以及是否将选项板锁定在主窗口中。

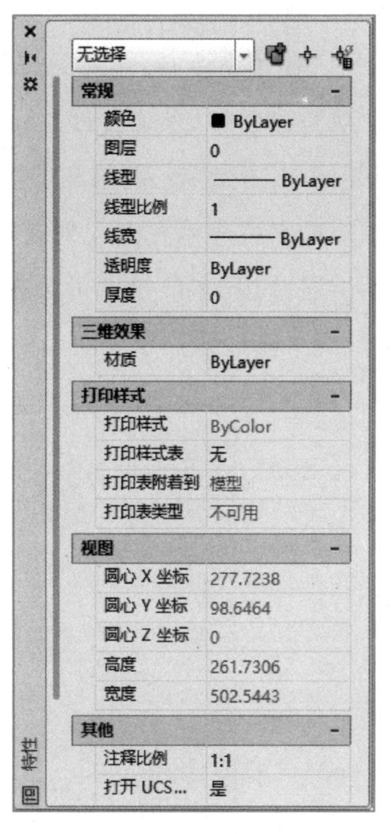

图 2-10 “特性”选项板

“特性”选项板中显示了当前选择集中对象的所有特性和特性值,当选中多个对象时,将显示它们的共有特性,可以通过它浏览、修改对象的特性。要修改对象的特性时,在“特性”选项板中直接输入值或通过下拉列表修改某一个特性。

(4) 使用“特性匹配”修改对象特性

“特性匹配”命令可将一个对象的特性(如颜色、线型、图层等)复制到其他对象上。执行“特性匹配”命令的方法有以下几种:

- 使用选项卡:单击“默认”选项卡→“特性”面板→“特性匹配”按钮。
- 使用菜单命令:单击“修改”→“特性匹配”菜单命令。
- 使用“标准”工具栏:单击“特性匹配”按钮。

使用“特性匹配”命令的步骤是:先选择具有某特性的对象,然后执行“特性匹配”命令,鼠标指针形状随即发生改变,单击需要匹配的对象即可。

三、创建、删除和设置图层

图层常被用来管理和组织不同特性的图形对象。图层就像透明的胶片。将不同性质的对象绘制在不同的图层上,然后根据图层对图形的几何对象、文字、标注等进行归类处理,方便地控制对象的特性。使用图层来管理图形对象,不仅能使图形的各种信息清晰、有序,便于观察,而且也会给图形的编辑、修改和输出带来很大的方便。

1. 创建与删除图层

新建的文件中,只有一个图层“0”。默认情况下,图层“0”将被指定使用 7 号颜色(白色或黑色,由背景色决定)、Continuous 线型、“默认”线宽及 normal 打印样式,用户不能删除或重命名该图层。在绘图过程中,如果用户使用更多的图层来组织图形,就需要先创建新图层。创建新图层的方法有以下几种:

- 使用选项卡:单击“默认”选项卡→“图层”面板→“图层特性”按钮。

- 使用菜单命令：单击“格式”→“图层”菜单命令。
- 使用“图层”工具栏：单击“图层特性管理器”按钮。
- 使用命令行：输入 LAYER ↙。

执行命令后，系统会打开“图层特性管理器”对话框，如图 2-11 所示。在该对话框中，单击“新建图层”按钮，新的图层以临时名称“图层 1”显示在列表中，并采用默认设置的特性。此时图层的名称显示在图层列表框中，如果要更改图层名称，可单击该图层名，然后输入一个新的图层名并按 Enter 键即可。在“图层特性管理器”对话框中，单击相应图层的颜色、线型、线宽等特性，可修改该图层上对象的基本特性。创建完成后关闭对话框。

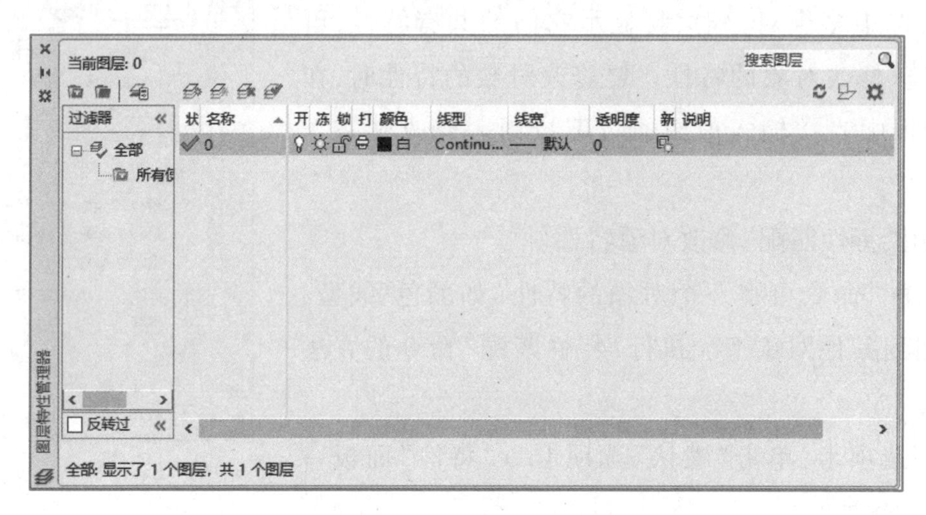

图 2-11 “图层特性管理器”对话框

对不需要的图层可将其删除，方法是打开“图层特性管理器”对话框，选中要删除的图层，单击“删除图层”按钮。

2. 设置图层

在“图层特性管理器”对话框的图层列表框中，显示了控制图层状态的工具：“打开/关闭”“冻结/解冻”“锁定/解锁”“线型”“颜色”“线宽”和“打印样式”等特性。这些状态除“打印/不打印”外，既可在“图层”工具栏或“图层”功能区面板中改变状态，也可在对话框中改变状态。

图 2-12 所示为“图层”工具栏，图 2-13 所示为“图层”功能区面板。将鼠标指针移至工具栏中的各状态按钮中，可提示按钮的有关信息。下面介绍“打开/关闭”“冻结/解冻”“锁定/解锁”3 项功能。

图 2-12 “图层”工具栏

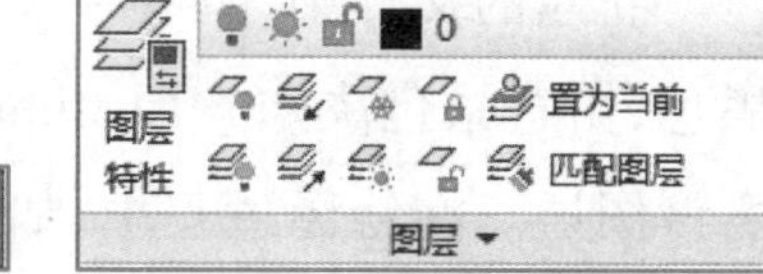

图 2-13 “图层”功能区面板

- “打开/关闭”💡用于是否显示图层上的对象。当控制图标为黄色灯泡时，图层上的对象可见。单击此图标，变为蓝色灯泡时，图层的对象不可见，也不能打印。再次单击图标，图层被打开。关闭的图层可随图形一起重新生成。

- “冻结/解冻”☼可以冻结或解冻图层。图层冻结后，图标呈雪花状。冻结后的图层，其上的对象不能被显示、打印输出和编辑修改。在重生成时，该图层上的对象不再被重生成。所以在复杂图形中冻结不需要的图层可以加快系统的重生成速度。当前图层不能被冻结，也不能将冻结的图层设为当前图层。

- “锁定/解锁”🔓不影响图层上对象的显示，也能在锁定图层上绘制新图形对象，但不能对锁定图层上的对象进行编辑。锁定图层后该图层的锁定图标变为锁的形状。

1. 创建“图层管理”图形文件

启动 AutoCAD，系统将自动创建一个 AutoCAD 图形文件，将其命名为“图层管理”文件并保存。

2. 设置线型

单击“格式”→“线型”菜单命令，打开“线型管理器”对话框。

根据任务内容，单击“加载”按钮，弹出“加载或重载线型”对话框，在“可用线型”列表中选择“CENTER”线型，并单击“确定”按钮。同样，选择“DASHED”线型，单击“确定”按钮后关闭所有对话框，完成线型设置。

3. 创建图层

单击“格式”→“图层”菜单命令或单击“图层”功能区面板中的“图层特性”按钮，打开“图层特性管理器”对话框。

在“图层特性管理器”对话框中，单击“新建图层”按钮，根据任务内容输入图层名“墙体”。同样，依次完成“窗户”“装饰物”“技术要求”“尺寸线”“门”“家具”图层的创建。

4. 设置图层

（1）设置当前图层

根据任务内容，在“图层特性管理器”对话框中单击“技术要求”图层，然后单击“置为当前图层”按钮✔，将该图层设为当前图层。

（2）设置其他图层对象

选择“墙体”图层，单击该图层的线型，弹出“选择线型”对话框，在对话框中选择规定的线型“Continuous”，单击“确定”按钮，关闭对话框；单击该图层的颜色，弹出“选择颜色”对话框，在对话框中选择规定的颜色“红色”，单击“确定”按钮，关闭对话框；单击该图层的线宽，弹出“线宽”对话框，在对话框中选择规定的线宽“0.50”，单击“确定”按钮，关闭对话框；单击该图层的开关按钮，使之处于关闭状态。至此，完成“墙体”图层的设置。

按照上述操作方法，依次完成其他图层对象的设置，设置结果如图 2-14 所示。

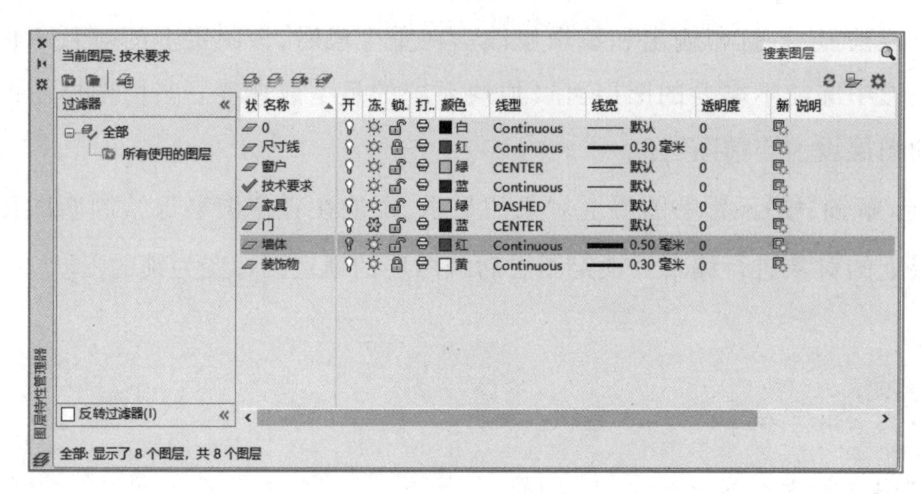

图 2-14　图层对象特性的设置

5. 修改“尺寸线”图层的对象特性

选定“尺寸线”图层，单击该图层的颜色，在弹出的“选择颜色”对话框中选择要修改的颜色“洋红”，单击该图层的线型，在弹出的“选择线型”对话框中选择要修改的线型“DASHED”，然后单击“确定”按钮，关闭对话框即完成修改。

6. 删除“窗户”图层

选择“窗户”图层，单击对话框中的“删除”按钮，该图层被删除。

7. 保存文件

根据任务内容完成所有操作后，在“线型管理器”对话框中单击“确定”按钮，关闭对话框，保存文件。

序号	评价内容	评价完成效果		
		★★★	★★	★
1	熟练掌握线型、线宽、颜色的设置方法			
2	熟练掌握图层的创建、删除和状态设置方法			
3	能按照要求设置图层、线型、线宽、颜色			

1. 在本任务中能删除“技术要求”图层吗？为什么？

2. 打开本任务完成的文件，对图层进行打开、关闭、冻结、解冻、锁定、解锁、删除、置为当前图层等操作，观察各图层状态工具的变化。

任务3　设置常用辅助绘图工具的模式

任务目标

1. 掌握栅格、捕捉、正交模式的设置
2. 熟悉并进行对象捕捉模式设置
3. 会设置自动追踪模式
4. 掌握图形显示工具的使用

启动 AutoCAD，完成下列操作任务：

① 显示栅格，设置栅格间距：栅格 X、Y 轴间距均为 20 mm。

② 设置捕捉间距：捕捉 X、Y 轴间距均为 20 mm。

③ 启用极轴追踪，并设置两个极轴增量角度 25°、14°。

④ 启用对象捕捉模式，并设置捕捉对象为：圆心、交点、垂足、中点。

⑤ 执行窗口缩放、平移命令，观察光标的变化。

⑥ 关闭极轴追踪，启用正交模式。

⑦ 删除极轴增量角值 14°。

任务分析

本任务中，设置栅格间距、捕捉间距、极轴增量这些辅助绘图工具时，均在“草图设置”对话框中完成，启用极轴追踪、对象捕捉、对象追踪、正交模式既可在“草图设置”对话框中完成，也可在状态栏中完成。

借助一些绘图辅助工具，可以帮助我们快速顺利地绘制图形。这些辅助工具有精确定位工具、调整图形显示范围工具等。

一、设置栅格、捕捉、正交、极轴捕捉

1. 栅格设置和显示

栅格是显示在当前图形界限内的点矩阵，类似于在图形下放置一张坐标纸，使用栅格可以对齐对象并直观显示对象之间的距离。如果放大或缩小图形，可能需要调整栅格间距，使其更适合新的比例。栅格只是绘图的辅助工具，而不是图形中的一部分，所以只在计算机屏幕上是可见的，在输出图纸时并不会打印出栅格。栅格的间距可以随时调整。

（1）栅格的设置

设置栅格间距的方法常有以下几种：

- 使用菜单命令：单击“工具”→“绘图设置”菜单命令。
- 使用快捷菜单：右击状态栏中的“栅格”按钮，在弹出的快捷菜单中单击“设置”命令。

命令执行后，弹出“草图设置”对话框，如图 2-15 所示。

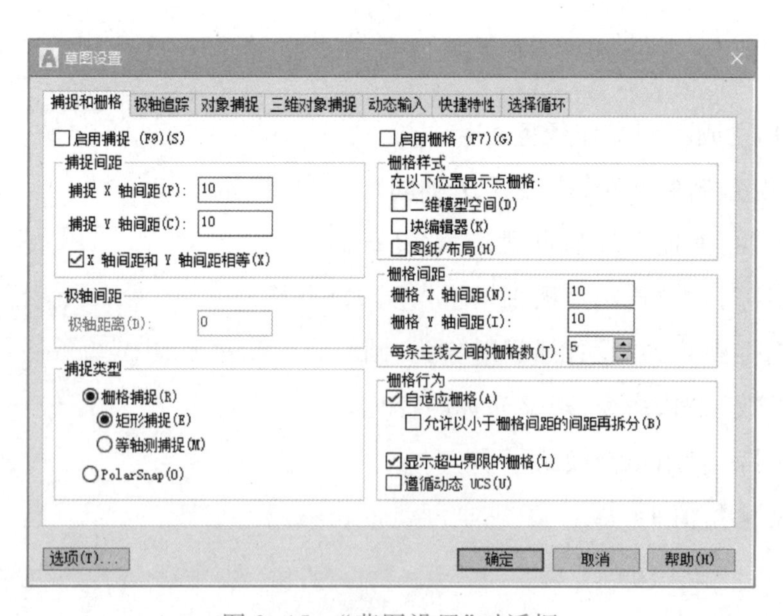

图 2-15 “草图设置”对话框

利用“草图设置”对话框中的“捕捉和栅格”选项卡可进行栅格捕捉与栅格显示方面的设置，可以设置栅格 X 轴间距和栅格 Y 轴间距等。

(2) 栅格的显示

显示栅格的操作方法有以下几种：

- 使用快捷方式：单击状态栏中的"栅格"按钮，使之亮显。
- 使用功能键：按 F7 键。
- 使用菜单命令：单击"工具"→"绘图设置"菜单命令。

前两种方式可直接显示栅格，后一种方式是在弹出的对话框中勾选"启用栅格"复选框。

如果栅格间距设置得太小，系统将提示"栅格太密，无法显示"，且不在屏幕上显示栅格点。

2. 捕捉设置

捕捉命令用于在图形区域内提供不可见的参考栅格，能够准确定位和控制间距。设置方法有以下几种：

- 使用菜单命令：单击"工具"→"绘图设置"菜单命令。
- 使用快捷方式：右击状态栏中的"捕捉"按钮，在弹出的快捷菜单中单击"设置"命令。

执行命令后，弹出"草图设置"对话框，如图 2-15 所示。设置捕捉参数时，首先勾选"启用捕捉"复选框，然后输入捕捉间距。在编辑图形时，为了方便选取被编辑对象，最好关闭捕捉。有时为了方便绘图，可将捕捉间距设置为与栅格间距相同，或者使栅格间距为捕捉间距的倍数。在命令行中输入命令后，设置内容与在"草图设置"对话框中的内容一致。

启用捕捉模式的方法有以下几种：

- 使用快捷方式：单击状态栏中的"捕捉"按钮，使之亮显。
- 使用功能键：按 F9 键。
- 使用菜单命令：单击"工具"→"绘图设置"菜单命令，在打开的对话框中勾选"启用捕捉"复选框。

3. 正交模式设置

AutoCAD 提供的正交模式也可以用来精确定位点，将定点的输入限制为水平或垂直。在正交模式下，可以方便地绘出与当前 X 轴或 Y 轴平行的线段。正交状态的调用方法有以下几种：

- 使用快捷方式：单击状态栏中的"正交"按钮。
- 使用功能键：按 F8 键。

正交模式是开关式按钮，使用时打开，不需要时单击即关闭。

例如，绘制一条直线时，打开正交模式后，输入的第 1 点是任意的，但当移动光标准备指定第 2 点时，引出的橡皮筋线已不再是这两点之间的连线，而是起点到光标十字线的垂直线中较长的那段线，此时单击，橡皮筋线就变成所绘直线。

4. 极轴捕捉模式设置

极轴捕捉是在创建或修改对象时，按事先给定的角度增量和距离增量来追踪特征点，即捕捉相对于初始点且满足指定极轴距离和极轴角的目标点。

极轴追踪设置主要是设置追踪的距离增量和角度增量，以及与之相关的捕捉模式。这些设置可以通过“草图设置”对话框的“捕捉和栅格”选项卡与“极轴追踪”选项卡来实现。

(1) 设置极轴距离

打开图 2-15 所示的“草图设置”对话框的“捕捉和栅格”选项卡，可以设置极轴距离，单位为毫米(mm)。在对话框中，“捕捉类型”组选中“PolarSnap(0)”单选按钮，在“极轴距离”文本框中输入距离增量值。设置完成后，绘图时，光标将按指定的极轴距离增量进行移动。

需要特别注意的是，极轴距离的设置需与极坐标追踪和对象捕捉追踪结合使用。如果两个追踪功能都未选择，则极轴追踪无效。

(2) 设置极轴角度

在“草图设置”对话框的“极轴追踪”选项卡中，如图 2-16 所示，可以设置极轴角增量角。设置时，可以在“增量角”下方的下拉列表中选择系统提供的极轴角增量，包括 90、45 等 8 个极轴角增量，也可以单击“新建”按钮，设置其他任意角度值。设置完成后，如果移动光标接近极轴角，以及整数倍极轴角时，将显示对齐路径和相应提示。图 2-17 所示为极轴角增量角为 30°时的极轴追踪示例。

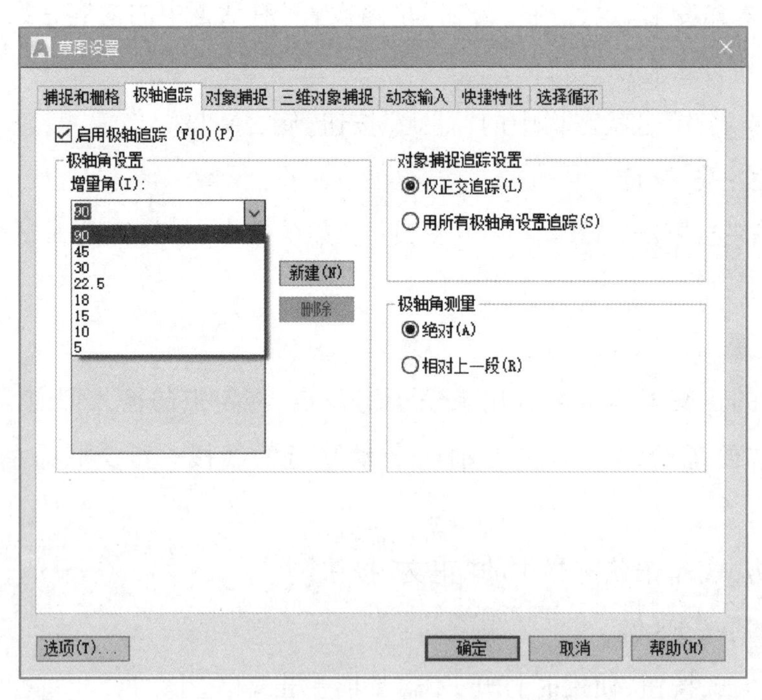

图 2-16 “极轴追踪”选项卡

二、对象捕捉设置

在绘图的过程中，经常需指定一些对象上已有的点，如端点、圆心和两个对象的交点等。

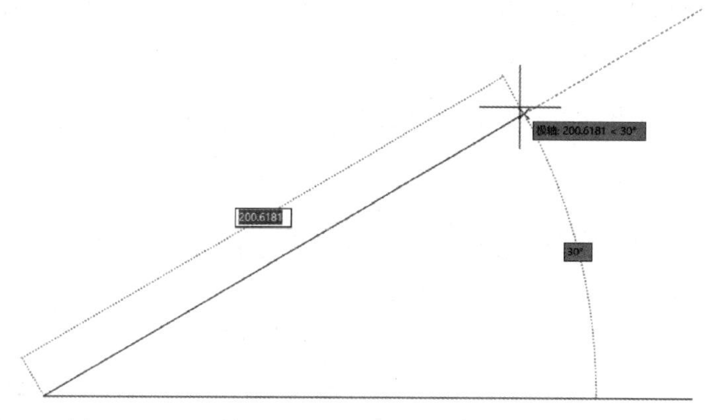

图 2-17　极轴增量角度为 30°时的极轴追踪示例

在 AutoCAD 中，可以通过“对象捕捉”功能迅速、准确地捕捉到某些特殊点，从而精确地绘制图形。在绘图过程中有两种方式设置对象捕捉：单点捕捉和自动捕捉。

1. 单点捕捉

在绘图过程中，当要求指定点时，单击“对象捕捉”工具栏中相应的特征点按钮，如图 2-18 所示，再把光标移到要捕捉对象上的特征点附近，即可捕捉到相应的对象特征点。将光标移动到特征点按钮处停留片刻，即会出现特征点的提示信息。

图 2-18　“对象捕捉”工具栏

调用“对象捕捉”工具栏的方法是：单击“工具”→“工具栏”→“AutoCAD”→“对象捕捉”菜单命令。

单点捕捉的操作方法有以下几种：

- 使用“对象捕捉”工具栏：单击特征点按钮。
- 使用快捷菜单：按住 Shift 键并右击，在弹出的“对象捕捉”快捷菜单中单击特征点。

当单点捕捉命令结束时，捕捉也结束。每次捕捉都需重复同样的操作，一般很少使用，但“捕捉自”按钮用处较大。

2. 自动捕捉

绘图过程中，使用对象捕捉的频率非常高。为此，AutoCAD 还提供了一种自动对象捕捉模式，可以一次选择多种捕捉方式，该捕捉在绘图过程中一直有效。

（1）设置对象捕捉模式的方法

- 使用菜单命令：单击“工具”→“绘图设置”菜单命令。
- 使用状态栏：单击状态栏中的“对象捕捉”按钮旁的下三角按钮，在弹出的下拉菜单中勾选要设置的点。

● 使用快捷菜单:右击状态栏中的“对象捕捉”按钮 ,在弹出的快捷菜单中单击“设置”命令。

执行上述命令后,会弹出“草图设置”对话框,在“对象捕捉”选项卡中勾选要设置的点,如图 2-19 所示。

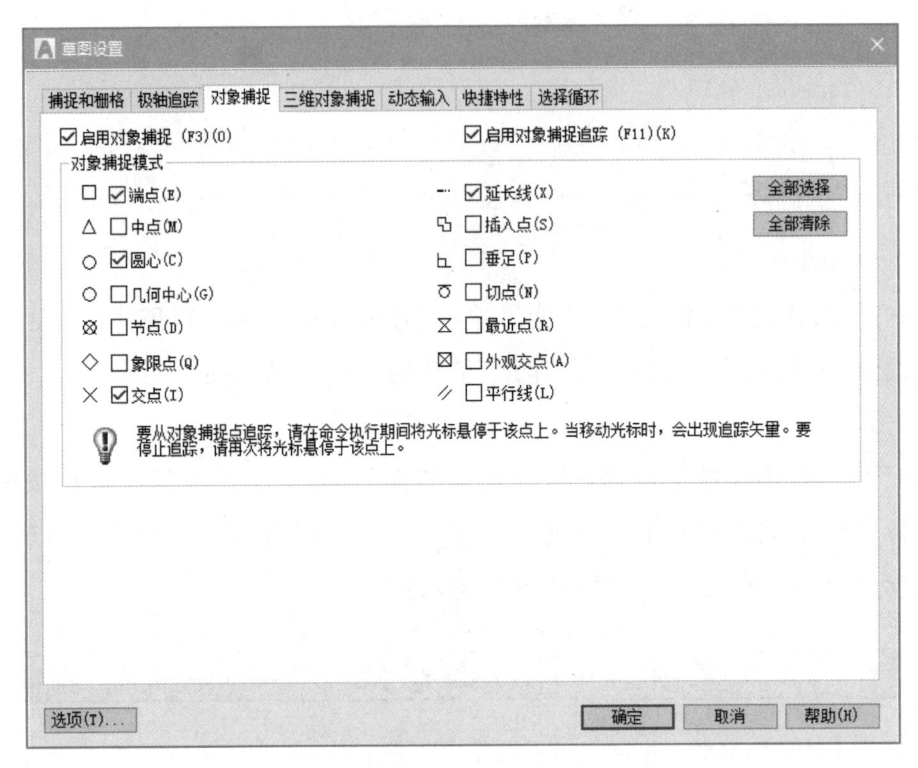

图 2-19 对象捕捉模式设置对话框

(2) 启用和关闭对象捕捉的方法

● 使用功能键:按 F3 键。

● 使用状态栏:单击状态栏中的“对象捕捉”按钮 。

对象捕捉的状态是开关式按钮,单击一次为打开或关闭状态,再单击则改变状态。处于打开状态时,状态栏处的按钮会亮显。

(3) 使用自动捕捉的方法

自动捕捉时,必须保证“对象捕捉”状态是打开的,把光标放在捕捉点上多停留一会,系统会显示捕捉的提示。这样,在选点之前,就可以预览和确认捕捉点。图 2-20 所示为捕捉圆心时的提示。

3. 对象捕捉追踪的设置

使用对象捕捉追踪,是指在绘图中,光标可以沿基于对象捕捉点的对齐路径进行追踪,便于我们捕捉与对象捕捉点有关联的一些点。设置对象捕捉追踪的方法有以下几种:

● 使用菜单命令:单击“工具”→“绘图设置”→“对象捕捉”→“启用对象捕捉追踪”菜单

命令。

- 使用快捷方式:单击状态栏中的“对象捕捉追踪”按钮。
- 使用功能键:按 F11 键。

三、图形显示工具的使用

绘图过程中,有时候需要观察整幅图形,有时候需要显示局部细节,AutoCAD 提供了缩放、平移等一系列图形显示工具。

1. 缩放视图

在 AutoCAD 中,可以通过缩放视图来观察图形对象。缩放视图可以增加或减少图形对象的屏幕显示尺寸,但对象的真实尺寸保持不变。通过改变显示区域和图形对象的大小,可以更准确、更详细地绘图。

调用缩放视图的操作方法有以下几种:

- 使用菜单命令:单击“视图”→“缩放”中的子命令。
- 使用“缩放”工具栏按钮:单击工具栏中的某一按钮,如图 2-21 所示。
- 使用“标准”工具栏按钮:单击工具栏中的视图缩放某一按钮,如图 2-22 所示。

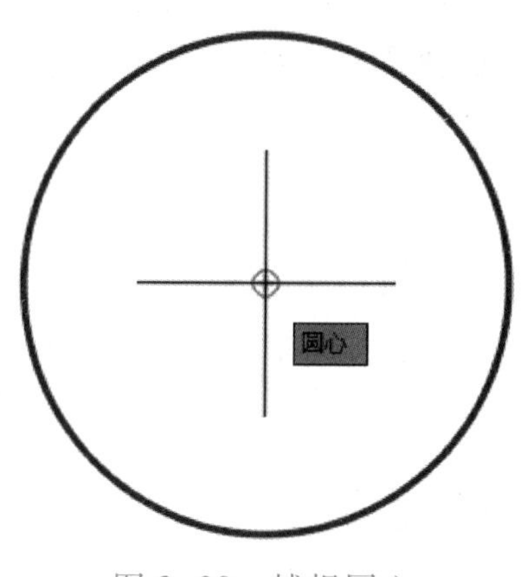

图 2-20　捕捉圆心

图 2-21　“缩放”工具栏

图 2-22　“标准”工具栏

调用“缩放”工具栏的方法是:单击 “工具”→“工具栏”→“AutoCAD”→“缩放”菜单命令。

通常,在绘制图形的局部细节时,需要使用缩放工具放大该绘图区域,当绘制完成后,再使用缩放工具缩小图形来观察图形的整体效果。常用的缩放工具有“实时”“窗口”“动态”和“中心”等。这里主要了解“实时”“窗口”“动态”“缩放上一个”4 种缩放方式。

(1) 实时缩放

调用“实时缩放”命令的方法有以下几种:

- 使用菜单命令:单击“视图”→“缩放”→“实时缩放”菜单命令。

- 使用“标准”工具栏：单击“实时缩放”按钮。

进入实时缩放模式时，鼠标指针改变形状。此时向上拖动光标或向上滚动鼠标滚轮可放大整个图形，向下拖动光标或向下滚动鼠标滚轮可缩小整个图形，释放鼠标后停止缩放。若要退出实时缩放模式，在绘图区右击，在弹出的快捷菜单中单击“退出”命令。按 Esc 键或 Enter 键也能退出实时缩放模式。

（2）窗口缩放

显示由两个角点定义的矩形窗口框定的区域。调用“窗口缩放”命令的方法有以下几种：

- 使用菜单命令：单击“视图”→“缩放”→“窗口”菜单命令。
- 使用“缩放”工具栏：单击“窗口缩放”按钮。
- 使用“标准”工具栏：单击“窗口缩放”按钮。
- 使用命令行：输入 ZOOM→W ↙。

进入窗口缩放模式时，鼠标指针改变为十字形，此时拖动鼠标在屏幕上拾取两个对角点以确定一个要缩放的矩形窗口，之后系统将矩形范围内的图形放大至整个屏幕。

使用“标准”工具栏时，如果没有找到某一缩放按钮，单击有黑三角图标的下拉按钮，将显示其他的缩放按钮，单击要选择的缩放按钮即可。在调用“标准”工具栏中的其他缩放按钮时操作相同。

（3）动态缩放

显示在视图框中的部分图形。调用“动态缩放”命令的方法有以下几种：

- 使用菜单命令：单击“视图”→“缩放”→“动态”菜单命令。
- 使用“标准”工具栏：单击“动态缩放”按钮。
- 使用“缩放”工具栏：单击“动态缩放”按钮。

当进入动态缩放模式时，在屏幕中将显示一个带“×”形的矩形方框。单击绘图区域，此时选择窗口中心的“×”形消失，显示一个位于右边框的方向箭头，拖动鼠标可改变选择窗口的大小，以确定选择区域大小，最后按 Enter 键，即可缩放图形。

（4）缩放上一个

绘制复杂图形时，有时需要放大图形的一部分以进行细节的编辑，当编辑完成后，如果想回到前一个视图显示方式，可使用“缩放上一个”命令实现。调用“缩放上一个”命令的方法有以下几种：

- 使用菜单命令：单击“视图”→“缩放”→“上一个”菜单命令。
- 使用“标准”工具栏：单击“缩放上一个”按钮。
- 使用“缩放”工具栏：单击“缩放上一个”按钮。

执行该命令后，视图将自动返回到上一个视图的显示方式。

2. 实时平移视图

使用实时平移视图命令，可以重新定位图形，以便看清图形的其他部分，此时不会改变图形中对象的位置或比例，只改变视图。调用实时平移视图的操作方法有以下几种：

- 使用菜单命令：单击“视图”→“平移”→“实时”菜单命令。
- 使用“标准”工具栏：单击“实时平移”按钮。
- 使用快捷菜单：右击绘图区域，在弹出的快捷菜单中选择“平移”命令。

进行实时平移时，鼠标指针变成一只小手，按住鼠标左键拖动，窗口内的图形就可按光标移动的方向移动。释放鼠标，可返回到平移等待状态。按 Esc 键或 Enter 键退出实时平移模式，也可在绘图区右击，在弹出的快捷菜单中选择“退出”命令。

1. 启动 AutoCAD，新建图形文件

2. 设置和启用栅格

单击“工具”→“绘图设置”菜单命令，打开“草图设置”对话框，在“捕捉和栅格”选项卡中，输入栅格 X 轴间距：20，Y 轴间距：20，选中“启用栅格”复选框，如图 2-23 所示，单击“确定”按钮后关闭对话框。

3. 设置捕捉间距

在“草图设置”对话框的“捕捉和栅格”选项卡中，先勾选“启用捕捉”复选框，然后输入捕捉 X 轴间距：20，Y 轴间距：20，如图 2-23 所示，单击“确定”按钮后关闭对话框。

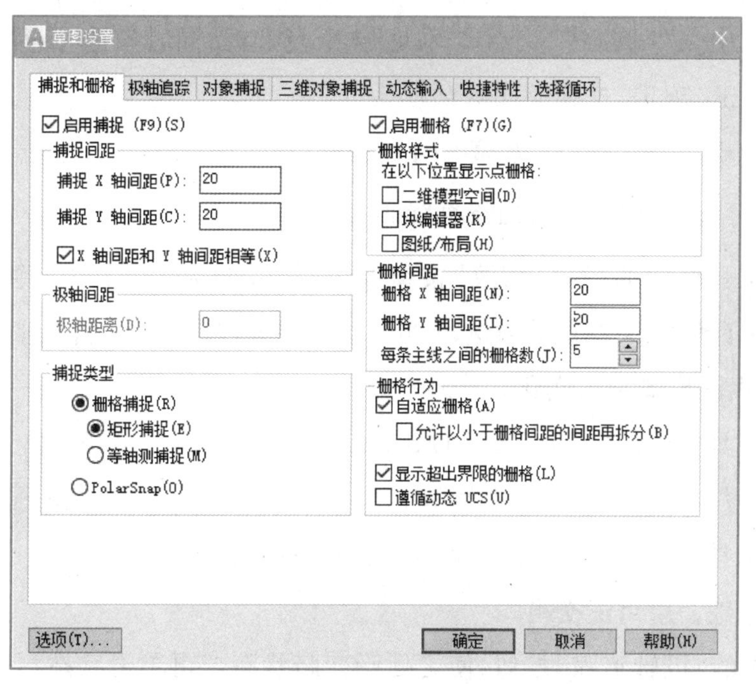

图 2-23　设置栅格和捕捉间距

4. 设置和启用极轴追踪

单击“工具”→“绘图设置”菜单命令，打开“草图设置”对话框，在“极轴追踪”选项卡中勾选“启用极轴追踪”和“附加角”复选框，单击“新建”按钮，输入极轴增量角度值 25。再单击“新建”按钮，设置另一个极轴增量角度值 14，如图 2-24 所示。

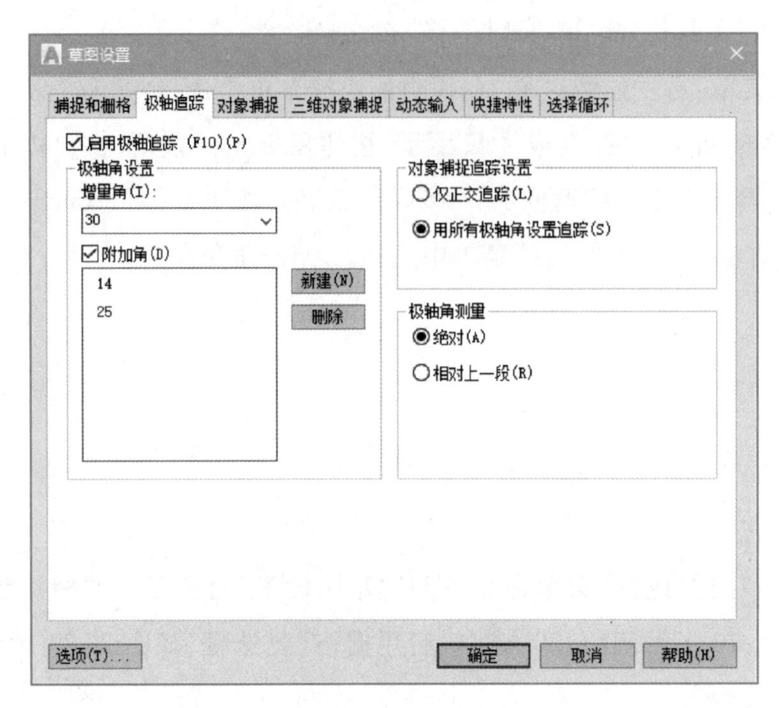

图 2-24　设置极轴增量角

5. 设置和启用对象捕捉模式

右击状态栏，在弹出的快捷菜单中单击“设置”命令，弹出“草图设置”对话框，在“对象捕捉”选项卡中勾选“中点”“圆心”“交点”“垂足”4 个复选框，同时勾选“启用对象捕捉”复选框，如图 2-25 所示，单击“确定”按钮关闭对话框。

6. 执行窗口缩放、平移命令，观察光标的变化

实操 2-1：执行直线命令，绘制几条直线。

单击“标准”工具栏中的“窗口缩放”按钮，鼠标指针变为十字形，命令行提示：“指定第一个角点”，将鼠标指针移至绘制的直线左上方，向右下角拖动鼠标，当矩形框住要缩放的直线后，释放鼠标。观察图形的视图变化。

单击“标准”工具栏中的“实时平移”按钮，鼠标指针变为小手形状，上、下、左、右拖动鼠标，观察视图的变化。右击，在弹出的快捷菜单中单击“退出”命令，退出实时平移模式。

单击“标准”工具栏中的“缩放上一个”按钮，观察视图的变化。

7. 关闭极轴追踪，启用正交模式

单击状态栏中的“极轴追踪”按钮，使之处于变暗状态。再单击状态栏中的“正交”按钮，使

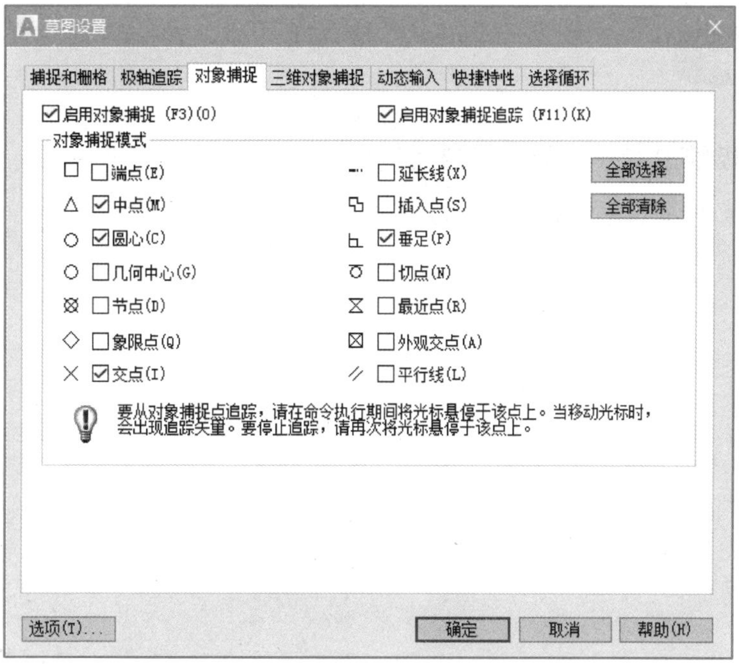

图 2-25　设置对象捕捉

之亮显。

执行直线命令，绘制正交直线，观察拖动鼠标到某一方向时橡皮筋的变化。

打开“极轴追踪”按钮，关闭“正交”状态。继续执行直线命令，在绘制直线的另一个端点时拖动鼠标，观察在增量角为 14、25、30 及其倍数值时出现的橡皮筋及提示。

8. 删除极轴增量角值 14

单击“工具”→“绘图设置”菜单命令，打开“草图设置”对话框，在“极轴追踪”选项卡中选中极轴增量角值 14，单击“删除”按钮，则极轴增量角值 14 被删除。

9. 保存文件

序号	评价内容	评价完成效果		
		★★★	★★	★
1	掌握栅格、捕捉、正交模式的设置			
2	熟练设置对象捕捉模式			
3	会设置自动追踪模式			
4	掌握缩放和平移显示工具的正确使用			

1. 正交模式和极轴追踪模式能同时启用吗?
2. 对图形进行实时缩放后,图形的尺寸是否也随之被缩放?

操　作　篇

项目 3　绘制二维图形

二维图形是指在二维平面空间绘制的图形，主要由点、直线、圆、圆弧、矩形、多边形、椭圆、多段线、样条曲线、多线等图形元素组成，熟练绘制这些图形元素是绘制一个二维图形的前提和基础。本项目将通过绘制家具、洁具、饰品等家居设施的任务，掌握常用绘图命令的输入和操作方法，并为后续项目的完成做好准备。

任务 1　绘制餐桌

任务目标

1. 掌握“直线”“构造线”的绘制方法
2. 进一步熟悉坐标的输入方法
3. 进一步熟悉捕捉、追踪、正交等辅助命令的使用方法

任务内容

利用直线命令绘制一个餐桌，如图 3-1 所示。

任务分析

餐桌图形主要对象有两个矩形和 4 条直线。矩形 ABCD 和 EFGH 可以利用直线命令绘制，确定各角点时可以输入相对坐标值，也可以利用正交模式确定。确定矩形 EFGH 的某一角点时，可使用“对象捕捉”中的“捕捉自”命令；绘制 53°的直线时，需要先设置极轴增量角值 53，然后利用极轴追踪模式绘制，也可输入相对极坐标值绘制。

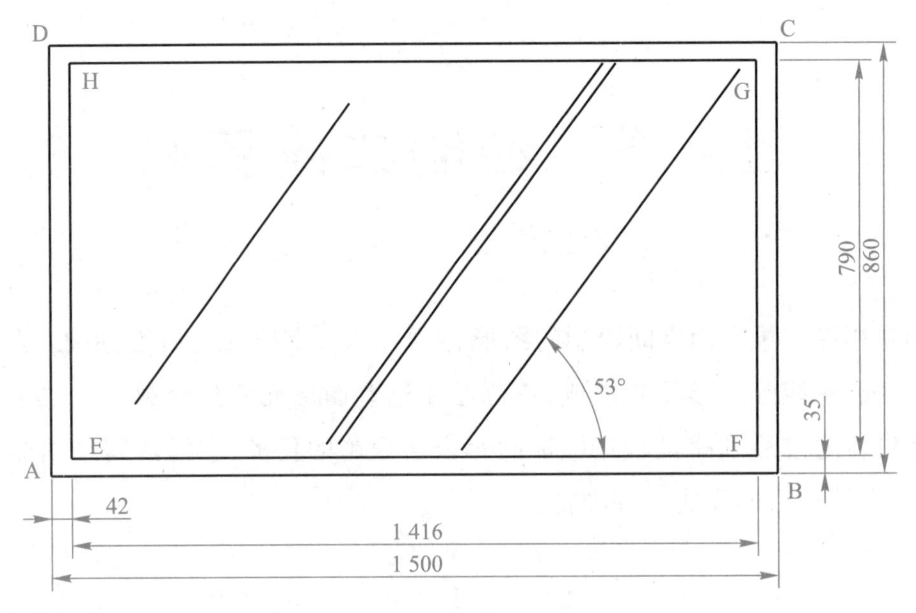

图 3-1　餐桌平面图

1. 直线的绘制

直线是各种绘图中最常用、最简单的图形对象，只要指定了起点和终点即可绘制一条直线。在 AutoCAD 中，可以绘制首尾相接的一系列线段，但每条线段都是一个独立的图形对象。

直线命令的调用方法常有以下几种：

- 使用选项卡：单击“默认”选项卡→“绘图”面板→“直线”按钮╱。
- 使用菜单命令：单击“绘图”→“直线”菜单命令。
- 使用“绘图”工具栏：单击“直线”按钮╱。
- 使用命令行：输入 L↙。

输入直线命令后，在命令行提示信息的引导下，结合所绘图形完成直线的绘制。直线的端点可以通过输入点的坐标、对象捕捉点、单击任意位置等方式指定，完成操作后，按 Enter 键或空格键结束命令，也可从右击弹出的快捷菜单中单击“确认”命令结束操作。命令行提示中的“闭合”选项用于在绘制了两条或两条以上线段后进行首尾闭合；“放弃”选项用于删除最新绘制的线段。

在 AutoCAD 中隐含着一个可自动执行的“直接距离输入”的直线命令方法。执行直线命令中，指定了前一个点后，移动光标，使橡皮筋的方向为下一点的方向，不需输入点的坐标，只输入与前一点的距离后按 Enter 键即可。

2. 构造线的绘制

构造线命令的调用方法有以下几种：

- 使用选项卡：单击“默认”选项卡→“绘图”面板的下三角按钮→“构造线”按钮。
- 使用菜单命令：单击“绘图”→“构造线”菜单命令。
- 使用“绘图”工具栏：单击“构造线”按钮。

构造线一般用作绘图时的辅助线，完成命令的执行步骤与直线命令相同，学习者可自行练习。

1. 新建“餐桌”文件并设置图层

启动 AutoCAD，新建“餐桌”文件。单击“默认”选项卡“图层”面板中的“图层特性”按钮，打开“图层特性管理器”对话框，新建图层，命名为“家具”，颜色为红色，线型默认，线宽0.30，并将其设为当前图层，如图 3-2 所示。

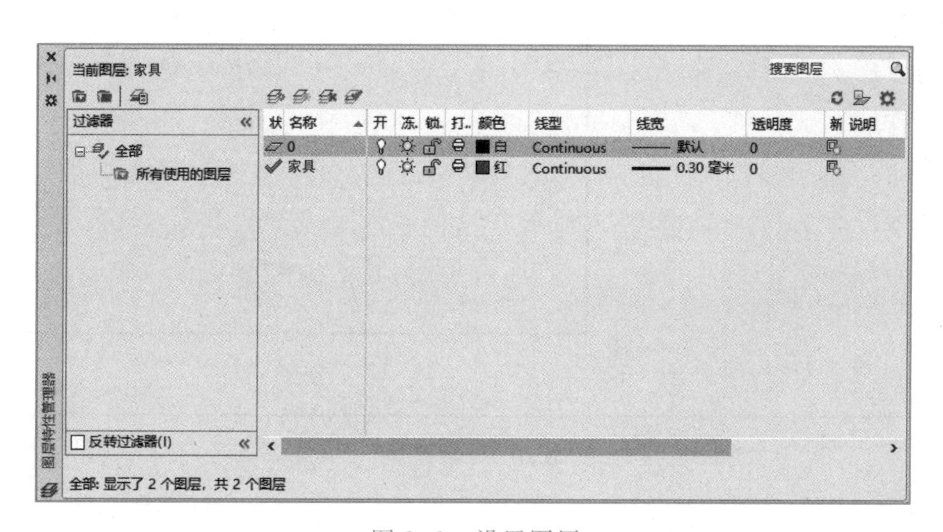

图 3-2　设置图层

2. 单击“直线”按钮绘制图 3-1 中的矩形 ABCD

命令行提示和操作步骤如下：

命令:line 指定第一点：　//在绘图区内任意指定一点单击，确定点 A

指定下一点或[放弃(U)]:@ 1500,0↙　//输入@ 1500,0，按 Enter 键，确定点 B

指定下一点或[放弃(U)]:@ 0,860↙　//输入@ 0,860，按 Enter 键，确定点 C

指定下一点或[闭合(C)/放弃(U)]:@ -1500,0↙　//输入@ -1500,0，按 Enter 键，确定点 D

指定下一点或[闭合(C)/放弃(U)]:c↙　//输入 c，按 Enter 键，形成闭合

如果绘制的图形无法在绘图区内全部显示出来，或显示太小，可使用视图缩放工具进行缩放。

3. 使用直线命令和对象捕捉功能绘制矩形 EFGH

（1）利用对象捕捉工具确定点 E

① 单击“直线”按钮。

② 单击状态栏中的“对象捕捉”按钮，使之处于打开状态，然后在任意工具栏处右击，在弹出的快捷菜单中单击“对象捕捉”命令，打开“对象捕捉”工具栏。单击工具栏中的“捕捉自”按钮，如图 3-3 所示。单击点 A，然后在命令提示行输入偏移点@ 42,35，确定点 E。

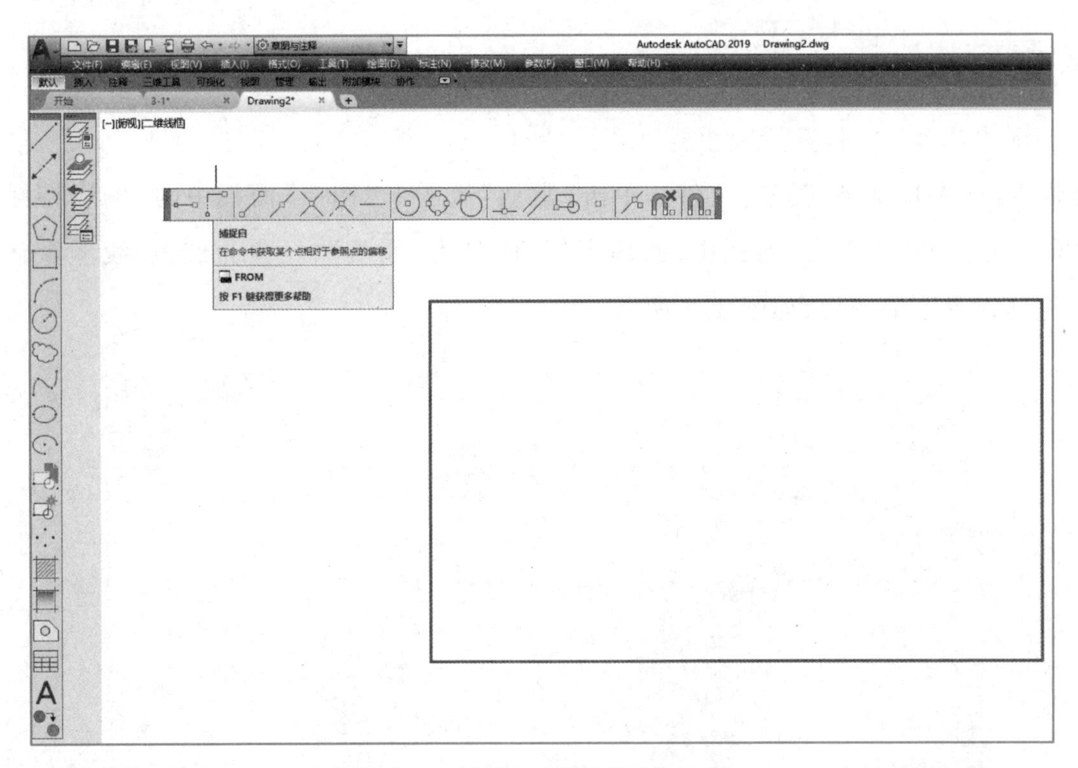

图 3-3 使用“对象捕捉”工具栏

操作过程中命令行提示如下：

命令：line 指定第一点：<打开对象捕捉> _from 基点：<偏移>：@ 42,35↙

（2）绘制矩形 EFGH

继续上述操作，命令行提示和操作步骤如下：

指定下一点或[放弃(U)]： <正交 开> 1416↙ //单击状态栏中的“正交模式”按钮，将鼠标水平向右拖动，使橡皮筋指向 X 轴正方向，输入距离值 1 416，按 Enter 键，确定轮廓右下角点 F

指定下一点或[放弃(U)]：790↙ //将鼠标向上拖动，使橡皮筋指向 Y 轴正方向，输入距离值 790，按 Enter 键，确定轮廓右上角点 G

指定下一点或[闭合(C)/放弃(U)]：1416↙ //将鼠标向左拖动，使橡皮筋指向 X 轴负

方向，输入距离值 1 416，按 Enter 键，确定轮廓左上角点 H

指定下一点或[闭合(C)/放弃(U)]：c↙　//输入 c，按 Enter 键，闭合图形

4. 绘制表示透明的直线

继续执行直线命令，命令行提示和操作步骤如下：

命令：line 指定第一点：　//在矩形内左下方任意指定一点

指定下一点或[放弃(U)]：@ 950<53↙　//用相对极坐标法输入@ 950<53，按 Enter 键

继续执行直线命令，命令行提示和操作步骤如下：

命令：line 指定第一点：　//在矩形内左下方任意指定一点

指定下一点或[放弃(U)]：　//打开极轴追踪状态，在状态栏处右击，在弹出的"草图设置"对话框"极轴追踪"选项卡中，新建附加角值 53，单击"确定"按钮关闭对话框。拖动鼠标指针至 53°附近，出现橡皮筋和 53°提示信息后单击确定一点

利用极轴追踪绘制其他两条直线，操作方法同上。

5. 保存文件

序号	评价内容	评价完成效果		
		★★★	★★	★
1	掌握绘制直线的各种方法			
2	能使用对象捕捉、对象追踪、正交模式、极轴追踪、对象捕捉追踪功能			
3	进一步熟悉点的输入方法			
4	熟练完成本任务			

1. 你认为绘制直线时，哪些命令方法更高效方便？

2. 绘制图形，如图 3-4 所示。

操作步骤提示：

命令行：line↙　//执行直线命令

指定第一点：　//在绘图区任意指定一点，也可输入一个坐标值，确定轮廓左下角点

指定下一点或[放弃(U)]：100↙　//打开正交状态，移动鼠标，将橡皮筋指向 X 轴正向，

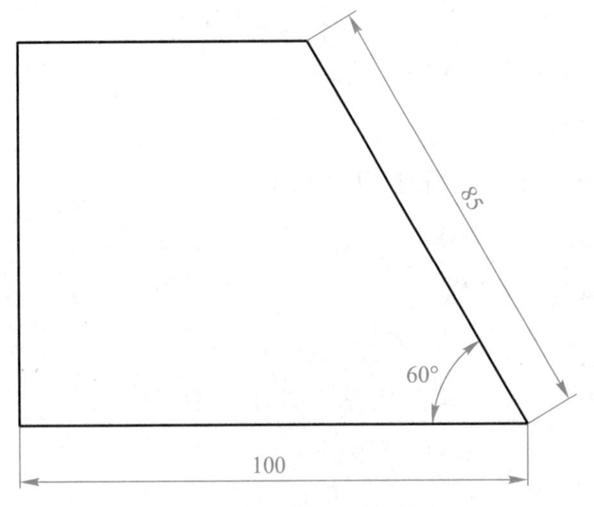

图 3-4　用直线命令绘制图形轮廓

输入距离值 100，按 Enter 键，确定轮廓右下角点

指定下一点或[放弃(U)]:85↙　//打开极轴状态，设置增量角值为 60，移动鼠标指针至约 120°处，出现橡皮筋及提示角度 120°后，输入距离值 85，按 Enter 键；也可直接输入相对极坐标@ 85<120，确定轮廓右上角点

指定下一点或[闭合(C)/放弃(U)]:　//打开对象捕捉和对象捕捉追踪两个状态，并设捕捉对象为端点。将光标移至左下角点停留片刻，出现端点提示后再移至右上角点停留片刻，然后向左移动鼠标，直到出现十字相交的两条虚线和"×"形符号后，单击，确定左上角点，如图 3-5 所示

指定下一点或[闭合(C)/放弃(U)]:c↙　//输入 c，按 Enter 键

3. 绘制五角星，如图 3-6 所示。

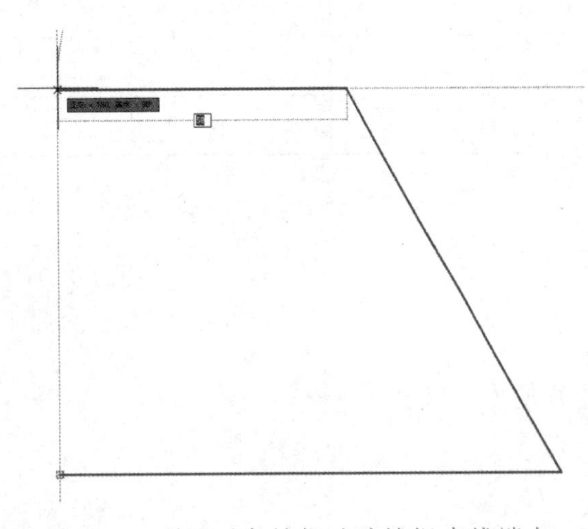

图 3-5　利用对象捕捉追踪捕捉直线端点

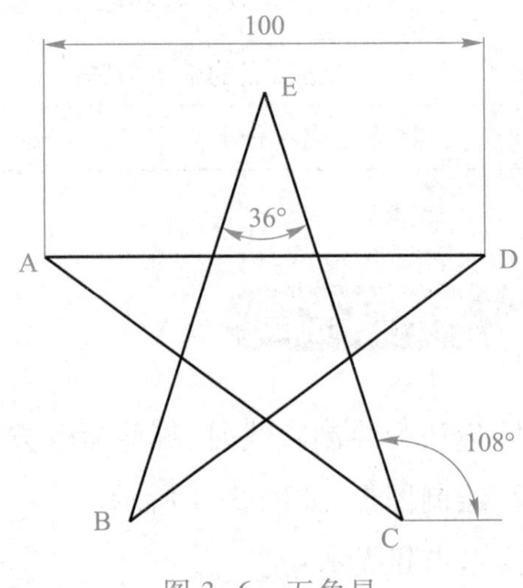

图 3-6　五角星

操作提示：按照 A、D、B、E、C 的顺序依次绘制直线，B、E、C 三点使用相对极坐标输入方式。

4. 在中文和英文输入状态下执行命令时有什么不同？

任务2　绘制双人沙发

任务目标

1. 掌握“矩形”“正多边形”的绘制方法
2. 进一步熟悉坐标的输入方法
3. 进一步熟悉对象捕捉、追踪、正交等辅助命令的使用方法

任务内容

利用矩形命令绘制双人沙发平面图，如图 3-7 所示。

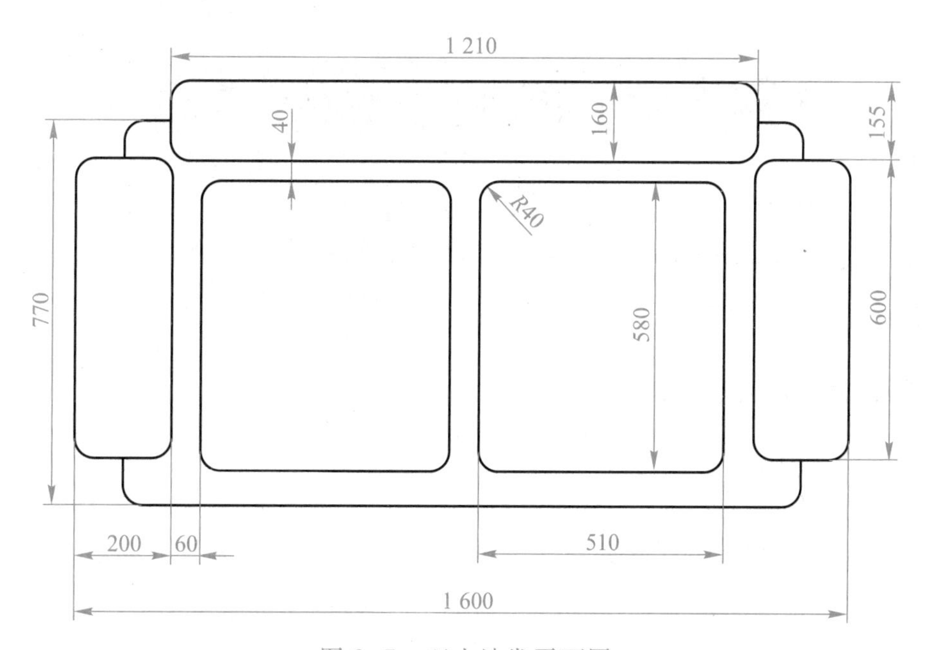

图 3-7　双人沙发平面图

任务分析

双人沙发图形中有 6 个有圆角的矩形。首先完成图层的建立和设置，然后按以下思路进行绘制：

（1）绘制 1 210×160 矩形

（2）绘制两个 580×510 矩形

（3）绘制两个 600×200 矩形

（4）绘制宽为 770 的矩形

（5）修剪图形

绘图中涉及的命令有：矩形命令、对象捕捉中的“捕捉自”命令、修剪命令等。绘制矩形时首先要确定矩形的一个角点，可充分利用“捕捉自”命令完成。

知识准备

1. 矩形的绘制

矩形命令的调用方法有以下几种：

- 使用选项卡：单击“默认”选项卡→“绘图”面板→“矩形”按钮，如图 3-8 所示。
- 使用菜单命令：单击“绘图”→“矩形”菜单命令。
- 使用“绘图”工具栏：单击“矩形”按钮。

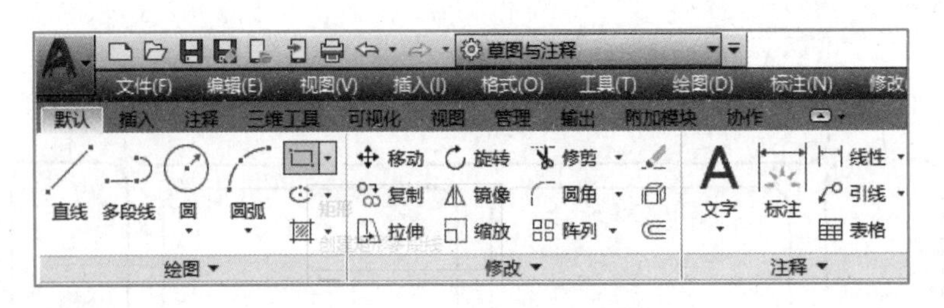

图 3-8 “绘图”面板中的“矩形”按钮

调用命令后，命令行会提示：

指定第一个角点或[倒角(C)/标高(E)/圆角(F)/厚度(T)/宽度(W)]： //指定第一个角点或输入一个选项的指定字母，按 Enter 键

指定第一个角点为默认方式，指定第一个角点后会有 3 种方式确定矩形。接下来的提示为：

指定另一个角点或[面积(A)/尺寸(D)/旋转(R)]： //可指定另一个角点或输入其他选项的指定字母，按 Enter 键

如果指定另一个角点，则矩形被确定，命令结束。

如果输入“a”后按 Enter 键，则出现新的提示，可按提示完成绘制，即：

输入以当前单位计算的矩形面积 <100.0000>： //输入面积值后按 Enter 键

计算矩形标注时依据[长度(L)/宽度(W)] <长度>： //输入选项的指定字母后按 Enter 键

输入矩形长度 <10.0000>： //输入矩形长度，按 Enter 键，矩形绘制结束

其他选项操作方法相同，不再介绍。

2. 正多边形的绘制

在 AutoCAD 中,可以绘制边数为 3~1 024 的正多边形。正多边形命令的调用方法有以下几种:

- 使用选项卡:单击“默认”选项卡→“绘图”面板→“矩形”按钮旁的下三角按钮→“多边形”按钮⬠,如图 3-9 所示。
- 使用菜单命令:单击“绘图”→“多边形”菜单命令。
- 使用“绘图”工具栏:单击“多边形”按钮⬠。

图 3-9 “绘图”面板中的“多边形”按钮

调用命令后,命令行提示信息依次如下:

命令:polygon 输入侧面数 <4>:

指定正多边形的中心点或[边(E)]:

输入选项[内接于圆(I)/外切于圆(C)] <I>:

指定圆的半径:

首先提示输入要绘制的多边形边数,接着会提示“指定正多边形的中心点或[边(E)]:”。“指定多边形的中心点”选项方式是通过指定正多边形的中心和正多边形内接或外切圆的半径绘制多边形。内接多边形的所有顶点都在圆上;外切多边形的各边与圆相切。“边(E)”选项方式是指根据已知的边长来绘制多边形。命令行会依次提示指定边的第一个端点和第二个端点,输入各点后即绘制完成。

1. 创建“双人沙发”图形文件

启动 AutoCAD,创建名为“双人沙发”的图形文件。

2. 新建“家具”图层

打开“图层特性管理器”对话框,新建“家具”图层,线型、线宽、颜色均选择“默认”,并设为当前图层。

3. 绘制 1 210×160 矩形

单击“绘图”工具栏中的“矩形”按钮,命令行提示和操作步骤如下:

指定第一个角点或[倒角(C)/标高(E)/圆角(F)/厚度(T)/宽度(W)]:f↙ //输入 f,按 Enter 键

指定矩形的圆角半径 <0.0000>:40↙ //输入 40,按 Enter 键

指定第一个角点或[倒角(C)/标高(E)/圆角(F)/厚度(T)/宽度(W)]: //在绘图区单击确定一点

指定另一个角点或[面积(A)/尺寸(D)/旋转(R)]:@ 1210,160↙ //输入@ 1210,160,按 Enter 键

4. 绘制两个 580 × 510 矩形

直接按 Enter 键,再次执行矩形命令。命令行提示和操作步骤如下:

指定第一个角点或[倒角(C)/标高(E)/圆角(F)/厚度(T)/宽度(W)]: //单击"对象捕捉"工具栏中的"捕捉自"按钮

指定第一个角点或[倒角(C)/标高(E)/圆角(F)/厚度(T)/宽度(W)]:_from 基点: >> //单击状态栏中的"对象捕捉"按钮,并设置捕捉对象为中点,将鼠标指针移至矩形 1 210×160 下边的中点处,出现"中点"提示后单击

正在恢复执行 RECTANG 命令。

基点:<偏移>:@ -540,-40↙ //输入@ -540,-40,按 Enter 键

指定另一个角点或[面积(A)/尺寸(D)/旋转(R)]:@ 510,-580↙ //输入@ 510,-580,按 Enter 键

至此,完成左侧 580×510 矩形的绘制。

按 Enter 键,再次执行矩形命令。命令行提示和操作步骤如下:

指定第一个角点或[倒角(C)/标高(E)/圆角(F)/厚度(T)/宽度(W)]: //单击"对象捕捉"工具栏中的"捕捉自"按钮

指定第一个角点或[倒角(C)/标高(E)/圆角(F)/厚度(T)/宽度(W)]:_from 基点:>> //单击状态栏中的"对象捕捉"按钮,并设置捕捉对象为中点,将鼠标指针移至矩形 1 210×160 下边的中点处单击

正在恢复执行 RECTANG 命令。

基点:<偏移>:@ 30,-40↙ //输入@ 30,-40,按 Enter 键

指定另一个角点或[面积(A)/尺寸(D)/旋转(R)]:@ 510,-580↙ //输入@ 510,-580,按 Enter 键

至此,完成右侧 580×510 矩形的绘制。

绘制 3 个矩形后的效果图如图 3-10 所示。

5. 绘制两个 600 × 200 矩形

以矩形 1 210×160 下边的中点处为基点,左侧 600×200 矩形的左上角点的相对坐标为

@ -800,5。

以矩形 1 210×160 下边的中点处为基点，右侧 600×200 矩形的右上角点的相对坐标为@ 800,5。

绘制方法与 4 基本相同，这里不再赘述。

6. 绘制宽为 770 的矩形

以矩形 1 210×160 下边的中点处为基点，左侧 600×200 矩形的左上角点的相对坐标为@ -700,80。

绘制方法与 4 基本相同，这里不再赘述。

绘制完成后的效果如图 3-11 所示。

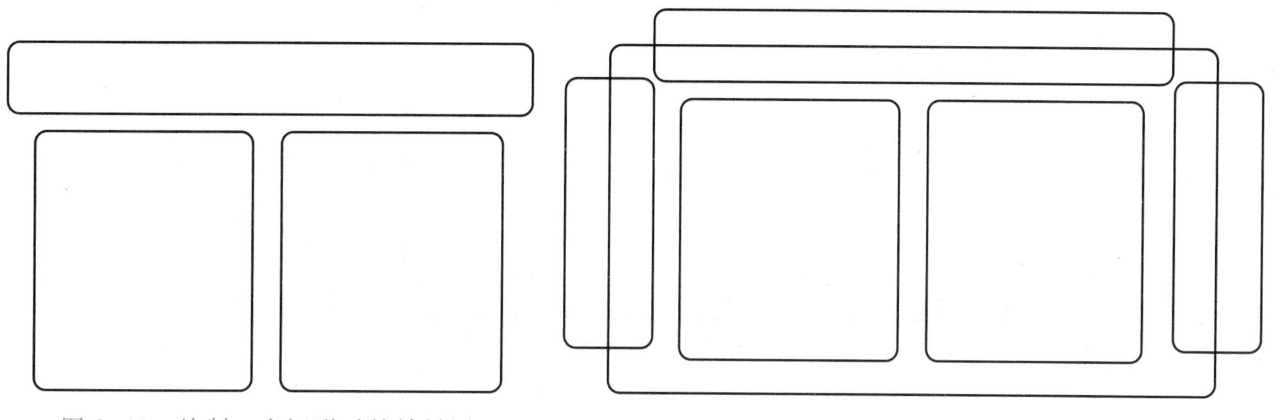

图 3-10 绘制 3 个矩形后的效果图

图 3-11 矩形绘制完成后的效果图

7. 修剪图形

单击“修改”工具栏中的“修剪”按钮，命令行提示和操作步骤如下：

命令：trim

当前设置：投影 = UCS，边 = 无

选择剪切边...

选择对象或<全部选择>：找到 1 个 //选择矩形 1 210×160

选择对象：找到 1 个，总计 2 个 //选择左侧矩形 600×200

选择对象：找到 1 个，总计 3 个 //选择右侧矩形 600×200

选择对象：找到 1 个，总计 4 个 //选择矩形 1 400×770

选择对象：↙ //按 Enter 键

选择要修剪的对象，或按住 Shift 键选择要延伸的对象，或

[栏选(F)/窗交(C)/投影(P)/边(E)/删除(R)/放弃(U)]： //单击矩形 1 210×160 内的直线

选择要修剪的对象，或按住 Shift 键选择要延伸的对象，或

[栏选(F)/窗交(C)/投影(P)/边(E)/删除(R)/放弃(U)]: //单击左侧矩形 600×200 内的直线

选择要修剪的对象,或按住 Shift 键选择要延伸的对象,或

[栏选(F)/窗交(C)/投影(P)/边(E)/删除(R)/放弃(U)]: //单击右侧矩形 600×200 内的直线

选择要修剪的对象,或按住 Shift 键选择要延伸的对象,或

[栏选(F)/窗交(C)/投影(P)/边(E)/删除(R)/放弃(U)]:↙ //按 Enter 键

至此,完成双人沙发图形的绘制,效果如图 3-12 所示。

图 3-12　双人沙发图形

8. 保存图形文件

任务评价

序号	评价内容	评价完成效果		
		★★★	★★	★
1	掌握绘制矩形和多边形的方法			
2	熟练使用对象捕捉、对象追踪功能			
3	熟练完成点的各种输入方法			
4	能熟练完成任务内容			

巩固提高

1. 绘制单人沙发平面图,如图 3-13 所示。

2. 绘制三人沙发平面图,如图 3-14 所示。

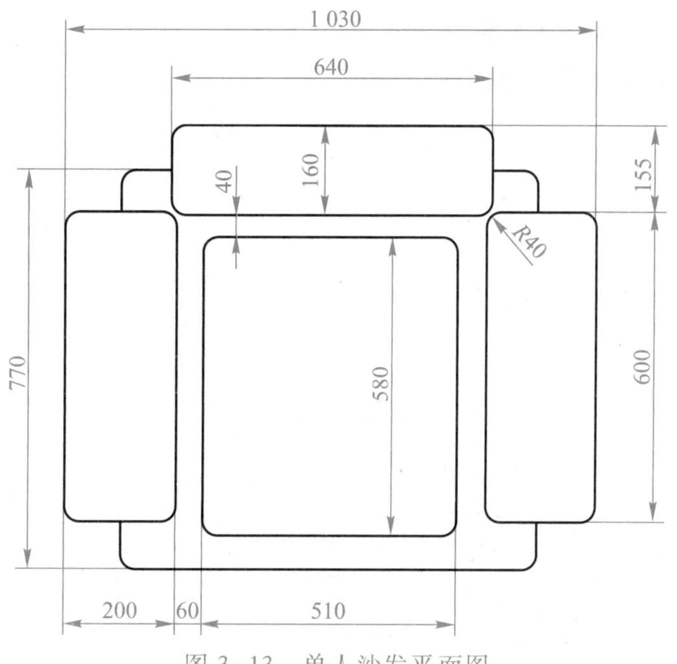

图 3-13　单人沙发平面图

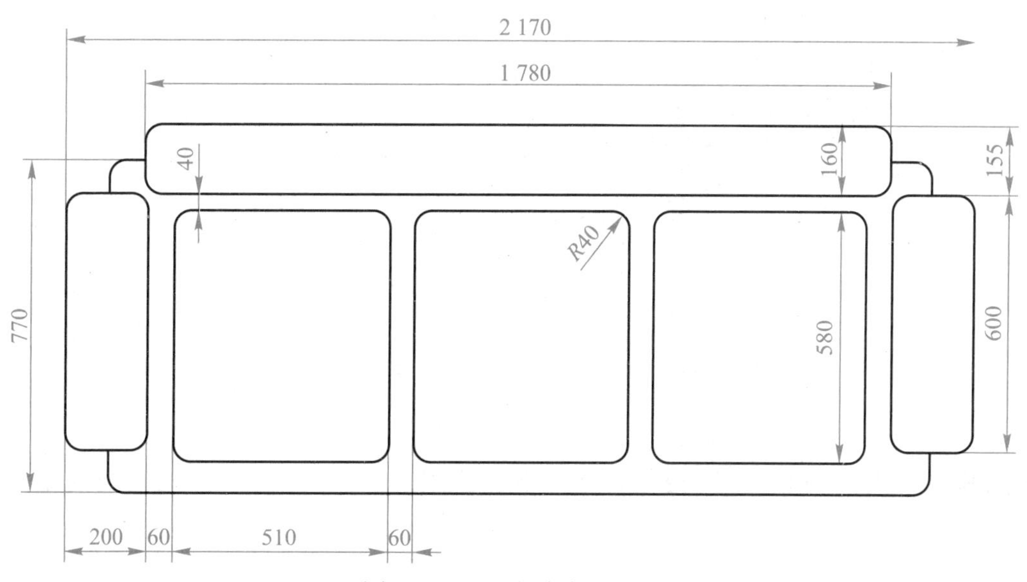

图 3-14　三人沙发平面图

任务3　绘制洗手池

任务目标

1. 掌握“圆”及“圆弧”的绘制方法

2. 进一步熟悉对象捕捉模式的操作方法

3. 逐步掌握分析和绘制图形的思路

绘制洗手池平面图，如图 3-15 所示。

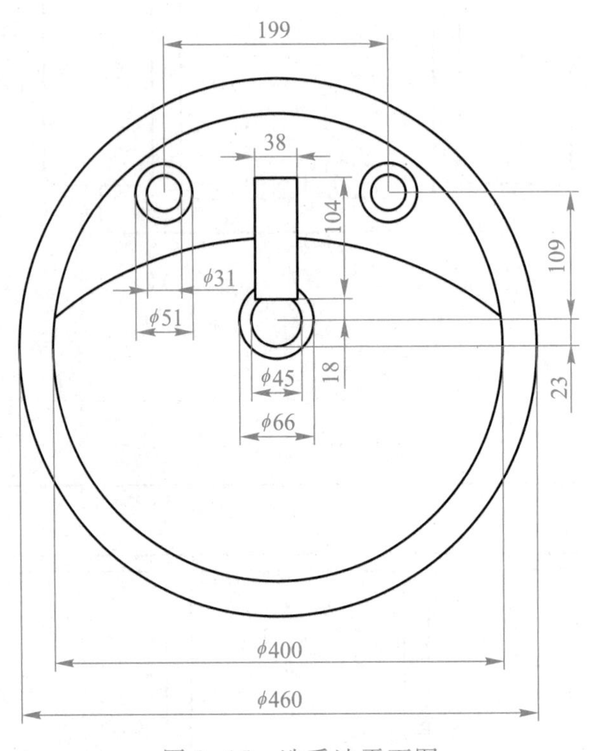

图 3-15　洗手池平面图

图中圆弧大小说明：圆心为直径 460 圆的下方象限点，圆弧经过矩形两长边的中点。

洗手池图形的主要对象有圆、圆弧和矩形。在创建文件和新建相应图层后，绘制图形的思路如下：

（1）绘制直径为 400 和 460 的圆

（2）绘制直径为 45 和 66 的圆

（3）绘制直径为 31 和 51 的圆

（4）绘制 38×104 矩形

（5）绘制圆弧

（6）修剪并保存图形

绘图过程中涉及的命令有:圆命令、圆弧命令、直线或矩形命令、对象捕捉中的“捕捉自”命令、修剪命令等。圆心和矩形角点的确定会使用到“捕捉自”命令;圆弧的起始点和端点要按逆时针方向确定。

知识准备

1. 圆的绘制

圆命令的调用方法有以下几种:

- 使用选项卡:单击“默认”选项卡→“绘图”面板→“圆”按钮,如图 3-8 所示。
- 使用“绘图”工具栏:单击“圆”按钮。
- 使用菜单命令:单击“绘图”→“圆”菜单命令。

执行绘制圆命令后,命令行提示如下:

命令:circle 指定圆的圆心或[三点(3P)/两点(2P)/切点、切点、半径(T)]:

其中:“指定圆的圆心”选项用于根据指定的圆心以及半径或直径绘制圆。“三点”选项根据指定的三点绘制圆。“两点”选项根据指定两点绘制圆。“切点、切点、半径”选项用于绘制与已有两对象相切,且半径为给定值的圆。选定绘制圆的方法后,输入其括号内的相应字符,按 Enter 键,再根据提示完成圆的绘制。

使用菜单命令或单击“绘图”面板“圆”按钮旁边的下三角按钮时,在下拉菜单中会直接显示绘制圆的 6 种方法,直接单击某个子菜单命令后,再根据提示完成圆的绘制。下面介绍其中 6 种方法。

(1) 圆心、半径

用指定圆心和半径的方法绘制圆,是系统默认的方法。

调用圆命令后,命令行提示如下:

指定圆的圆心或[三点(3P)/两点(2P)/切点、切点、半径(T)]: //输入圆心坐标或位置

指定圆的半径或[直径(D)]: //输入半径值或捕捉圆上一点

每次输入的半径值将自动作为下一次绘制圆的默认半径值。

(2) 圆心、直径

调用圆命令后,命令行提示如下:

指定圆的圆心或[三点(3P)/两点(2P)/切点、切点、半径(T)]: //输入圆心坐标或位置

指定圆的半径或[直径(D)]:d↙ //输入 d,按 Enter 键

指定圆的直径: //输入直径值后按 Enter 键

(3) 两点

调用圆命令或执行“绘图”→“圆”→“两点”菜单命令后,命令行提示如下:

指定圆的圆心或[三点(3P)/两点(2P)/切点、切点、半径(T)]:2p↙ //输入2p,按Enter键

2p指定圆直径的第一个端点: //输入点的坐标或位置

指定圆直径的第二个端点: //输入点的坐标或位置

(4) 三点

调用圆命令或执行“绘图”→“圆”→“三点”菜单命令后,命令行提示如下:

指定圆的圆心或[三点(3P)/两点(2P)/切点、切点、半径(T)]:3p↙ //输入3p,按Enter键

指定圆上的第一个点: //输入点的坐标或位置

指定圆上的第二个点: //输入点的坐标或位置

指定圆上的第三个点: //输入点的坐标或位置

(5) 相切、相切、半径

这种绘制圆的方法是指绘制与两个实体相切且指定了圆半径的圆。

调用圆命令或执行“绘图”→“圆”→“相切、相切、半径”菜单命令后,命令行提示如下:

指定圆的圆心或[三点(3P)/两点(2P)/切点、切点、半径(T)]:t↙ //输入t,按Enter键

指定对象与圆的第一个切点: //利用“对象捕捉”选择切点位置

指定对象与圆的第二个切点: //利用“对象捕捉”选择切点位置

指定圆的半径<65>: //输入半径值,按Enter键

(6) 相切、相切、相切

这种绘制圆的方法是指绘制与3个实体相切的圆。

调用圆命令或执行“绘图”→“圆”→“相切、相切、相切”菜单命令后,命令行提示如下:

指定圆的圆心或[三点(3P)/两点(2P)/切点、切点、半径(T)]:

指定圆上的第一个点:tan到 //利用“对象捕捉”选择切点位置

指定圆上的第二个点:tan到 //利用“对象捕捉”选择切点位置

指定圆上的第三个点:tan到 //利用“对象捕捉”选择切点位置

2. 圆弧的绘制

圆弧命令的调用方法有以下几种:

- 使用选项卡:单击“默认”选项卡→“绘图”面板→“圆弧”按钮,如图3-8所示。
- 使用菜单命令:单击“绘图”→“圆弧”菜单命令。
- 使用“绘图”工具栏:单击“圆弧”按钮。

在AutoCAD中,提供了11种绘制圆弧的方法,根据不同的已知条件可使用不同的方法,绘制方法与圆的方法基本相同,这里不再赘述。需要注意的是,绘制圆弧时,逆时针方向为正,绘图时要注意圆弧起点的选择。

任务实施

1. 创建“洗手池”图形文件

启动 AutoCAD,创建名为“洗手池”的图形文件。打开“图层特性管理器”对话框,新建“物品”图层,对象特性默认,并设为当前图层。

2. 绘制直径为 400 和 460 的圆

单击“圆”按钮或执行其他绘制圆命令,命令行提示和操作步骤如下:

命令:circle 指定圆的圆心或[三点(3P)/两点(2P)/切点、切点、半径(T)]: //在绘图区单击,确定圆心

指定圆的半径或[直径(D)]:200↙ //输入半径值 200,按 Enter 键

命令:circle 指定圆的圆心或[三点(3P)/两点(2P)/切点、切点、半径(T)]:↙ //按 Enter 键,继续执行圆命令

指定圆的圆心或[三点(3P)/两点(2P)/切点、切点、半径(T)]: //在状态栏处右击,在弹出的“草图设置”对话框中勾选“圆心”复选框,同时打开对象捕捉状态,将鼠标指针移至直径为 400 的圆心处,出现“圆心”提示后单击

指定圆的半径或[直径(D)]<200.0000>:230↙ //输入半径值 230,按 Enter 键

至此,完成两个圆的绘制。

3. 绘制直径为 45 和 66 的圆

这两个圆在前面绘制圆的内部。按 Enter 键,继续执行圆命令,命令行提示和操作步骤如下:

命令:circle 指定圆的圆心或[三点(3P)/两点(2P)/切点、切点、半径(T)]:_from 基点:<偏移>:@0,23↙ //单击“工具”→“工具栏”→“AutoCAD”→“对象捕捉”菜单命令,在“对象捕捉”工具栏中单击“捕捉自”按钮,将鼠标指针移至直径 400 的圆心处,出现“圆心”提示后单击,输入偏移坐标@0,23,按 Enter 键

指定圆的半径或[直径(D)]<230.0000>:22.5↙ //输入半径值 22.5,按 Enter 键

命令:zoom //此时图形显示较小,不便于查看,单击工具栏中的“窗口缩放”按钮

指定窗口的角点,输入比例因子(nX 或 nXP),或者

[全部(A)/中心(C)/动态(D)/范围(E)/上一个(P)/比例(S)/窗口(W)/对象(O)]<实时>:_w

指定第一个角点:指定对角点: //单击图形左上角,同时拖动至图形右下角后释放鼠标,此时图形在屏幕绘图区中央显示

命令:circle 指定圆的圆心或[三点(3P)/两点(2P)/切点、切点、半径(T)]: //打开对象

捕捉状态，将鼠标指针移至直径为45的圆心处，出现“圆心”提示后单击

指定圆的半径或[直径(D)]<22.5000>:33↙　//输入半径值33，按Enter键

至此，完成直径45和66两个圆的绘制，效果如图3-16所示。

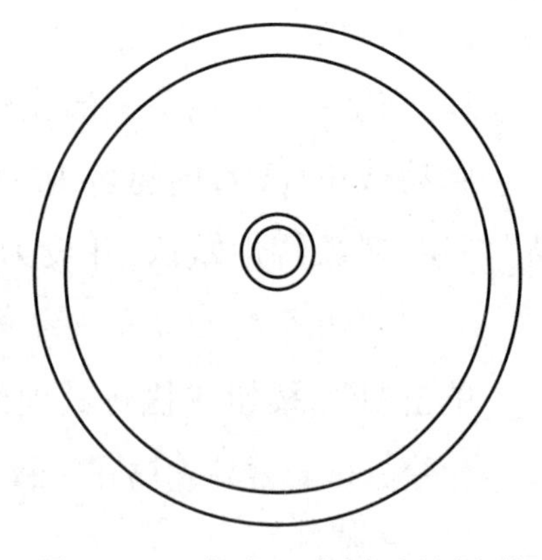

图3-16　完成4个圆后的图形

4. 绘制直径为31和51的圆

要绘制的这4个圆，是位于直径45的圆的左上角和右上角的同心圆，其圆心相对于直径45的圆心分别偏移-99.5，109和99.5，109。

绘制方法与3基本相同，这里不再赘述。

绘制完成后的图形如图3-17所示。

5. 绘制38×104的矩形

单击“绘图”工具栏中的“矩形”按钮或执行其他绘制矩形命令，命令行提示和操作步骤如下：

命令：rectang

指定第一个角点或[倒角(C)/标高(E)/圆角(F)/厚度(T)/宽度(W)]:_from 基点:<偏移>:@19,18↙　//在“对象捕捉”工具栏中单击“捕捉自”按钮，将鼠标指针移至直径为45的圆心处，出现“圆心”提示后单击，输入偏移坐标@19，18，按Enter键

指定另一个角点或[面积(A)/尺寸(D)/旋转(R)]:@-38,104↙　//输入坐标值@-38，104，按Enter键

绘制完成后的图形如图3-18所示。

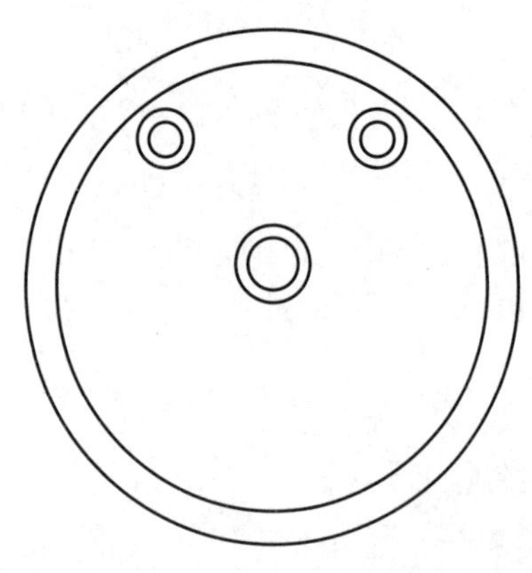

图3-17　绘制8个圆后的图形

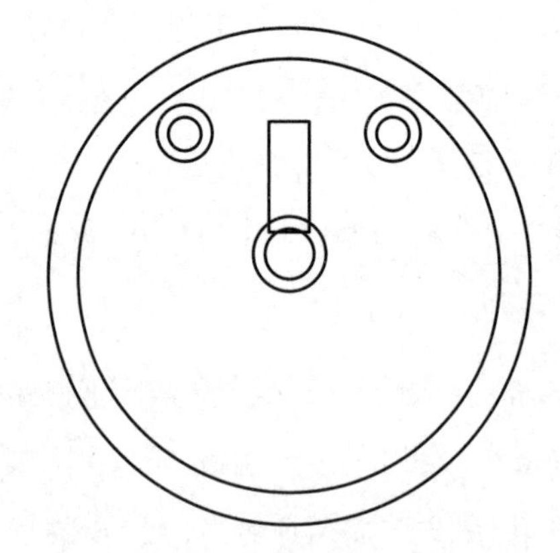

图3-18　绘制矩形后的图形

6. 绘制圆弧

单击“绘图”工具栏中的“圆弧”按钮或执行其他绘制圆弧命令，命令行提示和操作步骤如下：

命令：arc 指定圆弧的起点或[圆心(C)]:c↙　//输入c，按Enter键

指定圆弧的圆心： //打开对象捕捉状态，并设置捕捉对象为象限点，将鼠标指针移至直径为 460 圆的下方象限点，出现“象限点”提示后单击

指定圆弧的起点： //在对象捕捉对象中设置捕捉对象为中点，将鼠标指针移至矩形左长边中点处，出现“中点”提示后单击

指定圆弧的端点或[角度(A)/弦长(L)]： //将鼠标指针移至矩形右长边中点处，出现“中点”提示后单击

至此，完成圆弧的绘制，如图 3-19 所示。

7. 修剪图形

单击“修改”工具栏中的“修剪”按钮，命令行提示和操作步骤如下：

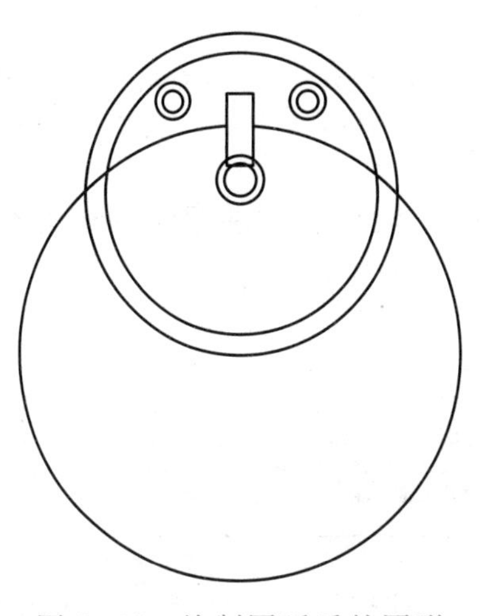

图 3-19　绘制圆弧后的图形

命令：trim

当前设置：投影=UCS，边=无

选择剪切边...

选择对象或<全部选择>：找到 1 个 //选定直径为 400 的圆

选择对象：找到 1 个，总计 2 个 //选定直径为 460 的圆

选择对象：找到 1 个，总计 3 个 //选定圆弧

选择对象：↙ //按 Enter 键

选择要修剪的对象，或按住 Shift 键选择要延伸的对象，或

[栏选(F)/窗交(C)/投影(P)/边(E)/删除(R)/放弃(U)]： //单击直径为 460 圆的外部圆弧部分

选择要修剪的对象，或按住 Shift 键选择要延伸的对象，或

[栏选(F)/窗交(C)/投影(P)/边(E)/删除(R)/放弃(U)]： //单击直径 460 和 400 的圆之间的圆弧

选择要修剪的对象，或按住 Shift 键选择要延伸的对象，或

[栏选(F)/窗交(C)/投影(P)/边(E)/删除(R)/放弃(U)]： //单击直径 460 和 400 的圆之间的另一段圆弧

继续执行修剪命令，命令行提示和操作步骤如下：

命令：trim

当前设置：投影=UCS，边=无

选择剪切边...

选择对象或<全部选择>：找到 1 个 //选定矩形

选择对象：找到 1 个，总计 2 个 //选定直径为 45 的圆

选择对象：找到 1 个，总计 3 个　//选定直径为 66 的圆

选择对象：↙　//按 Enter 键

选择要修剪的对象，或按住 Shift 键选择要延伸的对象，或

[栏选(F)/窗交(C)/投影(P)/边(E)/删除(R)/放弃(U)]：　//单击矩形内的一段圆弧

选择要修剪的对象，或按住 Shift 键选择要延伸的对象，或

[栏选(F)/窗交(C)/投影(P)/边(E)/删除(R)/放弃(U)]：

//单击矩形内的另一段圆弧

选择要修剪的对象，或按住 Shift 键选择要延伸的对象，或

[栏选(F)/窗交(C)/投影(P)/边(E)/删除(R)/放弃(U)]：

↙　//按 Enter 键

至此，完成洗手池图形的绘制，效果如图 3-20 所示。

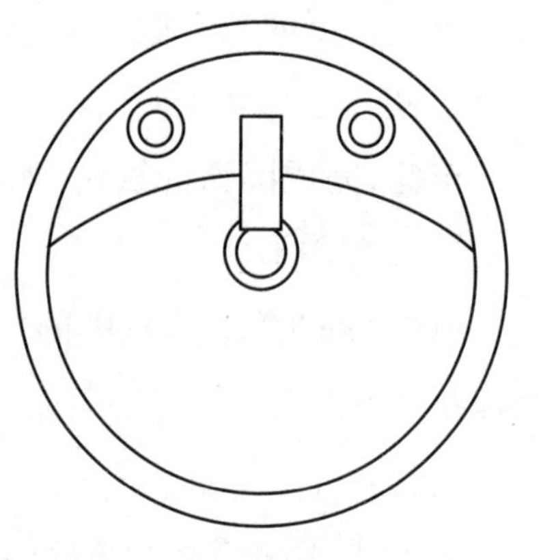

图 3-20　洗手池图形

8. 保存文件

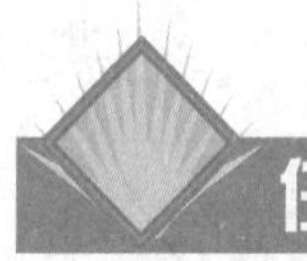

任务评价

序号	评价内容	评价完成效果		
		★★★	★★	★
1	掌握绘制圆和圆弧的方法			
2	熟练使用对象捕捉等辅助绘图功能			
3	能熟练完成任务内容			
4	基本掌握绘制图形的思路			

巩固提高

1. 在本任务中，绘制圆弧时，如果选择圆弧起点为矩形右长边中点，终点为左长边中点，会出现什么结果？

2. 绘制浴缸平面图，如图 3-21 所示。

3. 绘制水龙头手柄平面图，如图 3-22 所示。

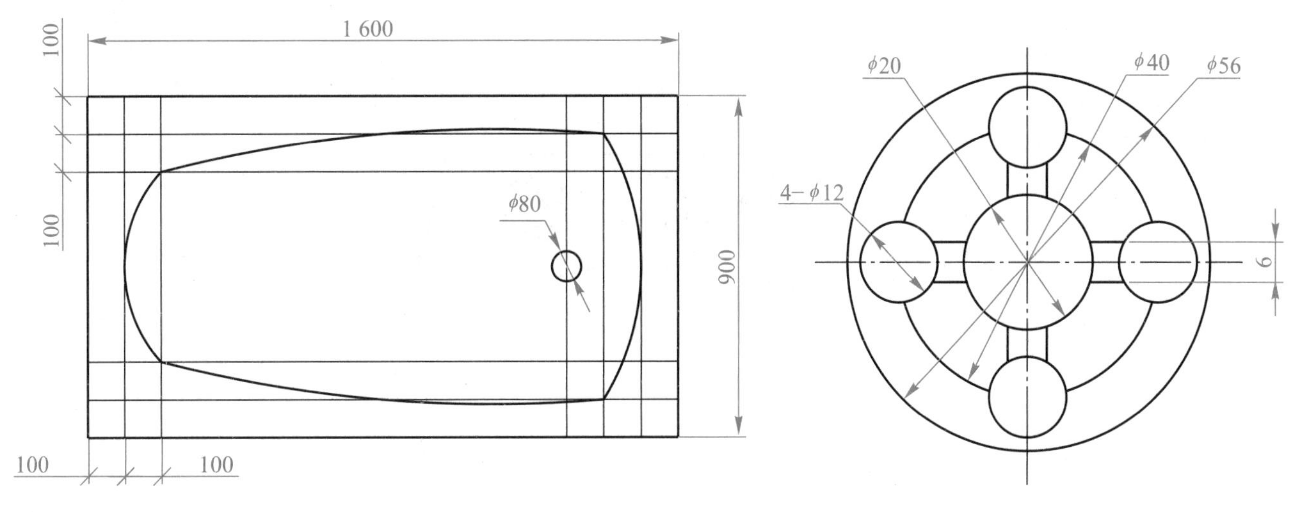

图 3-21　浴缸平面图　　　图 3-22　水龙头手柄平面图

任务 4　绘制洗脸池

任务目标

1. 掌握“椭圆”及“椭圆弧”的绘制方法
2. 能综合应用直线、圆、矩形、椭圆绘图命令
3. 能分析绘制图形的思路
4. 熟练完成本任务

任务内容

绘制洗脸池平面图，如图 3-23 所示。水龙头手柄的尺寸参考图 3-22。

任务分析

洗脸池图形的主要对象有圆、椭圆、椭圆弧。在创建文件和新建相应图层后，绘制图形的思路如下：

（1）绘制洗脸池外形轮廓，使用到的命令有：椭圆、椭圆弧、直线、对象捕捉、正交等

（2）绘制两个水龙头手柄，使用到的命令有：圆、直线、修剪、对象捕捉、正交等

（3）绘制水龙头手柄之间的若干圆及直线

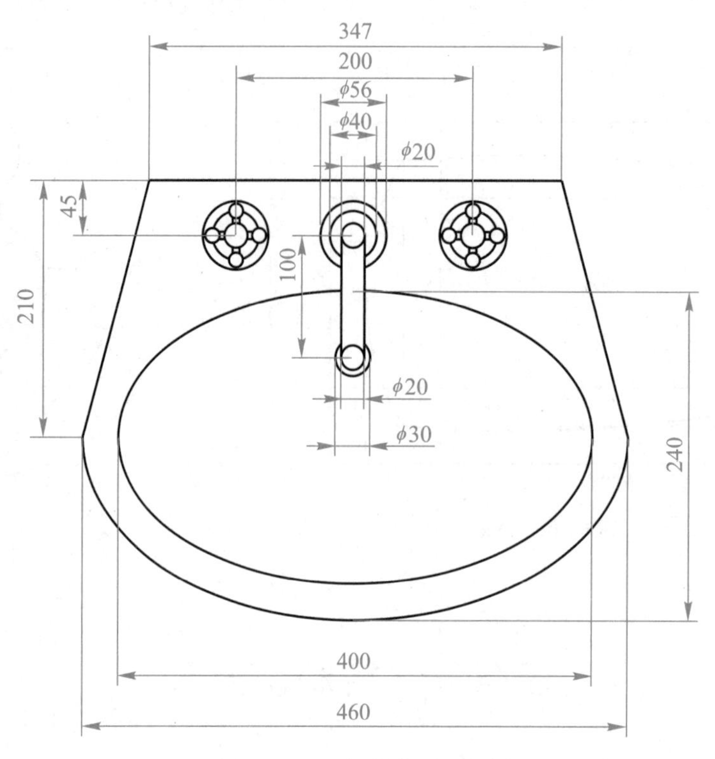

图 3-23　洗脸池平面图

椭圆和椭圆弧可以用同一个命令完成,也可使用各自的命令完成。

1. 椭圆的绘制

椭圆命令的调用方法常有以下几种:

- 使用选项卡,如图 3-24 所示。
- 使用菜单命令:单击“绘图”→“椭圆”菜单命令。
- 使用“绘图”工具栏:单击“椭圆”按钮。

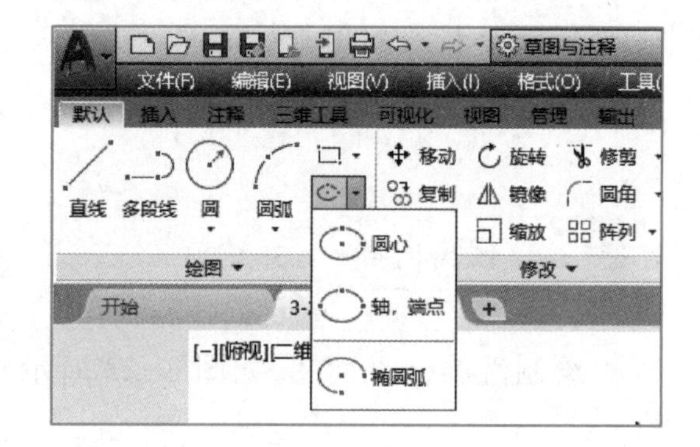

图 3-24　“绘图”面板中的“椭圆”按钮

执行绘制椭圆命令后,命令行提示如下:

命令:ellipse

指定椭圆的轴端点或[圆弧(A)/中心点(C)]:

若选择“指定椭圆的轴端点”方法操作,命令行提示如下:

指定椭圆的轴端点或[圆弧(A)/中心点(C)]:

指定轴的另一个端点:

指定另一条半轴长度或[旋转(R)]:

若选择“中心点(C)”方法继续操作,命令行提示如下:

指定椭圆的轴端点或[圆弧(A)/中心点(C)]:c

指定椭圆的中心点：

指定轴的端点：

指定另一条半轴长度或[旋转(R)]：

若选择“圆弧”方法操作，为绘制椭圆弧。

无论使用哪种方法绘制椭圆，根据命令提示逐步完成即可。

命令的调用方法不同，则绘制椭圆的方法也不同，命令行提示信息也会不同。绘制椭圆的方法有两种：一种是通过指定椭圆中心、一轴端点以及另一轴的半轴长度绘制椭圆，命令中的“中心点”即为此方法；另一种是通过指定一轴的两个端点，定义椭圆的第一轴，第一轴既可为长轴，也可为短轴，但第一轴的角度将确定整个椭圆的角度，然后再确定另一轴的半轴长度绘制椭圆，命令中的“指定椭圆的轴端点”即为此方法。

使用前一种调用方法，直接就选择了绘制椭圆的方法。命令行提示如下：

命令：ellipse

指定椭圆的轴端点或[圆弧(A)/中心点(C)]：_c

指定椭圆的中心点：

指定轴的端点：

指定另一条半轴长度或[旋转(R)]：

使用后一种调用方法，会提示选择椭圆或椭圆弧。命令行提示如下：

命令：ellipse

指定椭圆的轴端点或[圆弧(A)/中心点(C)]：

命令中的“圆弧”为绘制椭圆弧。绘制椭圆时，可根据命令提示逐步完成，需注意的是一定要确定好椭圆的角度。

2. 椭圆弧的绘制

椭圆弧的绘制除了可以使用椭圆命令外，还可以使用椭圆弧命令。调用方法常有以下几种：

- 使用选项卡，如图 3-24 所示。
- 使用菜单命令：单击“绘图”→“椭圆”→“椭圆弧”菜单命令。
- 使用“绘图”工具栏：单击“椭圆弧”按钮。

椭圆弧和椭圆的绘图命令都是 ELLIPSE，但命令行的提示不同。绘制时，先按椭圆绘制，再确定椭圆弧的起点和端点，或确定起始角度和终止角度。椭圆弧从起点到端点按逆时针方向绘制。

1. 创建“洗脸池”图形文件

启动 AutoCAD，创建名为“洗脸池”的文件。打开“图层特性管理器”对话框，新建名为“洁具”的图层，线宽设为 0.3，其他对象特性随层或默认，并设为当前图层。

2. 绘制椭圆

单击“椭圆”按钮，命令行提示和操作步骤如下：

命令：ellipse

指定椭圆的轴端点或[圆弧(A)/中心点(C)]：　//在绘图区单击，指定一点

指定轴的另一个端点：<正交 开>400↙　//打开状态栏的“正交”按钮，将鼠标水平向右拖动，输入长轴长度 400，按 Enter 键

指定另一条半轴长度或[旋转(R)]：120↙　//输入另一半轴长度 120，按 Enter 键

3. 绘制椭圆弧

按 Enter 键，继续执行绘制椭圆命令，或单击“椭圆弧”按钮，命令行提示和操作步骤如下（注意两种执行方式的命令行提示不同，下面按前一种方式进行操作）：

命令：ellipse

指定椭圆的轴端点或[圆弧(A)/中心点(C)]：a↙　//输入 a，按 Enter 键

指定椭圆弧的轴端点或[中心点(C)]：c↙　//输入 c，按 Enter 键

指定椭圆弧的中心点：　//打开对象捕捉状态，并设置捕捉对象为圆心，将鼠标指针移到椭圆圆心处，出现“圆心”提示后单击

指定轴的端点：<正交 开>230↙　//打开正交状态，将鼠标水平向右拖动，输入半轴长度 230，按 Enter 键

指定另一条半轴长度或[旋转(R)]：150↙　//输入另一半轴长度 150，按 Enter 键

指定起点角度或[参数(P)]：180↙　//输入起点角度值 180，按 Enter 键

指定端点角度或[参数(P)/包含角度(I)]：360↙　//输入端点角度值 360，按 Enter 键

绘制完成后的图形如图 3-25 所示。

4. 绘制直线

单击“直线”按钮，命令行提示和操作步骤如下：

命令：line

指定第一点：　//打开对象捕捉状态，并设置捕捉对象为端点，将鼠标指针移至椭圆弧左端点处，出现“端点”提示后单击

指定下一点或[放弃(U)]：@ 56.5,210↙　//关闭正交状态，输入@ 56.5,210，按 Enter 键

指定下一点或[放弃(U)]：<正交 开>347↙　//打开正交状态，水平向右拖动鼠标，输入 347，按 Enter 键

指定下一点或[闭合(C)/放弃(U)]：　//捕捉椭圆弧右端点

绘制完成后的图形如图 3-26 所示。

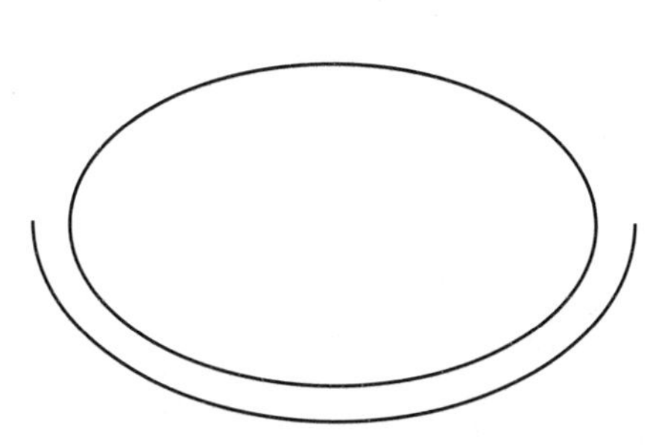
图 3-25　绘制椭圆和椭圆弧后的图形

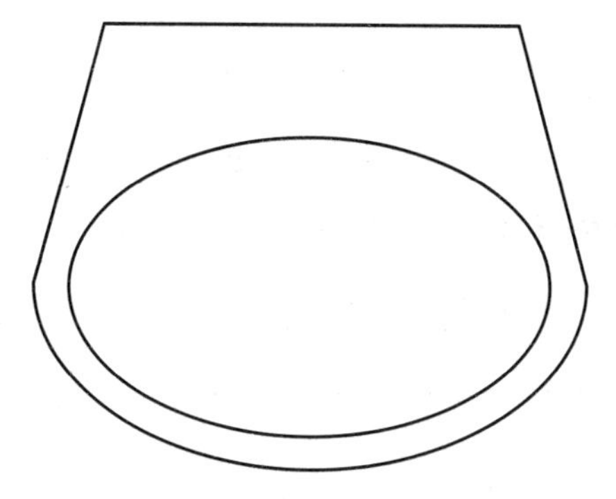
图 3-26　绘制直线后的图形

5. 绘制两个水龙头手柄

(1) 绘制直径为 56、40、20 的圆

单击“圆”按钮,命令行提示和操作步骤如下:

命令:circle 指定圆的圆心或[三点(3P)/两点(2P)/切点、切点、半径(T)]:

from 基点:<偏移>:@ -100,-45↙　//打开“对象捕捉”工具栏,单击“捕捉自”按钮,并设置捕捉对象为中点,将鼠标指针移至长为 347 的直线中点处,出现“中点”提示后单击,输入@ -100,-45,按 Enter 键

指定圆的半径或[直径(D)]:28↙　//输入半径值 28,按 Enter 键

按 Enter 键,继续执行圆命令。

命令:circle 指定圆的圆心或[三点(3P)/两点(2P)/切点、切点、半径(T)]:　//打开对象捕捉状态,并设置捕捉对象为圆心

指定圆的圆心或[三点(3P)/两点(2P)/切点、切点、半径(T)]:　//将鼠标指针移至直径为 56 的圆的圆心处,出现“圆心”提示后单击

指定圆的半径或[直径(D)]<28.0000>:20↙　//输入半径值 20,按 Enter 键

按 Enter 键,继续执行圆命令。

命令:circle 指定圆的圆心或[三点(3P)/两点(2P)/切点、切点、半径(T)]:　//将鼠标指针移至直径为 56 的圆的圆心处,出现“圆心”提示后单击

指定圆的半径或[直径(D)]<20.0000>:10↙　//输入半径值 10,按 Enter 键

至此,完成 3 个圆的绘制。

(2) 绘制直径为 12 的 4 个圆

为了更好地显示要绘制部分的图形,将水龙头部分的图形放在绘图区中央。

单击“标准”工具栏中的“窗口缩放”按钮,命令行提示和操作步骤如下:

命令:zoom

指定窗口的角点,输入比例因子(nX 或 nXP),或者

[全部(A)/中心(C)/动态(D)/范围(E)/上一个(P)/比例(S)/窗口(W)/对象(O)]<实

时>:_w

指定第一个角点:指定对角点:　//将鼠标指针移至 3 个圆的左上角,按住左键向右下角拖动鼠标,直到将 3 个圆全部选中后释放左键

操作后 3 个圆在绘图中心区显示。

单击“圆”按钮,命令行提示和操作步骤如下:

命令:circle 指定圆的圆心或[三点(3P)/两点(2P)/切点、切点、半径(T)]:　//单击状态栏中的“对象捕捉”按钮,并设置捕捉对象为象限点,将鼠标指针移至直径为 40 的圆的左象限点处,出现“象限点”提示后单击

指定圆的半径或[直径(D)]<10.0000>:6 ↙//输入半径值 6,按 Enter 键

按同样方法,完成其他 3 个圆的绘制。

绘制完成后的图形如图 3-27 所示。

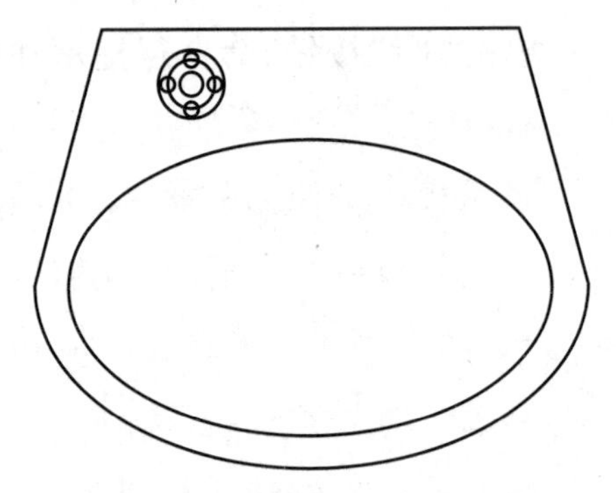

图 3-27　绘制圆后的图形

(3) 绘制直线

绘制图中直线的方法有很多,目前我们采用最基本的方法绘制,今后将会学到其他更简单的方法。

单击“直线”按钮,命令行提示和操作如下:

命令:line 指定第一点:from 基点:<偏移>:@ 0,3 ↙

//打开“对象捕捉”工具栏,单击“捕捉自”按钮,并设置捕捉对象为圆心,将鼠标指针移至直径为 12 的左侧圆处,出现“圆心”提示后单击,然后输入@ 0,3,按 Enter 键

指定下一点或[放弃(U)]:<正交 开>　//打开正交状态,向右水平拖动鼠标,到右侧直径为 12 的圆内后单击。提示:由于图形对象之间较紧密,在正交状态和对象捕捉状态都打开的情况下,捕捉某一特征点不是很方便,因此操作时,可根据情况关闭或打开各状态

连续按两次 Enter 键,继续执行直线命令。操作方法同前,将鼠标指针移至直径为 12 的左侧圆处,出现“圆心”提示后单击,输入@ 0,-3,按 Enter 键后向右水平拖动鼠标,单击确定下一点;将鼠标指针移至直径为 12 的正上方圆处,出现“圆心”提示后单击,输入@ -3,0,按 Enter 键后向下垂直拖动鼠标,单击确定下一点;将鼠标指针移至直径为 12 的正上方圆处,出现“圆心”提示后单击,输入@ 3,0,按 Enter 键后向下垂直拖动鼠标,单击确定下一点。

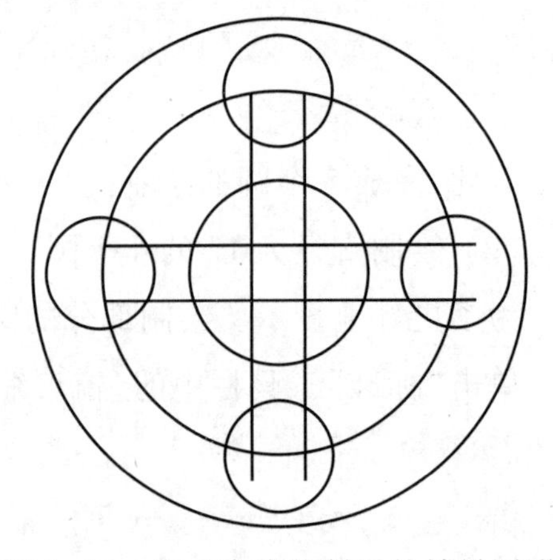

图 3-28　完成直线绘制后的效果图形

完成直线绘制后的效果如图 3-28 所示。

(4) 修剪直线

单击“修改”工具栏中的“修剪”按钮,命令行提示和操作步骤如下:

命令:trim

当前设置:投影=UCS,边=无

选择剪切边...

选择对象或<全部选择>:找到 1 个

选择对象:找到 1 个,总计 2 个

选择对象:找到 1 个,总计 3 个

选择对象:找到 1 个,总计 4 个

选择对象:找到 1 个,总计 5 个　//分别单击 4 个直径为 12 的圆和直径为 20 的圆,然后按 Enter 键

选择要修剪的对象,或按住 Shift 键选择要延伸的对象,或

[栏选(F)/窗交(C)/投影(P)/边(E)/删除(R)/放弃(U)]:　//单击直径 12 和 20 的圆内的所有直线,单击 4 个直径为 12 的圆内的圆弧,完成后按 Enter 键

绘制完成后的图形如图 3-29 所示。

另一个水龙头手柄绘制方法同上。

绘制完两个手柄后,为了查看绘制后效果,可单击“标准”工具栏中的“缩放上一个”按钮,此时绘图区显示的图形为绘制水龙头手柄后的洗脸池图形,如图 3-30 所示。

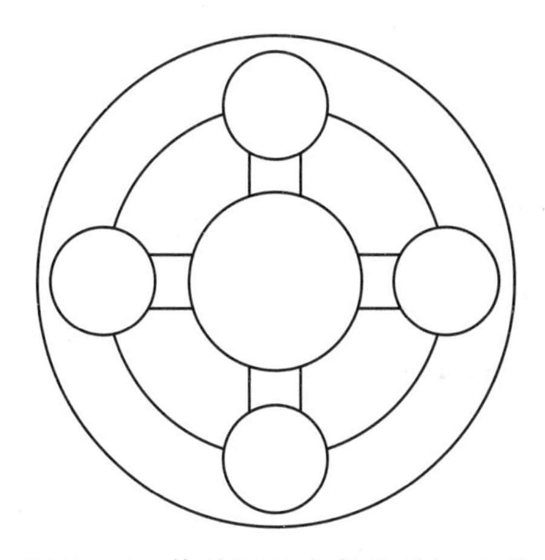

图 3-29　修剪后的水龙头手柄图形

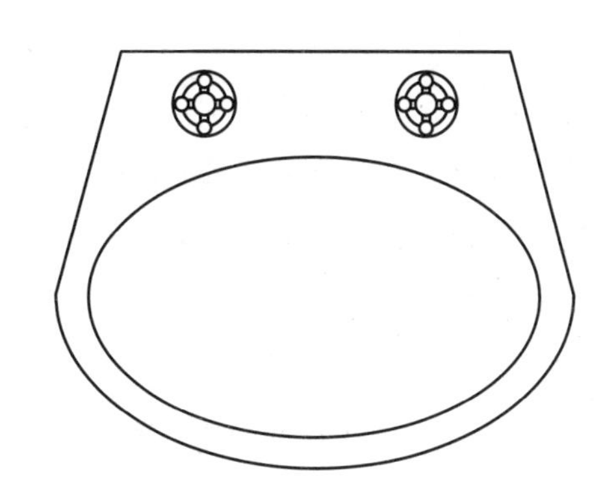

图 3-30　绘制水龙头手柄后的洗脸池图形

6. 绘制其他圆

(1) 绘制水龙头中间的 3 个小圆

单击“绘图”工具栏中的“圆”按钮,命令行提示和操作步骤如下:

命令:circle 指定圆的圆心或[三点(3P)/两点(2P)/切点、切点、半径(T)]:_from 基点:<偏移>:@0,-45↙　//打开“对象捕捉”工具栏,单击“捕捉自”按钮,并设置捕捉对象为中点,将鼠标指针移至长为 347 的直线的中点处,出现“中点”提示后单击,然后输入@0,-45,按 Enter 键

指定圆的半径或[直径(D)]<6.0000>:10↙　//输入半径值 10,按 Enter 键

继续执行圆命令，命令行提示和操作步骤如下：

指定圆的圆心或[三点(3P)/两点(2P)/切点、切点、半径(T)]：　//设置捕捉对象为圆心，将鼠标指针移至直径为10的圆心处，出现“圆心”提示后单击

指定圆的半径或[直径(D)]<10.0000>:20↙　//输入半径值20，按Enter键

直径为56的圆的绘制操作同上。

(2) 绘制中部的两个小圆

绘制中部直径为20和30的圆的方法同上。

7. 绘制直线

单击“绘图”工具栏中的“直线”按钮，命令行提示和操作步骤如下：

命令:line 指定第一点:>>　//设置捕捉对象为切点

指定第一点：　//将鼠标指针移至直径为20的圆处，出现“切点”提示后单击

指定下一点或[放弃(U)]：　//将鼠标指针移至直径为20的另一个圆处，出现“切点”提示后单击

继续执行直线命令完成另一条直线的绘制。完成后的效果如图3-31所示。

8. 修剪图形

单击“修改”工具栏中的“修剪”按钮，命令行提示和操作步骤如下：

命令:trim

当前设置:投影=UCS,边=无

选择剪切边...

选择对象或<全部选择>:找到1个

选择对象:找到1个,总计2个　//分别单击两条直线，然后按Enter键

选择要修剪的对象，或按住Shift键选择要延伸的对象，或

[栏选(F)/窗交(C)/投影(P)/边(E)/删除(R)/放弃(U)]：　//单击两条直线间的直径为40、56、30的圆弧和椭圆弧，完成后按Enter键

至此，完成洗脸池图形的绘制，效果如图3-32所示。

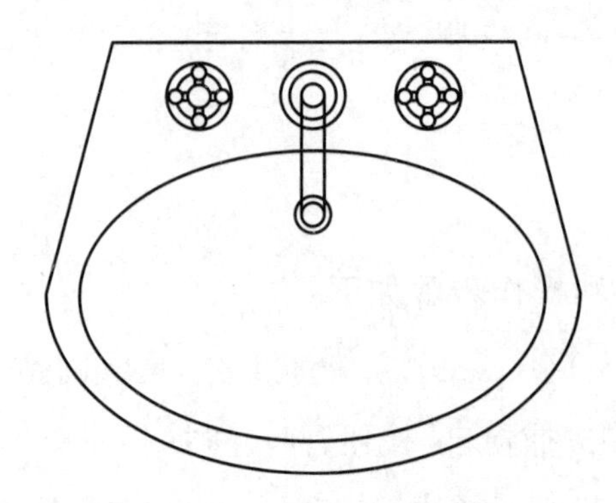

图3-31　绘制中间直线后的图形

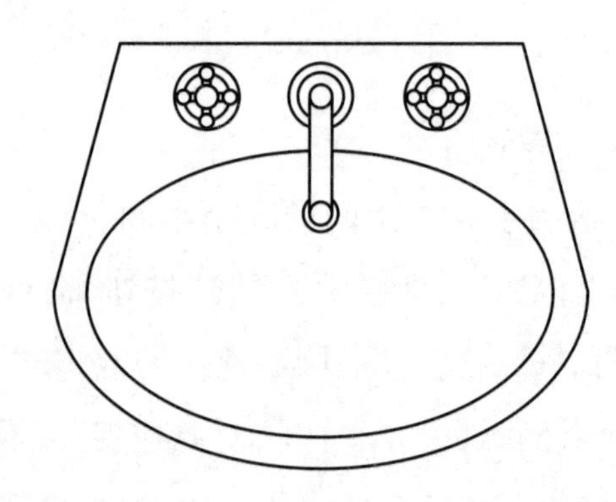

图3-32　洗脸池图形

9. 保存文件

任务评价

序号	评价内容	评价完成效果		
		★★★	★★	★
1	掌握椭圆及椭圆弧的绘制方法			
2	熟练使用对象捕捉等辅助绘图功能			
3	能分析绘制图形的思路			
4	能综合应用直线、圆、矩形、椭圆绘图命令			
5	能熟练完成任务内容			

巩固提高

绘制坐便器平面图，如图 3-33 所示。

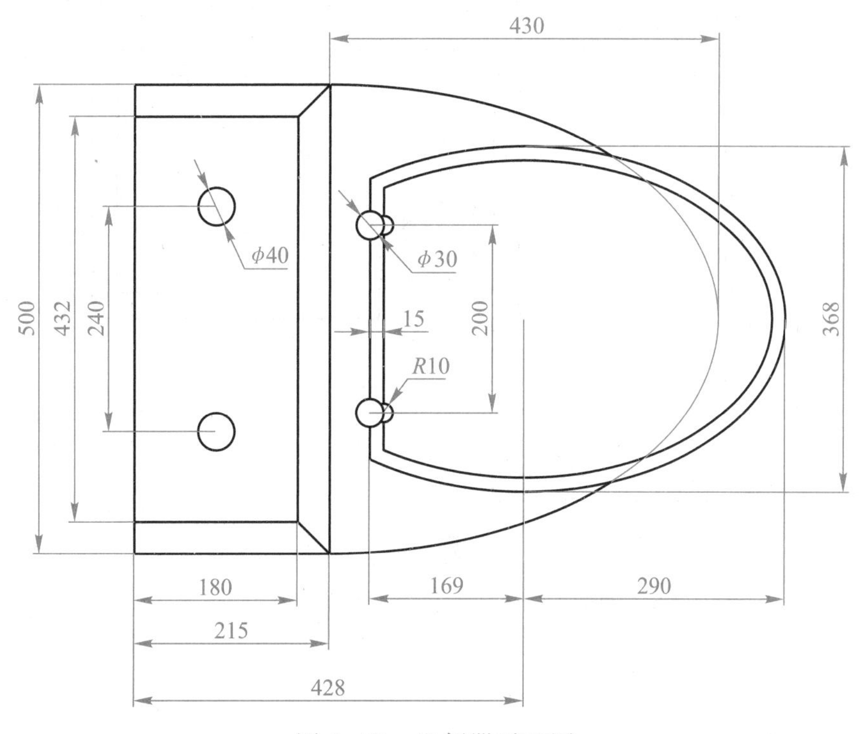

图 3-33　坐便器平面图

任务5　绘制卫生间建筑平面图

1. 掌握“多线”的绘制、定义、编辑方法
2. 进一步提高综合绘图能力
3. 熟练完成墙体的绘制

利用多线命令绘制卫生间建筑平面图，如图3-34所示。

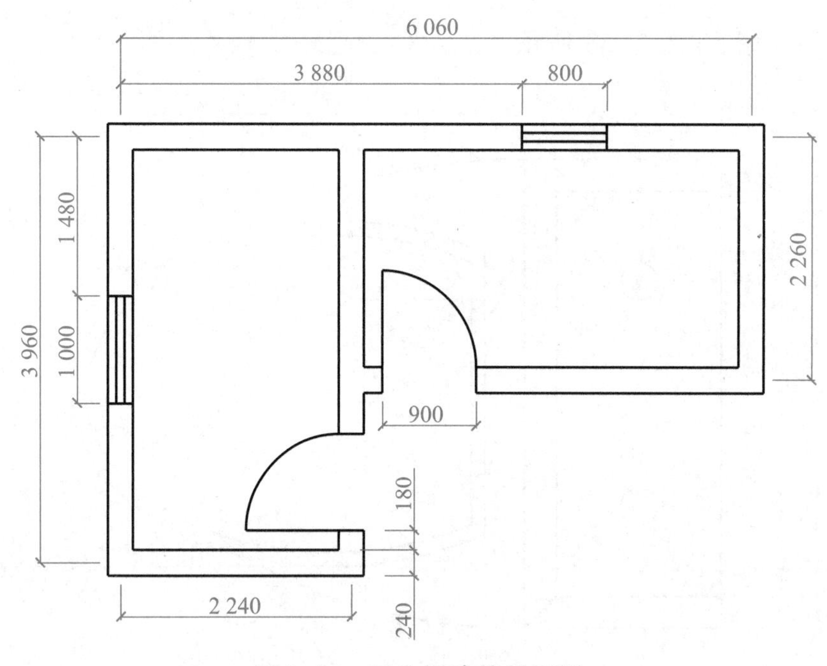

图3-34　卫生间建筑平面图

墙体线用多线命令绘制。在创建文件和新建相应图层后，绘制图形的思路如下：

(1) 使用构造线或直线命令绘制墙体轴线网格

(2) 根据轴线网格,使用多线命令绘制墙体

(3) 打开“多线编辑工具”对话框,利用“T 形合并”和“角点结合”编辑多线

1. 多线的绘制

多线是一种复合线,由多条平行线组成,使用多线的优点是能够提高绘图效率,保证图形中线条之间的统一性,在工程中经常使用。

多线命令的调用方法有以下两种:

- 使用菜单命令:单击“绘图”→“多线”菜单命令。
- 使用命令行:输入 MLINE ↙。

执行多线命令后,命令行提示如下:

命令:mline

当前设置:对正 = 上,比例 = 20.00,样式 = STANDARD

指定起点或[对正(J)/比例(S)/样式(ST)]:

提示中的第 2 行“当前设置”说明当前的绘图模式。本提示示例说明当前的对正方式为“上”方式,比例为 20.00,多线样式为 STANDARD;第 3 行为绘多线时的选择项。其中,“指定起点”选项用于确定多线的起始点;“对正”选项用于控制如何在指定的点之间绘制多线,即控制多线上的哪条线要随光标移动;“比例”选项用于确定所绘多线的宽度相对于多线定义宽度的比例;“样式”选项用于确定绘多线时采用的多线样式。

2. 定义多线样式

定义多线样式的命令执行方式有以下两种:

- 使用菜单命令:单击“格式”→“多线样式”菜单命令。
- 使用命令行:输入 MLSTYLE ↙。

执行命令后,弹出“多线样式”对话框,如图 3-35 所示,在该对话框中可以对多线样式进行定义、保存和加载等操作。

在对话框中单击“新建”按钮,打开“创建新的多线样式”对话框,如图 3-36 所示,在该对话框中可定义新的多线样式。

在对话框中输入新样式名称后单击“继续”按钮,弹出“新建多线样式”对话框,如图 3-37 所示。在该对话框中可以设置多线的封口方式、线型、颜色、填充图案、偏移值,也可添加新的线型并对其进行设置。

默认情况下多线样式的两端是不封口的,绘制墙体时需要设置封口方式。如图 3-38 所示,左端为不封口方式,右端为封口方式。

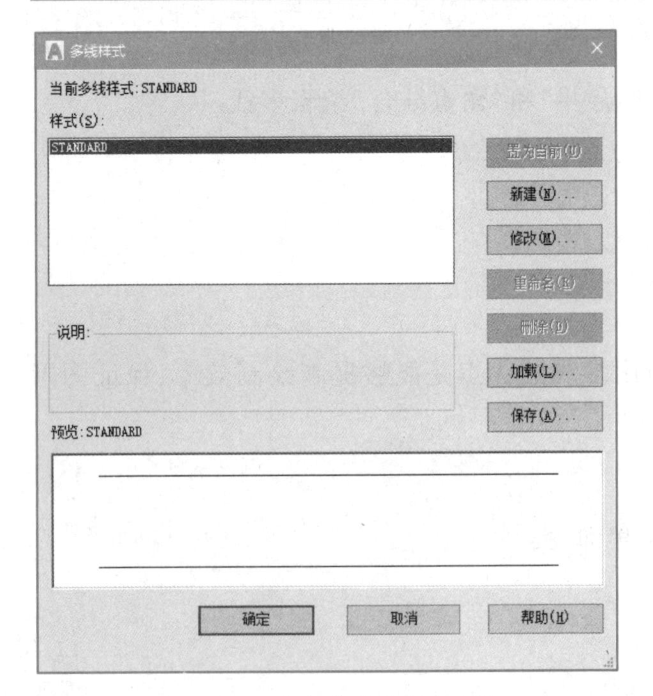

图 3-35 “多线样式”对话框

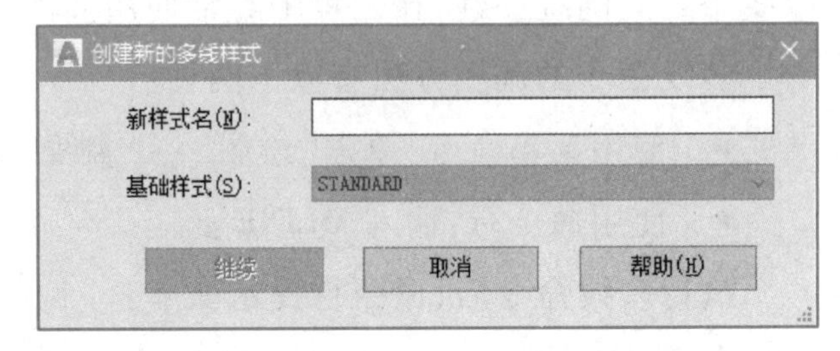

图 3-36 “创建新的多线样式”对话框

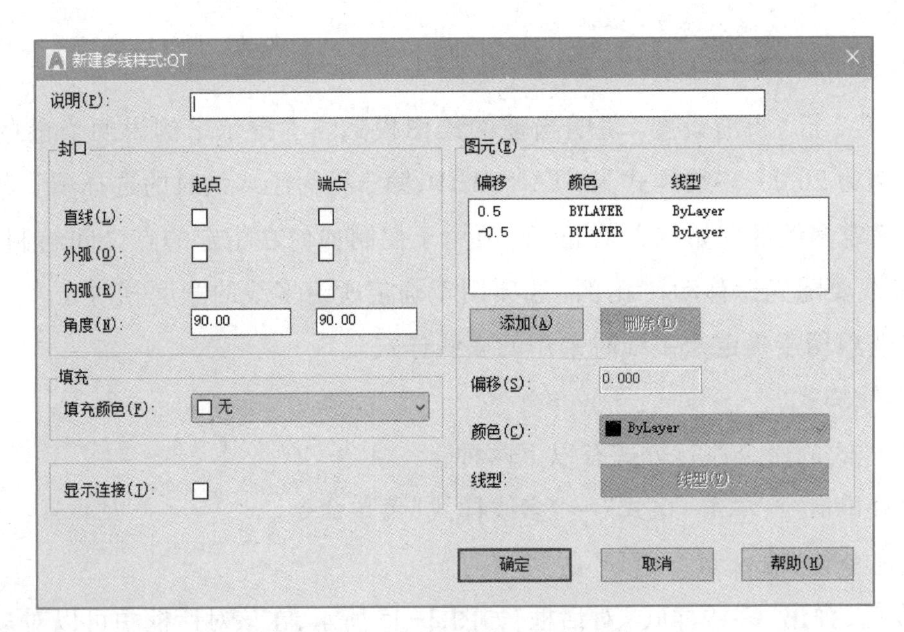

图 3-37 “新建多线样式”对话框

填充图案是对多线之间的区域进行图案或颜色填充。

偏移是设置每条多线距离多线的对称中心线的偏移量。

3. 编辑多线

多线是由多条线构成的复合对象,不能使用“修改”命令进行编辑,要对其进行编辑,需使用“多线编辑”命令。

调用多线编辑命令的方法是:

- 使用菜单命令:单击“修改”→“对象”→“多线”菜单命令。

执行命令后，系统弹出“多线编辑工具”对话框，如图 3-39 所示。该对话框中分 4 列显示了编辑方式，各图像按钮形象地说明了其编辑功能。其中，第 1 列管理十字交叉形多线，第 2 列管理 T 形多线，第 3 列管理拐角结合点和结点形式的多线，第 4 列管理多线被剪切或连接的形式。根据需要单击要选用的按钮，关闭对话框后，根据命令行提示进行操作即可。

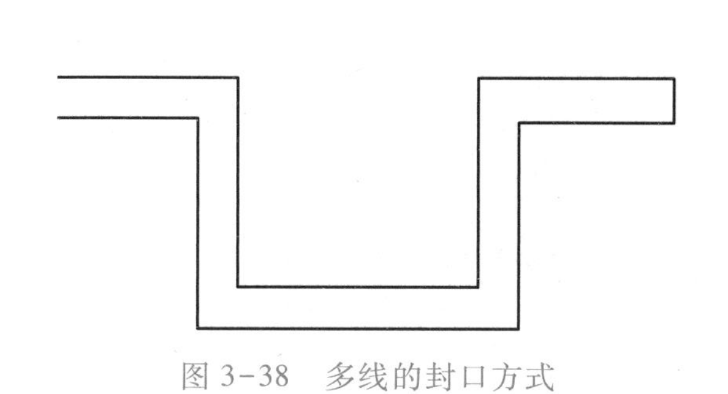

图 3-38　多线的封口方式

图 3-39　“多线编辑工具”对话框

任务实施

1. 创建“卫生间平面图”图形文件

启动 AutoCAD，创建名为“卫生间平面图”的文件。打开“图层特性管理器”对话框，新建名为“轴线”“墙体”“窗户”“门”的图层，设置各图层的对象特性，如图 3-40 所示。

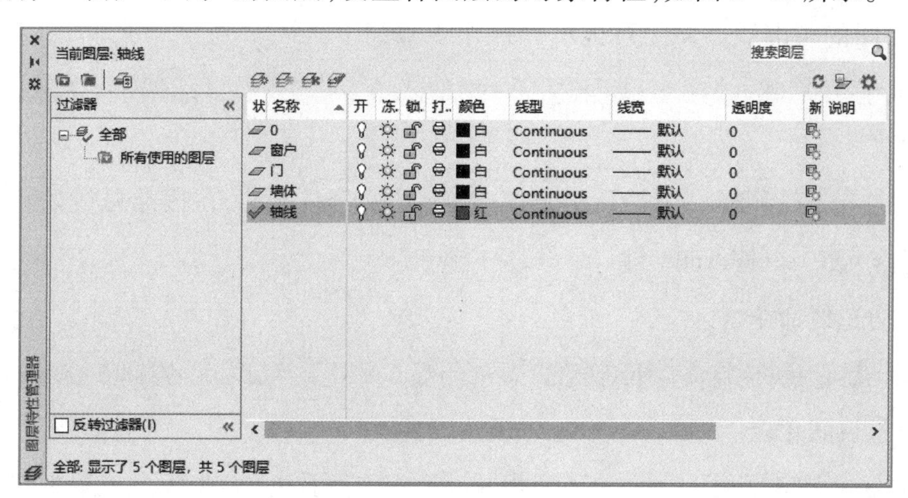

图 3-40　新建图层及对象特性

2. 定义多线样式

单击“格式”→“多线样式”菜单命令,打开“多线样式”对话框,在该对话框中单击“新建”按钮,打开“创建新的多线样式”对话框,在该对话框的“新样式名”文本框中输入“墙体”,单击“继续”按钮,弹出“新建多线样式:墙体”对话框,进行如图 3-41 所示的设置。

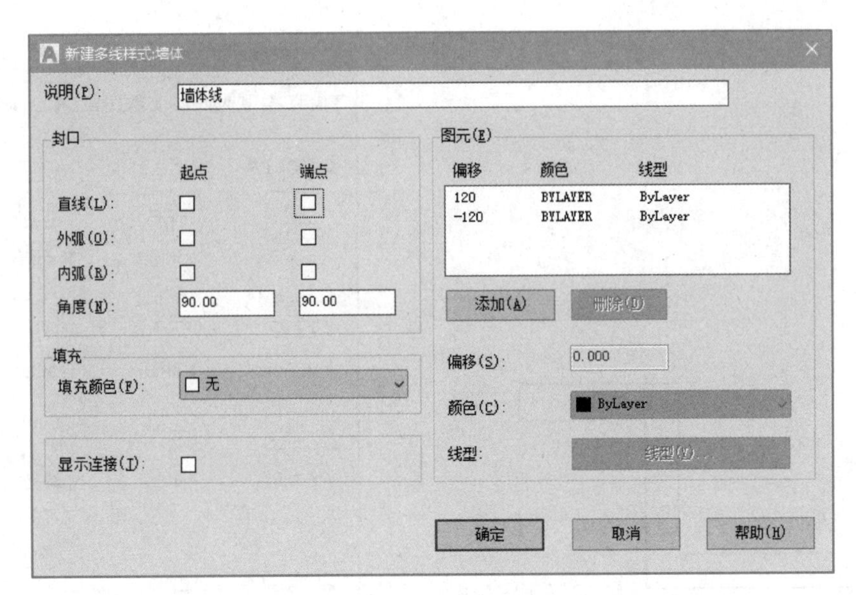

图 3-41　设置墙体线多线样式

在该对话框中,单击“图元”组中的“偏移”,在下方“偏移”文本框中输入“120”,设置另一偏移量为“-120”,颜色、线型均随层。完成设置后单击“确定”按钮,依次关闭对话框。

继续执行创建多线样式命令,创建“窗户”多线样式。设置偏移值分别为 120、40、-40、-120,颜色、线型均随层,直线的起点、端点选择“封口”。

3. 绘制基准线

将“轴线”图层设为当前图层,单击“构造线”按钮,绘制出一条水平构造线和一条垂直构造线,作为绘图的基准线。命令行提示和操作步骤如下。

命令:xline 指定点或[水平(H)/垂直(V)/角度(A)/二等分(B)/偏移(O)]:　//在绘图区任意位置单击

指定通过点:<正交 开>　//打开正交模式,将鼠标向右拖动,在任意位置处单击

指定通过点:↙　//按 Enter 键

继续执行构造线命令。

命令:xline 指定点或[水平(H)/垂直(V)/角度(A)/二等分(B)/偏移(O)]:　//在水平构造线上方任意位置单击

指定通过点:<正交 开>　//打开正交模式,将鼠标向下拖动,在任意位置处单击

指定通过点:↙　//按 Enter 键

4. 绘制墙体轴线网格

在“轴线”图层上，根据给定的图形，绘制出各条墙线、窗户、门的定位轴线。单击“绘图”工具栏中的“构造线”按钮，命令行提示和操作步骤如下：

命令：xline 指定点或［水平（H）/垂直（V）/角度（A）/二等分（B）/偏移（O）］：_from 基点：<偏移>：@ 2240，0↙　//打开“对象捕捉”工具栏，单击“捕捉自”按钮，并设置捕捉对象为交点，将鼠标指针移至前面两条基准构造线的交点处，出现“交点”提示后单击，输入@ 2240，0，按Enter 键

指定通过点：　//打开正交状态，在水平基准线下方单击

指定通过点：　//按 Enter 键

继续执行构造线命令，分别绘制与垂直基准线间隔为 6 060、3 880、4 680、2 540、3 440 的垂直构造线。按照上述操作，绘制与水平基准线间隔为 2 260、3 960、1 480、2 480、2 760、3 660 的水平构造线，用来定位墙体、窗户、门的位置，绘制后的图形如图 3-42 所示。

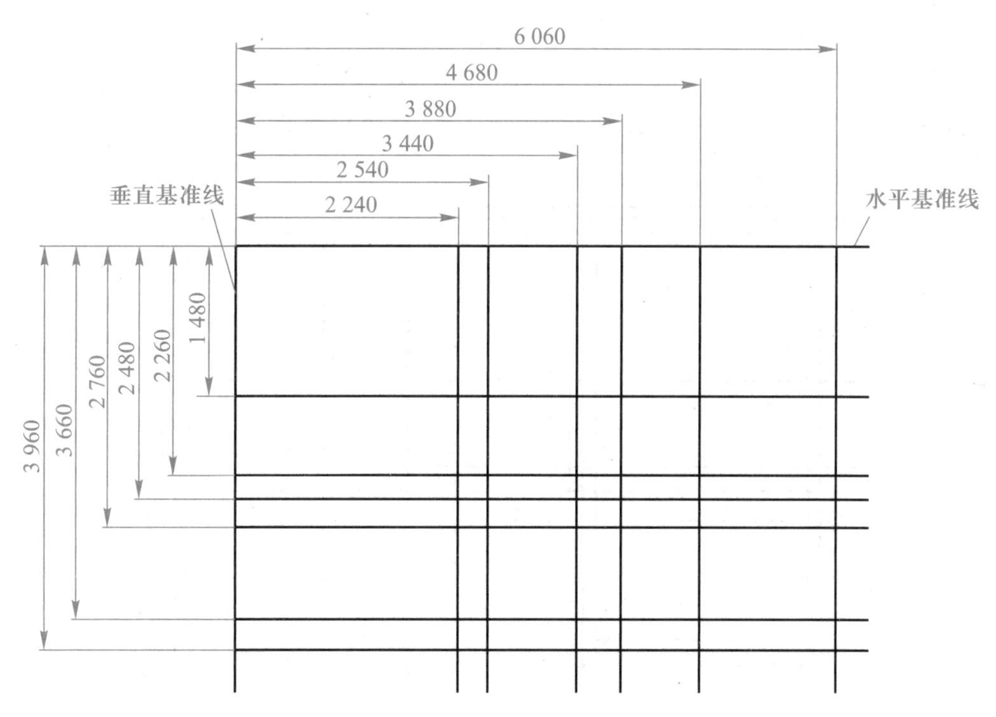

图 3-42　墙体轴线网格图

垂直定位轴线说明：墙体轴线：2 240、6 060；窗户轴线：3 880、4 680；门轴线：2 540、3 440。

水平定位轴线说明：墙体轴线：2 260、3 960；窗户轴线：1 480、2 480；门轴线：2 760、3 660。

5. 绘制墙体

将“墙体”图层设为当前图层，单击“绘图”→“多线”菜单命令，命令行提示和操作步骤如下：

命令：mline

当前设置:对正=上,比例=20.00,样式=STANDARD

指定起点或[对正(J)/比例(S)/样式(ST)]:j↙　//输入 j,按 Enter 键

输入对正类型[上(T)/无(Z)/下(B)]<上>:z↙　//输入 z,按 Enter 键

当前设置:对正=无,比例=20.00,样式=STANDARD

指定起点或[对正(J)/比例(S)/样式(ST)]:st↙　//输入 st,按 Enter 键

输入多线样式名或[?]:墙体↙　//输入墙体,按 Enter 键

当前设置:对正=无,比例=20.00,样式=墙体

指定起点或[对正(J)/比例(S)/样式(ST)]:s↙　//输入 s,按 Enter 键

输入多线比例<20.00>:1↙　//输入 1,按 Enter 键

当前设置:对正=无,比例=1.00,样式=墙体

指定起点或[对正(J)/比例(S)/样式(ST)]:　//打开对象捕捉状态,并设置捕捉对象为交点,按原给定图形,捕捉墙体轴线网格上的相应交点

指定下一点:　//捕捉轴线上另一交点,操作方法与绘制直线相同

指定下一点或[放弃(U)]:　//按 Enter 键

继续执行多线命令,直至将全部墙体线绘制完成,完成后如图 3-43 所示。

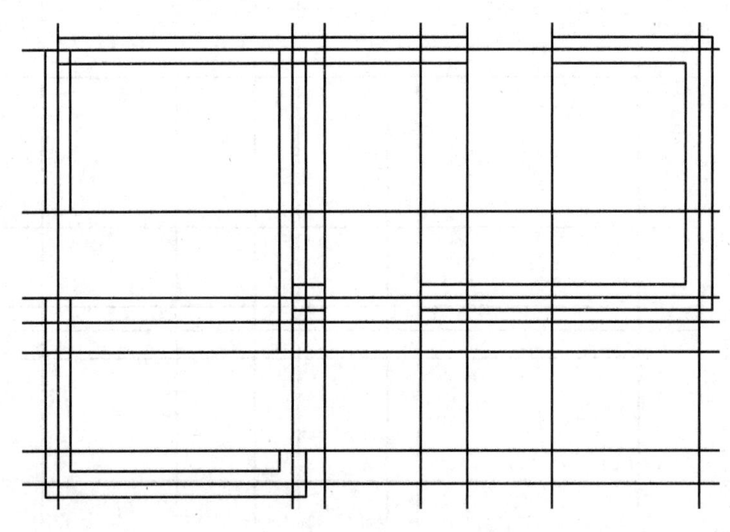

图 3-43　绘制墙体线后的图形

6. 编辑墙体线

为了便于编辑墙体线,关闭"轴线"图层,如图 3-44 所示。

单击"修改"→"对象"→"多线"菜单命令,打开"多线编辑工具"对话框,如图 3-39 所示,单击"T 形合并"按钮,命令行提示和操作步骤如下:

命令:mledit

选择第一条多线:　//单击第一条多线,如图 3-45 所示

选择第二条多线:　//单击第二条多线,如图 3-45 所示

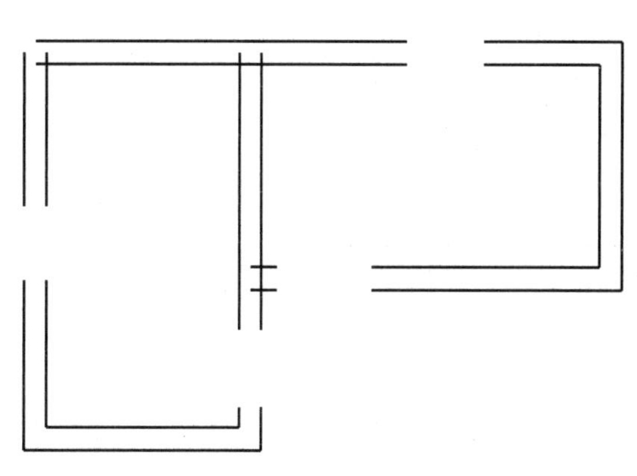

图 3-44　关闭“轴线”图层后的图形

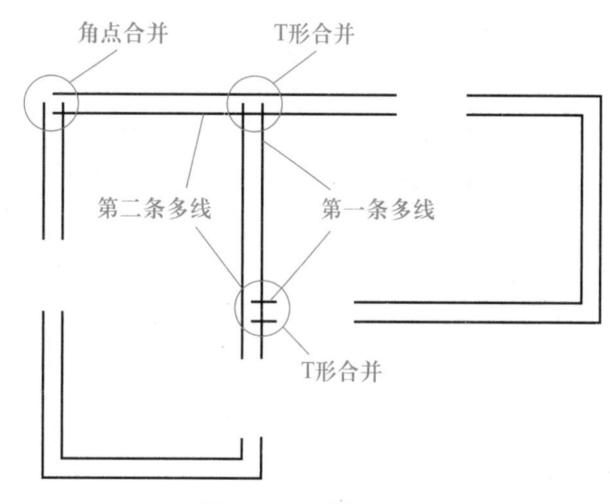

图 3-45　编辑多线

选择第一条多线或[放弃(U)]：　//继续选择要合并的多线

合并完成后右击。

注意：“T 形合并”时，选择第一条线与第二条线的结果是不一样的，要先选择被并对象。

继续打开“多线编辑工具”对话框，单击“角点结合”按钮，对多线的角点进行合并，如图 3-45 所示。命令行提示和操作步骤与“T 形合并”相同。

编辑完成后的图形如图 3-46 所示。

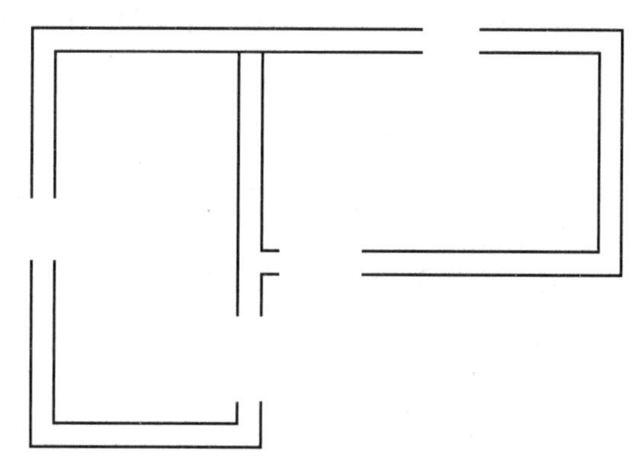

图 3-46　墙线绘制效果图

7. **绘制窗户**

将“窗户”图层设为当前图层，打开“轴线”图层，单击“绘图”→“多线”菜单命令，命令行提示和操作步骤如下：

命令：mline

当前设置：对正 = 无，比例 = 1.00，样式 = 墙体

指定起点或[对正(J)/比例(S)/样式(ST)]：st↙　//输入 st，按 Enter 键

输入多线样式名或[?]：窗户↙　//输入窗户，按 Enter 键

当前设置：对正 = 无，比例 = 1.00，样式 = 窗户

指定起点或[对正(J)/比例(S)/样式(ST)]：　//打开对象捕捉状态，并设置捕捉对象为交点，按原给定图形，捕捉轴线网格上的相应交点

指定下一点：　//捕捉轴线上另一交点，操作方法与绘制直线相同

指定下一点或[放弃(U)]：↙　//按 Enter 键

继续执行多线命令，绘制另一处窗户线，完成后如图 3-47 所示。

8. **绘制门**

将“门”图层设为当前图层，关闭“轴线”图层，单击“绘图”→“圆弧”菜单命令，命令行提示

和操作步骤如下：

命令：arc

指定圆弧的起点或[圆心(C)]：c↙　//输入 c，按 Enter 键

指定圆弧的圆心：　//打开对象捕捉状态，并设置捕捉对象为端点，按原给定图形，捕捉相应点，如图 3-48 所示

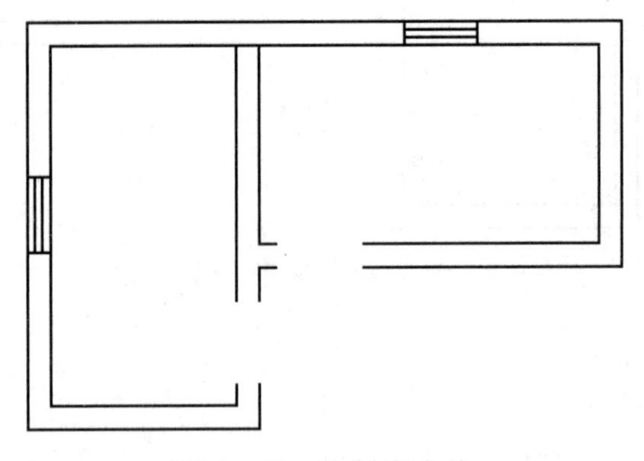

图 3-47　绘制窗户线

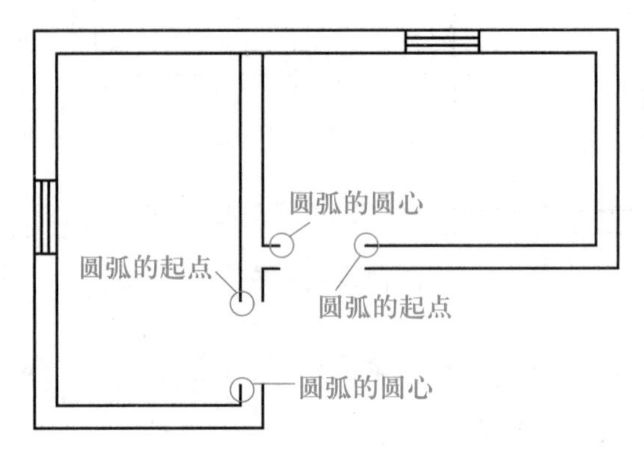

图 3-48　圆弧的圆心和起点

指定圆弧的起点：　//按原给定图形，捕捉相应点，如图 3-48 所示

指定圆弧的端点(按住 Ctrl 键以切换方向)或[角度(A)/弦长(L)]：a↙　//输入 a，按 Enter 键

指定夹角(按住 Ctrl 键以切换方向)：90↙　//输入 90，按 Enter 键

继续执行圆弧命令，绘制另一处门线。

执行直线命令，绘制门的相应线。完成后的图形如图 3-34 所示。

9. 保存文件

序号	评价内容	评价完成效果		
		★★★	★★	★
1	掌握多线的绘制、定义、编辑方法			
2	能灵活使用对象捕捉等辅助绘图功能			
3	清楚本任务的绘制图形思路			
4	能熟练完成任务内容			
5	能分析和处理任务实施过程中遇到的问题			

1. 改变多线样式的比例，查看绘制后的图形有哪些变化？

2. 本任务中你是如何解决图形缩放的？

3. 利用多线命令绘制墙体图，如图 3-49 所示，墙体厚 240 mm。

提示：墙线为双线，窗户为 4 线。

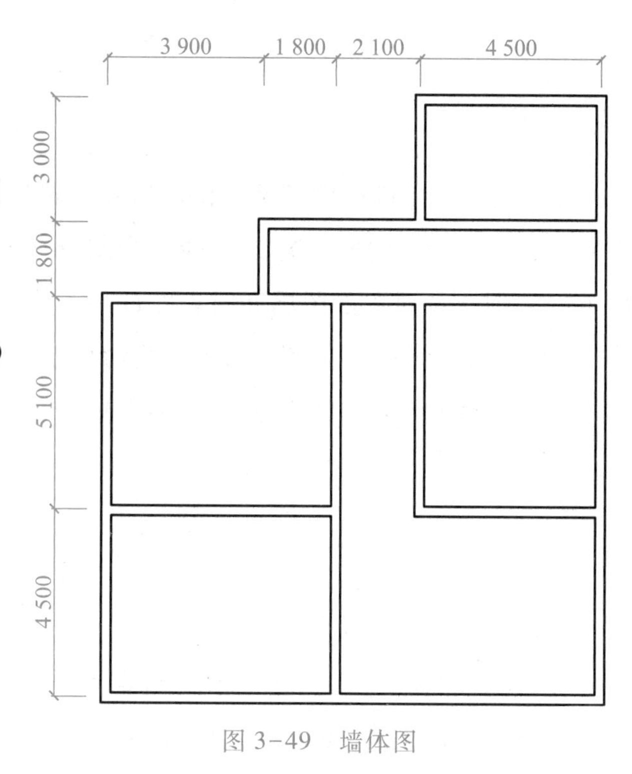

图 3-49　墙体图

任务 6　绘制双人床及床上用品

1. 掌握“样条曲线”和“多段线”的绘制、定义、编辑方法

2. 能灵活、熟练地运用已掌握的各种绘图工具，进一步提高综合绘图能力

3. 熟练完成双人床及床上用品图形的绘制

4. 能分析和处理绘图过程中出现的问题

利用样条曲线、多段线及其他绘图工具绘制双人床及床上用品图形，如图 3-50 所示。

双人床尺寸：2 000×1 800，床单、枕头、靠垫尺寸目测自定，图形曲线用样条曲线绘制。

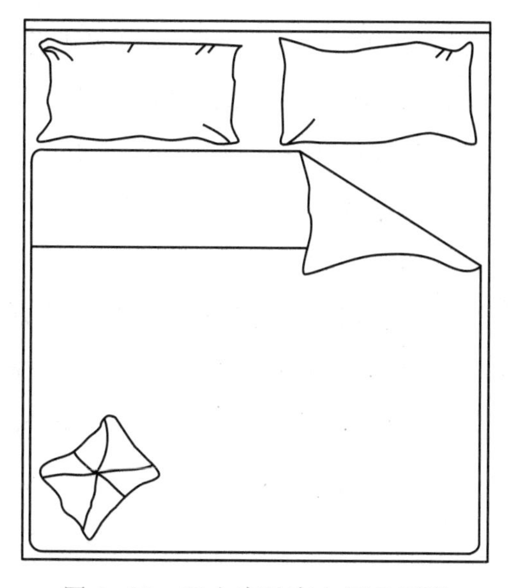

图 3-50　双人床及床上用品图形

任务分析

本任务中,绘制对象有床、床单、枕头、靠垫,图形要素主要有矩形、多段线、样条曲线。绘制思路如下:

(1) 创建各对象的图层和对象特性

(2) 用矩形命令绘制床,用多段线命令绘制床单

(3) 用样条曲线命令绘制枕头和靠垫

知识准备

一、样条曲线的绘制和编辑

样条曲线是经过或接近一系列给定点的光滑的、不规则的曲线。通过对曲线路径上的一系列点进行平滑拟合,可以创建出样条曲线,这种方法创建的样条曲线比多段线精确,而且占据的磁盘空间小。如设计汽车的轮廓、花瓶等都可用样条曲线绘制。

1. 样条曲线的绘制

样条曲线命令的调用方法有以下几种:

- 使用选项卡:单击"默认"选项卡→"绘图"面板的下三角按钮→下拉按钮中前两个按钮,如图 3-51 所示。
- 使用菜单命令:单击"绘图"→"样条曲线"菜单命令。
- 使用"绘图"工具栏:单击"样条曲线"按钮。

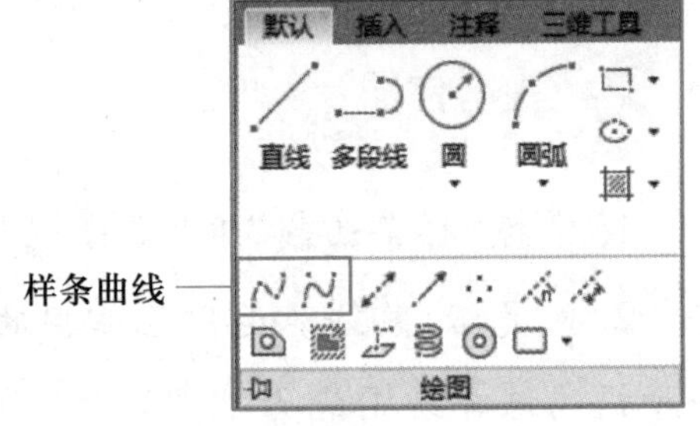

图 3-51 "绘图"面板中的"样条曲线"按钮

AutoCAD 绘制样条曲线的方式有拟合点和控制点两种,拟合点是样条曲线必须要经过(重合)选取的点;控制点是样条曲线不一定要经过(重合)选取的点,但是样条曲线的形状和所选取点的走势相近,但更平滑。

使用前两种方法绘制样条曲线时,会直接选择用哪种方式绘制;使用后一种方法绘制样条曲线时,会默认使用最近一次采用的方式绘制,需要留意命令行提示的当前设置方式,结合绘制要求更改相应方式。一般采用拟合点方式绘制。

执行样条曲线命令后,命令行提示如下:

命令:spline

当前设置:方式=拟合　节点=弦

指定第一个点或[方式(M)/节点(K)/对象(O)]:

根据命令行提示,完成样条曲线的绘制。

2. 样条曲线的编辑

样条曲线绘制后,可以对其进行编辑,如删除样条曲线的拟合点、改变样条曲线的形状、改变起点和终点的切线方向以及增加拟合点提高精度等。

调用样条曲线编辑命令的方法有以下几种:

- 使用菜单命令:单击“修改”→“对象”→“样条曲线”菜单命令。
- 使用“修改Ⅱ”工具栏:单击“编辑样条曲线”按钮。
- 使用命令行:输入 SPLIMEDIT ↙。
- 使用快捷菜单:选中样条曲线并右击,在弹出的快捷菜单中选择“样条曲线”的子菜单命令。

执行多段线命令后,命令行提示如下:

命令:splinedit

选择样条曲线: //选择要修改的样条曲线

输入选项[闭合(C)/合并(J)/拟合数据(F)/编辑顶点(E)/转换为多段线(P)/反转(R)/放弃(U)/退出(X)]<退出>:

根据命令行提示,结合要修改的项目,完成样条曲线的编辑。

二、多段线的绘制和编辑

1. 多段线的绘制

多段线是由直线段、圆弧段构成的组合线段,用多段线可以生成有宽度、有形状的图形对象。多段线命令的调用方法有以下几种:

- 使用选项卡:单击“默认”选项卡→“绘图”面板→“多段线”按钮,如图 3-51 所示。
- 使用菜单命令:单击“绘图”→“多段线”菜单命令。
- 使用“绘图”工具栏:单击“多段线”按钮。

执行多段线命令后,命令行提示如下:

命令:pline

指定起点: //确定多段线的起始点

当前线宽为 0.0000 //说明当前的绘图线宽

指定下一个点或[圆弧(A)/半宽(H)/长度(L)/放弃(U)/宽度(W)]:

根据命令行提示,完成多段线的绘制。

2. 多段线的编辑

多段线的编辑包括与其他图形对象合并、修改线宽、生成样条曲线等。调用多段线编辑命令的方法有以下几种:

- 使用菜单命令:单击“修改”→“对象”→“多段线”菜单命令。
- 使用“修改Ⅱ”工具栏:单击“编辑多段线”按钮。

- 使用命令行：输入 PEDIT↙。
- 使用快捷菜单：选中多段线并右击，在弹出的快捷菜单中选择“多段线编辑”命令。

执行命令后，根据命令行提示完成多段线的编辑。

任务实施

1. 创建“双人床及床上用品图”的图形文件

启动 AutoCAD，创建名为“双人床及床上用品图”的文件，设置绘图单位为 mm。打开“图层特性管理器”对话框，新建“双人床”“床单”“枕头”“靠垫”图层，对象特性默认或随层。

2. 绘制双人床轮廓

将“双人床”图层设为当前图层。

单击“绘图”工具栏中的“矩形”按钮，绘制双人床轮廓边框。命令行提示和操作步骤如下：

命令：rectang

指定第一个角点或[倒角(C)/标高(E)/圆角(F)/厚度(T)/宽度(W)]： //在绘图区单击，指定一点

指定另一个角点或[面积(A)/尺寸(D)/旋转(R)]：d↙ //输入 d，按 Enter 键

指定矩形的长度<10>：1 800↙ //输入 1 800，按 Enter 键

指定矩形的宽度<10>：2 000↙ //输入 2 000，按 Enter 键

指定另一个角点或[面积(A)/尺寸(D)/旋转(R)]： //在绘图区单击，指定矩形的对角点方向

完成矩形的绘制后，单击“绘图”工具栏中的“直线”按钮，命令行提示和操作步骤如下：

命令：line

指定第一个点：_from 基点：<偏移><对象捕捉开>：@0，-40↙ //单击“对象捕捉”工具栏中的“捕捉自”按钮，打开“对象捕捉”状态，设置“端点”和“交点”为捕捉点，单击矩形左上角点，输入@0，-40，按 Enter 键

指定下一点或[放弃(U)]：<对象捕捉追踪开> //打开“对象捕捉追踪”状态，在矩形右上角点处停留鼠标，出现“端点”提示后沿矩形右边框线向下移动鼠标，出现“交点”提示后单击

指定下一点或[放弃(U)]：↙ //按 Enter 键

图 3-52 双人床轮廓

完成双人床轮廓绘制后的图形如图 3-52 所示。

3. 绘制床单

将“床单”图层设为当前图层。

(1) 绘制床单轮廓

单击“绘图”工具栏中的“多段线”按钮,绘制床单轮廓。命令行提示和操作步骤如下:

命令:pline

指定起点: //根据图 3-50 所示,大致在图中指定第一点,如图 3-53 所示

当前线宽为 0

指定下一个点或[圆弧(A)/半宽(H)/长度(L)/放弃(U)/宽度(W)]:<正交开> //打开正交模式,向左拖动鼠标,根据图 3-50 所示,目测相应位置后单击,本示例大约距离为 1 000

指定下一点或[圆弧(A)/闭合(C)/半宽(H)/长度(L)/放弃(U)/宽度(W)]:a↙ //输入 a,按 Enter 键

指定圆弧的端点(按住 Ctrl 键以切换方向)或

[角度(A)/圆心(CE)/闭合(CL)/方向(D)/半宽(H)/直线(L)/半径(R)/第二个点(S)/放弃(U)/宽度(W)]:ce↙ //输入 ce,按 Enter 键

指定圆弧的圆心:_from 基点:<偏移>:@ 0,-40↙ //单击“对象捕捉”工具栏中的“捕捉自”按钮,打开“对象捕捉”状态,捕捉刚绘制的直线的端点,输入@ 0,-40,按 Enter 键

指定圆弧的端点(按住 Ctrl 键以切换方向)或[角度(A)/长度(L)]:a↙ //输入 a,按 Enter 键

指定夹角(按住 Ctrl 键以切换方向):90↙ //输入 90,按 Enter 键

指定圆弧的端点(按住 Ctrl 键以切换方向)或

[角度(A)/圆心(CE)/闭合(CL)/方向(D)/半宽(H)/直线(L)/半径(R)/第二个点(S)/放弃(U)/宽度(W)]:l↙ //输入 l,按 Enter 键

指定下一点或[圆弧(A)/闭合(C)/半宽(H)/长度(L)/放弃(U)/宽度(W)]: //在正交模式下,向下拖动鼠标,根据图 3-50 所示,目测相应位置后单击,本示例大约距离为 1 410

指定下一点或[圆弧(A)/闭合(C)/半宽(H)/长度(L)/放弃(U)/宽度(W)]:a↙ //输入 a,按 Enter 键

指定圆弧的端点(按住 Ctrl 键以切换方向)或

[角度(A)/圆心(CE)/闭合(CL)/方向(D)/半宽(H)/直线(L)/半径(R)/第二个点(S)/放弃(U)/宽度(W)]:ce↙ //输入 ce,按 Enter 键

指定圆弧的圆心:_from 基点:<偏移>:@ 40,0↙ //单击“对象捕捉”工具栏中的“捕捉自”按钮,打开“对象捕捉”状态,捕捉刚绘制的直线的端点,输入@ 40,0,按 Enter 键

指定圆弧的端点(按住 Ctrl 键以切换方向)或[角度(A)/长度(L)]:a↙ //输入 a,按 Enter 键

指定夹角(按住 Ctrl 键以切换方向):90↙ //输入 90,按 Enter 键

指定圆弧的端点(按住 Ctrl 键以切换方向)或

[角度(A)/圆心(CE)/闭合(CL)/方向(D)/半宽(H)/直线(L)/半径(R)/第二个点(S)/放弃(U)/宽度(W)]:l↙ //输入 l,按 Enter 键

指定下一点或[圆弧(A)/闭合(C)/半宽(H)/长度(L)/放弃(U)/宽度(W)]: //在正交模式下,向右拖动鼠标,根据图 3-50 所示,目测相应位置后单击,本示例大约距离为 1 665

指定下一点或[圆弧(A)/闭合(C)/半宽(H)/长度(L)/放弃(U)/宽度(W)]:a↙ //输入 a,按 Enter 键

指定圆弧的端点(按住 Ctrl 键以切换方向)或

[角度(A)/圆心(CE)/闭合(CL)/方向(D)/半宽(H)/直线(L)/半径(R)/第二个点(S)/放弃(U)/宽度(W)]:ce↙ //输入 ce,按 Enter 键

指定圆弧的圆心:_from 基点:<偏移>:<打开对象捕捉>@ 0,40↙ //单击"对象捕捉"工具栏中的"捕捉自"按钮,打开"对象捕捉"状态,捕捉刚绘制的直线的端点,输入@ 0,40,按 Enter 键

指定圆弧的端点(按住 Ctrl 键以切换方向)或[角度(A)/长度(L)]:a↙ //输入 a,按 Enter 键

指定夹角(按住 Ctrl 键以切换方向):90↙ //输入 90,按 Enter 键

指定圆弧的端点(按住 Ctrl 键以切换方向)或

[角度(A)/圆心(CE)/闭合(CL)/方向(D)/半宽(H)/直线(L)/半径(R)/第二个点(S)/放弃(U)/宽度(W)]:l↙ //输入 l,按 Enter 键

指定下一点或[圆弧(A)/闭合(C)/半宽(H)/长度(L)/放弃(U)/宽度(W)]: //在正交模式下,向上拖动鼠标,根据图 3-50 所示,目测相应位置后单击,本示例大约距离为 1 030

指定下一点或[圆弧(A)/闭合(C)/半宽(H)/长度(L)/放弃(U)/宽度(W)]: //捕捉多段线的第 1 点,如图 3-53 所示

指定下一点或[圆弧(A)/闭合(C)/半宽(H)/长度(L)/放弃(U)/宽度(W)]:↙ //按 Enter 键

床单轮廓绘制完成后的效果如图 3-54 所示。

(2) 绘制床单卷边

单击"绘图"工具栏中的"多段线"按钮,绘制床单卷边。命令行提示和操作步骤如下:

命令:spline

当前设置:方式=拟合　节点=弦

指定第一个点或[方式(M)/节点(K)/对象(O)]:m↙ //输入 m,按 Enter 键

输入样条曲线创建方式[拟合(F)/控制点(CV)]<拟合>:cv↙ //输入 cv,按 Enter 键

当前设置:方式=控制点　阶数=3

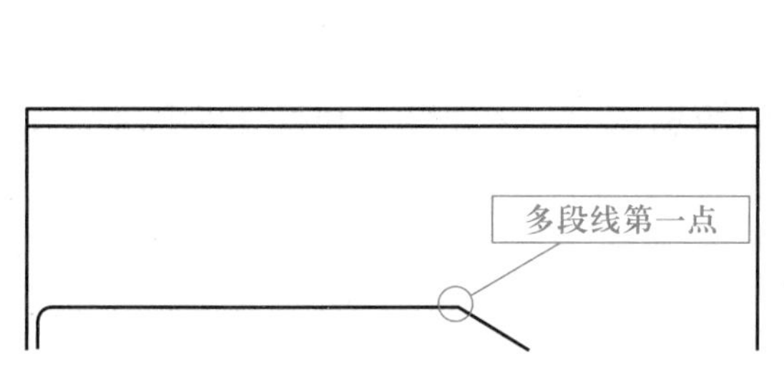

图 3-53　绘制床单轮廓的第一点位置

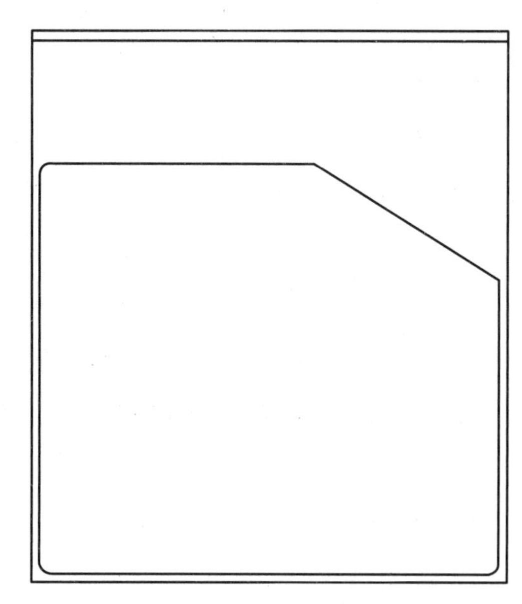

图 3-54　床单轮廓的效果图

指定第一个点或[方式(M)/阶数(D)/对象(O)]:<打开对象捕捉>　//打开对象捕捉模式,根据图 3-53 所示,捕捉多段线第一点

输入下一个点：<对象捕捉关>　//关闭对象捕捉模式,根据图 3-50 所示曲线走向单击

输入下一个点或[放弃(U)]：　//根据图 3-50 所示曲线走向,根据命令行提示重复执行“输入下一个点”操作,依次单击多个点,直到确定曲线,为了使曲线光滑,尽量多取点

输入下一个点或[闭合(C)/放弃(U)]:<打开对象捕捉>　//打开对象捕捉模式,根据图 3-52所示曲线,捕捉曲线终点

输入下一个点或[闭合(C)/放弃(U)]:↙　//按 Enter 键

单击“绘图”工具栏中的“直线”按钮,命令行提示和操作步骤如下：

命令:line

指定第一个点:<打开对象捕捉>　//打开对象捕捉模式,设置最近点和垂足为捕捉点,在样条曲线处捕捉一最近点

指定下一点或[放弃(U)]:↙　//向左拖动鼠标至床单左边线,出现“垂足”提示后单击

指定下一点或[放弃(U)]:↙　//按 Enter 键

床单绘制完成后的图形如图 3-55 所示。

4. 绘制枕头轮廓

将“枕头”图层设为当前图层,绘制右侧枕头轮廓。

单击“绘图”工具栏中的“样条曲线”按钮,命令行提示和操作步骤如下：

图 3-55　绘制床单后的图形

命令:spline

当前设置:方式=控制点　阶数=3

指定第一个点或[方式(M)/阶数(D)/对象(O)]:　//根据图 3-50 所示枕头轮廓,在相应位置单击

输入下一个点:　//根据图 3-50 所示枕头轮廓曲线,按照命令行提示重复执行“输入下一个点”操作,依次单击多个点,直到确定枕头轮廓曲线,为了使曲线光滑,尽量多取点

输入下一个点或[闭合(C)/放弃(U)]:c↙　//输入 c,按 Enter 键

单击“绘图”工具栏中的“直线”按钮,绘制枕头的皱褶线,命令行提示和操作步骤如下:

命令:line

指定第一个点:<打开对象捕捉>　//打开对象捕捉模式,设置最近点为捕捉点,在样条曲线处捕捉一最近点

指定下一点或[放弃(U)]:↙　//拖动鼠标至适当位置,确定皱褶线的方向和长度,单击

指定下一点或[放弃(U)]:↙　//按 Enter 键

执行样条曲线命令,绘制多条皱褶线。按照同样方法,绘制左侧枕头轮廓。

5. 绘制靠垫轮廓

将“靠垫”图层设为当前图层。

单击“绘图”工具栏中的“样条曲线”按钮,绘制靠垫轮廓,命令行提示和操作步骤如下:

命令:spline

当前设置:方式=控制点　阶数=3

指定第一个点或[方式(M)/阶数(D)/对象(O)]:　//根据图 3-50 所示靠垫轮廓,在相应位置单击

输入下一个点:　//根据图 3-50 所示靠垫轮廓曲线,按照命令行提示重复执行“输入下一个点”操作,依次单击多个点,直到确定靠垫轮廓曲线,为了使曲线光滑,尽量多取点

输入下一个点或[闭合(C)/放弃(U)]:c↙　//输入 c,按 Enter 键

图 3-56　绘制“靠垫”轮廓后的图形

“靠垫”轮廓绘制后的图形如图 3-56 所示。

继续执行样条曲线命令,绘制靠垫轮廓内线条,命令行提示和操作步骤如下:

命令:spline

当前设置:方式=控制点　阶数=3

指定第一个点或[方式(M)/阶数(D)/对象(O)]:　<打开对象捕捉>　//打开对象捕捉

模式，设置最近点为捕捉点，根据图 3-53 所示，在靠垫轮廓曲线上适当位置捕捉一最近点

输入下一个点： //根据图 3-50 所示，按照命令行提示重复执行“输入下一个点”操作，依次单击多个点，直到确定靠垫轮廓曲线，为了使曲线光滑，尽量多取点

输入下一个点或[闭合(C)/放弃(U)]： //在靠垫轮廓曲线上适当位置捕捉一最近点

重复执行样条曲线命令，绘制靠垫其他曲线。

6. 保存图形

序号	评价内容	评价完成效果		
		★★★	★★	★
1	掌握多段线、样条曲线的绘制方法			
2	能灵活运用各种绘图命令和辅助功能			
3	清楚本任务的绘制图形思路			
4	能熟练完成任务内容			
5	能分析和处理任务实施过程中遇到的问题，如床、床单、枕头、靠垫之间的位置关系			

1. 绘制汽车轮廓，如图 3-57 所示。

提示：汽车轮廓用多段线绘制，车轮处各圆的直径分别为：3、11、15、16、17，车身其他部分(如车门、车窗)可目测绘制。

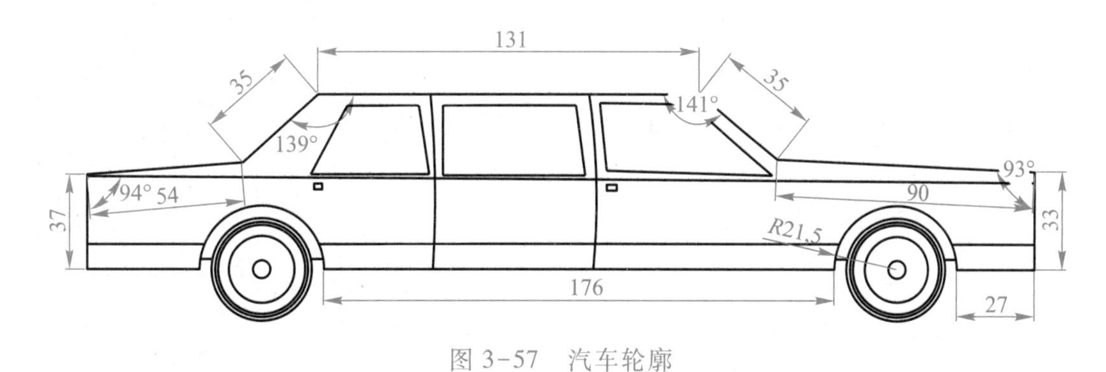

图 3-57　汽车轮廓

2. 绘制雨伞轮廓，如图 3-58 所示。

有关参数：伞把宽度为 4，半宽为 2；伞顶根部宽为 4，顶部宽为 2；雨伞外框线的圆弧角度为 180°。

绘制雨伞步骤提示：

（1）使用“圆弧”命令绘制伞的外框

（2）使用“样条曲线”命令绘制伞边

（3）使用“圆弧”命令绘制伞面辐条

（4）使用“多段线”命令绘制伞顶

（5）使用“多段线”命令绘制伞把

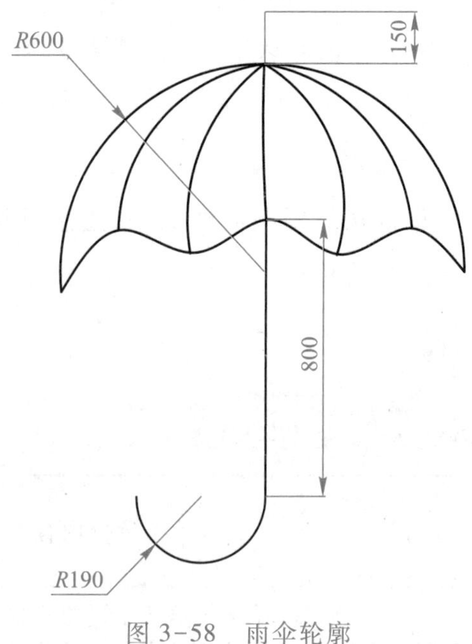

图 3-58　雨伞轮廓

任务 7　绘制玻璃门及装饰点

任务目标

1. 掌握“点”的绘制、样式设置方法
2. 能进行定数等分和定距等分

任务内容

绘制玻璃门及门上的装饰点，如图 3-59 所示。

相关参数：门宽 800 mm，高 2 000 mm，网格线间距 400。

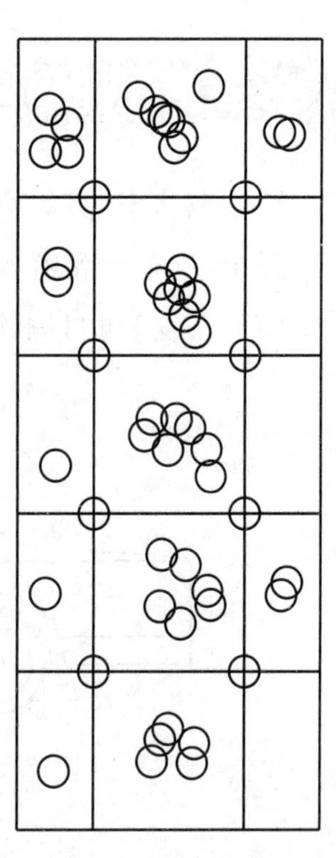

图 3-59　玻璃门及装饰点

任务分析

首先创建文件和新建相应图层，绘制图形的思路如下：

（1）使用矩形命令绘制玻璃门

（2）利用定数等分、点样式、直线命令绘制网格线

(3) 绘制门上装饰点。绘制点时,需要先设置点的样式

1. 点样式的设置

为了使点能显示清楚,便于我们查看,需要设置点的样式。设置方法如下:

- 使用菜单命令:单击“格式”→“点样式”菜单命令。

执行命令后,弹出“点样式”对话框,如图 3-60 所示。在该对话框中单击要选择的点样式,同时根据图形显示情况可设置点的大小。

2. 绘制点

绘制点的命令调用方法有以下几种:

- 使用选项卡,单击“默认”选项卡→“绘图”面板→“多点”按钮,如图 3-61 所示。
- 使用菜单命令:单击“绘图”→“点”→“单点”或“多点”菜单命令。

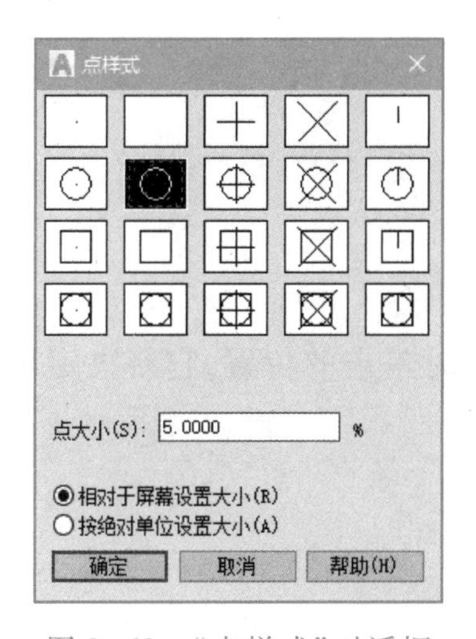

图 3-60 “点样式”对话框

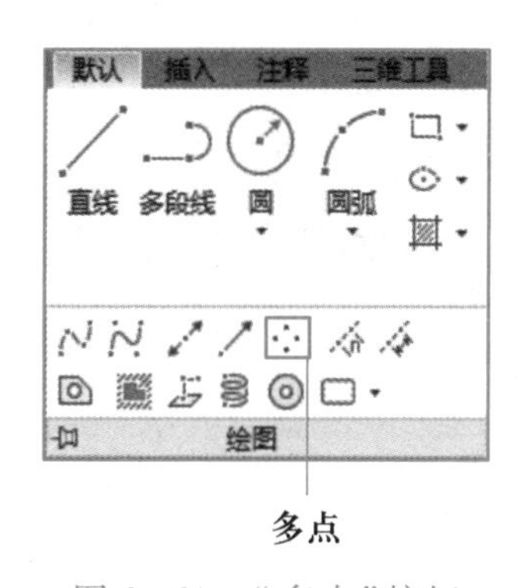

图 3-61 “多点”按钮

- 使用“绘图”工具栏:单击“点”按钮。
- 使用命令行:输入 POINT↙。

使用选项卡、工具栏和菜单命令的“多点”命令时,可连续绘制多个点,结束命令时,按 Esc 键;使用命令行和菜单命令的“单点”命令时,只能绘制 1 个点,绘制完成即命令结束。

3. 绘制测量点

绘图过程中,有时候需要完成对某个对象的等分工作,如定数等分、定距等分。

(1) 定数等分

定数等分命令的调用方法有以下几种:

- 使用选项卡:单击“默认”选项卡→“绘图”面板的下三角按钮→下拉按钮中的“定数等

分”按钮。

- 使用菜单命令：单击“绘图”→“点”→“定数等分”菜单命令。
- 使用命令行：输入 DIVIDE↙。

执行命令后，命令行提示和操作步骤如下：

命令：divide

选择要定数等分的对象：　//选择被等分对象

输入线段数目或[块(B)]：　//输入等分数，按 Enter 键

对回转类图形等分时，等分起始点与角度正方向一致。

(2) 定距等分

定距等分命令的调用方法有以下几种：

- 使用选项卡：单击“默认”选项卡→“绘图”面板的下三角按钮→下拉按钮中的“定距等分”按钮。
- 使用菜单命令：单击“绘图”→“点”→“定距等分”菜单命令。
- 使用命令行：输入 MEASURE↙。

执行命令后，命令行提示和操作步骤如下：

命令：measure

选择要定距等分的对象：　//选择被等分对象

指定线段长度或[块(B)]：　//输入等分长度，按 Enter 键

定距等分时，对非回转类对象，要注意选择对象时单击的位置，它将决定等分的起始点在对象的哪一侧。

1. 创建“玻璃门”图形文件

启动 AutoCAD，创建“玻璃门”图形文件。打开“图层特性管理器”对话框，新建名为“玻璃门”“装饰图案”的两个图层，“装饰图案”图层特性中颜色选“洋红色”，其他对象特性默认或随层。

2. 绘制玻璃门框

将“玻璃门”图层设为当前图层，绘制矩形玻璃门框。单击“绘图”工具栏中的“直线”按钮，命令行提示和操作步骤如下：

命令：line

指定第一个点：　//在绘图区指定一点

指定下一点或[放弃(U)]：　<正交开>2 000↙　//打开正交模式，将鼠标向下拖动，输入

2 000,按 Enter 键

指定下一点或[放弃(U)]:800↙　//将鼠标向右拖动,输入 800,按 Enter 键

指定下一点或[闭合(C)/放弃(U)]:2000↙　//将鼠标向上拖动,输入 2 000,按 Enter 键

指定下一点或[闭合(C)/放弃(U)]:c↙　//输入 c,按 Enter 键

3. 绘制门内网格线

(1) 设置点样式

单击“格式”→“点样式”菜单命令,在“点样式”对话框中选择点样式“○”,单击“确定”按钮后关闭对话框。

(2) 确定网格线位置

单击“绘图”→“点”→“定数等分”菜单命令,命令行提示和操作步骤如下:

命令:divide

选择要定数等分的对象:　//单击矩形左侧边线

输入线段数目或[块(B)]:5↙　//输入 5,按 Enter 键

重复执行定数等分命令,对矩形右侧边线 5 等分。

完成后的图形如图 3-62 所示。

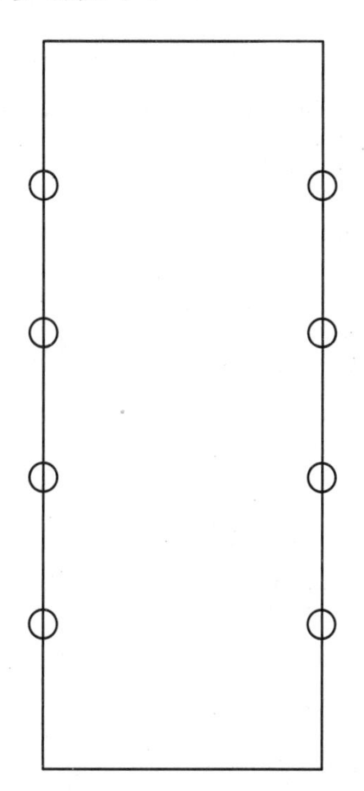

图 3-62　玻璃门框等分点

(3) 绘制网格线

单击“绘图”工具栏中的“直线”按钮,绘制水平网格线,命令行提示和操作步骤如下:

命令:line

指定第一个点:<打开对象捕捉><正交开>　//打开“对象捕捉”模式和“正交”模式,设置节点为捕捉点;单击矩形左边线显示的第一个等分点

指定下一点或[放弃(U)]:　//单击矩形右边线显示的第一个等分点

指定下一点或[放弃(U)]:↙　//按 Enter 键

重复执行直线命令,分别连接左右两边线的第二个和第三个等分点。

继续执行直线命令,绘制垂直网格线,命令行提示和操作步骤如下:

命令:line

指定第一个点:<打开对象捕捉><正交开>from 基点:<偏移>:@ 200,0↙　//打开“对象捕捉”模式和“正交”模式,设置端点和垂足为捕捉点,单击“修改”工具栏中的“捕捉自”按钮,单击矩形左边线上端点,输入@ 200,0,按 Enter 键

指定下一点或[放弃(U)]:　//将鼠标向下拖动至矩形底线,出现垂足提示后单击

指定下一点或[放弃(U)]:↙　//按 Enter 键

继续执行直线命令,命令行提示和操作步骤如下:

命令:line

指定第一个点:from 基点:<偏移>:@ -200,0↙ //单击“修改”工具栏中的“捕捉自”按钮,单击矩形右边线最上端点,输入@ -200,0,按 Enter 键

指定下一点或[放弃(U)]: //将鼠标向下拖动至矩形底线,出现垂足提示后单击

指定下一点或[放弃(U)]:↙ //按 Enter 键

玻璃门网格线效果如图 3-63 所示。

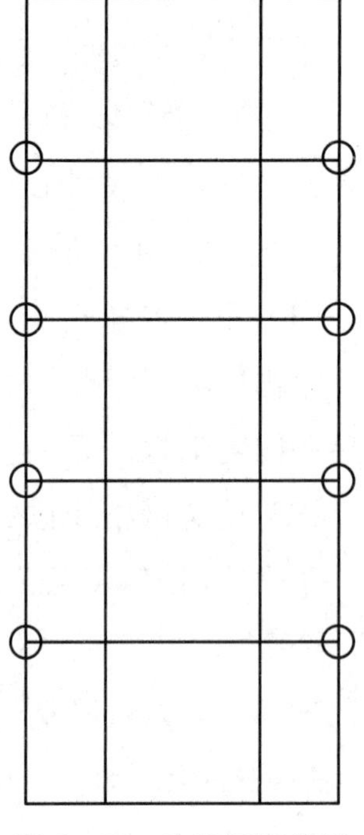

图 3-63 玻璃门网格线

4. 绘制门上的装饰

(1) 绘制装饰圆

将“装饰图案”图层设为当前图层,单击“绘图”工具栏中的“圆”按钮,绘制门上的均匀分布圆,命令行提示和操作步骤如下:

命令:circle

指定圆的圆心或[三点(3P)/两点(2P)/切点、切点、半径(T)]:<打开对象捕捉>↙ //打开“对象捕捉”模式,并设交点为捕捉对象,单击网格线的交点

指定圆的半径或[直径(D)]<80>:40↙ //输入 40(尺寸目测自拟),按 Enter 键

重复执行圆命令,完成其余 7 个圆的绘制。

(2) 绘制装饰点

单击“绘图”工具栏中的“多点”按钮,命令行提示和操作步骤如下:

命令:point

当前点模式: PDMODE=33 PDSIZE=0.0000

指定点: //在矩形内连续指定点位置,直至达到满意效果,按 Esc 键

5. 修剪图形

逐个单击门框边线上的 8 个等分点,按 Delete 键删除。

6. 保存图形

序号	评价内容	评价完成效果		
		★★★	★★	★
1	掌握点的绘制、设置样式方法			

续表

序号	评价内容	评价完成效果		
		★★★	★★	★
2	能进行定数等分和定距等分操作			
3	能熟练完成任务内容			

任务 8　绘制花园一角

任务目标

1. 掌握“图案填充”的操作方法
2. 掌握“图案填充”的编辑和修改方法

任务内容

绘制花园一角，矩形尺寸自拟，如图 3-64 所示。

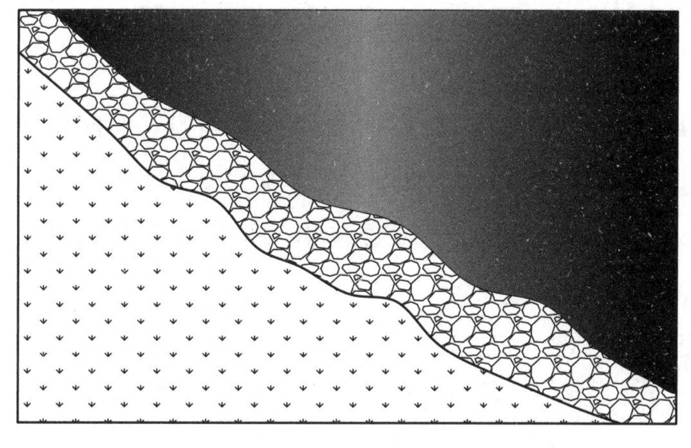

图 3-64　花园一角

任务分析

花园图形可用矩形和样条曲线绘制。对小路、草坪和池塘进行图案填充时，在“图案填充与渐变色”对话框中选择相应图案、比例和颜色进行填充。

知识准备

1. 图案填充的边界

填充图案是指用指定的图案填充指定的封闭区域。指定区域的边界对象只能是直线、双向射线、单向射线、多段线、样条曲线、圆、圆弧、椭圆、椭圆弧、面域等对象或用这些对象定义的块，而且必须是在屏幕上可见的对象。

2. 图案填充命令的调用

图案填充命令的调用方法有以下几种：

- 使用选项卡：单击“默认”选项卡→“绘图”面板→“图案填充”按钮。
- 使用菜单命令：单击“绘图”→“图案填充”或“渐变色”菜单命令。
- 使用“绘图”工具栏：单击“图案填充”按钮或“渐变色”按钮。

执行图案填充命令后，选项卡处会自动调出“图案填充创建”选项卡，同时命令行提示：

命令：hatch

拾取内部点或[选择对象(S)/放弃(U)/设置(T)]：

执行渐变色命令，会自动调出“图案填充创建”选项卡中有关渐变色的功能，同时命令行提示：

命令：gradient

拾取内部点或[选择对象(S)/放弃(U)/设置(T)]：　//用鼠标选择内部点或拾取边界对象

执行“图案填充”或“渐变色”命令后，根据命令提示信息，可采用“图案填充和渐变色”对话框或“图案填充创建”选项卡两种方法完成相关选项的设置。

在命令行提示中，执行“设置”命令时，会弹出“图案填充和渐变色”对话框，如图 3-65 所示。

“图案填充和渐变色”对话框的选项内容与“图案填充创建”选项卡的面板内容相同，操作时按命令行提示执行“设置”命令，可在对话框中完成，也可直接在面板中完成。

“图案填充和渐变色”对话框中各选项说明如下：

(1)“图案填充”选项卡和“图案填充”面板

“图案填充”选项卡和“图案填充”面板中的各选项用来确定填充图案及其参数。

在各选项右侧的下拉列表中可以选择相应的图案、颜色、角度、比例。除此之外，还可单击对话框中“图案”选项右侧的按钮，打开“填充图案选项板”对话框，如图 3-66 所示，在该对话框中可选择“ANSI”“ISO”“其他预定义”选项卡中产品附带的图案，也可进行用户自定义。如

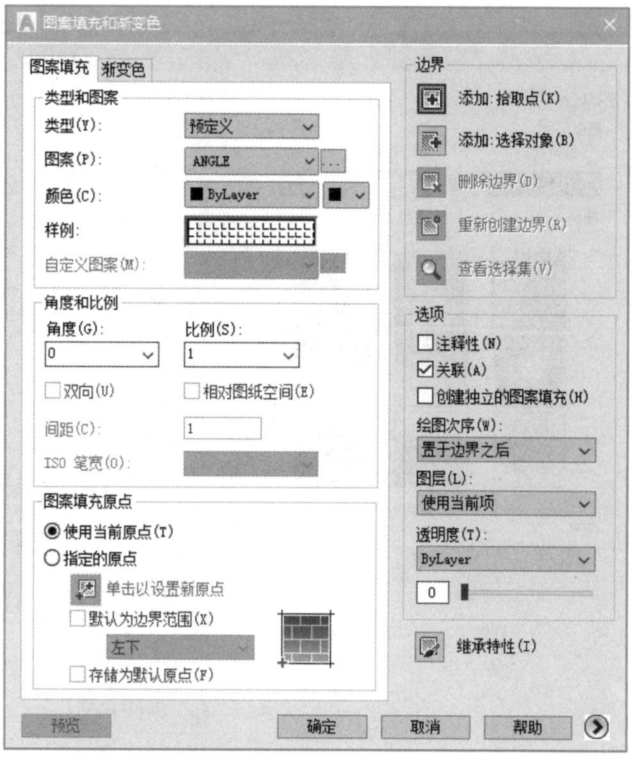

图 3-65 “图案填充和渐变色”对话框

果选择最近使用的图案和颜色，可使用下拉列表，如果想查看其他图案和颜色、进行用户自定义或预览，可选择按钮操作。

在“图案填充创建”选项卡中可以通过“图案”和“特性”功能区中的选项进行以上设置。

在“边界”选项中有两种添加方式，一种是“拾取点”，另一种是“选择对象”。前一种是在填充区域内单击一点，后一种是选择填充区域的边界对象。

（2）“渐变色”选项卡

如果直接执行“渐变色”命令，选项卡处会自动调出“图案填充创建”选项卡有关渐变色的功能，命令行提示信息与“图案填充”相同，执行“设置”命令后，会弹出“渐变色”选项卡，如图 3-67 所示。

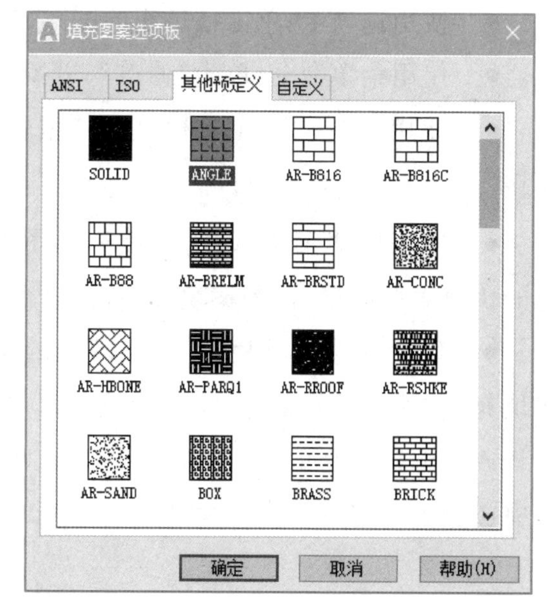

图 3-66 “填充图案选项板”对话框

“渐变色”的设置内容包括单色、双色及渐变方式等，设置方法与“图案填充”相同。

3. 编辑填充图案

填充图案后，也可对其进行重新编辑和修改，方法有以下几种：

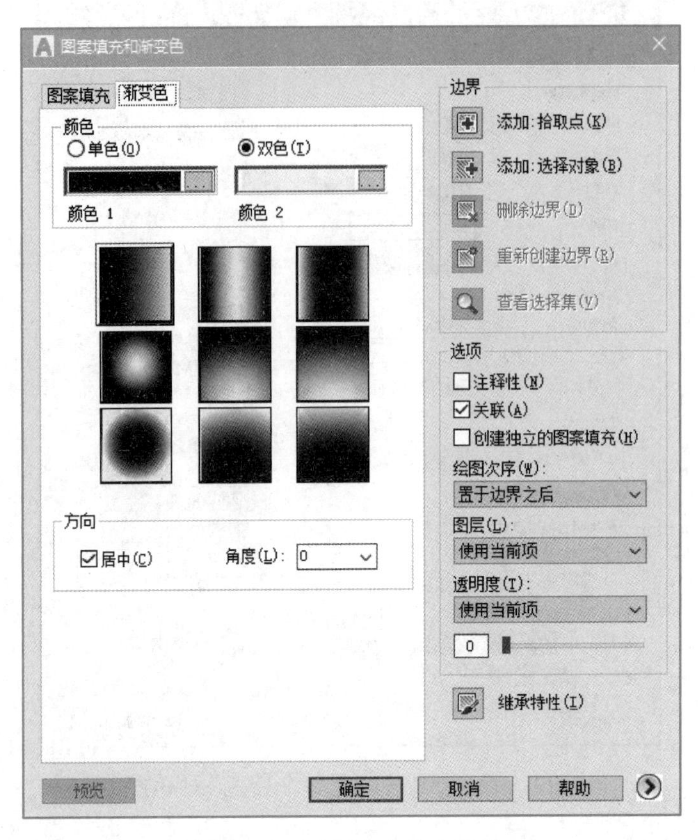

图 3-67 “渐变色”选项卡

- 使用选项卡：单击已填充的图案，自动调出“图案填充创建”选项卡。
- 使用菜单命令：单击“修改”→“对象”→“图案填充”菜单命令。
- 使用“修改Ⅱ”工具栏：单击“编辑图案填充”按钮。
- 使用快捷菜单：单击已填充的图案，右击，在弹出的快捷菜单中单击“图案填充编辑”命令。
- 使用快速工具栏：双击已填充的图案，弹出“图案填充”快速工具栏，如图 3-68 所示。

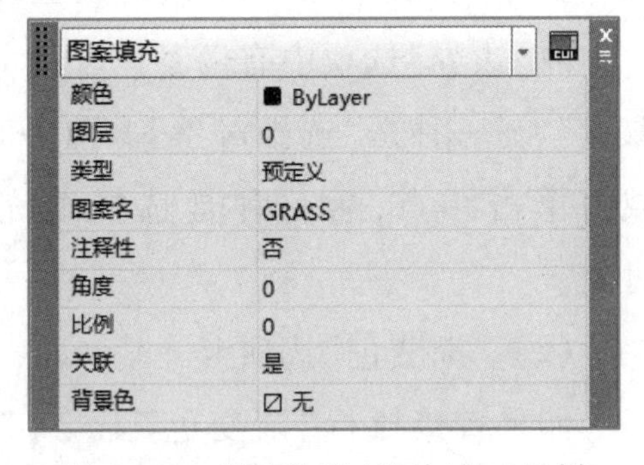

图 3-68 “图案填充”快速工具栏

调用编辑命令后，可通过对话框、选项卡、快速工具栏完成相关内容的修改和编辑。

1. 创建“花园一角”图形文件

启动 AutoCAD，创建名为“花园一角”的文件。打开“图层特性管理器”对话框，新建“花园”图层，对象特性默认或随层。

2. 绘制花园外形及小路

将“花园”图层设为当前图层。

单击“绘图”工具栏中的“矩形”按钮，绘制花园外形，尺寸自拟。

单击“绘图”工具栏中的“样条曲线”按钮，绘制花园小路，命令行提示和操作步骤如下：

命令：spline

当前设置：方式=拟合　节点=弦

指定第一个点或[方式(M)/节点(K)/对象(O)]：　//打开“对象捕捉”模式，设置最近点为捕捉对象，在矩形上边线靠近左上角处出现最近点提示时单击

输入下一个点或[起点切向(T)/公差(L)]：　//在矩形内沿矩形对角线方向指定一点，同时目测样条曲线的形状

依次完成其他点的指定，最后端点在矩形右边界线靠近右下角处，出现最近点提示后单击，右击后，在弹出的快捷菜单中单击“确认”命令。

重复执行“样条曲线”命令，完成另一个曲线的绘制，注意目测两条曲线的形状大致相同，如图 3-69 所示。

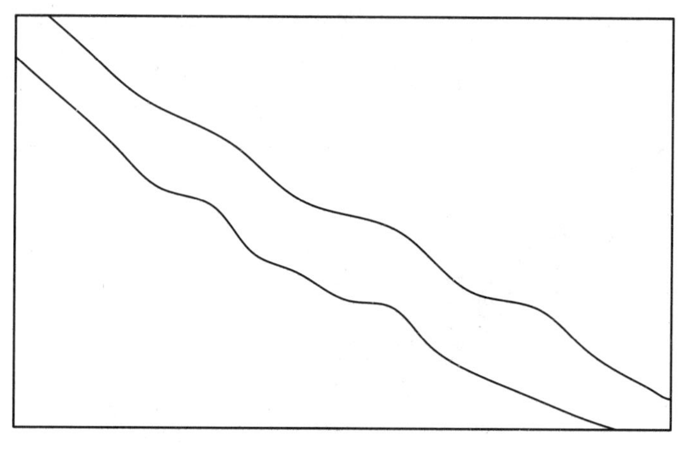

图 3-69　花园外形及小路

3. 填充小路

单击“绘图”工具栏中的“图案填充”按钮，在弹出的“图案填充和渐变色”对话框中，选择图案“类型”为“预定义”，单击“图案”右侧的按钮[...]，如图 3-70 所示，在弹出的“填充图案选项板”对话框中，在“其他预定义”选项卡中选择“GRAVEL”图案，选择“边界”为“添加：拾取点”，在两条样条曲线组成的小路内拾取 一点，按 Enter 键完成边界添加，单击“确定”按钮，完成小路的填充。

填充图案过于细密或稀疏，会影响绘图及显示效果，可对其进行编辑修改。双击小路填充图案，弹出“图案填充”快速工具栏，在“比例”选项中输入相应值(大于 1 放大，小于 1 缩小)，如图 3-68 所示，按 Enter 键，显示效果如图 3-71 所示。

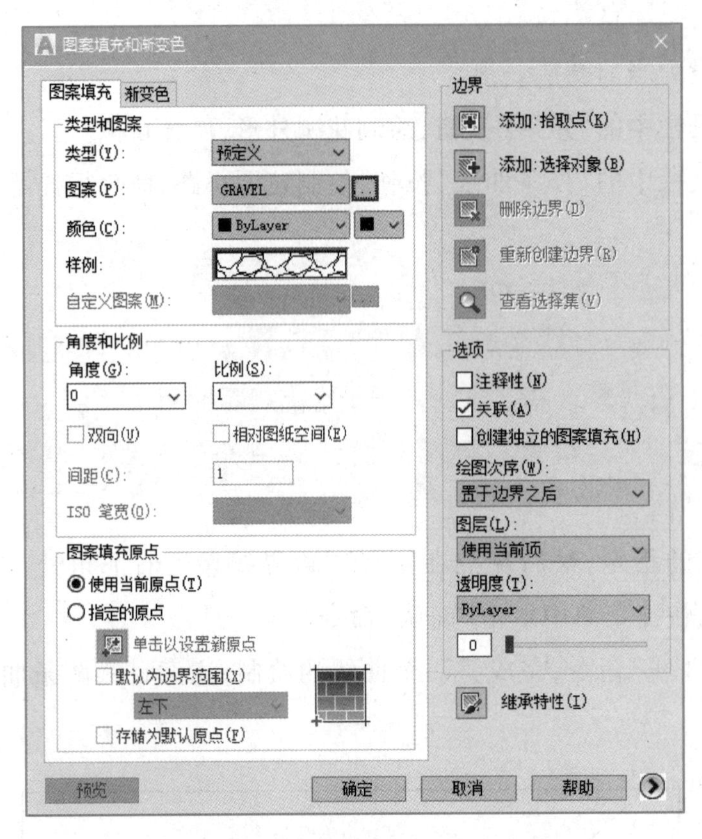

图 3-70　设置“小路”的填充内容

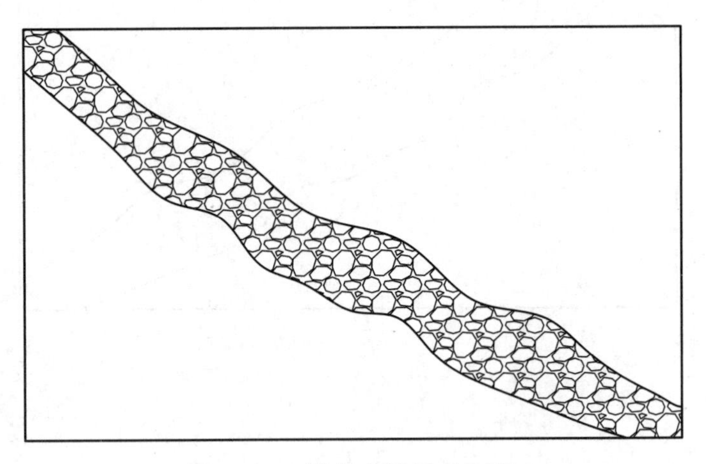

图 3-71　填充小路后的图形

4. 填充草坪

单击“绘图”工具栏中的“图案填充”按钮，在弹出的“图案填充和渐变色”对话框中，选择图案“类型”为“预定义”，单击“图案”右侧的按钮...，在弹出的“填充图案选项板”对话框中，在“其他预定义”选项卡中选择“GRASS”图案，“角度”为 0，“间距”为 1，如图 3-72 所示，选择“边界”为“添加:拾取点”，在草坪内拾取一点，按 Enter 键完成边界添加，单击“确定”按钮。

完成草坪填充后，如图 3-73 所示。

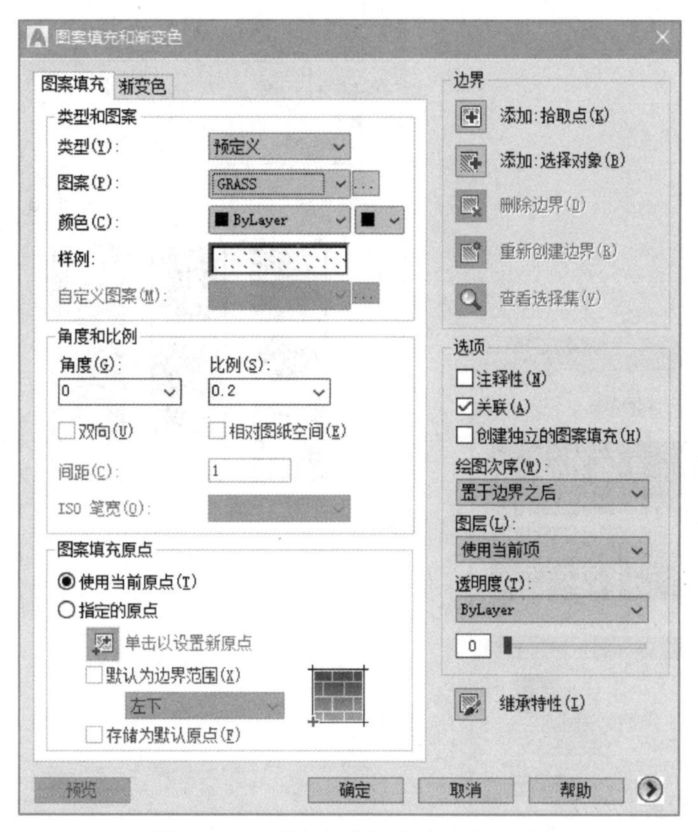

图 3-72 设置“草坪”的填充内容

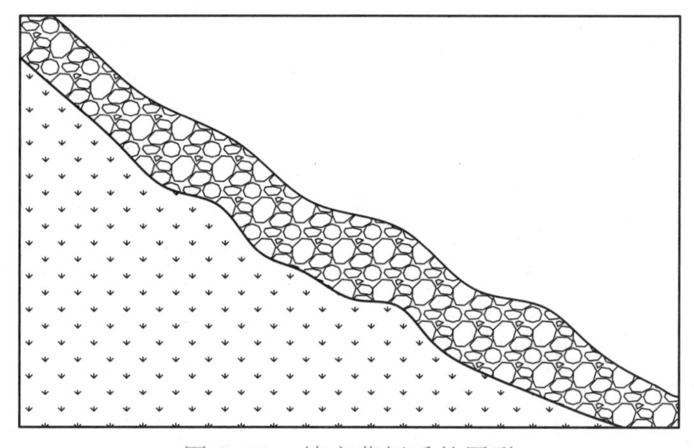

图 3-73 填充草坪后的图形

5. 填充池塘

单击“绘图”工具栏中的“渐变色”按钮,在弹出的“图案填充和渐变色”对话框中,选中“单色”单选按钮。单击“单色”显示框右侧的按钮,打开“选择颜色”对话框,选择“绿色”,如图 3-74 所示,单击“确定”按钮后,返回“图案填充和渐变色”对话框,选择如图 3-75 所示的渐变方式,单击“添加:拾取点”按钮,在池塘内拾取一点,按 Enter 键完成边界添加,单击“确定”按钮。

完成池塘的填充,效果如图 3-64 所示。

6. 保存文件

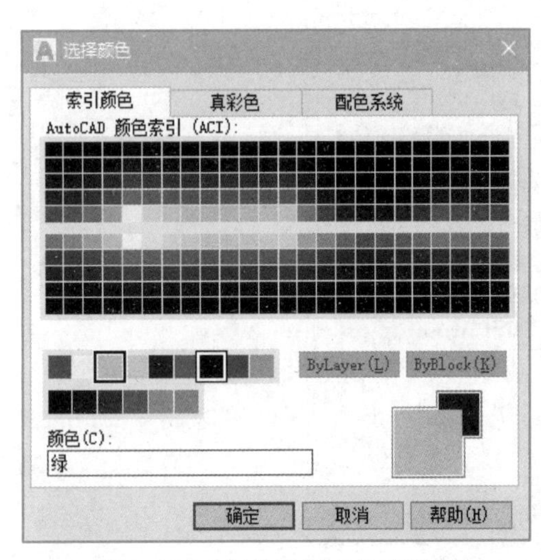

图 3-74 “选择颜色”对话框

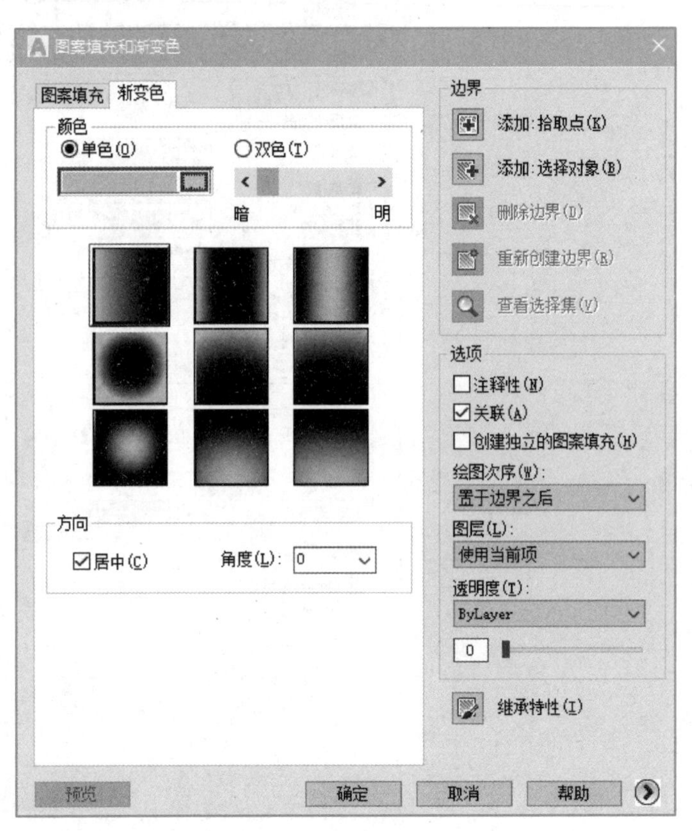

图 3-75 选择颜色渐变方式

序号	评价内容	评价完成效果		
		★★★	★★	★
1	掌握图案填充的操作方法			
2	掌握图案填充的编辑和修改方法			
3	能熟练完成任务内容			
4	能分析和处理任务实施过程中遇到的问题			

1. 完成图 3-1 所示餐桌桌面的填充。

提示：删除原图中的表示透明的直线，填充材料为玻璃。

2. 完成图 3-7、图 3-13、图 3-14 所示沙发坐垫的渐变色填充，颜色和渐变方式任选。

3. 为图 3-34、图 3-49 填充地板图案，材质自定。

4. 为图 3-50、图 3-58 填充相应材料的图案或颜色。

项目 4　编辑修改图形

绘制图形，特别是复杂图形时，如果单纯依靠绘图命令完成，绘图难度大，效率低。配合二维图形的编辑命令使用，不仅能完成复杂图形的绘制工作，还能合理安排和组织图形，减少重复工作，保证绘图的准确性。因此，熟练掌握和灵活运用编辑命令，有助于提高绘图效率。本项目将通过完成地毯、椅子等家具、用品的绘制任务，在熟练使用绘图命令的基础上，掌握编辑修改命令的使用方法，最终达到灵活应用编辑修改命令，提高绘图效率。

任务 1　绘制地毯

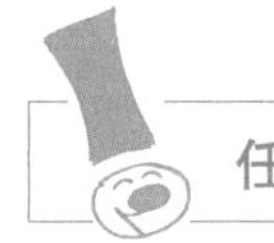

任务目标

1. 掌握选择对象、删除对象、恢复命令的操作方法
2. 掌握偏移、阵列、移动、修剪、分解命令的操作方法
3. 进一步熟练使用绘图命令
4. 进一步熟悉捕捉、追踪、正交等辅助命令的使用

任务内容

绘制地毯，如图 4-1 所示。

任务分析

完成地毯的绘制主要包括 5 部分工作：创建文件和图层、绘制地毯边框、填充图案、编辑填充图案、绘制和编辑地毯边线。主要工作是编辑填充图案、绘制和编辑地毯边线。

对地毯进行两次填充后，编辑填充图案的思路如下：

（1）分解第 1 次填充图案

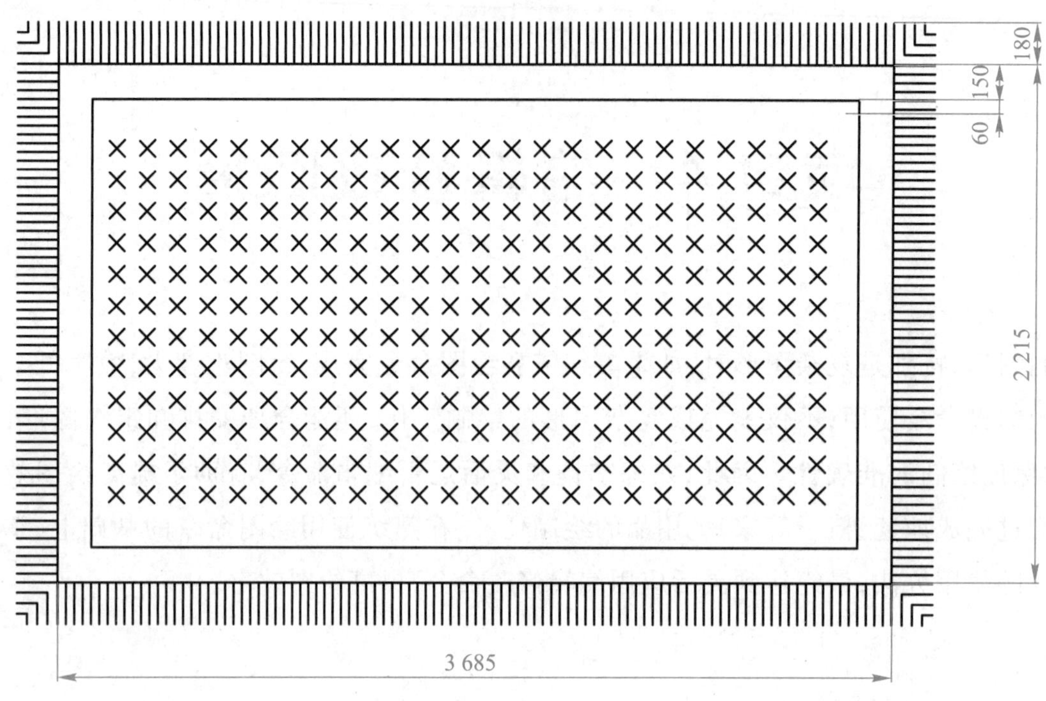

图 4-1 地毯图形及尺寸

（2）移动第 2 次填充图案

（3）修剪图案

绘制和编辑地毯边线的思路如下：

（1）使用直线命令和正交模式绘制地毯边线

（2）阵列地毯边线，注意每次阵列的行数和列数

（3）修剪地毯边线

绘制过程中涉及的绘制命令有：直线命令、矩形命令、图案填充命令；修改命令有：偏移命令、矩形阵列命令、移动命令、分解命令、修剪命令；辅助命令有：正交命令。

一、选择对象

AutoCAD 提供了两种编辑图形的途径：一种是先执行命令，后选择要编辑的对象，此时光标由十字改为小方框形状（称为拾取框）；另一种是先选择要编辑的对象，再执行编辑命令，此时光标始终为十字。两种执行方式的效果是相同的，但选择对象是编辑的前提。AutoCAD 提供了多种选择对象的方法，被选择的对象亮显显示。下面介绍常用选择对象的方式。

1. 直接拾取

单击某一对象，即为直接拾取。

在执行命令过程中，提示选择对象时，光标变为拾取框，用拾取框直接选择一个对象，也可以连续选择多个对象，按 Enter 键完成选择。

2. 选择全部对象

选取画面上的所有对象，可以逐个选择，但效率较低。

选择全部对象的操作方法有以下几种：

- 使用菜单命令：单击“编辑”→“全部选择”菜单命令。
- 使用快捷键：按 Ctrl+A 组合键。
- 使用快捷菜单：右击，在弹出的快捷菜单中单击“快速选择”命令。

使用菜单命令和快捷键方法时，直接选择全部对象。

使用命令行（SELECT）方法时，在命令行输入“all”，按 Enter 键。

使用命令行（QSELECT）和快捷菜单方法时，弹出“快速选择”对话框，如图 4-2 所示，在该对话框中可根据需要按图层、颜色、线型等特性进行筛选。

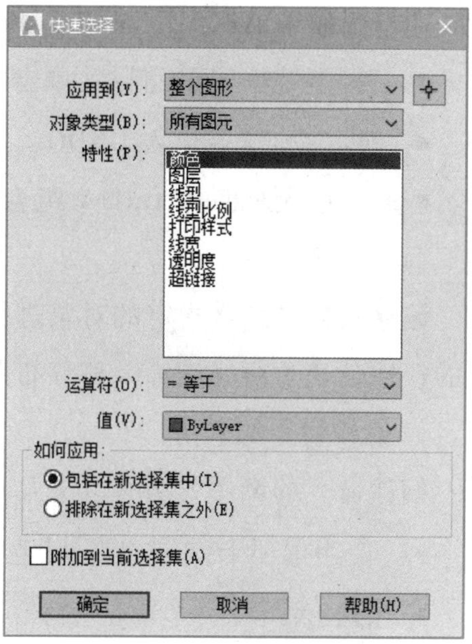

图 4-2 “快速选择”对话框

3. 窗口选择方式

用由两个对角顶点确定的矩形窗口选取位于矩形框内部的所有对象，与矩形边界相交的对象不会被选中。选取对象的操作方法是：按住鼠标左键并从左向右拖动，选取完对象后释放鼠标。

4. 窗交选择方式

窗交方式选择所有位于虚线矩形窗口内，以及与该窗口相交的对象。在指定编辑命令后，进行窗交选择时，系统在命令行会提示输入窗口的两个角点。

在默认情况下，如果不输入选项，直接从左向右确定窗口，按窗口方式创建选择对象集。反之，从右向左确定窗口，则按窗交的方式创建选择对象集。

5. 添加选择对象

在用某种选择方式选择完对象后，用另一种方式继续选择对象，可添加新的选择对象。

6. 去除选择对象

将当前选择集对象中的一个或多个对象从选择集中移出。操作方法是：按住 Shift 键选择被移出对象，对象由亮显状态恢复至正常显示状态。

选择对象的方式还有很多，以上为常用方式，其他选择方式可自行学习。

二、删除对象

删除图形中的某些对象时，其命令调用常用方法有以下几种：

- 使用选项卡：单击“默认”选项卡→“修改”面板→“删除”按钮。

- 使用菜单命令:单击“修改”→“删除”菜单命令。
- 使用“修改”工具栏:单击“删除”按钮。

执行“删除”命令后,命令行提示和操作步骤如下:

选择对象:↙　//选择要删除的对象,按 Enter 键或右击

三、恢复命令

若想恢复前次操作,可使用恢复命令,调用方法有以下几种:

- 使用快速访问工具栏:单击“放弃”按钮。
- 使用命令行:输入 U↙。
- 使用快捷键:按 Ctrl+Z 组合键。

如果想撤销前次操作,调用方法有以下几种:

- 使用快速访问工具栏:单击“重做”按钮。
- 使用命令行:输入 UNDO↙。
- 使用快捷键:按 Ctrl+Y 组合键。

四、偏移命令

偏移对象是指将指定的对象进行平行或同心偏移复制。在实际应用中,常利用“偏移”命令的特性创建平行线或等距离分布图形。

1. 偏移命令的调用

偏移命令的调用方法有以下几种:

- 使用选项卡:单击“默认”选项卡→“修改”面板→“偏移”按钮。
- 使用菜单命令:单击“修改”→“偏移”菜单命令。
- 使用“修改”工具栏:单击“偏移”按钮。
- 使用命令行:输入 OFFSET↙。

2. 命令行选项说明及操作步骤

执行“偏移”命令后,命令行提示如下:

指定偏移距离或[通过(T)/删除(E)/图层(L)]<1.0>:

(1)“指定偏移距离”选项

指定偏移距离是根据偏移距离偏移复制对象。

在命令行直接输入距离值,命令行提示和操作步骤如下:

选择要偏移的对象,或[退出(E)/放弃(U)]<退出>:　//选择偏移对象

指定要偏移的那一侧上的点,或[退出(E)/多个(M)/放弃(U)]<退出>:　//在要复制到的一侧单击,任意确定一点,即确定偏移方向。“多个”选项用于实现多次偏移复制

选择要偏移的对象,或[退出(E)/放弃(U)]<退出>:↙　//按 Enter 键结束偏移,也可以

继续选择对象进行偏移复制

(2)“通过”选项

“通过”是使偏移复制后得到的对象通过指定的点。选择该选项后,命令行提示和操作步骤如下。

指定偏移距离或[通过(T)/删除(E)/图层(L)]<1.0>: t↙ //输入 t,按 Enter 键

选择要偏移的对象,或[退出(E)/放弃(U)]<退出>: //选择偏移对象

指定通过点或[退出(E)/多个(M)/放弃(U)]<退出>: //指定偏移对象将通过的一个点

选择要偏移的对象,或[退出(E)/放弃(U)]<退出>:↙ //按 Enter 键结束偏移,也可以继续选择对象进行偏移复制

(3)“删除”选项

该选项是指实现偏移源对象后删除源对象。

(4)“图层”选项

该选项是指将偏移对象创建在当前图层上还是在源对象所在的图层上。

五、阵列命令

阵列命令是将对象按一定的队列形式进行多重复制。阵列方式有矩形阵列、环形阵列和路径阵列。

阵列命令的调用方法有以下几种:

- 使用选项卡:单击“默认”选项卡→“修改”面板→“矩形阵列”(或路径阵列、环形阵列)按钮。
- 使用菜单命令:单击“修改”→“阵列”→“矩形阵列”(或路径阵列、环形阵列)菜单命令。
- 使用“修改”工具栏:单击“阵列”按钮→“矩形阵列”(或路径阵列、环形阵列)。

执行阵列命令后,不同的阵列方式,命令行提示内容也不相同。

1. 矩形阵列

执行矩形阵列命令后,选项卡处会调出“阵列创建”选项卡,如图 4-3 所示,同时命令行提示如下:

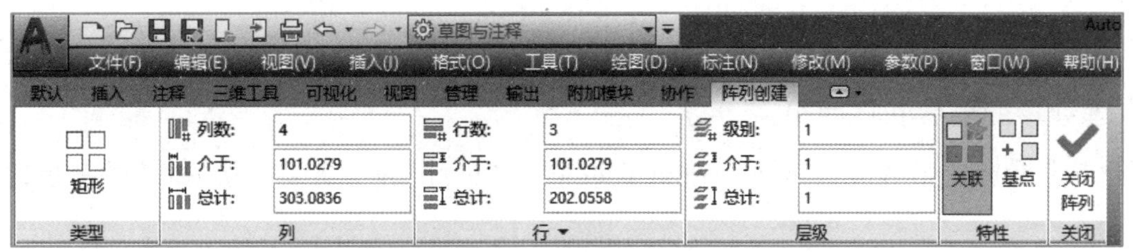

图 4-3 “阵列创建”选项卡

选择对象：　//选择阵列对象后按 Enter 键

类型=矩形　关联=是

选择夹点以编辑阵列或[关联(AS)/基点(B)/计数(COU)/间距(S)/列数(COL)/行数(R)/层数(L)/退出(X)]<退出>：　//按 Enter 键或输入选项

阵列操作可通过选项卡或命令行完成，一般情况下，如果阵列参数只涉及行数和列数，可在选项卡中完成。选项卡和命令行中各选项说明如下：

(1) 选择夹点以编辑阵列

拖动夹点可以调整间距以及行数和列数。

(2) 关联

指定是否在阵列中创建项目作为关联阵列对象，或作为独立对象。

输入 as，按 Enter 键，命令行提示如下：

创建关联阵列[是(Y)/否(N)]<否>：

“是”选项指包含单个阵列对象中的阵列项目，类似于块，可以通过编辑阵列的特性和源对象，快速传递修改。“否”选项指创建阵列项目作为独立对象，更改一个项目不影响其他项目。

(3) 基点

指定阵列的基点。

(4) 计数

分别指定行和列的值。

(5) 间距

分别指定行间距和列间距。

(6) 列数

编辑阵列中的列数和列间距。

“表达式”是指使用数学公式或方程式获取值。“总计”是指定第 1 列和最后 1 列之间的总距离。

(7) 行数

编辑阵列中的行数和行间距，以及它们之间的增量标高。

“表达式”是指使用数学公式或方程式获取值。“总计”是指定第 1 行和最后 1 行之间的总距离。

(8) 层级

指定阵列中的层数和层间距。

“表达式”是指使用数学公式或方程式获取值。“总计”是指定第一层和最后一层之间的总距离。

矩形阵列操作时，根据命令行提示和阵列要求操作即可。

2. 环形阵列

执行环形阵列命令后,命令行提示如下:

命令:arraypolar

选择对象: //选择阵列对象后按 Enter 键

指定阵列的中心点或[基点(B)/旋转轴(A)]: //指定中心点或输入选项

输入项目数或[项目间角度(A)/表达式(E)]<最后计数>: //指定项目数或输入选项

指定要填充的角度(角度逆时针为正,顺时针为负)或[表达式(E)]: //输入填充角度或输入选项

按 Enter 键接受或[关联(AS)/基点(B)/项目(I)/项目间角度(A)/填充角度(F)/行(ROW)/层级(L)/旋转项目(ROT)/退出(X)]<退出>: //按 Enter 键或选择选项

命令行中各选项说明如下:

(1) 指定阵列的中心点

指定分布阵列项目所围绕的点。

(2) 基点

指定阵列的基点。"关键点"是指对于关联阵列,在原对象上指定有效的约束(或关键点)以用作基点。如果编辑生成的阵列的原对象,阵列的基点保持与原对象的关键点重合。

(3) 旋转轴

指定由两个指定点定义的自定义旋转轴。

(4) 项目

指定阵列中的项目数。"表达式"是指使用数学公式或方程式获取值。当在表达式中定义填充角度时,结果值中的(+或-)数学符号不会影响阵列的方向。

(5) 项目间角度

指定项目之间的角度。

(6) 填充角度

指定阵列中第 1 个和最后 1 个项目之间的角度。

(7) 旋转项目

控制在排列项目时是否旋转项目。

关联、行数、层级 3 个选项的内容与矩形阵列相同。

环形阵列操作时,根据命令行提示和阵列要求进行操作即可。

3. 路径阵列

执行路径阵列命令后,命令行提示如下:

选择对象: //选择对象

选择路径曲线: //选择路径曲线

输入沿路径的项数或[方向(O)/表达式(E)]<方向>:　//指定项目数或输入选项

指定基点或[关键点(K)]<路径曲线的终点>:　//指定基点或输入选项

指定与路径一致的方向或[两点(2P)/法线(N)]<当前>://按 Enter 键或选择选项

指定沿路径的项目间的距离或[定数等分(D)/全部(T)/表达式(E)]<沿路径平均定数等分>: //指定距离或输入选项

按 Enter 键接受或[关联(AS)/基点(B)/项目(I)/行数(R)/层级(L)/对齐项目(A)/Z 方向(Z)/退出(X)]<退出>:　//按 Enter 键或选择选项

命令行提示中各选项说明如下：

(1) 输入沿路径的项数

输入沿路径的项数是指定阵列中的项目数。

(2) 方向

方向是控制选定对象是否将相对于路径的起始方向重定向(旋转),然后再移动到路径的起点。“两点”选项是指定两个点来定义与路径的起始方向一致的方向。“普通”选项是对象对齐垂直于路径的起始方向。“表达式”是指使用数学公式或方程式获取值。

(3) 基点

基点是指定阵列的基点,路径阵列时基点将落在路径曲线上。

(4) 关键点

对于关联阵列,在原对象上指定有效的约束点(或关键点)以用作基点,阵列的基点保持与原对象的关键点重合。

(5) 项目之间的距离

项目之间的距离是指阵列对象之间的距离。定数等分指沿整个路径长度平均定数等分项目。“全部”是指定第 1 个和最后 1 个项目之间的总距离。

(6) 项目

项目是指编辑阵列中的项目数。

(7) 对齐项目

对齐项目是指定是否对齐每个项目以与路径的方向相切。对齐相对于第一个项目的方向。

(8) *Z* 方向

控制是否保持项目的原始 *Z* 方向或沿三维路径自然倾斜项目。

(9) 路径曲线

路径曲线是指定用于阵列路径的对象,可以是直线、多段线、三维多段线、样条曲线、螺旋线、圆弧、圆或椭圆。

关联、行数、层级 3 个选项的内容与其他阵列方式相同。

路径阵列操作时,根据命令行提示和阵列要求进行即可。

六、移动命令

移动命令是将选中的对象从当前位置移到另一位置,即更改图形在图纸上的位置。

1. 移动命令的调用

移动命令的调用方法有以下几种:

- 使用选项卡:单击“默认”选项卡→“修改”面板→“移动”按钮✥。
- 使用菜单命令:单击“修改”→“移动”菜单命令。
- 使用“修改”工具栏:单击“移动”按钮✥。
- 使用命令行:输入 MOVE↙。

2. 移动命令操作步骤

执行移动命令后,命令行提示如下:

命令:move

选择对象: //选择要移动的对象后按 Enter 键

指定基点或[位移(D)]<位移>: //选择一种方式

(1)“指定基点”方式的操作步骤

确定移动基点,为默认项。在选择移动对象时,单击处将作为基点,执行该默认项,即指定了移动基点。命令行提示及操作如下:

指定第二个点或<使用第一个点作为位移>: //若指定一点作为位移第 2 点,按 Enter 键,指定第 2 个点可在绘图中选择点或输入坐标值

(2)“位移”方式的操作步骤

执行该选项后,命令行提示如下:

指定位移: //输入坐标值,按 Enter 键

七、修剪命令

修剪命令是一个非常有用的修改命令,它是以一个或多个对象为边界(即剪切边),把图形中与边界相交(或延长相交)的被修剪对象(即被剪边)从边界的一侧精确地修剪掉。修剪的对象和边界可以是直线、圆弧、圆、椭圆或椭圆弧、多段线、样条曲线、构造线、射线等。

1. 修剪命令的调用

修剪命令的调用方法有以下几种:

- 使用选项卡:单击“默认”选项卡→“修改”面板→“修剪”按钮✂。
- 使用菜单命令:单击“修改”→“修剪”菜单命令。
- 使用“修改”工具栏:单击“修剪”按钮✂。
- 使用命令行:输入 TRIM↙。

执行修剪命令后，命令行提示如下：

选择剪切边…

选择对象或 <全部选择>： //选择作为剪切边的对象，按 Enter 键选择全部对象

选择对象：↙ //按 Enter 键，选择完毕，还可以继续选择对象

选择要修剪的对象，或按住 Shift 键选择要延伸的对象，或

[栏选(F)/窗交(C)/投影(P)/边(E)/删除(R)/放弃(U)]： //选择被修剪对象一侧，继续修剪可重复拾取，否则按 Enter 键结束修剪；也可选择其他选项

2. 命令行中选项说明

（1）选择要修剪的对象，或按住 Shift 键选择要延伸的对象

在上面的提示下选择被修剪对象，AutoCAD 会以剪切边为边界，将被修剪对象上位于拾取点一侧的多余部分或将位于两条剪切边之间的部分剪切掉。

如果被修剪对象没有与剪切边相交，在该提示下按住 Shift 键后选择对应的对象，则会将其延伸到剪切边。

（2）栏选

以栏选方式确定被修剪对象。

（3）窗交

使与选择窗口边界相交的对象作为被修剪对象。

（4）投影

确定执行修剪操作的空间。

（5）边

确定剪切边的隐含延伸模式。

（6）删除

删除指定的对象。

（7）放弃

取消上一次的操作。

八、分解命令

分解命令是将一个独立的对象分解成若干部分，这些独立的对象可以是矩形、多边形、多段线等。

分解命令的调用方法有以下几种：

- 使用选项卡：单击“默认”选项卡→“修改”面板→“分解”按钮。
- 使用菜单命令：单击“修改”→“分解”菜单命令。
- 使用“修改”工具栏：单击“分解”按钮。
- 使用命令行：输入 JOIN↙。

执行分解命令后,命令行提示如下:

命令: explode

选择对象: //选择被分解对象,按 Enter 键或右击

1. 创建“地毯”文件

启动 AutoCAD,创建名为“地毯”的文件。

打开“图层特性管理器”对话框,新建名为“dt”的图层,颜色为“洋红”,线型默认,线宽“0.30”。

2. 绘制地毯边框

将“dt”图层设为当前图层,单击“绘图”工具栏中的“矩形”按钮,绘制一个 3 685×2 215 的矩形。

命令行提示和操作步骤如下:

命令: rectang

指定第一个角点或[倒角(C)/标高(E)/圆角(F)/厚度(T)/宽度(W)]: //在绘图区内指定一点

指定另一个角点或[面积(A)/尺寸(D)/旋转(R)]: @3685,2215↙ //输入@3 685,2 215,按 Enter 键

3. 偏移地毯边框矩形

单击“修改”工具栏中的“偏移”按钮,命令行提示和操作步骤如下:

命令: offset

当前设置: 删除源=否 图层=源 OFFSETGAPTYPE=0

指定偏移距离或[通过(T)/删除(E)/图层(L)]<通过>: 150↙ //输入偏移距离 150,按 Enter 键

选择要偏移的对象,或[退出(E)/放弃(U)]<退出>: //选择矩形 3 685 × 2 215,按 Enter 键

指定要偏移的那一侧上的点,或[退出(E)/多个(M)/放弃(U)]<退出>: //在矩形 3 685×2 215 内单击

选择要偏移的对象,或[退出(E)/放弃(U)]<退出>:↙ //按 Enter 键

按 Enter 键,继续执行偏移命令,命令行提示和操作步骤如下:

命令:offset

当前设置: 删除源=否 图层=源 OFFSETGAPTYPE=0

指定偏移距离或[通过(T)/删除(E)/图层(L)]<150.0000>：60↙　　//输入偏移距离60，按Enter键

选择要偏移的对象，或[退出(E)/放弃(U)]<退出>：↙　　//选择刚偏移的矩形，按Enter键。

指定要偏移的那一侧上的点，或[退出(E)/多个(M)/放弃(U)]<退出>：　　//在选取的矩形内单击

选择要偏移的对象，或[退出(E)/放弃(U)]<退出>：↙　　//按Enter键

绘制后图形如图4-4所示。为了方便查看效果，可执行“格式”→“线宽”菜单命令，在对话框中勾选“显示线宽”复选框，建议绘图时选择不显示。

4. 填充图案

单击“绘图”工具栏中的“图案填充”按钮，弹出“图案填充和渐变色”对话框。

在“图案填充”选项卡中，选择颜色为“红色”，单击“图案选择”按钮…，弹出“填充图案选项板”对话框，在“其他预定义”选项卡中选择“DASH”图案，如图4-5所示，单击“确定”按钮，关闭对话框，返回“图案填充和渐变色”对话框。

图4-4　偏移地毯矩形边框后的图形

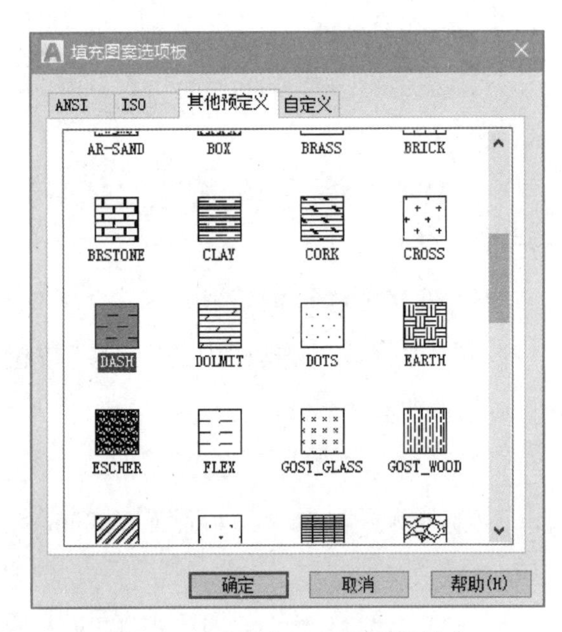

图4-5　选择“DASH”图案填充

在“图案填充和渐变色”对话框的“角度和比例”组中，角度选择“45”，比例输入“30”，如图4-6所示。

单击“边界”组中的“添加：拾取点”按钮，返回绘图界面，在最小的矩形内单击，返回“图案填充和渐变色”对话框，单击“确定”按钮，关闭对话框，完成填充，效果如图4-7所示。

继续执行“图案填充”命令，填充图案、比例、拾取点不变，选择颜色为“蓝色”，设置角度为“135”，填充后效果如图4-8所示。

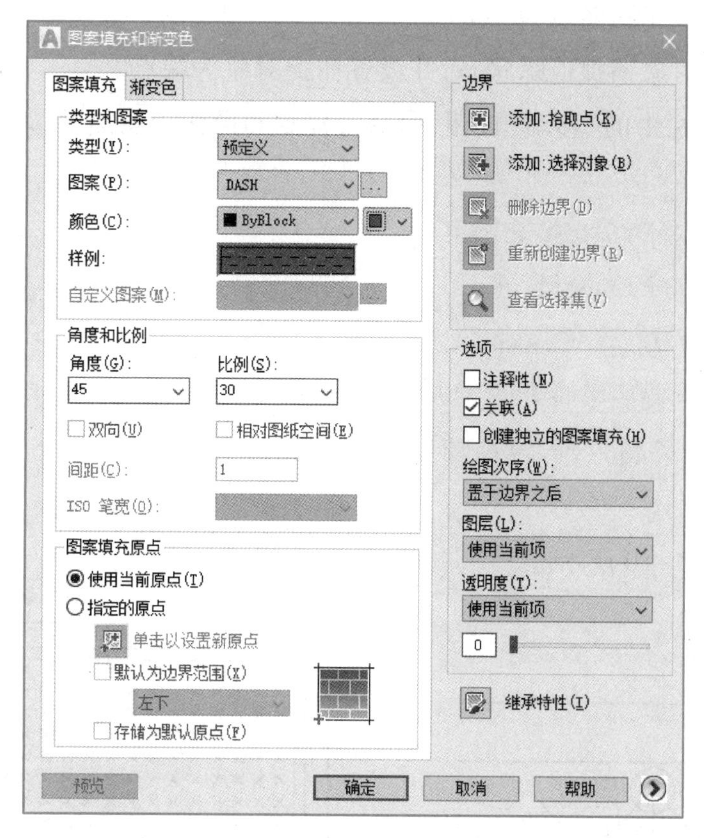

图 4-6 “图案填充和渐变色”对话框设置

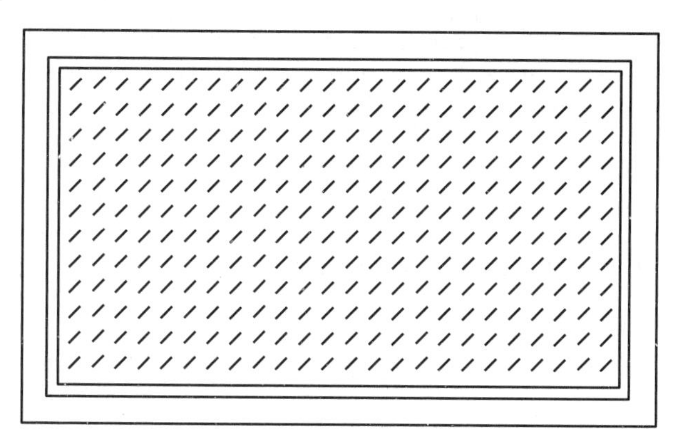

图 4-7 第 1 次填充后的效果图

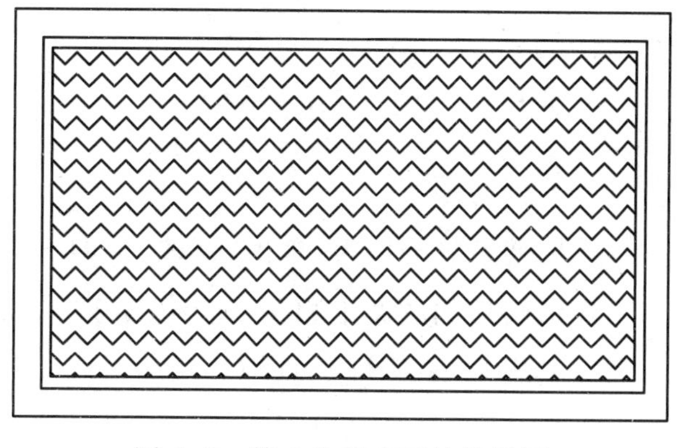

图 4-8 第 2 次填充后的效果图

5. 编辑填充图案

(1) 分解第 1 次填充图案

单击“标准”工具栏中的“窗口缩放”按钮,放大填充图案。

单击“修改”工具栏中的“分解”按钮,命令行提示和操作步骤如下:

命令: explode

选择对象: 找到 1 个↙ //选取第 1 次填充图案,按 Enter 键

选择对象: ↙ //按 Enter 键,结束分解

(2) 移动第2次填充图案

打开对象捕捉和对象捕捉追踪状态,并设置捕捉对象为端点。

单击"修改"工具栏中的"移动"按钮,命令行提示和操作步骤如下:

命令:move

选择对象: //选择第2次填充图案

选择对象:↙ //按Enter键

指定基点或[位移(D)]<位移>: //捕捉点A,如图4-9所示

指定第二个点或 <使用第一个点作为位移>: //利用对象捕捉追踪,将鼠标在点A处停留片刻,然后在点B处停留片刻,再移动鼠标,出现正交的两条亮显线和交点提示后单击,如图4-9中点C所示

编辑后图形如图4-10所示。

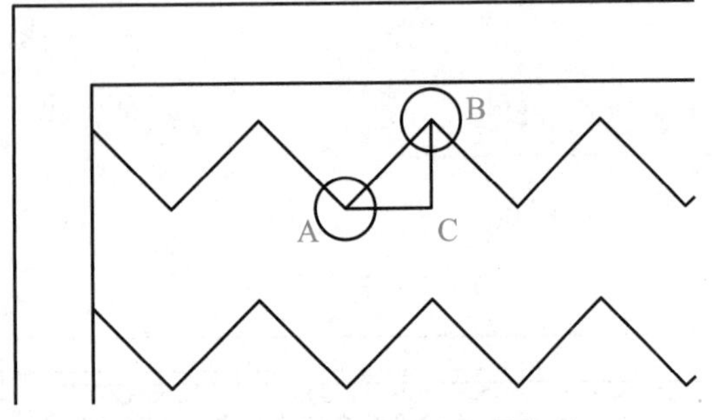

图4-9 移动操作时的捕捉点

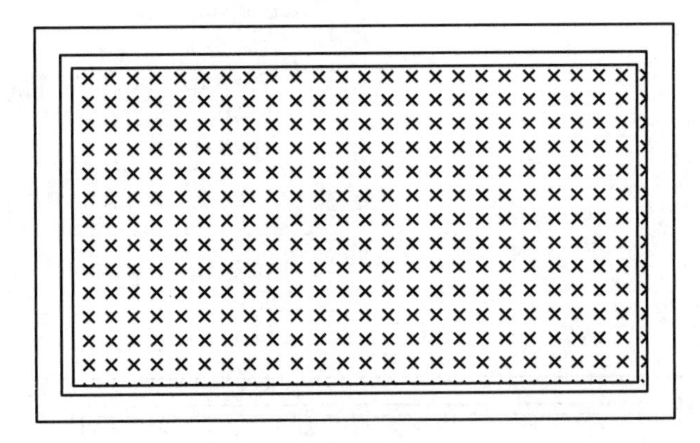

图4-10 编辑填充图案后的图形

(3) 修剪图案

选取蓝色填充图案,单击"修改"工具栏中的"分解"按钮,将蓝色填充图案进行分解。

在编辑后的图案中删除多余线条,效果如图4-11所示。

6. 绘制和编辑地毯边线

(1) 绘制地毯边线

打开正交状态,单击"直线"按钮,命令行提示和操作步骤如下:

命令:

line 指定第一点: //捕捉矩形3 685×2 215的一个端点

指定下一点或[放弃(U)]:180↙ //打开正交模式拖动鼠标确定绘制直线方向,输入180,按Enter键

依次完成其他直线的绘制,结果如图4-12所示。

(2) 阵列地毯边线

单击"修改"工具栏中的"矩形阵列"按钮,命令行提示和操作步骤如下:

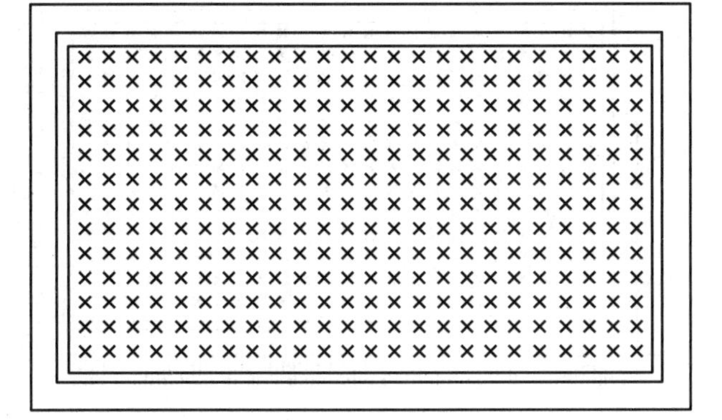

图 4-11　填充完成后的效果图形

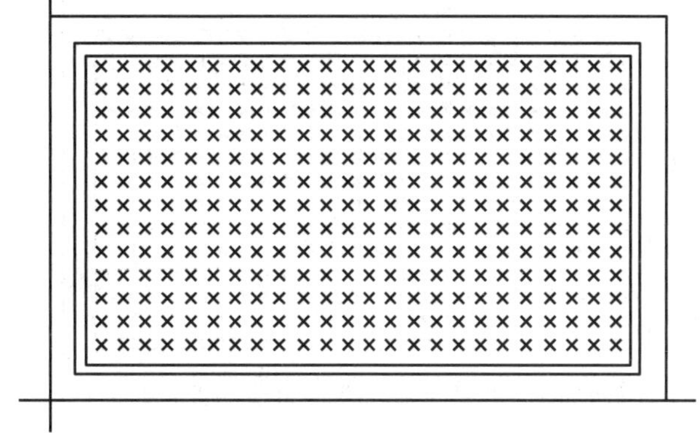

图 4-12　绘制地毯边线后的图形

命令：arrayrect

选择对象：找到 1 个　//选择矩形左下角处垂直直线

选择对象：↙　//按 Enter 键

类型=矩形　关联=是

选择夹点以编辑阵列或[关联(AS)/基点(B)/计数(COU)/间距(S)/列数(COL)/行数(R)/层数(L)/退出(X)]<退出>：as↙　//输入 as,按 Enter 键

创建关联阵列[是(Y)/否(N)]<是>：n↙　//输入 n,按 Enter 键

选择夹点以编辑阵列或[关联(AS)/基点(B)/计数(COU)/间距(S)/列数(COL)/行数(R)/层数(L)/退出(X)]<退出>：col↙　//输入 col,按 Enter 键

输入列数数或[表达式(E)]<4>：100↙　//输入 100,按 Enter 键

指定 列数 之间的距离或[总计(T)/表达式(E)]<1>：t↙　//输入 t,按 Enter 键

输入起点和端点 列数 之间的总距离 <99>：　//捕捉矩形左下角端点

指定第二点：　//捕捉矩形右下角端点

选择夹点以编辑阵列或[关联(AS)/基点(B)/计数(COU)/间距(S)/列数(COL)/行数(R)/层数(L)/退出(X)]<退出>：r↙　//输入 r,按 Enter 键

输入行数数或[表达式(E)]<3>：1↙　//输入 1,按 Enter 键

指定 行数 之间的距离或[总计(T)/表达式(E)]<270>：↙　//按 Enter 键

指定 行数 之间的标高增量或[表达式(E)]<0>：↙　//按 Enter 键

选择夹点以编辑阵列或[关联(AS)/基点(B)/计数(COU)/间距(S)/列数(COL)/行数(R)/层数(L)/退出(X)]<退出>：↙　//按 Enter 键

阵列完成后图形如图 4-13 所示。

继续执行矩形阵列命令,完成矩形另两边的阵列,操作方法同上。

阵列完成后图形如图 4-14 所示。

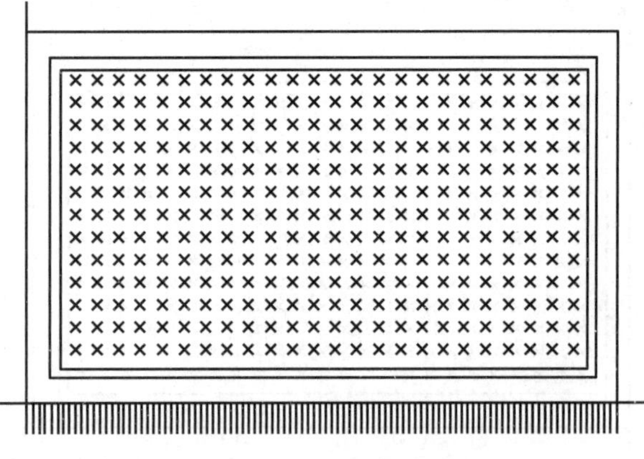

图 4-13　第 1 次阵列完成后图形

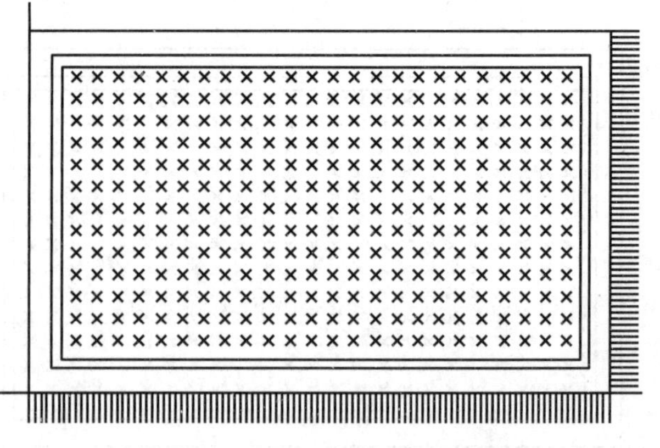

图 4-14　第 2 次阵列完成后图形

继续执行矩形阵列命令,选择矩形左上角垂直直线,按 Enter 键,在调出的“阵列创建”选项卡中输入列数和行数,完成后关闭“阵列创建”选项卡,参数和效果如图 4-15 所示。

列数: 100
介于: 37.2222
总计: 3685
行数: 1
介于: 270
总计: 270
级别: 1
介于: 1
总计: 1
矩形
关联
基点
关闭阵列

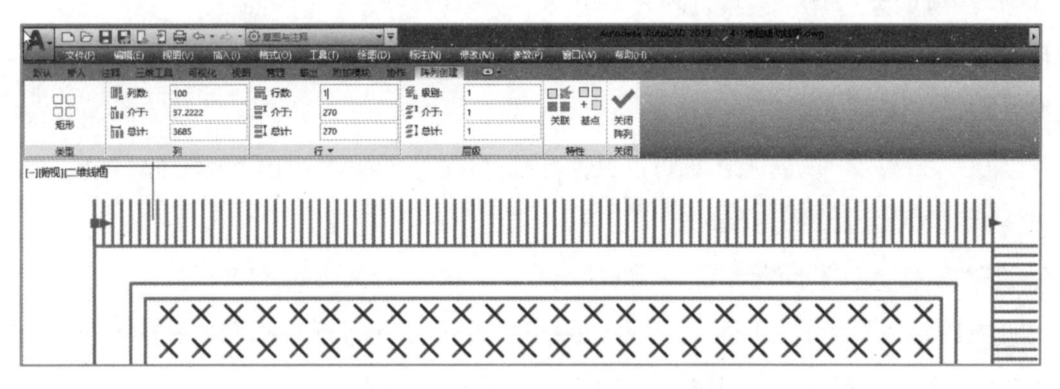

图 4-15　第 3 次阵列的参数设置

继续执行矩形阵列命令,完成矩形左边阵列,操作方法同上,参数如图 4-16 所示。

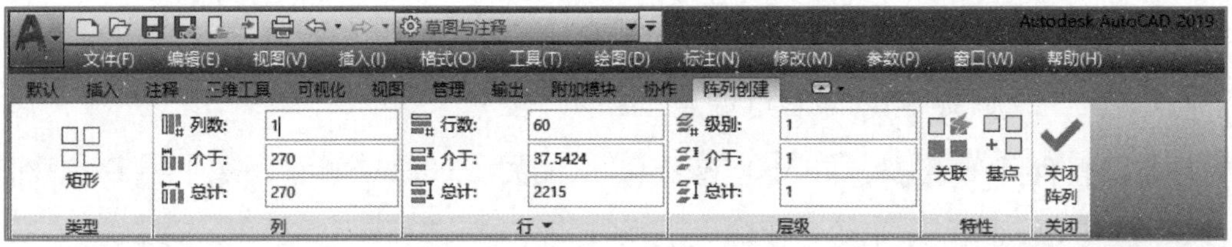

草图与注释
Autodesk AutoCAD 2019
文件(F)
编辑(E)
视图(V)
插入(I)
格式(O)
工具(T)
绘图(D)
标注(N)
修改(M)
参数(P)
窗口(W)
帮助(H)
默认
插入
注释
三维工具
可视化
视图
管理
输出
附加模块
协作
阵列创建
矩形
列数: 1
介于: 270
总计: 270
行数: 60
介于: 37.5424
总计: 2215
级别: 1
介于: 1
总计: 1
关联
基点
关闭阵列
类型
列
行
层级
特性
关闭

图 4-16　第 4 次阵列的参数设置

继续执行矩形阵列命令,完成矩形 4 个角处的阵列,操作方法同上。只是需要注意阵列时的行数和列数,水平阵列时,行数为 1,列数为 5;垂直阵列时,行数和列数对换;总计均为 180,当从右向左和从上向下阵列时,值为-180。全部阵列完成后的图形如图 4-17 所示。

(3) 修剪边线

单击“窗口缩放”按钮,将矩形左上角局部放大到绘图区界面,单击“修改”工具栏中的“修剪”按钮,命令行提示和操作步骤如下:

命令:trim

当前设置:投影=UCS,边=无

选择剪切边...

选择对象或 <全部选择>: 指定对角点: 找到 8 个　//选择矩形左上角阵列的水平和垂直直线

选择对象: ↙　//选择完成后按 Enter 键

选择要修剪的对象,或按住 Shift 键选择要延伸的对象,或

[栏选(F)/窗交(C)/投影(P)/边(E)/删除(R)/放弃(U)]:　//单击被裁剪的直线

选择要修剪的对象,或按住 Shift 键选择要延伸的对象,或

[栏选(F)/窗交(C)/投影(P)/边(E)/删除(R)/放弃(U)]:　//单击被裁剪的直线,直至全部裁剪完成,按 Enter 键

删除多余线段,修剪矩形左上角处多余线条后的图形如图 4-18 所示。

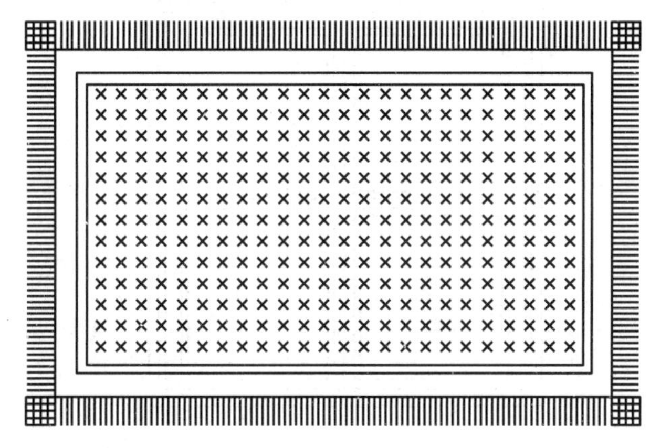

图 4-17　全部阵列完成后的图形

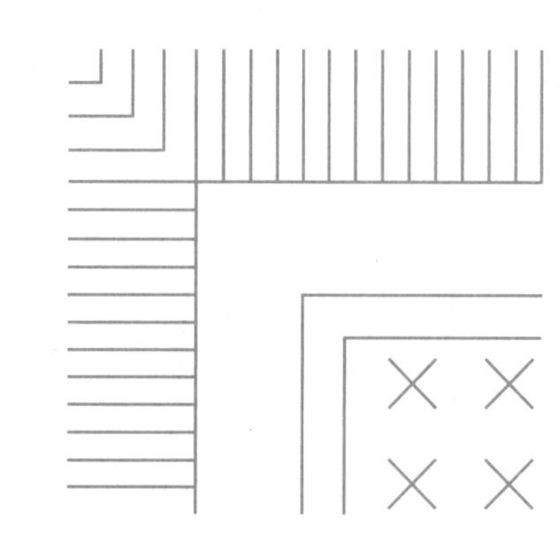

图 4-18　修剪矩形左上角处多余线条后的图形

利用修剪命令,完成矩形其他角处的修剪。选取矩形内的填充对象,设置颜色均为红色。至此,完成地毯图形的绘制,效果如图 4-1 所示。

7. 保存文件

任务评价

序号	评价内容	评价完成效果		
		★★★	★★	★
1	掌握选择对象、删除对象、恢复命令的操作方法			
2	掌握偏移、阵列、移动、修剪、分解命令的操作方法			
3	熟练使用绘图命令			
4	进一步熟悉捕捉、追踪、正交等辅助命令的使用			
5	清楚本任务的绘图思路和步骤			

巩固提高

1. 绘制椅子，如图 4-19 所示。

提示：尺寸通过目测自拟，可使用偏移、修剪命令。

2. 绘制窗户，如图 4-20 所示。

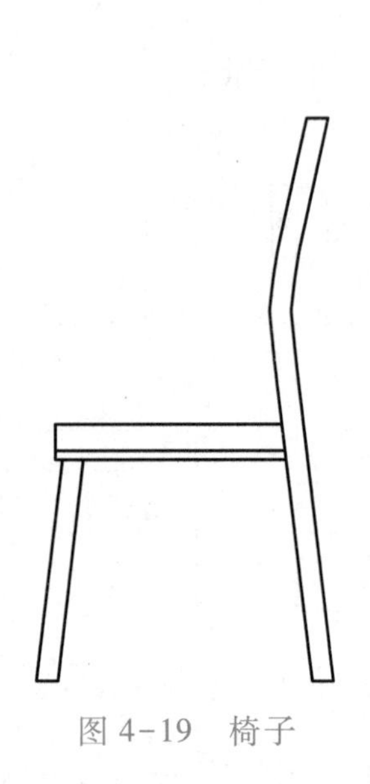

图 4-19　椅子

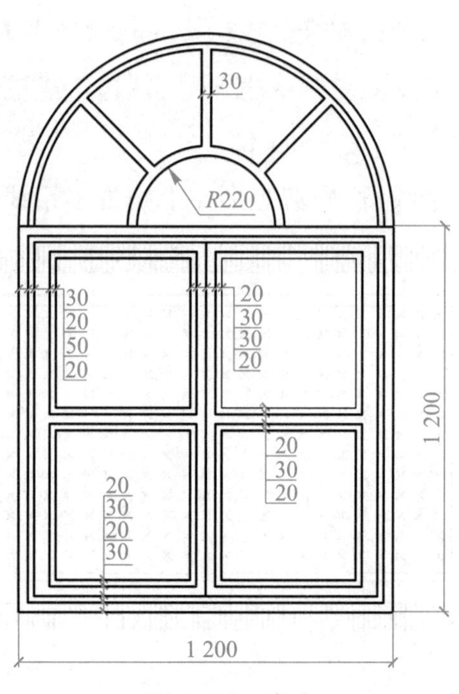

图 4-20　窗户

任务 2　绘制餐厅椅子

1. 掌握复制、镜像、倒角、夹点功能命令的操作方法
2. 进一步熟悉偏移命令的操作方法
3. 熟练使用绘图命令
4. 进一步熟悉捕捉、追踪、正交等辅助命令的使用

绘制餐厅椅子,如图 4-21 所示。

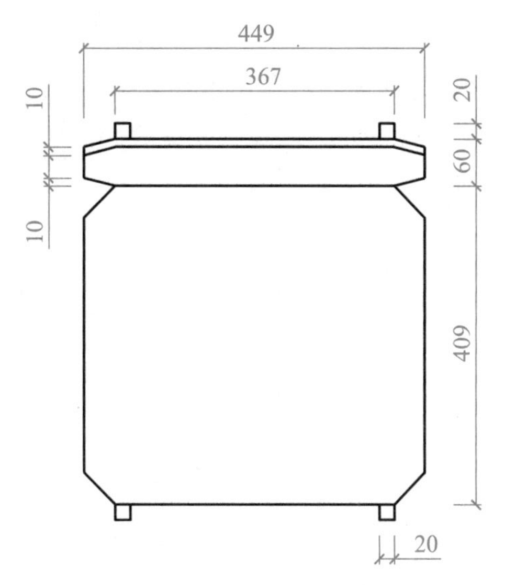

图 4-21　餐厅椅子图形及尺寸

本任务绘制的是餐厅椅子的俯视图,以绘制矩形为主,涉及的修改命令有:倒角命令、偏移命令、复制命令、镜像命令、夹点功能命令,辅助命令有:对象捕捉、对象追踪。绘制图形的思路如下:

(1) 绘制各个矩形,并进行倒角和偏移

(2) 复制、镜像矩形

一、复制命令

复制对象是指创建与原有对象相同的图形,并将其复制到指定位置,一次可以同时复制多个对象。

1. 复制命令的调用

复制命令的调用方法有以下几种:

- 使用选项卡:单击“默认”选项卡→“修改”面板→“复制”按钮。

- 使用菜单命令:单击“修改”→“复制”菜单命令。
- 使用“修改”工具栏:单击“复制”按钮。
- 使用命令行:输入 COPY↙。
- 使用快捷键:Ctrl+C。

执行复制命令后,命令行提示如下:

选择对象: //选择要复制的对象,按 Enter 键

指定基点或[位移(D)/模式(O)]<位移>:

2. 命令行中选项说明及步骤

(1) 指定基点

确定复制对象的基点,为默认项。一般单击被复制对象上某一特征点,确定基点后,命令行提示如下:

指定第二个点或 <使用第一个点作为位移>: //确定复制对象的指定位置

(2) 位移

根据位移量复制对象。执行该选项后,命令行提示如下:

指定位移: //输入坐标值或距离值

在此提示下输入坐标值(直角坐标或极坐标),AutoCAD 将所选择对象以选择对象时的拾取点为基准,按与各坐标值对应的坐标分量作为位移量复制对象;也可使用极轴方式或正交方式确定复制方向后输入距离值。

(3) 模式

确定复制模式是单个或多个。执行该选项后,命令行提示如下:

输入复制模式选项[单个(S)/多个(M)]<多个>:

在提示中输入复制模式。AutoCAD 默认为“多个”。

二、镜像命令

镜像是指将对象以指定的镜像线对称复制,可能保留或删除源对象。

镜像命令的调用方法有以下几种:

- 使用选项卡:单击“默认”选项卡→“修改”面板→“镜像”按钮。
- 使用菜单命令:单击“修改”→“镜像”菜单命令。
- 使用“修改”工具栏:单击“镜像”按钮。
- 使用命令行:输入 MIRROR↙。

执行镜像命令后,命令行提示和操作步骤如下:

选择对象:↙ //选取要镜像的对象,按 Enter 键

指定镜像线的第一点: //一般会打开对象捕捉状态,选取镜像线即对称轴上一点

指定镜像线的第二点: //选取对称轴上另一点

要删除源对象吗？[是(Y)/否(N)]<N>:　//如果直接按 Enter 键,则镜像复制对象,并保留原来的对象;如果输入 Y,则在镜像复制对象的同时删除源对象

在 AutoCAD 中,使用系统变量 MIRRTEXT 可以控制文字对象的镜像方向。如果 MIRRTEXT 的值为 1,则文字对象完全镜像,镜像出来的文字变得不可读;如果 MIRRTEXT 的值为 0,则文字对象方向不镜像。系统变量对图形的镜像不起作用。两种镜像效果分别如图 4-22 所示。

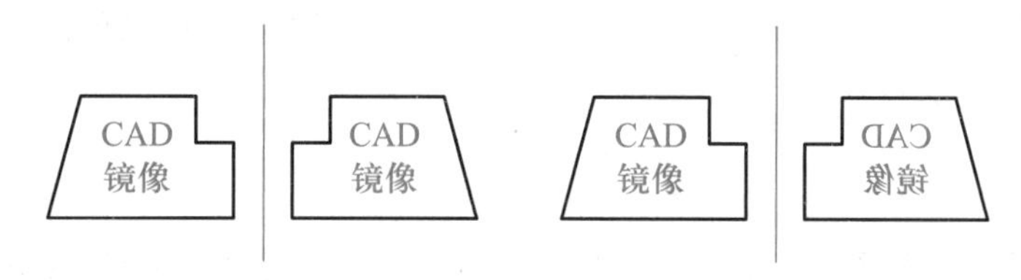

图 4-22　两种不同的镜像效果

三、倒角

倒角是用斜线连接两个不平行的直线、射线、构造线或多段线。

1. 倒角命令的调用

倒角命令的调用方法有以下几种：

- 使用选项卡:单击“默认”选项卡→“修改”面板→“倒角”按钮。
- 使用菜单命令:单击“修改”→“倒角”菜单命令。
- 使用“修改”工具栏:单击“倒角”按钮。

执行倒角命令后,命令行提示和操作如下：

命令：chamfer

(“修剪”模式) 当前倒角距离 1=0.0000,距离 2=0.0000

选择第一条直线或[放弃(U)/多段线(P)/距离(D)/角度(A)/修剪(T)/方式(E)/多个(M)]:　//选择相应选项,输入相应字母后按 Enter 键

2. 命令行中选项说明及操作

(1) 选择第 1 条直线

该选项是要求选择进行倒角的第 1 条线段,为默认项,倒角时的数值以当前默认值计算。

选择某一线段,即执行默认项后,命令行提示和操作步骤如下：

选择第二条直线,或按住 Shift 键选择直线以应用角点或[距离(D)/角度(A)/方法(M)]:　//选择第 2 条直线或其他选项

(2) 多段线

对整条多段线的各交叉点进行倒角。执行该选项后,命令行提示和操作步骤如下：

选择第一条直线或[放弃(U)/多段线(P)/距离(D)/角度(A)/修剪(T)/方式(E)/多个(M)]: p↙　//输入 p,按 Enter 键

选择二维多段线或[距离(D)/角度(A)/方法(M)]：　//选择多段线或执行其他选项

（3）距离

设置倒角距离。执行该选项后，命令行提示和操作步骤如下：

指定 第一个 倒角距离 <0.0000>：　//输入数值，按 Enter 键

指定 第二个 倒角距离 <50.0000>：　//输入数值，按 Enter 键

选择第一条直线或[放弃(U)/多段线(P)/距离(D)/角度(A)/修剪(T)/方式(E)/多个(M)]：//选择相应选项，输入其字母后按 Enter 键

（4）角度

根据倒角距离和角度设置倒角尺寸。执行该选项后，命令行提示和操作步骤如下：

指定第一条直线的倒角长度 <0.0000>：　//输入数值，按 Enter 键

指定第一条直线的倒角角度 <0>：　//输入数值，按 Enter 键

选择第一条直线或[放弃(U)/多段线(P)/距离(D)/角度(A)/修剪(T)/方式(E)/多个(M)]：//选择相应选项，输入其字母后按 Enter 键

（5）修剪

确定倒角后是否对相应的倒角边进行修剪，即是否剪切原对象。执行该选项后，命令行提示和操作步骤如下：

输入修剪模式选项[修剪(T)/不修剪(N)]<修剪>：　//默认方式为不修剪，选择修剪方式，按 Enter 键

选择第一条直线或[放弃(U)/多段线(P)/距离(D)/角度(A)/修剪(T)/方式(E)/多个(M)]：//选择相应选项，输入其字母后按 Enter 键

（6）方式

确定将以什么方式倒角，即根据已设置的两倒角距离倒角，还是根据距离和角度设置倒角。

（7）多个

如果执行该选项，当用户选择了两条直线进行倒角后，可以继续对其他直线倒角，不必重新执行 CHAMFER 命令。

（8）放弃

放弃已进行的设置或操作。

四、利用夹点功能编辑图形

夹点是一些实心小方框，AutoCAD 在图形对象上定义了一些特征点或关键点作为夹点，当选择某一图形对象后，这些特殊点即亮显，如图 4-23 所示。可以通过这些夹点灵活地控制对象，并利用这些夹点对图形进行编辑修改。

图 4-23　图形对象的夹点

1. 夹点的设置

设置夹点的方法是：单击“工具”→“选项”菜单命令，打开“选项”对话框，如图 4-24 所示。在“选择集”选项卡中，勾选“显示夹点”复选框，同时还可以设置夹点小方框的尺寸和颜色。

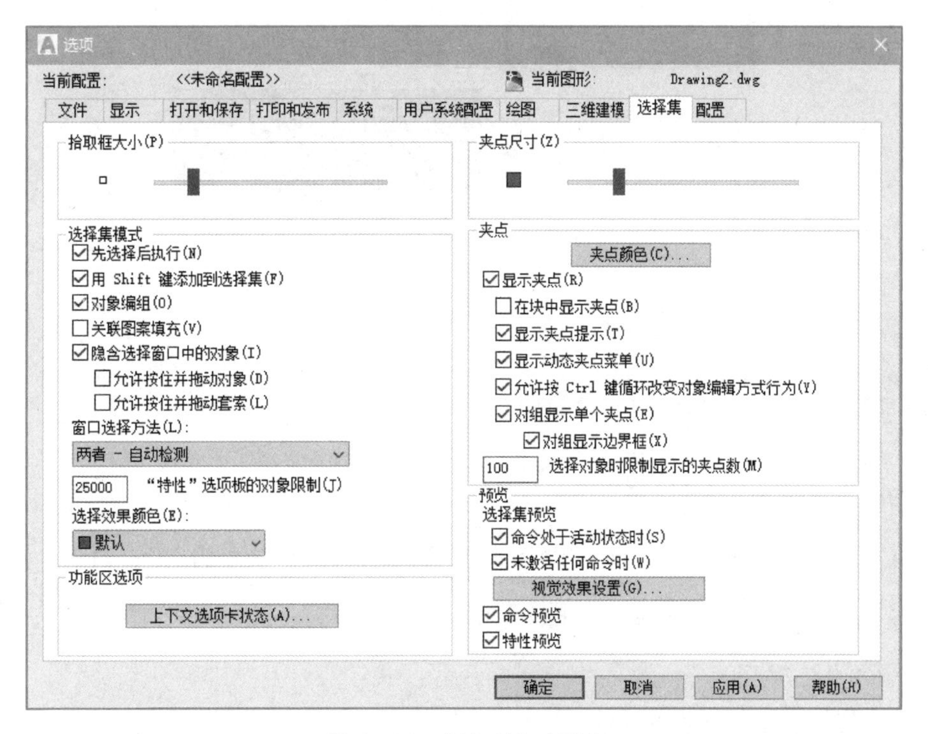

图 4-24　“选项”对话框

2. 使用夹点功能

使用夹点功能的操作方法如下：

① 使用夹点功能对图形对象进行编辑修改前，应先选择对象，使对象的各关键点显示出夹点。

② 鼠标停留在图形对象显示的某一夹点处时，将弹出对该夹点的操作菜单和相关参数，如

图 4-25 所示；单击夹点，可对该夹点进行拉伸、移动、复制、旋转、缩放、删除等操作，并可在提示框中输入相关参数，如图 4-26 所示。

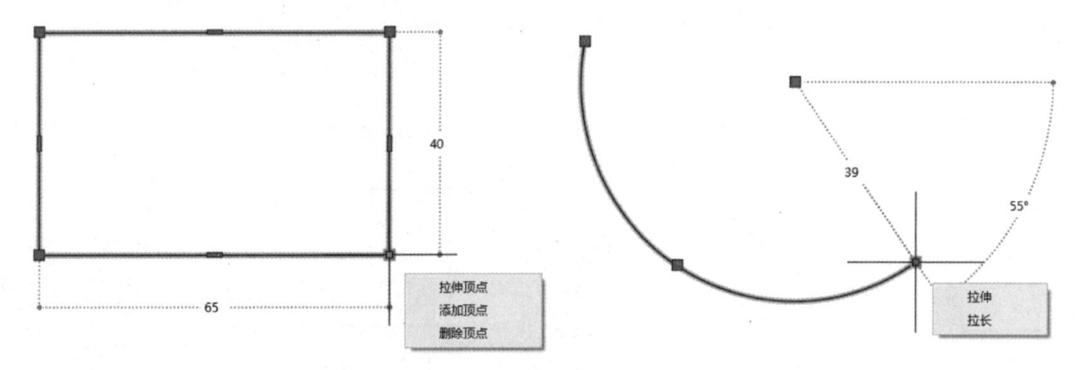

图 4-25　夹点的提示信息和参数

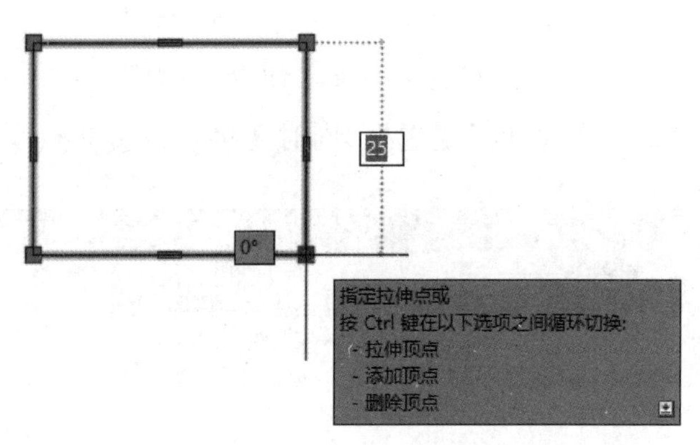

图 4-26　夹点的操作提示

1. 创建“椅子”文件

启动 AutoCAD，创建“椅子”文件。设置图形单位的长度精度为0.0。打开“图层特性管理器”对话框，新建名为“椅子”的图层，颜色、线型、线宽均默认，将“椅子”图层设为当前图层。

2. 绘制 449×409 矩形

单击“矩形”按钮，命令行提示和操作步骤如下：

命令：rectang

指定第一个角点或[倒角(C)/标高(E)/圆角(F)/厚度(T)/宽度(W)]：c↙　//输入 c，按 Enter 键

指定矩形的第一个倒角距离 <0.0000>：41↙　//输入 41，按 Enter 键

指定矩形的第二个倒角距离 <41.0000>：↙　//按 Enter 键

指定第一个角点或[倒角(C)/标高(E)/圆角(F)/厚度(T)/宽度(W)]：　//在绘图区指

定一点

指定另一个角点或[面积(A)/尺寸(D)/旋转(R)]：@449,409↙ //输入@449,409,按Enter键

3. 绘制 449×60 矩形

单击“矩形”按钮,命令行提示和操作步骤如下：

命令：rectang

当前矩形模式：倒角=41.0000×41.0000

指定第一个角点或[倒角(C)/标高(E)/圆角(F)/厚度(T)/宽度(W)]：c↙ //输入c,按Enter键

指定矩形的第一个倒角距离<41.0000>：0↙ //输入0,按Enter键

指定矩形的第二个倒角距离 <41.0000>：0↙ //输入0,按Enter键

指定第一个角点或[倒角(C)/标高(E)/圆角(F)/厚度(T)/宽度(W)]： //打开对象捕捉和对象捕捉追踪状态,并设置捕捉对象为端点。将鼠标在449×409矩形左上角倒角处的一个端点处停留片刻,出现“端点”提示和虚线后,移至另一个端点处停留片刻,出现“端点”提示和虚线后,移动鼠标到两个捕捉端点的左上角,出现两条虚线相交后的交叉点时单击

指定另一个角点或[面积(A)/尺寸(D)/旋转(R)]：@449,60↙ //输入@449,60,按Enter键

绘制矩形后的图形如图4-27所示。

4. 对 449×60 矩形进行倒角

单击“修改”工具栏中的“倒角”按钮,命令行提示和操作步骤如下：

命令：chamfer

(“不修剪”模式) 当前倒角距离 1=0.0000,距离 2=0.0000

选择第一条直线或[放弃(U)/多段线(P)/距离(D)/角度(A)/修剪(T)/方式(E)/多个(M)]：d↙ //输入d,按Enter键

指定 第一个 倒角距离 <0.0000>：41↙ //输入41,按Enter键

指定 第二个 倒角距离 <41.0000>：10↙ //输入10,按Enter键

选择第一条直线或[放弃(U)/多段线(P)/距离(D)/角度(A)/修剪(T)/方式(E)/多个(M)]：t↙ //输入t,按Enter键

输入修剪模式选项[修剪(T)/不修剪(N)]<不修剪>：t↙ //输入t,按Enter键

选择第一条直线或[放弃(U)/多段线(P)/距离(D)/角度(A)/修剪(T)/方式(E)/多个(M)]：m↙ //输入m,按Enter键

选择第一条直线或[放弃(U)/多段线(P)/距离(D)/角度(A)/修剪(T)/方式(E)/多个(M)]：
//单击449×60矩形某一个角的长边

选择第二条直线,或按住 Shift 键选择直线以应用角点或[距离(D)/角度(A)/方法(M)]: //单击 449×60 矩形该角的短边

继续执行“倒角”命令,对另外 3 处角进行倒角。

完成倒角后的图形如图 4-28 所示。

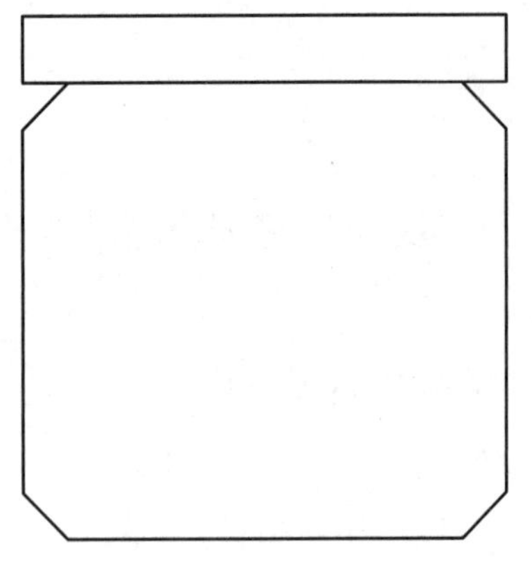

图 4-27　绘制矩形后的图形

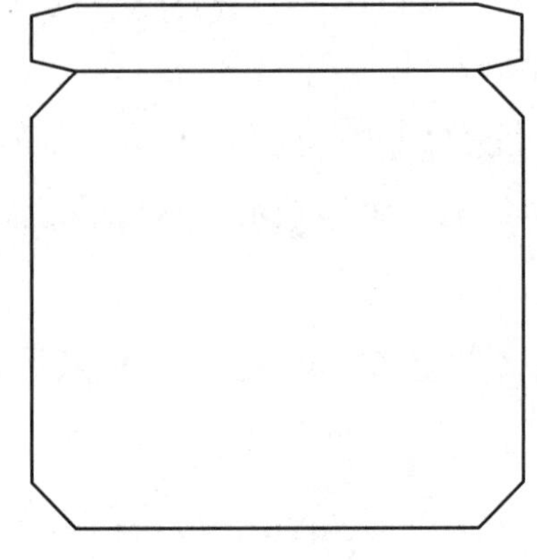

图 4-28　完成倒角后的图形

对 449×60 矩形的倒角,也可以通过在绘制矩形时设定倒角的距离来实现。

5. 偏移 449×60 矩形

单击“修改”工具栏中的“偏移”按钮,命令行提示和操作步骤如下:

命令:offset

当前设置:删除源=否　图层=源　OFFSETGAPTYPE=0

指定偏移距离或[通过(T)/删除(E)/图层(L)]<通过>: 10↙　//输入 10,按 Enter 键

选择要偏移的对象,或[退出(E)/放弃(U)]<退出>:　//单击 449×60 矩形

指定要偏移的那一侧上的点,或[退出(E)/多个(M)/放弃(U)]<退出>:　//在该矩形内单击

选择要偏移的对象,或[退出(E)/放弃(U)]<退出>:↙　//按 Enter 键

6. 编辑偏移的矩形

(1) 分解矩形

执行分解命令,将偏移的矩形分解。

删除偏移的矩形的短边、下长边及左下角和右下角倒角线。

(2) 使用“夹点”功能拉长偏移后的倒角线

偏移后的倒角线与外侧矩形并不相交,如图 4-29 所示。通过拉伸,将其与外侧矩形的短边相交。

操作步骤:单击被拉长的左侧倒角线,鼠标在直线左下角端点处停留,出现“拉长拉伸”提示后单击拉长,向左拖动鼠标至矩形外侧,单击。用同样的操作方法,完成右侧倒角线的拉长。拉长完成后图形如图 4-30 所示。

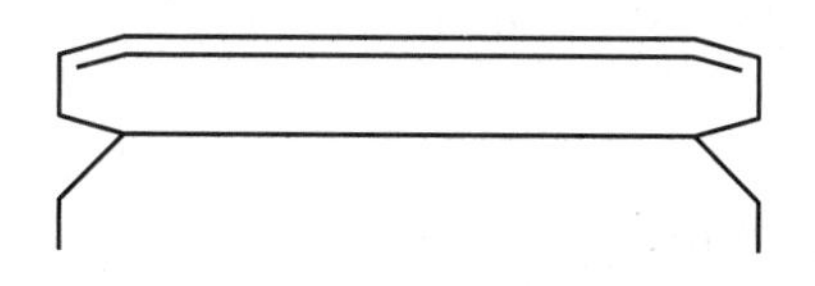
图 4-29　偏移后的倒角处图形

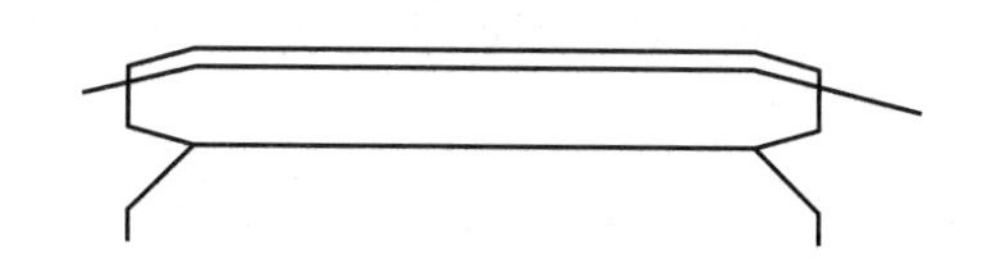
图 4-30　拉长后的图形

（3）修剪图形

使用修剪命令，修剪矩形外侧的拉长部分。命令行提示和操作步骤如下：

命令：trim

当前设置：投影=UCS，边=无

选择剪切边...

选择对象或<全部选择>：找到 1 个　//单击 449×60 矩形

选择对象：↙　//按 Enter 键

选择要修剪的对象，或按住 Shift 键选择要延伸的对象，或[栏选(F)/窗交(C)/投影(P)/边(E)/删除(R)/放弃(U)]：　//单击 449×60 矩形左侧短边外的直线

选择要修剪的对象，或按住 Shift 键选择要延伸的对象，或[栏选(F)/窗交(C)/投影(P)/边(E)/删除(R)/放弃(U)]：　//单击 449×60 矩形右侧短边外的直线

选择要修剪的对象，或按住 Shift 键选择要延伸的对象，或[栏选(F)/窗交(C)/投影(P)/边(E)/删除(R)/放弃(U)]：↙　//按 Enter 键

编辑偏移矩形后如图 4-31 所示。

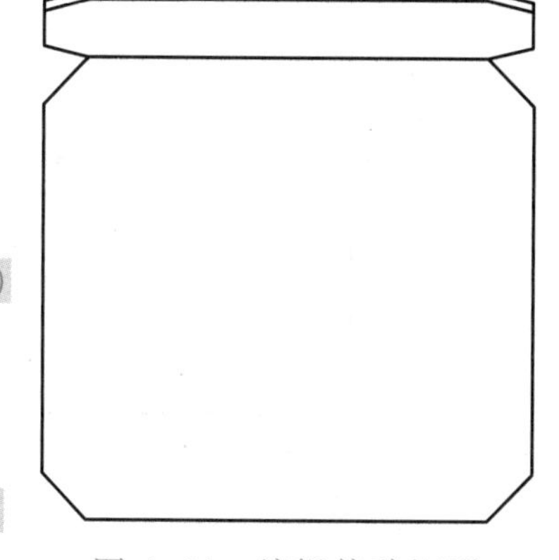
图 4-31　编辑偏移矩形

7. **绘制 20×20 正方形**

单击"矩形"按钮，命令行提示和操作步骤如下：

命令：rectang

指定第一个角点或[倒角(C)/标高(E)/圆角(F)/厚度(T)/宽度(W)]：　//打开对象捕捉状态，并设置捕捉对象为端点，单击 449×409 矩形下边线左端点

指定另一个角点或[面积(A)/尺寸(D)/旋转(R)]：@20，-20↙　//输入@20，-20，按 Enter 键

8. **复制 20×20 正方形**

单击"修改"工具栏中的"复制"按钮，命令行提示和操作步骤如下：

命令：copy

选择对象：找到 1 个　//选择 20×20 正方形

选择对象：↙　//按 Enter 键

当前设置：复制模式=多个

指定基点或[位移(D)/模式(O)]<位移>：　//单击正方形左下角点

指定第二个点或[阵列(A)]<使用第一个点作为位移>：　//单击 449×60 矩形的上边线左端点

指定第二个点或[阵列(A)/退出(E)/放弃(U)]<退出>:↙　//按 Enter 键

复制正方形后的图形如图 4-32 所示。

9. 镜像 20×20 正方形

单击“修改”工具栏中的“镜像”按钮，命令行提示和操作步骤如下：

命令：mirror

选择对象：找到 1 个　//单击左下角正方形

选择对象：找到 1 个，总计 2 个　//单击左上角正方形

选择对象：↙　//按 Enter 键

指定镜像线的第一点：　//打开对象捕捉状态，并设置捕捉对象为中点，在矩形水平线上捕捉中点后单击

指定镜像线的第二点：　//在矩形另一水平边上捕捉中点后单击

要删除源对象吗？[是(Y)/否(N)]<N>:↙　//按 Enter 键

镜像完成后即完成椅子图形的绘制，效果如图 4-33 所示。

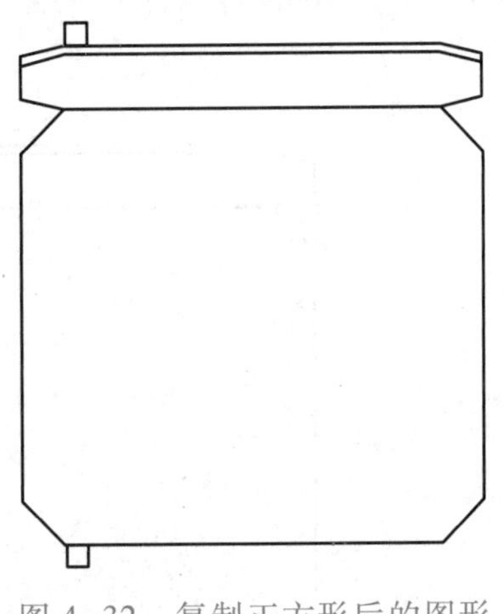

图 4-32　复制正方形后的图形

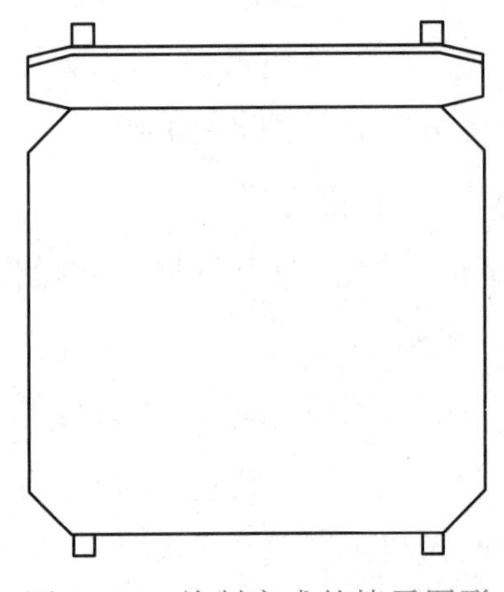

图 4-33　绘制完成的椅子图形

10. 保存文件

序号	评价内容	评价完成效果		
		★★★	★★	★
1	掌握复制、镜像、倒角、夹点功能的操作方法			

续表

序号	评价内容	评价完成效果		
		★★★	★★	★
2	进一步熟悉偏移命令的操作方法			
3	熟练使用绘图命令			
4	熟练运用捕捉、追踪等辅助命令			
5	清楚本任务的绘图思路和步骤			

1. 绘制图 3-22 所示图形。

提示：应用偏移、阵列命令进行编辑。

2. 绘制图 3-23 所示图形。

提示：应用复制、镜像、偏移命令进行编辑。

3. 绘制图 3-57 所示图形。

提示：应用复制命令绘制车轮。

4. 绘制房间门，如图 4-34 所示。门上图案的尺寸自拟。

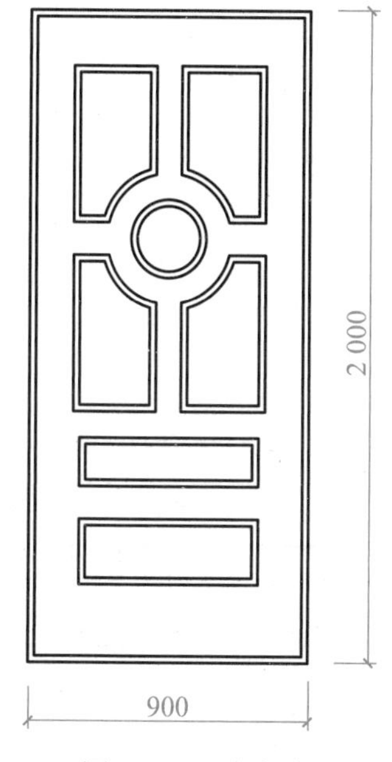

图 4-34　房间门

任务 3　绘制计算机显示器

1. 掌握旋转、缩放、圆角命令的操作方法
2. 进一步熟悉偏移、移动、镜像、修剪等编辑命令的操作方法
3. 熟练使用绘图命令
4. 熟练使用捕捉、追踪、正交等辅助命令

任务内容

绘制计算机显示器，如图 4-35 所示。显示器和书桌尺寸如图 4-36 所示。

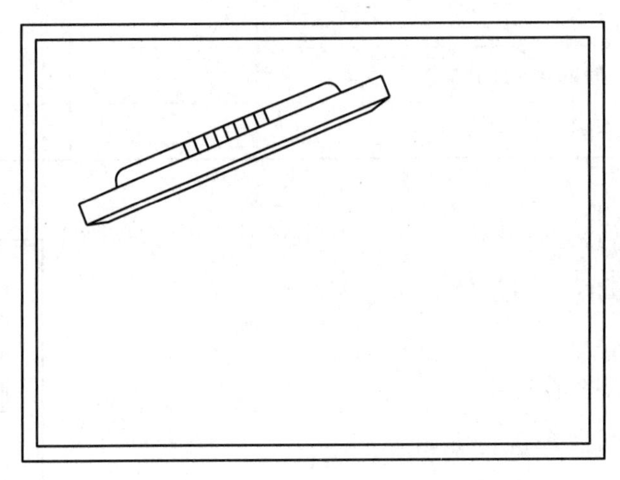

图 4-35　计算机显示器

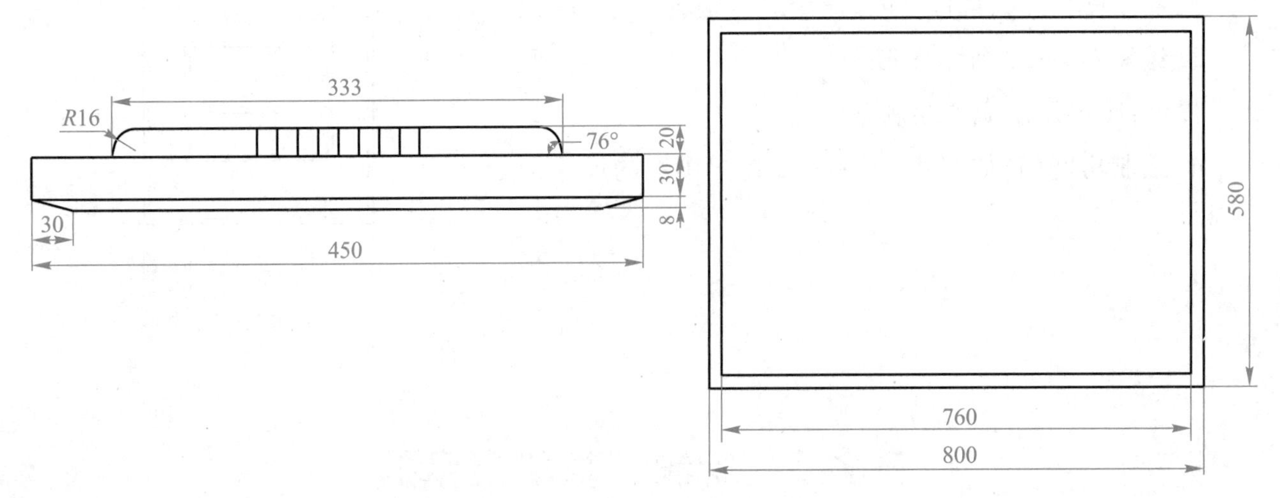

图 4-36　显示器和书桌尺寸

任务分析

绘制本任务图形的思路如下：

（1）创建图形文件和新建有关图层

（2）绘制计算机显示器，涉及的命令有：矩形、多段线、直线、分解、偏移、旋转、圆角、镜像、修剪、矩形阵列

（3）绘制书桌，涉及的命令有：矩形、偏移

(4) 调整显示器,涉及的命令有:移动、旋转、缩放

知识准备

一、旋转命令

旋转命令是指将指定的对象绕指定点(称为基点)旋转指定的角度。

1. 旋转命令的调用

旋转命令的调用方法有以下几种:

- 使用选项卡:单击“默认”选项卡→“修改”面板→“旋转”按钮。
- 使用菜单命令:单击“修改”→“旋转”菜单命令。
- 使用“修改”工具栏:单击“旋转”按钮。

2. 旋转命令操作方法

执行旋转命令后,命令行提示如下:

选择对象: //选择要旋转的对象,然后按 Enter 键

指定基点: //确定旋转基点

指定旋转角度,或[复制(C)/参照(R)]:

(1) “指定旋转角度”方式的操作方法

输入角度值,系统会将对象绕基点转动该角度。在默认设置下,角度为正时沿逆时针方向旋转,反之沿顺时针方向旋转。

(2) “复制”方式的操作方法

“复制”是创建出旋转对象后仍保留原对象,输入选项命令即可。

(3) “参照”方式的操作方法

以“参照”方式旋转对象。执行该选项,命令行提示如下:

指定参照角: //输入参照角度值

指定新角度或[点(P)]<0>: //输入新角度值,或通过“点(P)”选项指定两点来确定新角度

系统将计算新角度与参照角度的差值,将对象绕基点旋转该角度。

二、缩放命令

缩放对象指放大或缩小指定的对象。

1. 缩放命令的调用

缩放命令的调用方法有以下几种:

- 使用选项卡:单击“默认”选项卡→“修改”面板→“缩放”按钮。
- 使用菜单命令:单击“修改”→“缩放”菜单命令。

- 使用“修改”工具栏:单击“缩放”按钮。
- 使用命令行:输入 SCALE↙。

2. 缩放命令操作方法

执行缩放命令后,命令行提示如下:

选择对象: //选择要缩放的对象,按 Enter 键

选择对象:↙ //也可以继续选择对象

指定基点: //确定基点位置

指定比例因子或[复制(C)/参照(R)]: //输入比例因子或相应选项字母后按 Enter 键

(1)“指定比例因子”方式的操作方法

“确定缩放比例因子”方式为默认选项。输入比例因子后按 Enter 键,系统将对所选择对象根据该比例因子相对于基点缩放。

比例因子在 0 与 1 之间为缩小对象,比例因子大于 1 时放大对象。

(2)“复制”方式的操作方法

该方式是指创建出缩小或放大的对象后仍保留原对象。执行该选项后,根据提示指定缩放比例因子即可。

(3)“参照”方式的操作方法

执行该选项后,命令行提示如下:

指定参照长度: //输入参照长度的值

指定新的长度或[点(P)]: //输入新的长度值或通过“点(P)”选项指定两点来确定长度值

系统按新长度值与参照长度值的比值进行缩放。

三、圆角

圆角命令用于给两个对象添加指定半径的圆弧,这两个对象可以是圆弧、圆、直线、椭圆弧、多段线、射线、构造线等。

1. 圆角命令的调用

圆角命令的调用方法有以下几种:

- 使用选项卡:单击“默认”选项卡→“修改”面板→“圆角”按钮。
- 使用菜单命令:单击“修改”→“圆角”菜单命令。
- 使用“修改”工具栏:单击“圆角”按钮。

2. 命令选项说明及操作

执行圆角命令后,命令行提示如下:

命令: fillet

当前设置: 模式=不修剪,半径=0.0000

选择第一个对象或[放弃(U)/多段线(P)/半径(R)/修剪(T)/多个(M)]: //选择相应

选项,输入其字母后按 Enter 键

(1) 选择第一个对象

该选项是要求选择进行倒圆角的第一个对象,为默认选项,圆角时的数值以当前默认值计算。

选择某一对象,即执行默认选项后,命令行提示和操作步骤如下:

选择第二个对象,或按住 Shift 键选择对象以应用角点或[半径(R)]: //选择第二条直线或其他选项

在此提示下选择另一个对象,系统按当前的圆角半径设置对它们创建圆角。如果按住 Shift 键选择相邻的另一对象,则可以使两对象准确相交。

(2) 多段线

对二维多段线创建圆角。执行该选项后,命令行提示和操作步骤如下:

选择第一个对象或[放弃(U)/多段线(P)/半径(R)/修剪(T)/多个(M)]: p↙ //输入 p,按 Enter 键

选择二维多段线或[半径(R)]: //选择多段线或执行其他选项

(3) 半径

设置圆角半径。执行该选项后,命令行提示和操作步骤如下:

指定圆角半径 <0.0000>: //输入半径值,按 Enter 键

选择第一个对象或[放弃(U)/多段线(P)/半径(R)/修剪(T)/多个(M)]: //选择相应选项,输入其字母后按 Enter 键

(4) 修剪

确定创建圆角操作的修剪模式,即是否剪切原对象。执行该选项后,命令行提示和操作步骤如下:

输入修剪模式选项[修剪(T)/不修剪(N)]<修剪>: //默认方式为不修剪,选择修剪方式,按 Enter 键

选择第一个对象或[放弃(U)/多段线(P)/半径(R)/修剪(T)/多个(M)]: //选择相应选项,输入其字母后按 Enter 键

(5) 多个

执行该选项且用户选择两个对象创建出圆角后,可以继续对其他对象创建圆角,不必重新执行 FILLET 命令。

任务实施

1. 创建"计算机显示器"图形文件

启动 AutoCAD,创建名为"计算机显示器"的文件。设置图形单位的长度精度为 0.0。打开

"图层特性管理器"对话框，新建名为"dn""sz""cc"的图层，在"sz"图层中，线宽为"0.3"，颜色为"蓝色"，在"cc"图层中，颜色为"红色"。其余对象特性随层或默认。

2. 绘制计算机显示器

（1）绘制显示器矩形框

将"dn"图层设为当前图层，单击"矩形"按钮，命令行提示和操作步骤如下：

命令：rectang

指定第一个角点或[倒角(C)/标高(E)/圆角(F)/厚度(T)/宽度(W)]：　//在绘图区指定一点

指定另一个角点或[面积(A)/尺寸(D)/旋转(R)]：@450,30↙　//输入@450,30，按Enter键

（2）绘制显示器屏幕线框

单击"多段线"按钮，命令行提示和操作步骤如下：

命令：pline

指定起点：　//打开对象捕捉状态，捕捉矩形左下角点

当前线宽为0.0

指定下一个点或[圆弧(A)/半宽(H)/长度(L)/放弃(U)/宽度(W)]：<正交 关> @30,-8↙　//输入@30,-8，按Enter键

指定下一点或[圆弧(A)/闭合(C)/半宽(H)/长度(L)/放弃(U)/宽度(W)]：<正交 开> 390↙　//打开正交状态，向右拖动鼠标，输入390，按Enter键

指定下一点或[圆弧(A)/闭合(C)/半宽(H)/长度(L)/放弃(U)/宽度(W)]：<正交 关>　//关闭正交状态，捕捉矩形右下角点

指定下一点或[圆弧(A)/闭合(C)/半宽(H)/长度(L)/放弃(U)/宽度(W)]：　//按Enter键

绘制后图形如图4-37所示。

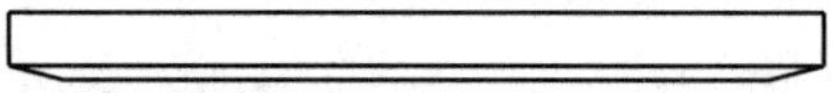

图4-37　绘制显示器屏幕线框后图形

（3）绘制显示器机身线框

① 单击"修改"工具栏中的"分解"按钮，命令行提示和操作步骤如下：

命令：explode

选择对象：找到1个↙　//选择矩形，按Enter键

② 单击"修改"工具栏中的"偏移"按钮，命令行提示和操作步骤如下：

命令：offset

当前设置：删除源=否　图层=源　OFFSETGAPTYPE=0

指定偏移距离或[通过(T)/删除(E)/图层(L)]<50.0>：20↙　//输入20，按Enter键

选择要偏移的对象，或[退出(E)/放弃(U)]<退出>：　//单击矩形的上边线

指定要偏移的那一侧上的点,或[退出(E)/多个(M)/放弃(U)]<退出>:　//在矩形上边线上方单击

选择要偏移的对象,或[退出(E)/放弃(U)]<退出>:↙　//按 Enter 键

③ 单击“修改”工具栏中的“旋转”按钮,命令行提示和操作步骤如下:

命令:rotate

UCS 当前的正角方向:ANGDIR=逆时针　ANGBASE=0

选择对象:找到 1 个　//单击矩形的上边线

选择对象:↙　//按 Enter 键

指定基点:from 基点:<偏移>:@58.5,0↙　//调出“对象捕捉”工具栏,单击“捕捉自”按钮,打开对象捕捉状态,并设置捕捉对象为端点。捕捉矩形上边线的左端点,输入@58.5,0,按 Enter 键

指定旋转角度,或[复制(C)/参照(R)]<0>:c↙

//输入 c,按 Enter 键

旋转一组选定对象

指定旋转角度,或[复制(C)/参照(R)]<0>:76↙

//输入 76,按 Enter 键

完成后图形如图 4-38 所示。

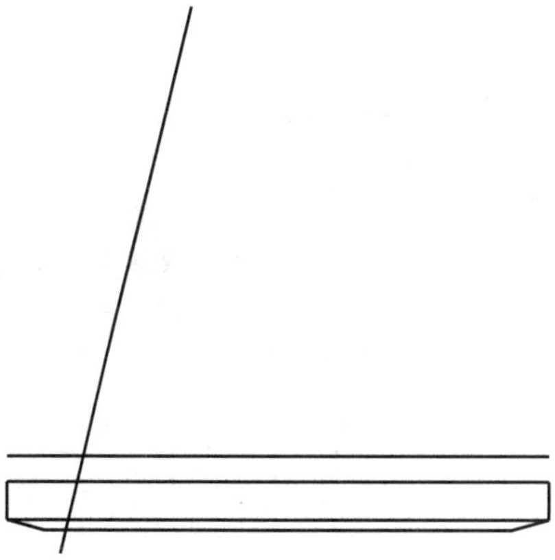

图 4-38　旋转线条后图形

④ 单击“修改”工具栏中的“圆角”按钮,命令行提示和操作步骤如下:

命令:fillet

当前设置:模式=修剪,半径=0.0

选择第一个对象或[放弃(U)/多段线(P)/半径(R)/修剪(T)/多个(M)]:r↙　//输入 r,按 Enter 键

指定圆角半径 <0.0>:16↙　//输入圆角半径 16,按 Enter 键

选择第一个对象或[放弃(U)/多段线(P)/半径(R)/修剪(T)/多个(M)]:t↙　//输入 t,按 Enter 键

输入修剪模式选项[修剪(T)/不修剪(N)]<修剪>:↙　//按 Enter 键

选择第一个对象或[放弃(U)/多段线(P)/半径(R)/修剪(T)/多个(M)]:　//选择旋转形成的直线

选择第二个对象,或按住 Shift 键选择对象以应用角点或[半径(R)]:　//选择偏移形成的直线

完成圆角后的图形如图 4-39 所示。

⑤ 单击“修改”工具栏中的“镜像”按钮,命令行提示和操作步骤如下:

命令：mirror

选择对象：找到 1 个　//选择旋转形成的直线

选择对象：指定对角点：找到 1 个，总计 2 个　//选择倒圆角后的圆角

选择对象：↙　//按 Enter 键

指定镜像线的第一点：<打开对象捕捉>　>>　//打开对象捕捉状态，并设置捕捉对象为中点，捕捉矩形上边线的中点

指定镜像线的第二点：　//捕捉矩形下边线的中点

要删除源对象吗？［是(Y)/否(N)］<N>：↙　//按 Enter 键

完成镜像后的图形如图 4-40 所示。

图 4-39　圆角后的图形　　　图 4-40　镜像后的图形

⑥ 单击“修改”工具栏中的“修剪”按钮，命令行提示和操作步骤如下：

命令：trim

当前设置：投影=UCS，边=无

选择剪切边...

选择对象或 <全部选择>：指定对角点：找到 3 个　//用窗交方式选取镜像后的部分

选择对象：找到 1 个，总计 4 个　//选取矩形上边线

选择对象：↙　//按 Enter 键

选择要修剪的对象，或按住 Shift 键选择要延伸的对象，或

［栏选(F)/窗交(C)/投影(P)/边(E)/删除(R)/放弃(U)］：　//单击矩形上边线下方的左侧斜线

选择要修剪的对象，或按住 Shift 键选择要延伸的对象，或

［栏选(F)/窗交(C)/投影(P)/边(E)/删除(R)/放弃(U)］：　//单击矩形上边线下方的右侧斜线

选择要修剪的对象，或按住 Shift 键选择要延伸的对象，或

［栏选(F)/窗交(C)/投影(P)/边(E)/删除(R)/放弃(U)］：　//单击镜像一侧的多余直线

选择要修剪的对象，或按住 Shift 键选择要延伸的对象，或

［栏选(F)/窗交(C)/投影(P)/边(E)/删除(R)/放弃(U)］：↙　//按 Enter 键

修剪后的图形如图 4-41 所示。

(4) 绘制显示器散热线框

单击“直线”按钮,命令行提示和操作步骤如下:

命令: line 指定第一点: //打开对象捕捉模式,设置中点为捕捉对象,捕捉矩形上边线中点

指定下一点或[放弃(U)]: //捕捉散热线最上边线中点

指定下一点或[放弃(U)]:↙ //按 Enter 键

单击“修改”工具栏中的“偏移”按钮,命令行提示和操作步骤如下:

命令: arrayrect

选择对象: 找到 1 个 //单击绘制的直线

命令: offset

当前设置: 删除源=否 图层=源 OFFSETGAPTYPE=0

指定偏移距离或[通过(T)/删除(E)/图层(L)]<20.0>: 15↙ //输入 15,按 Enter 键

选择要偏移的对象,或[退出(E)/放弃(U)]<退出>: //单击刚绘制的垂直直线

指定要偏移的那一侧上的点,或[退出(E)/多个(M)/放弃(U)]<退出>: //在该直线右侧单击

选择要偏移的对象,或[退出(E)/放弃(U)]<退出>:↙ //依次在刚绘制的垂直直线左右两侧各偏移 4 条,按 Enter 键

偏移后的图形如图 4-42 所示。

图 4-41 修剪后的图形　　　　图 4-42 显示器图形

3. 绘制书桌

将“sz”图层设为当前图层。

单击“矩形”按钮,命令行提示和操作步骤如下:

命令: rectang

指定第一个角点或[倒角(C)/标高(E)/圆角(F)/厚度(T)/宽度(W)]: //在绘图区指定一点

指定另一个角点或[面积(A)/尺寸(D)/旋转(R)]: @800,580↙ //输入@800,580,按 Enter 键

单击“修改”工具栏中的“偏移”按钮,命令行提示和操作步骤如下:

命令: offset

当前设置: 删除源=否 图层=源 OFFSETGAPTYPE=0

指定偏移距离或[通过(T)/删除(E)/图层(L)]<20.0>: 20↙ //输入 20,按 Enter 键

选择要偏移的对象，或[退出(E)/放弃(U)]<退出>：　//单击矩形

指定要偏移的那一侧上的点，或[退出(E)/多个(M)/放弃(U)]<退出>：　//在矩形内单击

选择要偏移的对象，或[退出(E)/放弃(U)]<退出>：↙　//按 Enter 键

4. 移动显示器

单击“修改”工具栏中的“移动”按钮，命令行提示和操作步骤如下：

命令：move

选择对象：指定对角点：找到 16 个　//用窗选方式选择显示器全部线条

选择对象：↙　//按 Enter 键

指定基点或[位移(D)]<位移>：<打开对象捕捉>　>>　//打开对象捕捉状态，并设置捕捉对象为端点

指定基点或[位移(D)]<位移>：　//捕捉矩形左上角点

指定第二个点或 <使用第一个点作为位移>：<正交 关>　//关闭正交状态，移动鼠标时将显示显示器在书桌内的位置，目测其位置合适后单击

移动后的图形如图 4-43 所示。

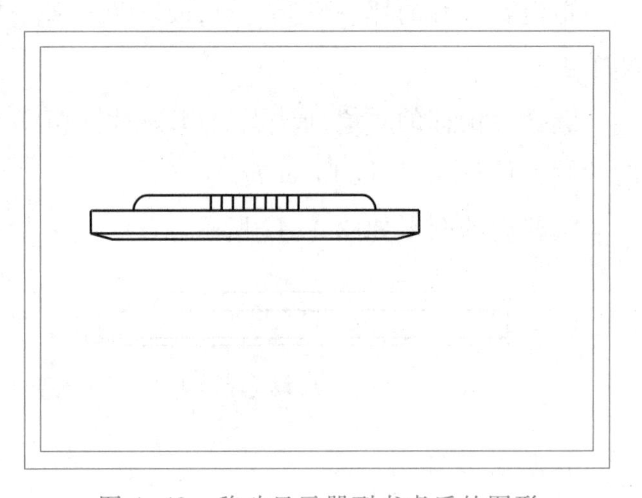

图 4-43　移动显示器到书桌后的图形

5. 旋转显示器

单击“修改”工具栏中的“旋转”按钮，命令行提示和操作步骤如下：

命令：rotate

UCS 当前的正角方向：ANGDIR=逆时针 ANGBASE=0

选择对象：指定对角点：找到 16 个　//用窗选方式选择显示器全部线条

选择对象：↙　//按 Enter 键

指定基点：　//捕捉矩形左上角点

指定旋转角度，或[复制(C)/参照(R)]<76>：22↙　//输入 22，按 Enter 键

如果显示器位置不合适，可进行移动操作。

6. 缩放显示器

由于显示器在书桌桌面上占用位置过大，可缩小显示器。

单击“修改”工具栏中的“缩放”按钮，命令行提示和操作步骤如下：

命令：scale

选择对象：指定对角点：找到 16 个　//用窗选方式选择显示器全部线条

选择对象：↙　//按 Enter 键

指定基点：　//捕捉矩形左上角点

指定比例因子或[复制(C)/参照(R)]：0.8↙　//输入 0.8，按 Enter 键

完成后的图形如图 4-35 所示。

7. 保存图形

序号	评价内容	评价完成效果		
		★★★	★★	★
1	掌握旋转、缩放、倒圆角的操作方法			
2	进一步熟悉偏移、移动、镜像、修剪命令的操作方法			
3	熟练使用绘图命令			
4	熟练运用正交、捕捉、追踪等辅助命令			
5	清楚本任务的绘图思路和步骤			

绘制“灯光符号”图形，如图 4-44 所示。

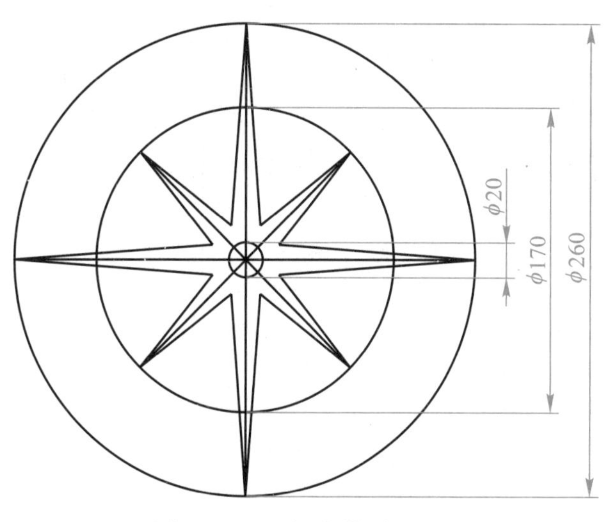

图 4-44　“灯光符号”图形

任务4　绘制沙发

任务目标

1. 掌握延伸、拉伸、拉长、打断、合并、修改特性、特性匹配的操作方法
2. 熟练运用偏移、复制、分解、修剪、圆角等编辑命令
3. 熟练使用绘图命令
4. 熟练使用捕捉、追踪、正交等辅助命令

任务内容

绘制单人沙发和双人沙发，如图 4-45 和图 4-46 所示。

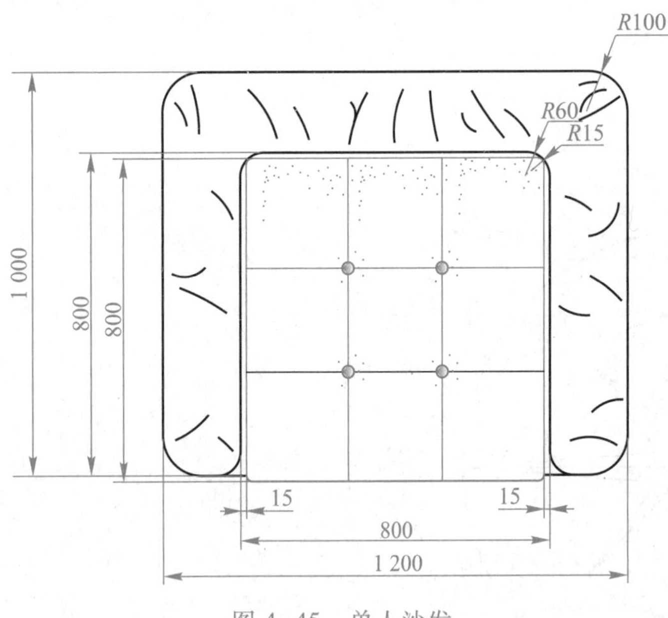

图 4-45　单人沙发

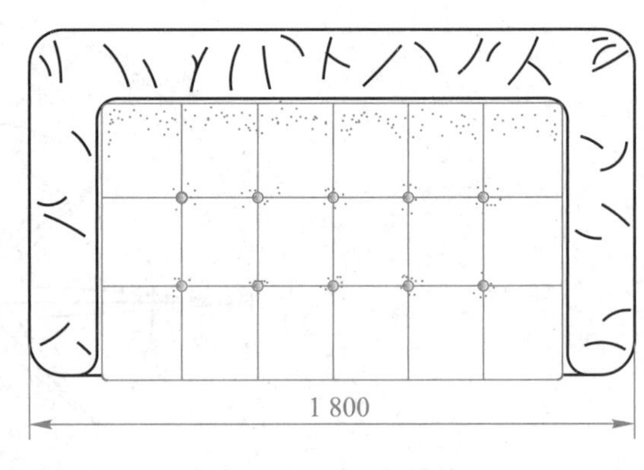

图 4-46　双人沙发

任务分析

本任务是绘制单人和双人沙发。

首先绘制单人沙发，绘制图形的思路如下：

(1) 创建文件和新建图层

(2) 绘制沙发靠背和扶手,涉及的命令有:矩形、直线、对象捕捉、正交、倒圆角、分解、延伸

(3) 绘制沙发坐垫,涉及的命令有:偏移、拉长、倒圆角、修剪、合并、打断

(4) 用圆弧命令修饰沙发靠背和扶手

(5) 修饰单人沙发,这一过程在绘制双人沙发后进行,修饰方法与修饰双人沙发相同

绘制双人沙发是在单人沙发基础上完成,思路如下:

(1) 复制单人沙发

(2) 拉伸单人沙发

(3) 修饰双人沙发,涉及的命令有:圆弧、分解、定数等分、直线、圆、填充图案、复制

一、拉伸命令

拉伸命令与移动命令的功能有类似之处,可移动图形,但拉伸通常用于使对象拉长或压缩,图形将发生变化。

拉伸命令的调用方法有以下几种:

- 使用选项卡:单击“默认”选项卡→“修改”面板→“拉伸”按钮。
- 使用菜单命令:单击“修改”→“拉伸”菜单命令。
- 使用“修改”工具栏:单击“拉伸”按钮。

执行拉伸命令后,命令行提示如下:

命令: stretch

以交叉窗口或交叉多边形选择要拉伸的对象...

选择对象: //用指定对角点方式选择对象

选择对象: //用交叉窗口方式或交叉多边形方式选择对象

选择对象:指定对角点: //全部选择后按 Enter 键

指定基点或[位移(D)]<位移>: //选定基点或选择位移选项

指定第二个点或<使用第一个点作为位移>: //指定拉伸的移至点

命令行选项中,“指定基点”是指确定拉伸或移动的基点;“位移”是根据位移量移动对象;“使用第一点作为位移”将只移动对象。

拉伸命令中选择对象的方式是交叉窗口方式,移动对象是位于交叉选择内的顶点和端点,不更改位于交叉选择外的顶点,部分包含在选择窗口内的对象被拉伸。

二、延伸命令

延伸是将指定的对象延伸到指定边界。

延伸命令的调用方法有以下几种：

- 使用菜单命令：单击“修改”→“延伸”菜单命令。
- 使用“修改”工具栏：单击“延伸”按钮。

执行延伸命令后，命令行提示如下：

命令：extend

当前设置：投影=UCS，边=无

选择边界的边...

选择对象或 <全部选择>： //选择作为边界边的对象，按 Enter 键则选择全部对象

选择对象：↙ //按 Enter 键结束选择对象，也可以继续选择对象

选择要延伸的对象，或按住 Shift 键选择要修剪的对象，或

[栏选(F)/窗交(C)/投影(P)/边(E)/放弃(U)]： //选择被延伸对象，继续延伸可重复选取，否则按 Enter 键结束延伸；也可选择其他选项

延伸命令的使用方法和修剪命令的使用方法相似，不同之处在于：使用延伸命令时，如果在按住 Shift 键的同时选择对象，则执行修剪命令；使用修剪命令时，如果在按住 Shift 键的同时选择对象，则执行延伸命令。

三、拉长命令

拉长是指改变线段或圆弧的长度。

1. 拉长命令的调用

拉长命令的调用方法有以下几种：

- 使用选项卡：单击“默认”选项卡→“修改”面板的下三角按钮→“拉长”按钮。
- 使用菜单命令：单击“修改”→“拉长”菜单命令。

2. 拉长方式相应操作

执行拉长命令后，命令行提示如下：

命令：lengthen

选择要测量的对象或[增量(DE)/百分比(P)/总计(T)/动态(DY)]<总计(T)>： //选择拉长方式，输入相应字母后按 Enter 键

(1) 增量

增量是指给定一个长度或角度增量，用来增加或减小选中对象的长度或角度。增量值为正时拉长，增量值为负时缩短。

执行此选项后，命令行提示和操作步骤如下：

输入长度增量或[角度(A)]： //输入长度增量或角度增量，按 Enter 键

选择要修改的对象或[放弃(U)]： //选择被拉长的对象，按 Enter 键

选择要修改的对象或[放弃(U)]： //继续选择被拉长的对象或按 Enter 键结束拉长

(2) 百分比

百分比是指对象改变长度后相对于原来长度的百分比,百分比大于100%为拉长,小于100%为缩短。

执行此选项后,命令行提示和操作步骤如下:

输入长度百分数<100.0000>: //输入百分比值,按Enter键

选择要修改的对象或[放弃(U)]: //选择被拉长的对象,按Enter键

选择要修改的对象或[放弃(U)]: //继续选择被拉长的对象或按Enter键结束拉长

(3) 全部

通过定义一个新的总长度或总角度来拉长或缩短对象。

执行此选项后,命令行提示和操作步骤如下:

指定总长度或[角度(A)]<1.0000)>: //输入新长度或新角度,按Enter键

选择要修改的对象或[放弃(U)]: //选择被拉长的对象,按Enter键

选择要修改的对象或[放弃(U)]: //继续选择被拉长的对象或按Enter键结束拉长

(4) 动态

"动态"方式是指在视图中选取对象的一端,随光标的移动而动态地改变对象的长度。

执行此选项后,命令行提示和操作步骤如下:

选择要修改的对象或[放弃(U)]: //选取被拉长对象,按Enter键

指定新端点: //确定新的端点位置

选择要修改的对象或[放弃(U)]: //继续选择被拉长的对象或按Enter键结束拉长

需要注意的是,拉长只针对线段或圆弧,对象拉长与缩短的方向与选择对象时的单击位置有关。

四、打断命令

打断是指删除对象上所指定两点之间的部分。

1. 打断命令的调用

打断命令的调用方法有以下几种:

- 使用选项卡:单击"默认"选项卡→"修改"面板的下三角按钮→"打断"按钮。
- 使用菜单命令:单击"修改"→"打断"菜单命令。
- 使用"修改"工具栏:单击"打断"按钮。

2. 命令行中选项说明及操作

执行打断命令后,命令行提示如下:

命令: break 选择对象: //选择要打断的对象

指定第二个打断点 或[第一点(F)]: //指定第二个断开点或输入f后按Enter键

（1）指定第二个打断点

执行此命令时，系统以用户选择对象时的拾取点作为第一打断点，用户可以有以下 3 种选择的操作：

① 如果直接单击对象上的另一点，即拾取第二打断点，系统将对象上位于两拾取点之间的对象删除掉。

② 如果输入符号“@”后按 Enter 键或 Space 键，系统在选择对象时的拾取点处将对象一分为二。

③ 如果在对象以外单击拾取第二打断点，系统将对象上位于两拾取点之间的那段对象删除掉。

（2）第一点

第一点默认为执行该命令后选择对象时的单击位置，如果要重新确定第一打断点，则执行该选项，命令行提示如下：

指定第一个打断点： //在对象上确定第一打断点

指定第二个打断点： //在此提示下，可以按前面介绍的 3 种方法确定第二打断点

五、“打断于点”命令

“打断于点”是指在对象上指定一点，把对象在此点处拆分成两部分，与“打断”命令类似。

打断于点命令的调用方法有以下两种：

- 使用选项卡：单击“默认”选项卡→“修改”面板的下三角按钮→“打断于点”按钮。
- 使用“修改”工具栏：单击“打断于点”按钮。

执行打断命令后，命令行提示如下：

命令：break 选择对象： //选择要打断的对象

指定第二个打断点 或[第一点(F)]：_f //系统自动执行“第一点”选项

指定第一个打断点： //选择打断点

指定第二个打断点：@ //系统自动忽略执行此选项

打断于点操作实际上是打断操作中的一种。

六、合并命令

合并命令可以将直线、圆弧、椭圆弧和样条曲线等独立的对象合并为一个对象。

合并命令的调用方法有以下几种：

- 使用选项卡：单击“默认”选项卡→“修改”面板的下三角按钮→“合并”按钮。
- 使用菜单命令：单击“修改”→“合并”菜单命令。
- 使用“修改”工具栏：单击“合并”按钮。
- 使用命令行：输入 JOIN↙。

执行合并命令后，命令行提示如下：

命令：join 选择源对象或要一次合并的多个对象： //选择要合并的对象

选择要合并的对象： //继续选择对象，或按 Enter 键

七、修改对象属性

绘制好的图形对象都有其相应的属性，如长度、直径、线型、颜色等，我们可以修改对象的某些属性。

修改对象属性命令的调用方法有以下几种：

- 使用选项卡：单击“默认”选项卡→“特性”面板。
- 使用菜单命令：单击“修改”→“特性”菜单命令。
- 使用菜单命令：单击“工具”→“选项板”→“特性”菜单命令。
- 使用“标准”工具栏：单击“特性”按钮。

使用选项卡执行该命令时，选择对象后，可在“特性”面板中，修改对象的相关特性。

使用菜单命令、工具栏、命令行和快捷菜单执行修改对象属性命令时，先选定要修改的对象，再调用命令，弹出如图 4-47 所示的“特性”工具面板。在“特性”工具面板中拖动左侧的滚动条，找到要修改的选项单击，在选项右侧的文本框中输入新的属性值，或在下拉列表框中选择新的属性，然后按 Enter 键或在工具面板外单击。

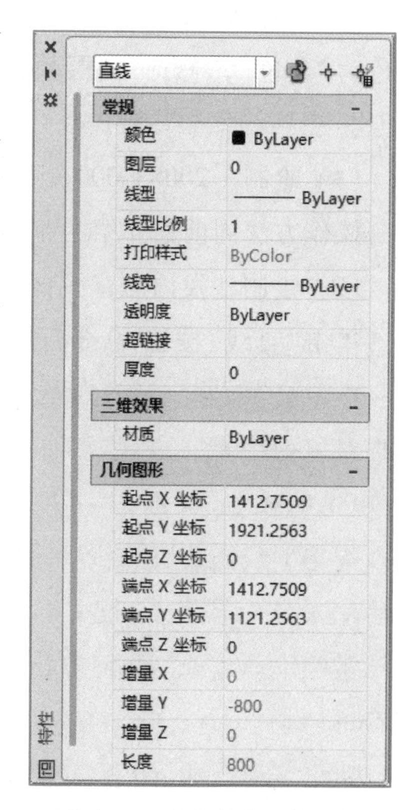

图 4-47 “特性”工具面板

使用快捷特性执行该命令时，选择对象后，直接弹出与该对象有关的快捷特性面板，单击要修改的选项，在选项右侧的文本框中输入新的属性值，或在下拉列表框中选择新的属性，然后按 Enter 键或在面板外单击。

八、特性匹配

特性匹配功能是指将对象的属性与源对象的属性进行匹配，使目标对象的属性与源对象相同。利用特性匹配功能可以方便快捷地修改对象的属性。

特性匹配命令的调用方法有以下几种：

- 使用选项卡：单击“默认”选项卡→“特性”面板→“特性匹配”按钮。
- 使用菜单命令：单击“修改”→“特性匹配”菜单命令。

执行特性匹配命令后，命令行提示和操作步骤如下：

命令：matchprop

选择源对象： //选择源对象

当前活动设置：颜色 图层 线型 线型比例 线宽 透明度 厚度 打印样式 标注 文字 图案填充 多段线 视口 表格材质 阴影显示 多重引线

选择目标对象或[设置(S)]：　//选择目标对象

选择目标对象或[设置(S)]：　//继续选择目标对象，或按 Enter 键

输入 S 后，按 Enter 键，弹出“特性设置”对话框，在该对话框中可以设置需要匹配的特性。

一、绘制单人沙发

1. 创建“沙发”文件

启动 AutoCAD，创建名为“沙发”的文件。设置图形单位的长度精度为 0.0。打开“图层特性管理器”对话框，创建“单人沙发”“双人沙发”“三人沙发”“坐垫”“修饰”图层，“坐垫”图层颜色为“蓝色”，“修饰”图层颜色为“灰色”，其余对象特性随层或默认。

2. 绘制沙发靠背和扶手

(1) 绘制 1 200×1 000 矩形

操作方法同前面介绍的基本相同，这里不再赘述。

(2) 绘制沙发内靠背线框

单击“直线”按钮，命令行提示和操作步骤如下：

命令：line 指定第一点：from 基点：<偏移>：@ -400,0↙　//打开对象捕捉状态，并设置捕捉对象为中点，在“对象捕捉”工具栏中单击“捕捉自”按钮，捕捉矩形下边线中点，输入 @ -400,0，按 Enter 键

指定下一点或[放弃(U)]：800 <正交 开>↙　//打开正交状态，向上拖动鼠标，出现橡皮筋后输入 800，按 Enter 键

指定下一点或[放弃(U)]：800↙　//正交状态，向右拖动鼠标，出现橡皮筋后输入 800，按 Enter 键

指定下一点或[闭合(C)/放弃(U)]：　//关闭正交状态，设置捕捉对象为垂足，向下拖动鼠标至矩形下边线处，出现“垂足”提示符后单击

指定下一点或[闭合(C)/放弃(U)]：↙　//按 Enter 键

完成后单人沙发轮廓如图 4-48 所示。

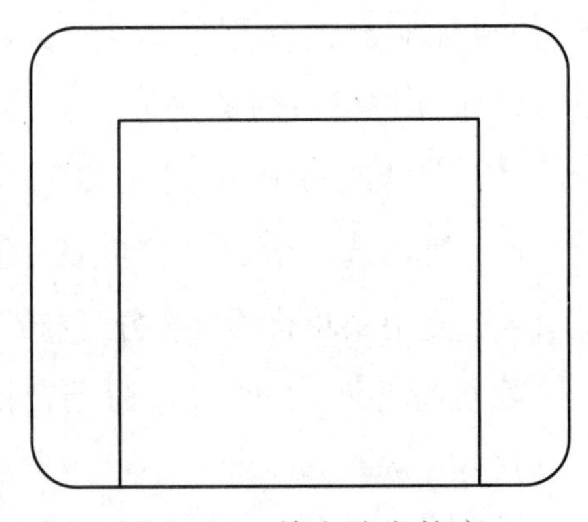

图 4-48　单人沙发轮廓

(3) 倒圆角

① 分解矩形。

单击“分解”按钮，命令行提示和操作步骤如下：

命令：explode

选择对象：找到 1 个　//单击矩形

选择对象：↙　//按 Enter 键

② 倒圆角。

单击“圆角”按钮，命令行提示和操作步骤如下：

命令：fillet

当前设置：模式 = 修剪，半径 = 0.0

选择第一个对象或［放弃(U)/多段线(P)/半径(R)/修剪(T)/多个(M)］：r↙　//输入 r，按 Enter 键

指定圆角半径<0.0>：60↙　//输入 60，按 Enter 键

选择第一个对象或［放弃(U)/多段线(P)/半径(R)/修剪(T)/多个(M)］：　//选择沙发靠背内部四边形的左边

选择第二个对象，或按住 Shift 键选择对象以应用角点或［半径(R)］：　//选择沙发靠背内部四边形的上边

按 Enter 键，继续执行圆角命令，命令行提示和操作步骤如下：

命令：fillet

当前设置：模式 = 修剪，半径 = 60.0

选择第一个对象或［放弃(U)/多段线(P)/半径(R)/修剪(T)/多个(M)］：　//选择沙发靠背内部四边形的右边

选择第二个对象，或按住 Shift 键选择对象以应用角点或［半径(R)］：　//选择沙发靠背内部四边形的上边

按 Enter 键，继续执行圆角命令，命令行提示和操作步骤如下：

命令：fillet

当前设置：模式 = 修剪，半径 = 60.0

选择第一个对象或［放弃(U)/多段线(P)/半径(R)/修剪(T)/多个(M)］：　//选择沙发靠背内部四边形的左边

选择第二个对象，或按住 Shift 键选择对象以应用角点或［半径(R)］：　//选择沙发靠背内部四边形的下边

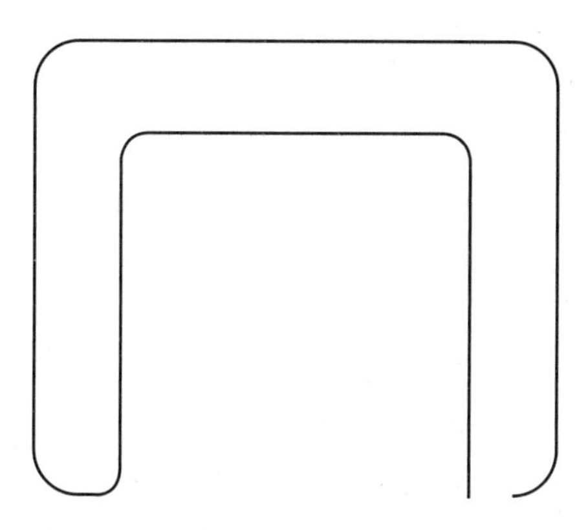

图 4-49　倒圆角后单人沙发轮廓

倒圆角后单人沙发轮廓如图 4-49 所示。

(4) 延伸被修剪的边

单击“修改”工具栏中的“延伸”按钮，命令行提示和操作步骤如下：

命令：extend

当前设置：投影=UCS，边=延伸

选择边界的边...

选择对象或 <全部选择>：找到 1 个　//选择右下角圆弧

选择对象：找到 1 个，总计 2 个　//选择左下角扶手处短水平直线

选择对象：↙　//按 Enter 键

选择要延伸的对象，或按住 Shift 键选择要修剪的对象，或

[栏选(F)/窗交(C)/投影(P)/边(E)/放弃(U)]：e↙　//输入 e，按 Enter 键

输入隐含边延伸模式[延伸(E)/不延伸(N)]<延伸>：e↙　//输入 e，按 Enter 键

选择要延伸的对象，或按住 Shift 键选择要修剪的对象，或

[栏选(F)/窗交(C)/投影(P)/边(E)/放弃(U)]：　//选择右下角圆弧

对象未与边相交。

选择要延伸的对象，或按住 Shift 键选择要修剪的对象，或

[栏选(F)/窗交(C)/投影(P)/边(E)/放弃(U)]：　//选择左下角扶手处短水平直线

选择要延伸的对象，或按住 Shift 键选择要修剪的对象，或

[栏选(F)/窗交(C)/投影(P)/边(E)/放弃(U)]：↙　//按 Enter 键

延伸后单人沙发图形如图 4-50 所示。

(5) 倒扶手右端圆角

单击“修改”工具栏中的“圆角”按钮，命令行提示和操作步骤如下：

命令：fillet

当前设置：模式=修剪，半径=60.0

选择第一个对象或[放弃(U)/多段线(P)/半径(R)/修剪(T)/多个(M)]：t↙　//输入 t，按 Enter 键

输入修剪模式选项[修剪(T)/不修剪(N)]<修剪>：n↙　//输入 n，按 Enter 键

选择第一个对象或[放弃(U)/多段线(P)/半径(R)/修剪(T)/多个(M)]：　//选择右下角扶手处内部垂直直线

选择第二个对象，或按住 Shift 键选择对象以应用角点或[半径(R)]：　//选择右下角扶手处水平短直线

倒角后沙发轮廓如图 4-51 所示。

3. 绘制沙发坐垫

(1) 偏移沙发内靠背边线

将“坐垫”图层设为当前图层。

单击“修改”工具栏中的“偏移”按钮，命令行提示和操作步骤如下：

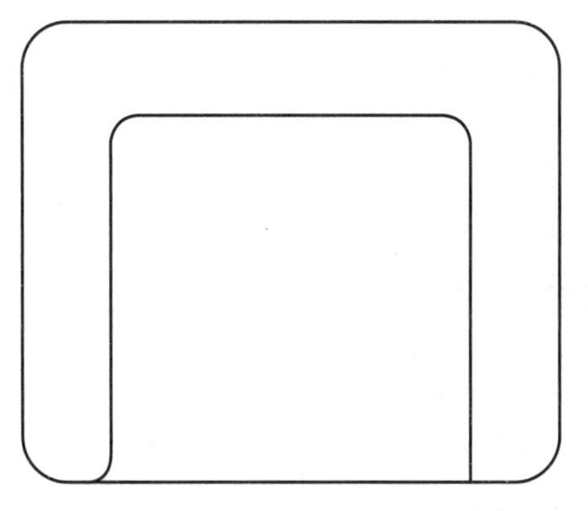

图 4-50　延伸后单人沙发图形

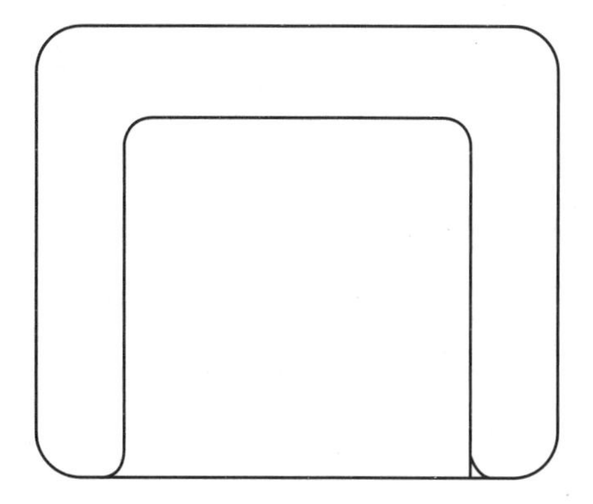

图 4-51　扶手右端倒角后沙发轮廓

命令：offset

当前设置：删除源=否　图层=源　OFFSETGAPTYPE=0

指定偏移距离或[通过(T)/删除(E)/图层(L)]<通过>：15↙　//输入 15，按 Enter 键

选择要偏移的对象，或[退出(E)/放弃(U)]<退出>：　//选择内部左边线

指定要偏移的那一侧上的点，或[退出(E)/多个(M)/放弃(U)]<退出>：　//在该线右侧单击

选择要偏移的对象，或[退出(E)/放弃(U)]<退出>：　//选择内部右边线

指定要偏移的那一侧上的点，或[退出(E)/多个(M)/放弃(U)]<退出>：　//在该线左侧单击

选择要偏移的对象，或[退出(E)/放弃(U)]<退出>：　//选择内部上边线

指定要偏移的那一侧上的点，或[退出(E)/多个(M)/放弃(U)]<退出>：　//在该线下方单击

选择要偏移的对象，或[退出(E)/放弃(U)]<退出>：　//选择下方水平线

指定要偏移的那一侧上的点，或[退出(E)/多个(M)/放弃(U)]<退出>：　//在该线下方单击

选择要偏移的对象，或[退出(E)/放弃(U)]<退出>：↙　//按 Enter 键

偏移后的图形如图 4-52 所示。

(2) 拉长被偏移的直线

单击“修改”→“拉长”菜单命令，命令行提示和操作步骤如下：

命令：lengthen

选择对象或[增量(DE)/百分数(P)/全部(T)/动态(DY)]：dy↙　//输入 dy，按 Enter 键

选择要修改的对象或[放弃(U)]：　//关闭对象捕

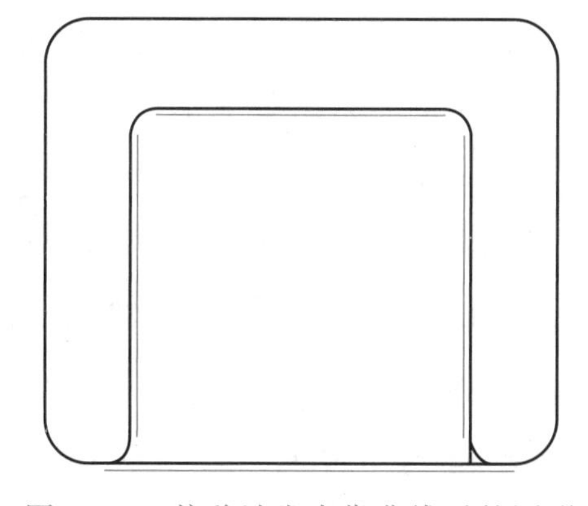

图 4-52　偏移沙发内靠背线后的图形

捉追踪、正交状态

指定新端点： //设置捕捉对象为垂足，打开对象捕捉状态，拖动鼠标至最下边偏移直线，出现“垂足”提示后单击

选择要修改的对象或[放弃(U)]： //选择右边偏移直线下部分

指定新端点： //拖动鼠标至最下边偏移直线，出现“垂足”提示后单击

选择要修改的对象或[放弃(U)]： //选择上边偏移直线左部分

指定新端点： //也可以关闭对象捕捉。向左拖动鼠标，被拉长后单击

选择要修改的对象或[放弃(U)]： //选择上边偏移直线右部分

指定新端点： //向右拖动鼠标，出现被拉长的直线后单击

选择要修改的对象或[放弃(U)]： //选择左边偏移直线上部分

指定新端点： //向上拖动鼠标，被拉长后单击

选择要修改的对象或[放弃(U)]： //选择右边偏移直线上部分

指定新端点： //向上拖动鼠标，被拉长后单击

选择要修改的对象或[放弃(U)]：↙ //按 Enter 键

拉长后的图形如图 4-53 所示。

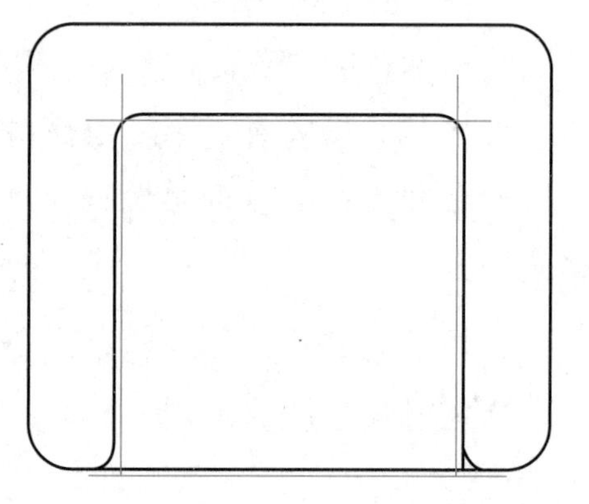

图 4-53　拉长直线后的沙发图形

(3) 对坐垫线框进行倒圆角、合并编辑

① 单击“圆角”按钮，命令行提示和操作步骤如下：

命令：fillet

当前设置：模式=不修剪，半径=60.0

选择第一个对象或[放弃(U)/多段线(P)/半径(R)/修剪(T)/多个(M)]：r↙ //输入 r，按 Enter 键

指定圆角半径<60.0>：15↙ //输入 15，按 Enter 键

选择第一个对象或[放弃(U)/多段线(P)/半径(R)/修剪(T)/多个(M)]：t↙ //输入 t，按 Enter 键

输入修剪模式选项[修剪(T)/不修剪(N)]<不修剪>：t↙ //输入 t，按 Enter 键

选择第一个对象或[放弃(U)/多段线(P)/半径(R)/修剪(T)/多个(M)]：m↙ //输入 m，按 Enter 键

选择第一个对象或[放弃(U)/多段线(P)/半径(R)/修剪(T)/多个(M)]：'_zoom

>>指定窗口的角点，输入比例因子 (nX 或 nXP)，或者[全部(A)/中心(C)/动态(D)/范围(E)/上一个(P)/比例(S)/窗口(W)/对象(O)]<实时>：_w

>>指定第一个角点：>>指定对角点： //单击“窗口缩放”按钮，选取整个图形

选择第一个对象或[放弃(U)/多段线(P)/半径(R)/修剪(T)/多个(M)]： //选择左边

偏移直线

选择第二个对象,或按住 Shift 键选择对象以应用角点或[半径(R)]: //选择下边偏移直线

选择第一个对象或[放弃(U)/多段线(P)/半径(R)/修剪(T)/多个(M)]: //选择左边偏移直线

选择第二个对象,或按住 Shift 键选择对象以应用角点或[半径(R)]: //选择上边偏移直线

选择第一个对象或[放弃(U)/多段线(P)/半径(R)/修剪(T)/多个(M)]: //选择右边偏移直线

选择第二个对象,或按住 Shift 键选择对象以应用角点或[半径(R)]: //选择下边偏移直线

选择第一个对象或[放弃(U)/多段线(P)/半径(R)/修剪(T)/多个(M)]: //选择右边偏移直线

选择第二个对象,或按住 Shift 键选择对象以应用角点或[半径(R)]: //选择上边偏移直线

② 单击“修剪”按钮,命令行提示和操作步骤如下:

命令: trim

当前设置:投影=UCS,边=延伸

选择剪切边...

选择对象或<全部选择>: 找到 1 个 //选择右扶手处内边线

选择对象: 找到 1 个,总计 2 个 //选择右扶手处内圆角

选择对象: ↙ //按 Enter 键

选择要修剪的对象,或按住 Shift 键选择要延伸的对象,或

[栏选(F)/窗交(C)/投影(P)/边(E)/删除(R)/放弃(U)]: //选择右扶手处内边线

选择要修剪的对象,或按住 Shift 键选择要延伸的对象,或

[栏选(F)/窗交(C)/投影(P)/边(E)/删除(R)/放弃(U)]: ↙ //按 Enter 键

③ 单击“合并”按钮,命令行提示和操作步骤如下:

命令: join 选择源对象或要一次合并的多个对象: 找到 1 个,总计 8 个↙ //选择坐垫左边线、选择坐垫右边线、上边线、下边线、四个圆角,按 Enter 键

选择要合并的对象: ↙ //按 Enter 键

对坐垫边框倒圆角和合并等编辑后如图 4-54 所示。

(4) 打断沙发下边框线

单击“打断”按钮,命令行提示和操作步骤如下:

命令：break 选择对象： //选择沙发下边框线

指定第二个打断点 或[第一点(F)]：f↙ //输入 f，按 Enter 键

指定第一个打断点：>> //利用窗口缩放工具放大被操作的直线，设置捕捉对象为交点，并打开对象捕捉状态，选择下边框线与沙发坐垫的左边线交点

指定第二个打断点： //选择下边框线与沙发坐垫的右边线交点

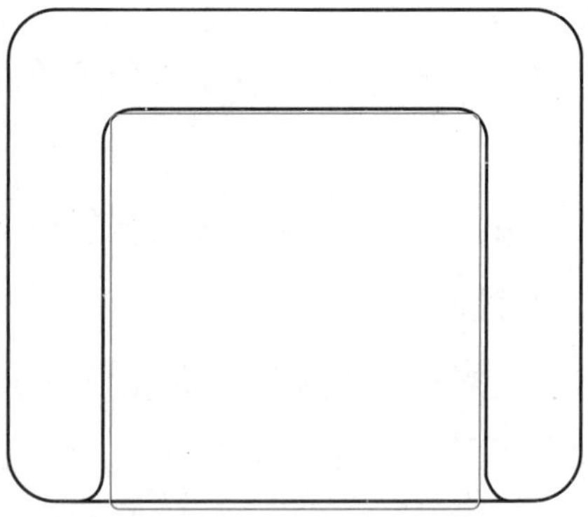

图 4-54 坐垫倒圆角和合并编辑后沙发图形

打断和修剪后沙发及坐垫图形如图 4-55 所示。

4. 修饰沙发靠背和扶手

将“修饰”图层设为当前图层。

单击“圆弧”命令，在沙发靠背和扶手面上绘制如图 4-56 所示的小圆弧，表示沙发的皱褶，尺寸、角度、位置自由选取。

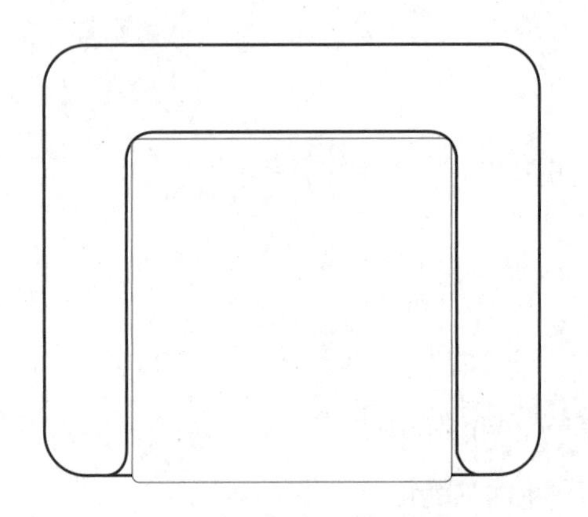

图 4-55 打断和修剪后沙发及坐垫图形

图 4-56 修饰沙发靠背和扶手后的图形

二、绘制双人沙发

1. 复制单人沙发

将“双人沙发”图层设为当前图层。

单击“复制”按钮，命令行提示和操作步骤如下：

命令：copy

选择对象：指定对角点：找到 42 个 //用窗选方式，选取整个单人沙发

选择对象：↙ //按 Enter 键

当前设置：复制模式=多个

指定基点或[位移(D)/模式(O)]<位移>： //打开对象捕捉状态，并设置捕捉对象为中点，在坐垫下边线中点处单击

指定第二个点或[阵列(A)]<使用第一个点作为位移>： //移动鼠标到单人沙发周围合

适位置，单击

指定第二个点或[阵列(A)/退出(E)/放弃(U)]<退出>:↙　//按 Enter 键

2. 拉伸单人沙发

单击“拉伸”按钮，命令行提示和操作步骤如下：

命令：stretch

以交叉窗口或交叉多边形选择要拉伸的对象...

选择对象：指定对角点：找到 17 个　//将鼠标从左上方向右下方拖动，选取沙发右部分，如图 4-57 所示，被选取的对象蓝色亮显

选择对象：指定对角点：找到 22 个 (17 个重复)，总计 22 个　//将鼠标从右下方向左上方拖动，选取沙发右部分，如图 4-58 所示，被选取的对象绿色亮显

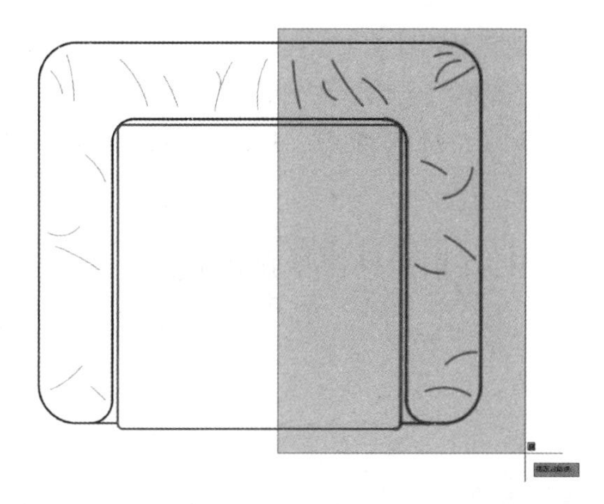

图 4-57　第一次选取的对象显示方式

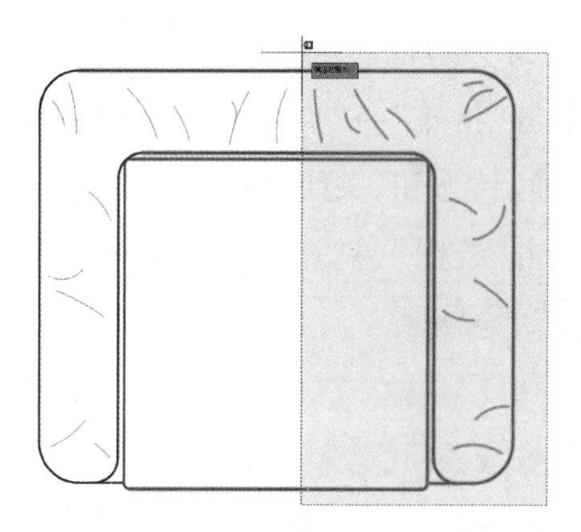

图 4-58　第二次选取的对象显示方式

选择对象：↙　//按 Enter 键

指定基点或[位移(D)]<位移>:　//打开对象捕捉状态，并设置捕捉对象为中点，在坐垫下边线中点处单击

指定第二个点或 <使用第一个点作为位移>：@600,0↙　//输入@600,0，按 Enter 键

拉伸后的双人沙发如图 4-59 所示。

3. 修饰双人沙发

(1) 删除靠背上不合适的皱褶

选取不合适的皱褶线条，按 Delete 键。

(2) 添加修饰的皱褶线

使用圆弧命令在“修饰”图层上绘制皱褶线，效果如图 4-60 所示。

(3) 修饰坐垫

① 分解坐垫边框线。

将“坐垫”图层设为当前图层。

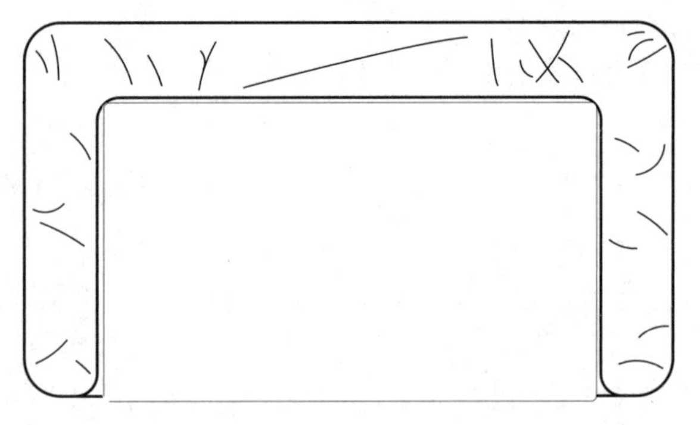

图 4-59　拉伸后的双人沙发

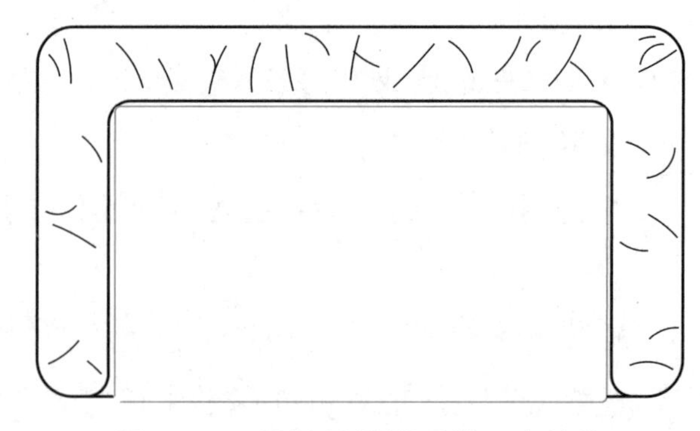

图 4-60　添加皱褶线后的双人沙发

单击"分解"按钮,命令行提示和操作步骤如下:

命令:explode

选择对象:找到 1 个　//选择坐垫边框线

② 等分边框线。

单击"格式"→"点样式"菜单命令,在弹出的"点样式"对话框中,选取一种点的显示样式,单击"确定"按钮,关闭对话框。

单击"绘图"→"点"→"定数等分"菜单命令,命令行提示和操作步骤如下:

命令:divide

选择要定数等分的对象:　//选择坐垫左边框线

输入线段数目或[块(B)]:3↙　//输入 3,按 Enter 键

按 Enter 键,继续执行"定数等分"命令,对坐垫右边框线 3 等分;对坐垫上边框线和下边框线 6 等分。

③ 绘制坐垫网格直线。

单击"直线"按钮,命令行提示和操作步骤如下:

命令:line 指定第一点:　//打开对象捕捉状态,并设置捕捉对象为节点,选取左边线上一个等分点

指定下一点或[放弃(U)]:　//选取右边线上对应的等分点

指定下一点或[放弃(U)]:↙　//按 Enter 键

连接其他对应节点,效果如图 4-61 所示。

④ 绘制小圆。

单击"圆"按钮,命令行提示和操作步骤如下:

命令:circle 指定圆的圆心或[三点(3P)/两点(2P)/切点、切点、半径(T)]:　//打开对象捕捉状态,并设置捕捉对象为交点,单击一个网格线的交点

指定圆的半径或[直径(D)]:15↙　//输入 15,按 Enter 键

⑤ 填充小圆。

单击“填充图案”按钮，输入 t，弹出“图案填充和渐变色”对话框，选择“渐变色”选项卡，选取“蓝色”“单色填充”。

⑥ 复制小圆及填充图案。

单击“修改”工具栏中的“复制”按钮，命令行提示和操作步骤如下：

命令：copy 找到 2 个↙ //选择小圆及填充图案，按 Enter 键

当前设置：复制模式=多个

指定基点或[位移(D)/模式(O)]<位移>： //单击“窗口缩放”按钮，用窗选方式放大绘图区，打开对象捕捉状态，并设置捕捉对象为圆心和交点，捕捉小圆的圆心

指定第二个点或[阵列(A)]<使用第一个点作为位移>： //在网格线的其他交点处单击

指定第二个点或[阵列(A)/退出(E)/放弃(U)]<退出>： //继续在网格线的其他交点处单击，直至网格线上的全部交点均复制完毕

指定第二个点或[阵列(A)/退出(E)/放弃(U)]<退出>：↙ //按 Enter 键

复制后的图形如图 4-62 所示。

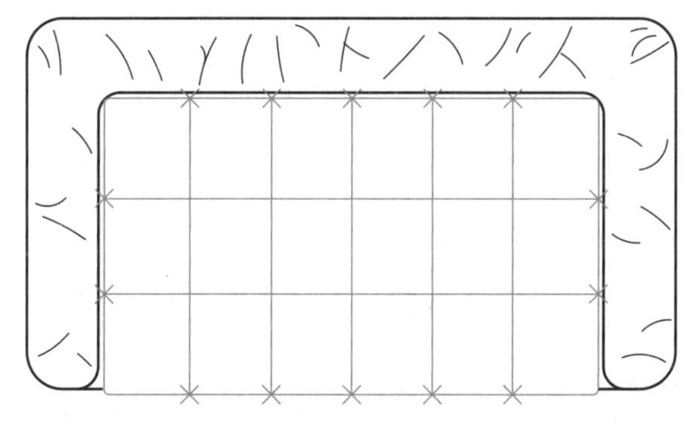

图 4-61 绘制坐垫网格线后的图形

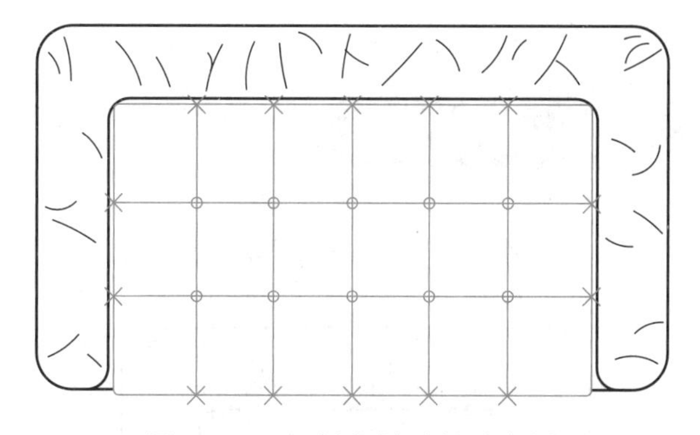

图 4-62 复制小圆后的沙发图

⑦ 细化坐垫

单击“格式”→“点样式”菜单命令，在弹出的“点样式”对话框中选取第一种点的显示样式，单击“确定”按钮，关闭对话框。点样式将改变，原图中的等分点将不再特别显示。

单击“点”按钮，在坐垫上指定若干点，如图 4-63 所示，双人沙发绘制完成。

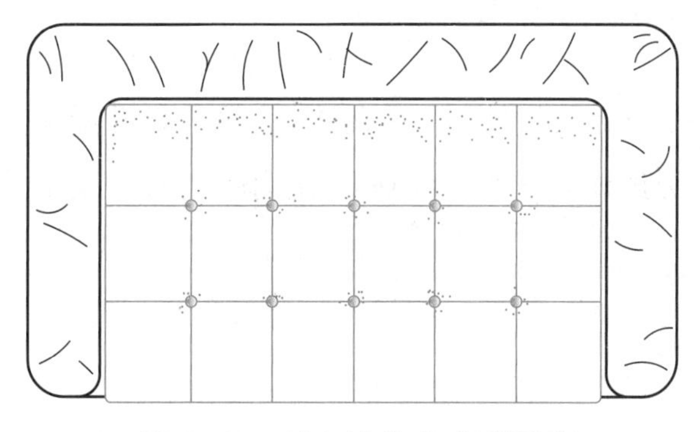

图 4-63 双人沙发完成后图形

4. 修饰单人沙发

修饰方法同双人沙发，完成后的图形如图 4-64 所示。

任务评价

序号	评价内容	评价完成效果		
		★★★	★★	★
1	掌握旋转、缩放、倒圆角的操作方法			
2	熟练运用偏移、复制、分解、修剪、圆角等编辑命令			
3	熟练使用绘图命令			
4	熟练运用正交、捕捉、追踪等辅助命令			
5	清楚本任务的绘图思路和步骤			

巩固提高

1. 绘制三人沙发，如图 4-65 所示。

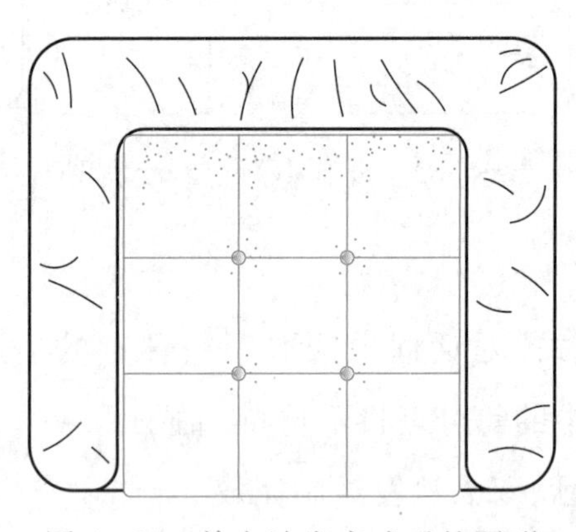

图 4-64　单人沙发完成后的图形

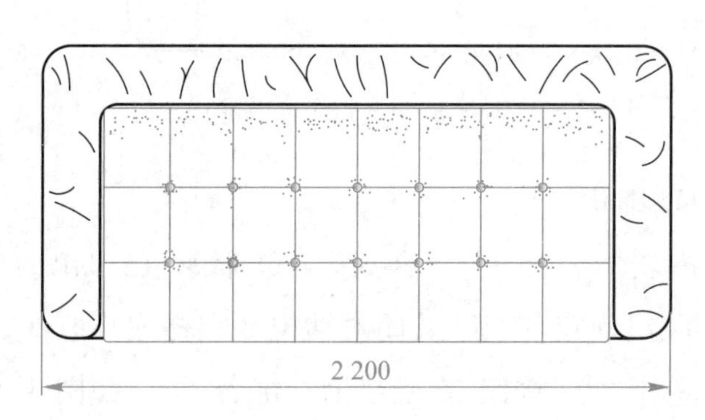

图 4-65　三人沙发

2. 绘制图 3-13、图 3-14 所示的单人和三人沙发，并自行设计图案修饰沙发。

3. 在本任务中如果不分解矩形 1 200×1 000，在倒圆角时会发生什么现象？

项目 5　编辑输出图形

绘制图形时，我们往往会遇到下列一些问题：重复绘制某些相同或相似图形、为图形添加文字和符号、标注图形尺寸、绘制一些表格、打印图形等。本项目中，我们将完成家居物品、装饰物的标注、输出、打印等任务，完整地输出一张图纸。

任务 1　绘制客厅布置图

任务目标

1. 掌握创建块的方法
2. 掌握插入块的方法

任务内容

绘制客厅布置图，如图 5-1 所示。

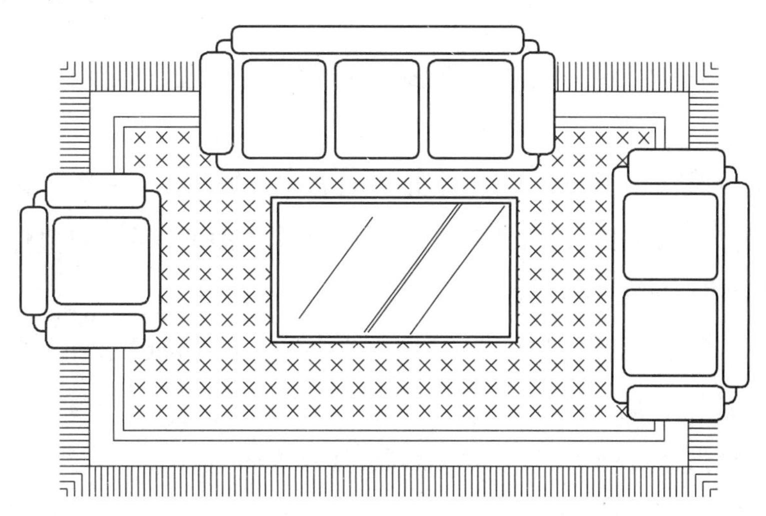

图 5-1　客厅布置图

客厅布置图中有单人沙发、双人沙发、三人沙发、地毯、茶几5个家具图形。这些图形已经在前面项目中绘制过，在本任务中，主要完成以下工作：

（1）创建沙发和茶几图块

（2）打开地毯文件，插入沙发和茶几各图块

（3）调整图块位置和大小，修整图形

绘制过程中涉及的命令有：创建图块、插入图块、旋转、放大、移动、修剪命令。

一、创建和保存图块

图块是图形对象的集合，通常用于绘制复杂、重复的图形，简称"块"。一旦将一组对象组合成块，就可以根据绘图需要将其插入到图中的任意指定位置，而且还可以按不同的比例和旋转角度插入。利用块，可以提高绘图速度，节省存储空间，便于修改图形。

1. 创建块

创建块命令的调用方法有以下几种：

- 使用选项卡：单击"插入"选项卡→"块定义"面板→"创建块"按钮。
- 使用菜单命令：单击"绘图"→"块"→"创建"菜单命令。
- 使用"绘图"工具栏：单击"创建块"按钮。

执行创建块命令后，系统弹出"块定义"对话框，利用该对话框完成块的定义和创建，如图5-2所示。

在图5-2所示对话框中，将完成命名块、确定插入基点位置、确定组成块的对象等内容。

2. 保存块

在创建块时，块会保存在当前图形文件的块列表中，块的信息和图形随该文件一起保存，但该块只能被在当前文件使用。当需要将块应用于其他图形文件时，必须将块保存为块文件。

保存块命令的调用方法有以下几种：

- 使用选项卡：单击"插入"选项卡→"块定义"面板→"写块"按钮。
- 使用命令行：输入W↙。

执行保存块命令后，系统弹出"写块"对话框，如图5-3所示。

在该对话框中，"源"组用于确定组成块的对象来源，可以是当前图形的全部对象、已创建的块、图形中的某些对象；"基点"组用于确定块插入的基点位置；"对象"组用于确定组成块的

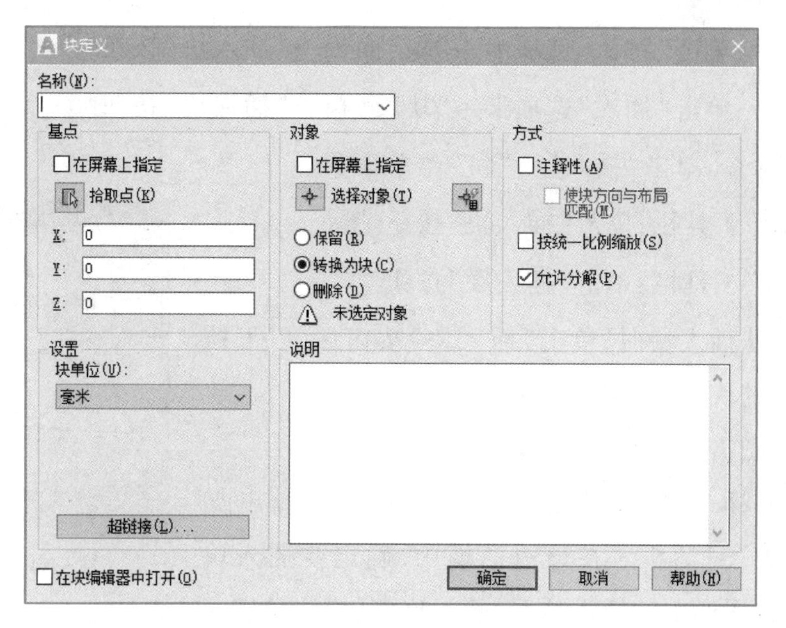

图 5-2 “块定义”对话框

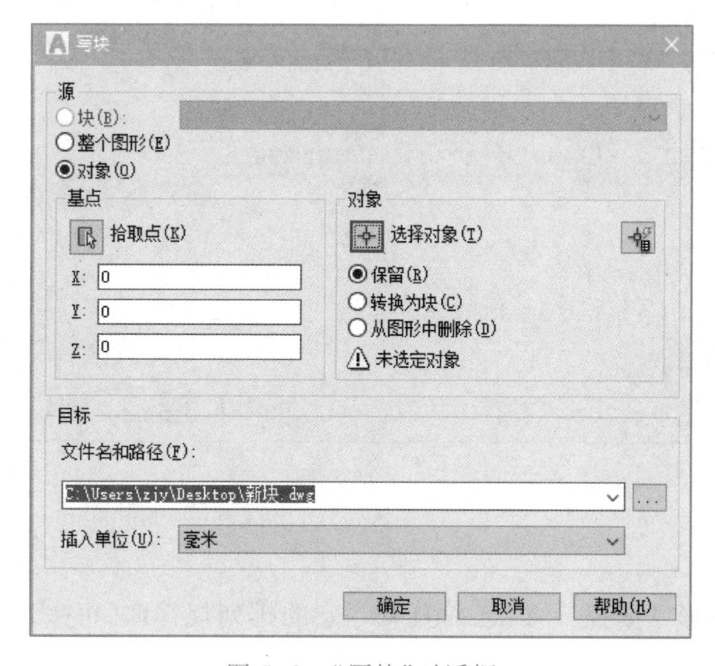

图 5-3 “写块”对话框

对象。只有在“源”组中选中“对象”单选按钮后,“基点”和“对象”选项组才有效。“目标”组确定块的保存名称、位置。

创建块后,该块以 *.dwg 格式保存,即以 AutoCAD 图形文件格式保存。

二、插入图块

1. 单块插入

在绘制图形中,如果有重复或相似的部分,可以通过插入块方式提高绘图效率。插入块命令的调用方法有以下几种:

- 使用选项卡：单击“默认”选项卡→“块”面板→“插入块”按钮。
- 使用选项卡：单击“插入”选项卡→“块”面板→“插入块”按钮。
- 使用菜单命令：单击“插入”→“块”菜单命令。
- 使用“绘图”工具栏：单击“插入块”按钮。
- 使用“插入”工具栏：单击“插入块”按钮。

使用选项卡方法插入块时，单击“插入块”按钮后，以下拉面板方式显示创建的块，可直接选取，如图 5-4 所示。

根据提示和绘图需要，完成相应操作。

如果没找到要插入的块，单击“更多选项”，会弹出如图 5-5所示的“插入”对话框。在该对话框中，确定要插入块或图形的名称、块在图形中的插入位置、插入比例、旋转角度。

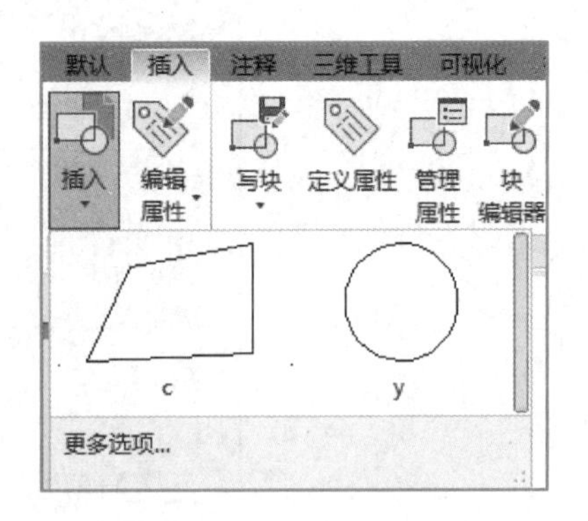

图 5-4 “块”面板的“插入块”下拉面板

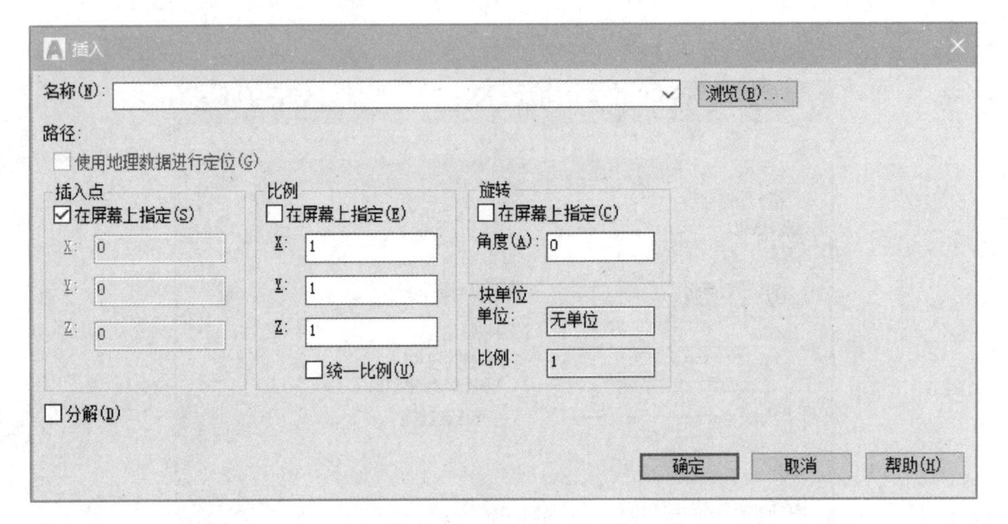

图 5-5 “插入”对话框

2. 多重插入块

一个块如果在图形中要插入多次，而且有一定的排列规律时，可采用多重插入块命令，调用方法如下：

- 使用命令行：输入 MINSERT↙。

执行命令后，根据插入块的要求，按提示逐一完成相应的操作内容。

三、创建带属性的块

带属性的块是创建的块附属有除块的图形信息以外的一些信息，如特殊文字信息，其主要作用是为块增加必要的文字说明内容。在插入块的过程中，这些属性的值可以被改变，因而增强块的通用性。属性不能单独存在并使用，只能存在于块中，并在插入块时使用。

创建带属性的块的步骤是：首先绘制块图形，然后创建属性定义，最后创建块。

1. 定义块的属性

块的信息即为其属性。创建一个块后，它的信息随块一起保存到块中。在使用块的过程中，也可以重新定义块属性。

定义块的属性命令的调用方法有以下几种：

- 使用选项卡：单击“默认”选项卡→“块”面板的下三角按钮→“定义属性”按钮。
- 使用选项卡：单击“插入”选项卡→“块定义”面板→“定义属性”按钮。
- 使用菜单命令：单击“绘图”→“块”→“定义属性”菜单命令。

执行命令后，系统弹出“属性定义”对话框，如图 5-6 所示。

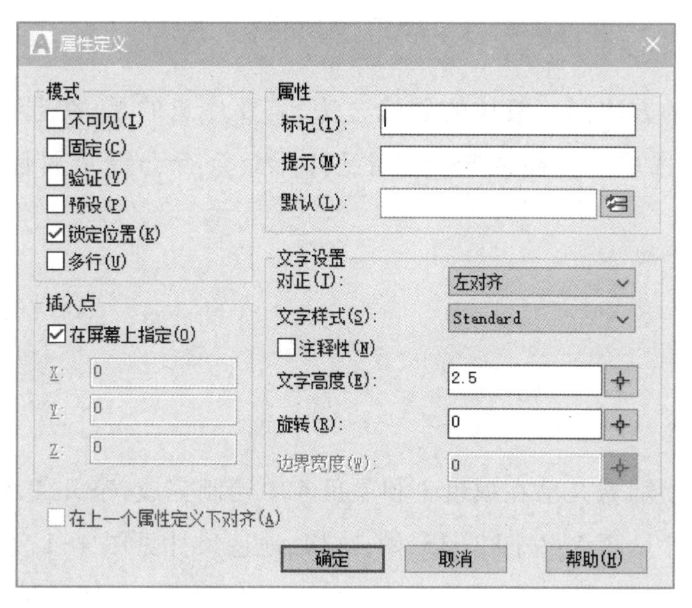

图 5-6 “属性定义”对话框

在该对话框中，可以设置属性的模式、确定属性的标记和属性文字的格式、指定文字样式、对齐方式等。可根据情况进行某些属性的设置。

2. 修改属性定义

块的属性定义后，还可以进行修改和编辑。命令调用方法有以下几种：

- 使用选项卡：单击“默认”选项卡→“块”面板→“单个”按钮。
- 使用选项卡：单击“插入”选项卡→“块”面板→“编辑属性”→“单个”按钮。
- 使用菜单命令：单击“修改”→“对象”→“属性”→“单个”菜单命令。
- 使用“修改Ⅱ”工具栏：单击“编辑属性”按钮。

执行编辑属性命令后，在命令行提示下选择带属性定义的块，系统弹出“增强属性编辑器”对话框，可通过此对话框修改属性定义的属性标记、对象特性、文字样式等，如图 5-7 所示。

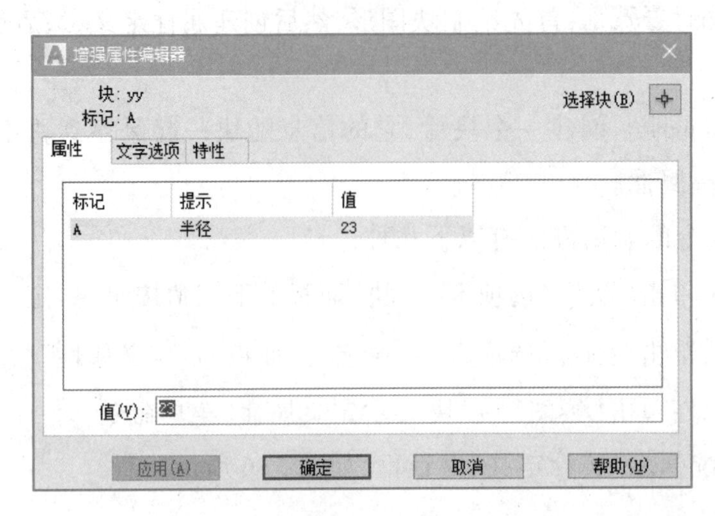

图 5-7 “增强属性编辑器”对话框

创建带属性的块的方法同一般块的创建方法，需要注意的是，在选择对象时，一定要将定义了属性的标记一起选取。在插入带属性的块时，命令行会提示属性内容，输入新的属性即可。

任务实施

一、绘制图中家具

图 5-1 中沙发、地毯、茶几已在项目 3 和项目 4 中绘制完成，茶几使用项目 3 任务 1 中绘制的餐桌图形。沙发尺寸见图 3-7、图 3-13、图 3-14，地毯尺寸见图 4-1，茶几尺寸参见图 3-1。

二、创建各块

1. 创建沙发图块

打开已绘制完成的图 3-7 所示的沙发，在命令行输入 wblock，按 Enter 键，在弹出的如图 5-3 所示的“写块”对话框中单击“拾取点”按钮，在图形中拾取沙发靠背外轮廓中点；单击“选择对象”按钮，选择整个沙发；确定“文件名和路径”，命名块文件名为“双人沙发”，单击“确定”按钮。

分别打开图 3-13、图 3-14 所示的图形文件，创建“单人沙发”“三人沙发”图块。

2. 创建茶几图块

(1) 创建区域覆盖

打开图 3-1 所示的图形文件，以餐桌代替茶几创建茶几图块。

单击“绘图”→“区域覆盖”菜单命令或“默认”选项卡→“绘图”面板→“区域覆盖”按钮，命令行提示和操作步骤如下：

命令：wipeout 指定第一点或[边框(F)/多段线(P)]<多段线>： //打开对象捕捉状态，设置交点为捕捉对象，捕捉图形外轮廓左下角点

指定下一点： //捕捉图形外轮廓右下角点

指定下一点或[放弃(U)]： //捕捉图形外轮廓右上角点

指定下一点或[闭合(C)/放弃(U)]： //捕捉图形外轮廓左上角点

指定下一点或[闭合(C)/放弃(U)]：c↙ //输入 c，按 Enter 键

绘制完成后将覆盖原图形，只显示刚绘制的矩形框。选取矩形框，调出“绘图次序”工具栏，如图 5-8 所示，单击“后置”按钮，被覆盖的原图形即显示出来。

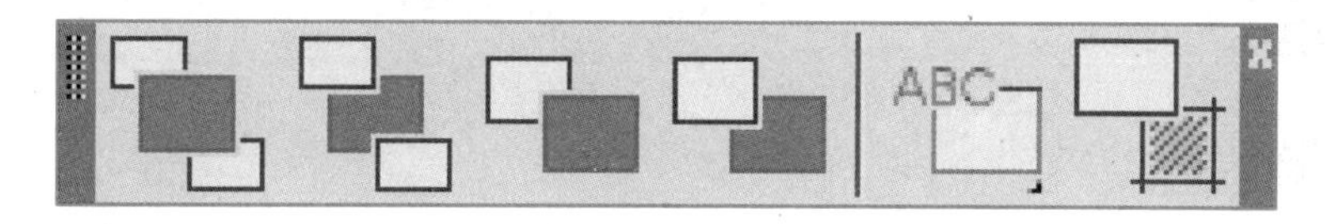

图 5-8 “绘图次序”工具栏

区域覆盖只适于由直线组成的封闭图形，所以前面创建的沙发图块无法使用区域覆盖。

(2) 创建茶几图块

在命令行输入 wblock，按 Enter 键，在弹出的如图 5-3 所示的“写块”对话框中单击“拾取点”按钮，在图形中拾取茶几边框左下角；单击“选择对象”按钮，选择整个茶几；确定“文件名和路径”，命名块文件名为“茶几”，单击“确定”按钮。

三、插入各块

1. 插入茶几图块

打开图 4-1 所示的“地毯”文件，另存为“客厅布置图”文件。新建名为“家具”的图层，颜色为“蓝色”，并设为当前图层。

单击“插入块”按钮，在弹出的如图 5-5 所示的“插入”对话框中单击“浏览”按钮，弹出如图 5-9 所示的“选择图形文件”对话框。

在该对话框中，选择“茶几”文件，单击“打开”按钮后，返回“插入”对话框。插入点选取“在屏幕上指定”，单击“确定”按钮，关闭对话框。

在地毯图形中拖动鼠标，确定茶几的插入位置后单击。完成后效果如图 5-10 所示。

2. 插入沙发

单击“插入块”按钮，在弹出的“插入”对话框中单击“浏览”按钮，弹出图 5-9 所示的“选择图形文件”对话框。在该对话框中，选择“单人沙发”文件，单击“打开”按钮后，返回“插入”对话框。插入点选取“在屏幕上指定”，旋转角度为 90°，单击“确定”按钮，关闭对话框。

按同样方法插入“双人沙发”“三人沙发”图块。双人沙发的旋转角度为 270°。完成后的效果如图 5-11 所示。

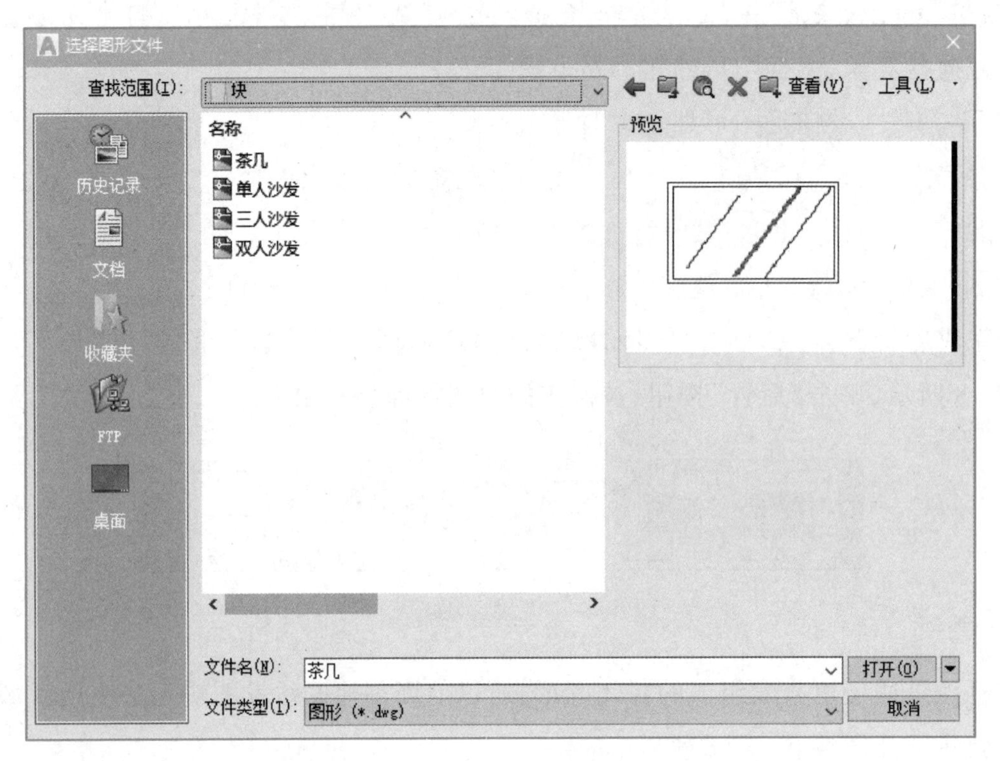

图 5-9 “选择图形文件”对话框

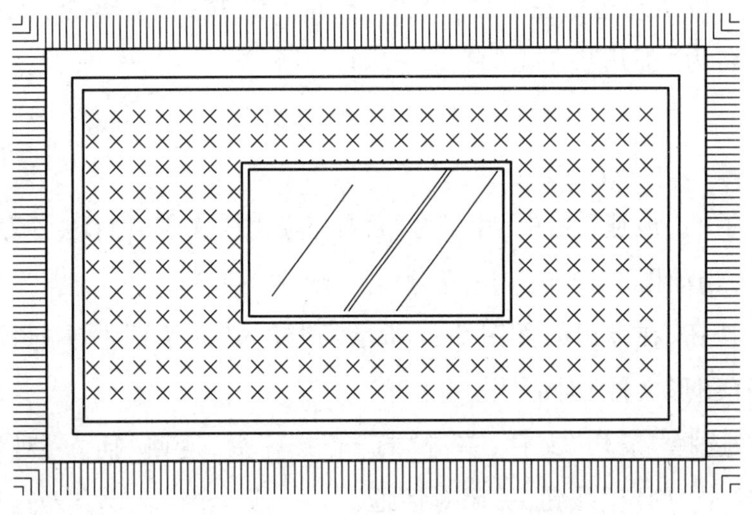

图 5-10 插入茶几后的效果图

四、修整图形

根据图形整体显示效果,对茶几进行放大和移动,直至大小和位置合适为止。

使用“移动”命令调整沙发到合适位置。

插入沙发图块后,没有覆盖地毯中的线条和图案,可以使用修剪和删除命令进行修整,但如果再次移动沙发,将会影响图形的整体效果。全部完成后整体效果如图 5-1 所示。

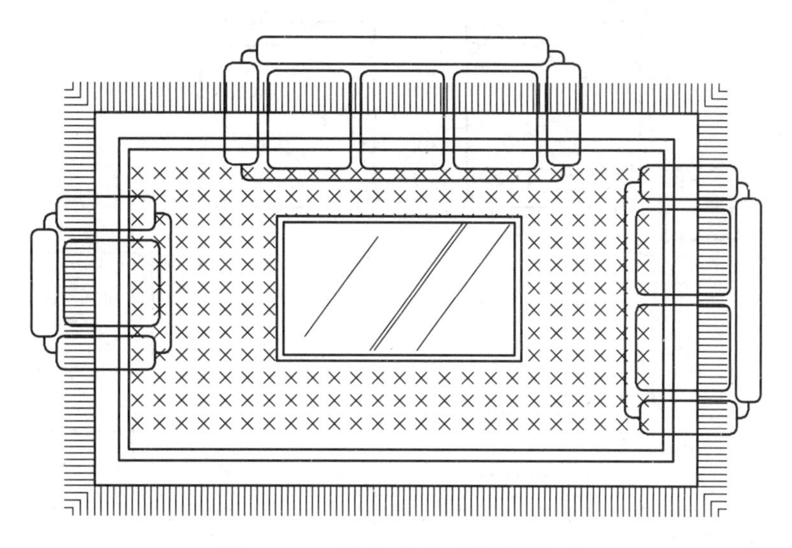

图 5-11　插入沙发后的效果图

任务评价

序号	评价内容	评价完成效果		
		★★★	★★	★
1	掌握块的创建和保存方法			
2	掌握块的插入方法			
3	了解区域覆盖的操作方法			
4	能综合运用绘图命令和修改命令			
5	熟练完成任务内容			

巩固提高

1. 完成餐厅桌椅图形,如图 5-12 所示。餐桌尺寸见图 3-1,椅子尺寸见图 4-21。

2. 创建并保存以下图块:图 3-15 所示的洗手池图块、图 3-21 所示的浴缸图块、图 3-23 所示的洗脸池图块、图 3-33 所示的坐便器图块、图 4-35 所示的计算机显示器图块、图 4-45 所示的单人沙发图块、图 4-46 所示的双人沙发图块、图 4-65 所示的三人沙发图块。

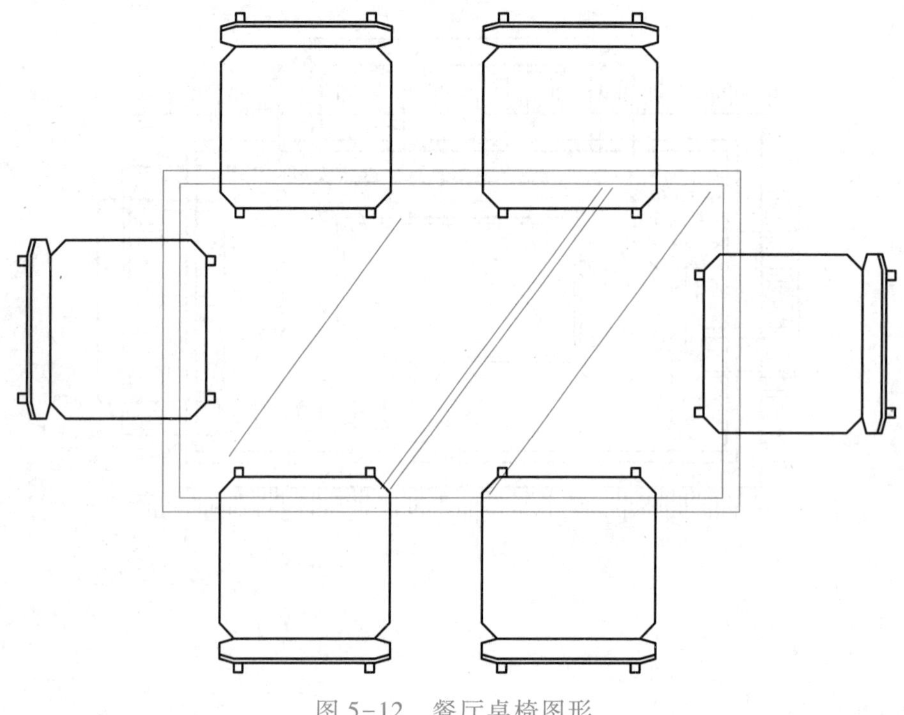

图 5-12　餐厅桌椅图形

任务2　绘制地面装饰材料明细表

1. 掌握文字的样式创建、标注和修改方法
2. 掌握表格的样式定义、创建和编辑方法

绘制如图 5-13 所示的地面装饰材料明细表。

地面装饰材料明细							
房间	品牌	规格	颜色	房间	品牌	规格	颜色
客厅	蒙娜莉莎方格砖	800×800	浅灰	储藏室	蒙娜莉莎方格砖	400×400	浅灰
卧室	大自然木质地板	1 200×200	棕色	阳台	蒙娜莉莎方格砖	400×400	浅灰
厨房	冠军方格砖	400×400	中灰	卫生间墙	冠军方格砖	400×500	灰蓝
卫生间	冠军方格砖	400×400	灰蓝	厨房墙	冠军方格砖	400×500	中灰

图 5-13　地面装饰材料明细表

任务分析

这是一张地面布置图中的装饰材料明细表，表格数据（除标题和表头）为 4 行 8 列。绘制思路如下：

（1）在“文字样式”对话框中创建文字样式

（2）在“表格样式”对话框中定义表格样式

（3）创建列数为“8”、数据行数为“4”、列宽为“80”、行高为“1”的表格

（4）在表格中输入数据

（5）调整表格的行高或列宽

绘制过程中涉及的命令有：文字样式、表格样式、创建表格、编辑表格命令。

知识准备

一、创建文字标注样式

文字标注样式是指标注文字使用的字体、高度、颜色、文字标注方向等。AutoCAD 为用户提供了默认文字样式 Standard。当在 AutoCAD 中标注文字时，如果系统提供的文字样式不能满足制图国家标准或用户的要求，则应首先定义文字样式。AutoCAD 图形中的文字是根据当前文字样式标注的。

创建文字标注样式命令的调用方法有以下几种：

- 使用选项卡：单击“注释”选项卡→“文字”面板右侧箭头。
- 使用菜单命令：单击“格式”→“文字样式”菜单命令。
- 使用“文字”工具栏：单击“文字样式”按钮。
- 使用“样式”工具栏：单击“文字样式”按钮。

执行文字样式命令后，弹出“文字样式”对话框，如图 5-14 所示。

在该对话框中，“样式”列表框中列有当前已定义的文字样式，用户可从中选择对应的样式作为当前样式或进行样式修改；“字体”组用于确定所采用的字体；“大小”组用于指定文字的高度；“效果”组用于设置字体的某些特征，如字的宽高比（即宽度因子）、倾斜角度、是否倒置显示、是否反向显示以及是否垂直显示等；“置为当前”按钮用于将选定的样式设为当前样式；“应用”按钮用于确认用户对文字样式的设置。单击“新建”按钮，打开“新建文字样式”对话框，用于创建新样式，如图 5-15 所示。

在该对话框中输入样式名称，单击“确定”按钮，将返回“文字样式”对话框中，可对新的样式进行字体、大小、效果的设置。

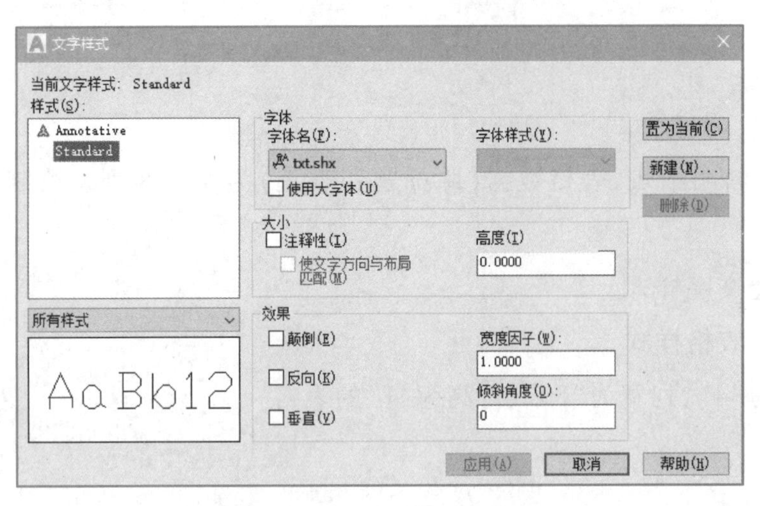

图 5-14 “文字样式”对话框

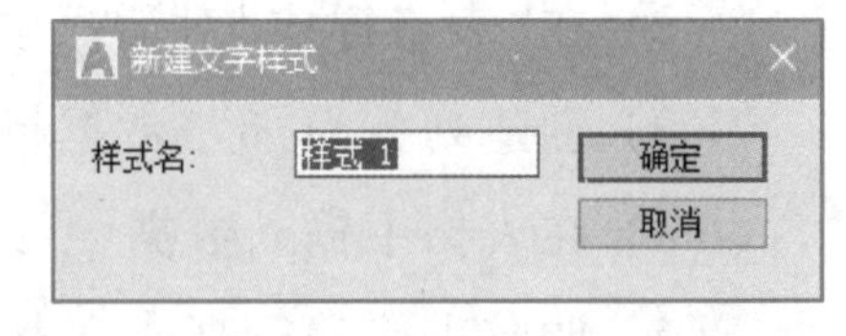

图 5-15 “新建文字样式”对话框

二、标注文字

1. 标注单行文字

标注单行文字命令的调用方法有以下几种：

- 使用“文字”工具栏：单击“单行文字”按钮 A。
- 使用命令行：输入 TEXT 或 DTEXT↙。

执行“单行文字”命令后，命令行提示和操作步骤如下：

命令：text

当前文字样式：“ys1” 文字高度：2.5000 注释性：否

指定文字的起点或[对正(J)/样式(S)]：

（1）指定文字的起点

“指定文字的起点”选项用于确定文字行的起点位置。在绘图区插入文字处单击，命令行提示如下。

指定高度： //输入文字的高度值后按 Enter 键

指定文字的旋转角度 <0>： //输入文字的旋转角度后按 Enter 键

之后，在绘图屏幕上显示出一个表示文字位置的方框，用户在其中输入要标注的文字后，按两次 Enter 键，即可完成文字的标注。

（2）对正

输入 J，按 Enter 键，命令行提示和操作步骤如下：

指定文字的起点或[对正(J)/样式(S)]：J↙ //输入 J，按 Enter 键

输入选项

[对齐(A)/布满(F)/居中(C)/中间(M)/右对齐(R)/左上(TL)/中上(TC)/右上(TR)/左中(ML)/正中(MC)/右中(MR)/左下(BL)/中下(BC)/右下(BR)]： //输入对齐方式的代号，

按 Enter 键

指定文字的中心点： //在绘图区文字插入处单击，指定插入点。对齐方式不同，命令提示的插入点也不同

指定高度 <2.5000>：

指定文字的旋转角度 <0>：

(3) 样式

输入 S，按 Enter 键，命令行提示和操作步骤如下：

输入样式名或[?]<ys1>：S↙ //输入样式名，按 Enter 键

当前文字样式："ys1" 文字高度：2.5000 注释性：否

指定文字的起点或[对正(J)/样式(S)]：

2. 标注多行文字

标注多行文字命令的调用方法有以下几种：

- 使用选项卡：单击"注释"选项卡→"文字"面板→"多行文字"按钮A。
- 使用菜单命令：单击"绘图"→"文字"→"多行文字"菜单命令。
- 使用"绘图"工具栏：单击"多行文字"按钮A。
- 使用命令行：输入 MTEXT↙。

执行多行文字命令后，命令行提示和操作步骤如下：

命令：mtext

当前文字样式："ys1" 文字高度：2.5 注释性：否

指定第一角点： //在绘图区插入文字处单击

指定对角点或[高度(H)/对正(J)/行距(L)/旋转(R)/样式(S)/宽度(W)/栏(C)]： //拖动鼠标确定对角点

指定对角点的位置后，弹出"在位文字编辑器"，如图 5-16 所示，同时选项卡中将显示"文字编辑器"选项卡，如图 5-17 所示。

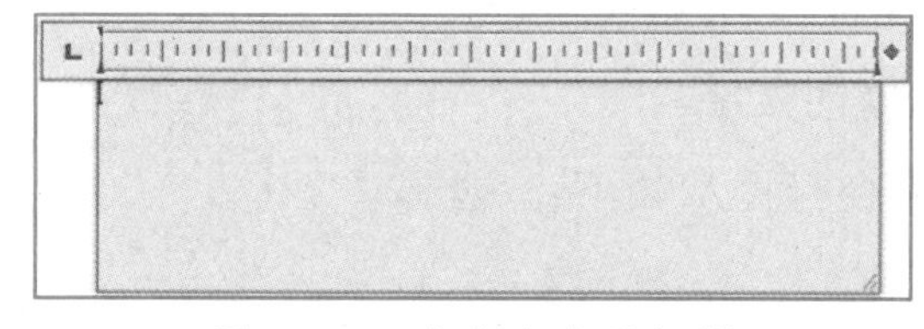

图 5-16 在位文字编辑器

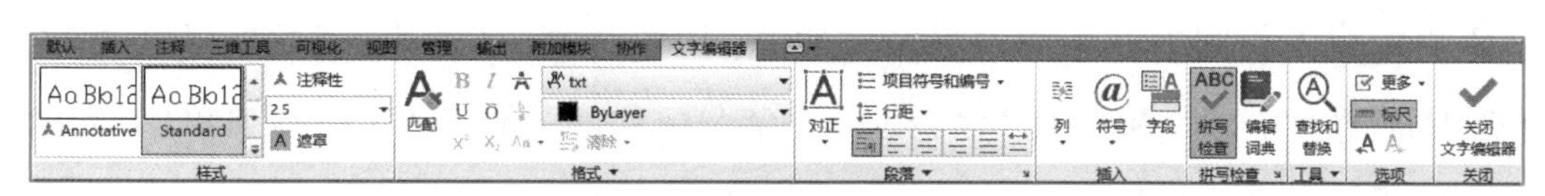

图 5-17 "文字编辑器"选项卡

在“在位文字编辑器”文本框中输入文字，选定输入的文字，可以利用“文字编辑器”选项卡中的相关功能编辑文字和设置文字的字体、大小等格式。

完成输入和编辑后，在文本框外单击即可。

3. 标注特殊符号

绘图中经常要标注一些特殊符号，如直径符号、温度符号、角度符号等。这些符号无法通过键盘直接输入，AutoCAD 提供了这些符号的输入代码。输入多行文字时可在“文字编辑器”选项卡的“插入”功能中单击“符号”按钮，在弹出的列表中选择所需符号。输入单行文字时，则需要输入符号的代码。常用符号的代码见表 5-1。

表 5-1　常用符号及代码表

符号名称	符号	代码	符号名称	符号	代码
直径	Φ	%%c	平方	²	\u+00B2
正负号	±	%%p	立方	³	\u+00B3
百分号	%	%%%	下标		\u+2082
度符号	°	%%d	中心线		\u+2104
上划线	¯	%%o	差值	Δ	\u+0394
下划线	_	%%u	恒等于	≡	\u+2261
角度符号	∠	\u+2220	不相等	≠	\u+2260
几乎相等	≈	\u+2248	欧姆	Ω	\u+2126
边界线		\u+E100	地界线		\u+214A

4. 编辑文字

编辑文字命令的调用方法有以下几种：

- 使用“文字”工具栏：单击“编辑”按钮。
- 使用鼠标：双击要编辑的文字。
- 使用鼠标：单击要编辑的文字。

执行编辑文字命令后，命令行提示如下：

选择注释对象或[放弃(U)/模式(M)]：

“模式”选项用于选择单行还是多行。标注文字时使用的标注方法不同，选择文字后 AutoCAD 给出的响应也不相同。如果所选择的文字是用“单行文字”命令标注的，选择文字对象后，可直接修改对应的文字。如果是用“多行文字”命令标注的，AutoCAD 则会弹出“在位文字编辑器”，并在该对话框中显示出所选择文字，供用户编辑、修改。

单击要编辑的文字时，将弹出特性选项板，如图 5-18所示，在选项板中单击各项特性，选择或输入新的特性即可。

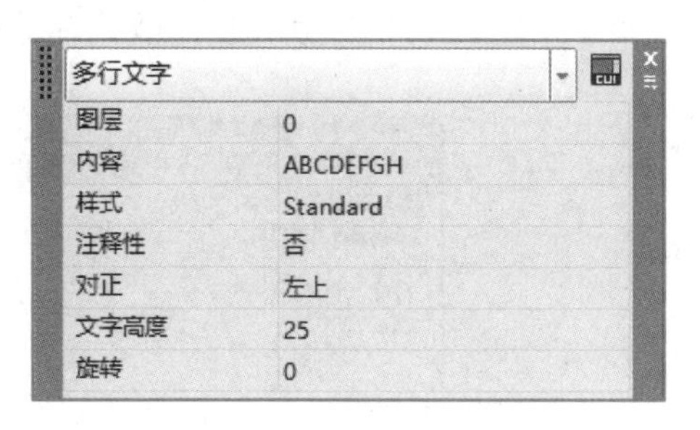

图 5-18 文字的特性选项板

三、绘制表格

1. 定义表格样式

定义表格样式命令的调用方法有以下几种：

- 使用选项卡：单击“注释”选项卡→“表格”面板的下三角按钮→右侧箭头按钮。
- 使用菜单命令：单击“格式”→“表格样式”菜单命令。
- 使用“样式”工具栏：单击“表格样式”按钮。

执行定义表格样式命令后，打开“表格样式”对话框，如图 5-19 所示。

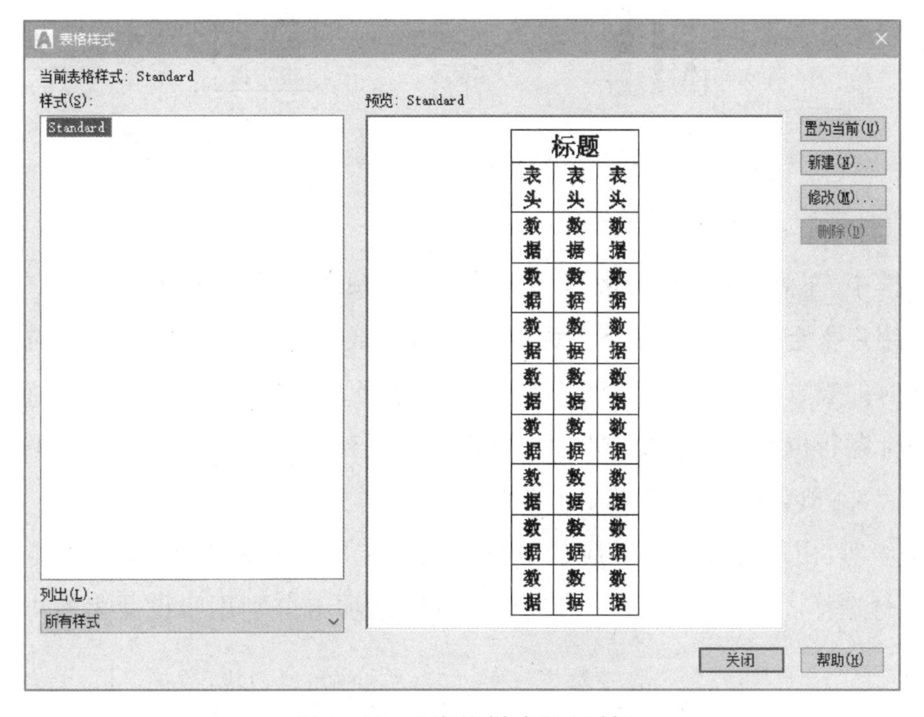

图 5-19 “表格样式”对话框

在该对话框中，“样式”列表框中列出了满足条件的表格样式；“预览”图片框中显示出表格的预览图像；“置为当前”和“删除”按钮分别用于将在“样式”列表框中选中的表格样式置为当前样式、删除选中的表格样式；“新建”和“修改”按钮分别用于新建表格样式、修改已有的表格样式。

单击“表格样式”对话框中的“新建”按钮，弹出“创建新的表格样式”对话框，如图 5-20 所示。

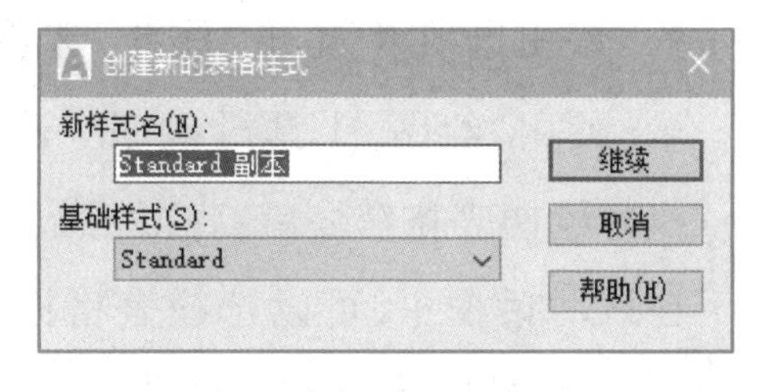

图 5-20 “创建新的表格样式”对话框

通过该对话框中的“基础样式”下拉列表选择基础样式，并在“新样式名”文本框中输入新样式的名称后，单击“继续”按钮，弹出“新建表格样式”对话框，如图 5-21 所示。

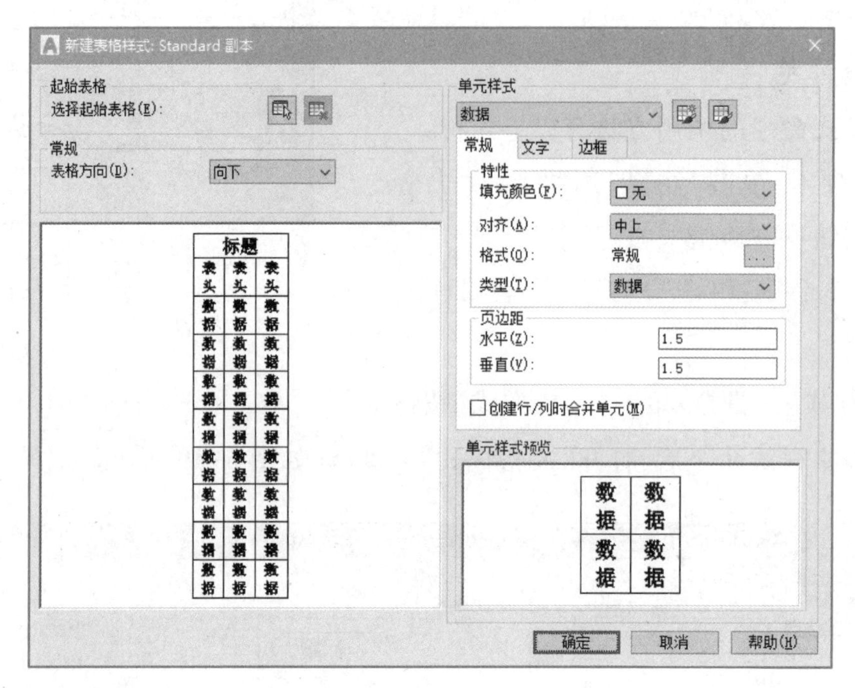

图 5-21 “新建表格样式”对话框

在该对话框中，左侧有“起始表格”“表格方向”和预览图像框 3 部分。其中，“起始表格”列表框用于使用户指定一个已有表格作为新建表格样式的起始表格；“表格方向”列表框用于确定插入表格时的表方向，有“向下”和“向上”两个选择，“向下”表示创建由上而下读取的表，即标题行和列标题行位于表的顶部，“向上”则表示将创建由下而上读取的表，即标题行和列标题行位于表的底部；预览图像框用于显示新创建表格样式的表格预览图像。在对话框的右侧有“单元样式”组等，用户可以通过对应的下拉列表确定要设置的对象，即在“数据”“标题”和“表头”之间进行选择。“常规”“文字”和“边框”3 个选项卡分别用于设置表格中的基本内容、文字和边框。

完成表格样式的设置后，单击“确定”按钮，返回“表格样式”对话框，并将新定义的样式显示在“样式”列表框中，单击“确定”按钮关闭对话框，完成新表格样式的定义。

2. 绘制表格

绘制表格命令的调用方法有以下几种：

- 使用选项卡：单击“注释”选项卡→“表格”按钮。
- 使用“绘图”工具栏：单击“表格”按钮。

执行绘制表格命令后，弹出“插入表格”对话框，如图 5-22 所示。

在该对话框中，可以选择表格样式，设置表格的行数、列数以及行高和列宽等有关参数。“插入选项”组用于确定如何为表格填写数据。“插入方式”组设置将表格插入到图形时的方式。

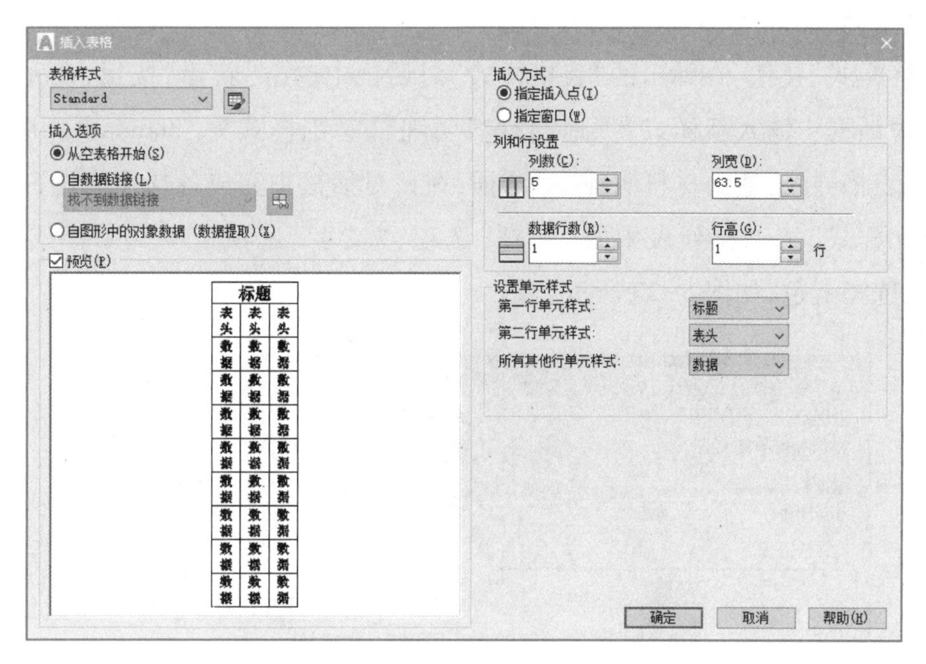

图 5-22 “插入表格”对话框

通过“插入表格”对话框确定表格数据后，单击“确定”按钮，根据提示确定表格的位置，即可将表格插入到图形中。

插入表格后，系统随即弹出“文字编辑器”选项卡，在表格中输入文字和数据即可。

3. 编辑表格中文字

编辑表格中文字命令的调用方法如下：

- 使用鼠标：双击表格单元格。

执行命令后，将弹出“文字编辑器”选项卡，在表格中输入文字和数据即可。

4. 编辑表格

编辑表格命令的调用方法如下：

- 使用鼠标：单击表格单元格。

执行命令后，弹出“文字编辑器”选项卡，可以对表格进行插入、删除、合并等操作。

任务实施

1. 创建文字样式

单击“文字样式”按钮，在弹出的“文字样式”对话框中单击“新建”按钮，在“新建文字样式”对话框中输入样式名“表格文字”，单击“确定”按钮，返回“文字样式”对话框。设置文字高度为“15”，单击“应用”按钮。继续创建名为“标题文字”的样式，文字高度为“25”，单击“应用”按钮后关闭对话框。

2. 定义表格样式

单击“表格样式”按钮，在弹出的“表格样式”对话框中单击“新建”按钮，在弹出的“创建新的表格样式”对话框中输入新样式名“地面材料明细”，基础样式为“Standard”，单击“继续”按钮，弹出“新建表格样式：地面材料明细”对话框，在该对话框中完成各选项的设置。

单击“单元样式”组下拉列表中的“标题”选项，“文字”选项卡中文字样式选择“标题文字”，文字颜色选择蓝色，如图 5-23 所示。

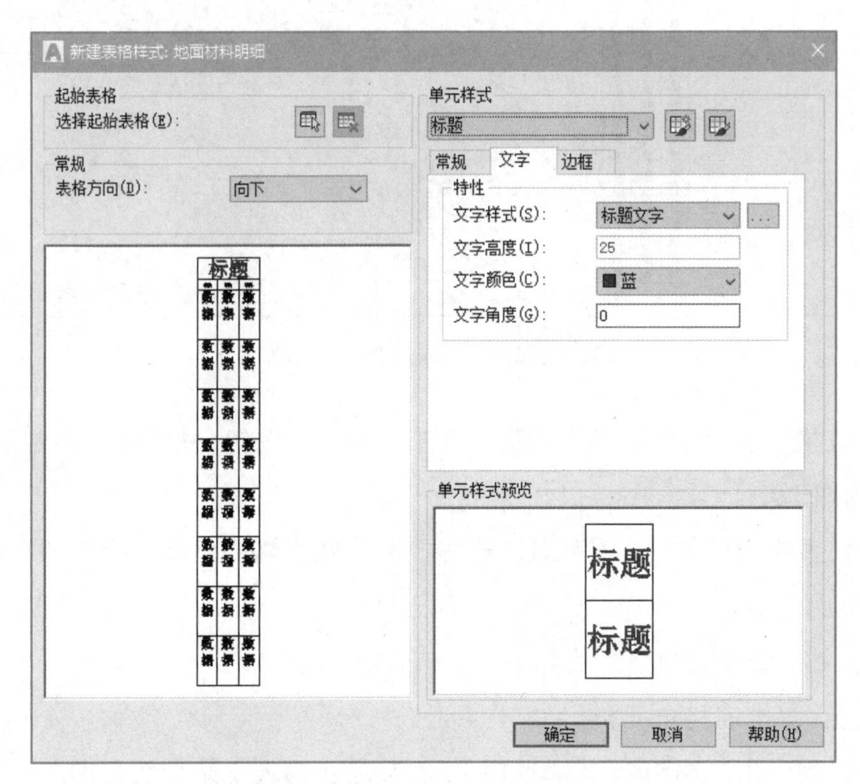

图 5-23　标题文字样式设置

同样，在“单元样式”组下拉列表中选择“表头”选项，在“文字”选项卡中文字样式选择“表格文字”，文字颜色选择蓝色，如图 5-24 所示；同样，在“单元样式”组下拉列表中选择“数据”选项，在“文字”选项卡中文字样式选择“表格文字”，其余为默认选项。单击“确定”按钮，依次关闭所有对话框。

3. 创建表格

单击“表格”按钮，打开“插入表格”对话框，“表格样式”为“地面材料明细”，设置列数为“8”，数据行数为“4”，列宽为“80”，行高为“1”，其余为默认数据，设置内容如图 5-25 所示。单击“确定”按钮，在绘图区中指定插入表格位置，新建后的表格在绘图区显示状态如图 5-26 所示。

4. 输入表格数据

在标题行中输入“地面装饰材料明细”，依次输入表格中的数据，如图 5-27 所示。

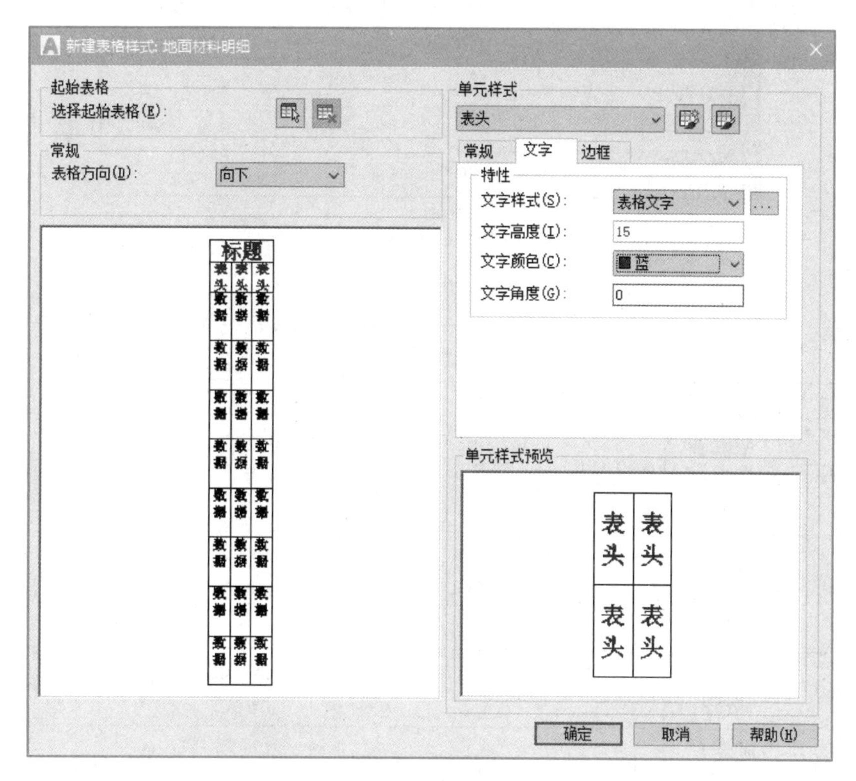

图 5-24 “文字”选项卡设置

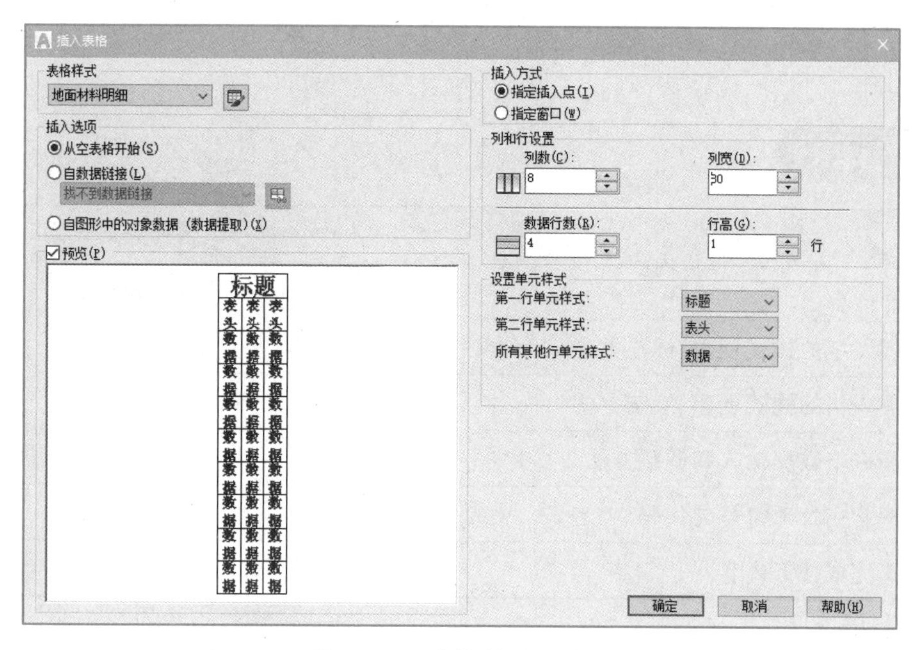

图 5-25 表格的设置内容

5. 调整编辑表格

单击要调整的单元格,移动单元格的夹点调整行高或列宽,完成后的效果如图 5-13 所示。

6. 保存表格文件

	A	B	C	D	E	F	G	H
1								
2								
3								
4								
5								
6								

图 5-26　新建表格的显示状态

地面装饰材料明细							
房间	品牌	规格	颜色	房间	品牌	规格	颜色
客厅	蒙娜莉莎方格砖	800×800	浅灰	储藏室	蒙娜莉莎方格砖	400×400	浅灰
卧室	大自然木质地板	1 200×1 200	棕色	阳台	蒙娜莉莎方格砖	400×400	浅灰
厨房	冠定方格砖	400×400	中灰	卫生间墙	冠定方格砖	400×500	灰蓝
卫生间	冠定方格砖	400×400	灰蓝	厨房墙	冠定方格砖	400×500	中灰

图 5-27　输入数据后的表格

任务评价

序号	评价内容	评价完成效果		
		★★★	★★	★
1	掌握文字的样式创建、标注方法			
2	掌握表格的样式创建、绘制方法			
3	掌握表格数据输入和调整方法			
4	了解常用特殊符号的代码			
5	熟练完成任务内容			

完成标题栏的绘制，如图 5-28 所示，参数自拟。

勘测：	工程名称：	宜合美居	宜合美居装饰工程公司
设计：	类型：		
制图：	图号：A3		地址： 电话：
日期：	图纸名称：		

图 5-28 标题栏

任务3 标注房屋尺寸

任务目标

1. 掌握标注样式的设置方法
2. 掌握线性标注的方法
3. 掌握连续标注、基线标注、快速标注的方法

任务内容

标注图 3-34 所示的卫生间结构尺寸。

任务分析

房屋结构图中标注尺寸以线性尺寸为主。在创建和设置相应图层及属性后，标注尺寸的思路如下：

(1) 设置尺寸标注样式

(2) 标注水平尺寸

(3) 标注垂直尺寸

(4) 标注房屋其他尺寸

知识准备

一、设置标注样式

标注样式是尺寸标注的具体格式，如尺寸文字的样式，尺寸线、尺寸界线以及尺寸箭头的

位置、大小等。

设置标注样式命令的调用方法有以下几种：

- 使用选项卡：单击“注释”选项卡→“标注”面板右侧箭头。
- 使用菜单命令：单击“格式”→“标注样式”菜单命令。
- 使用“标注”工具栏：单击“标注样式”按钮。

执行命令后，弹出“标注样式管理器”对话框，如图 5-29 所示。

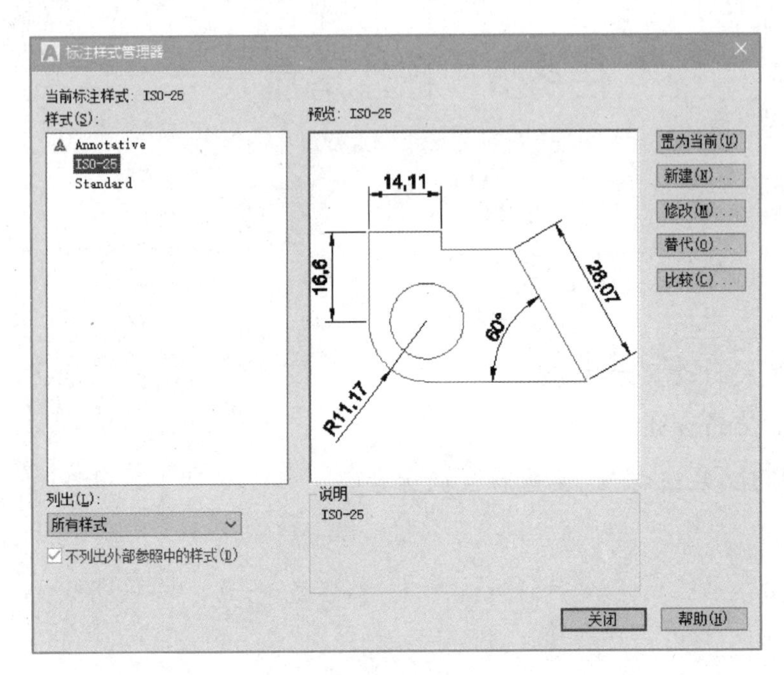

图 5-29 “标注样式管理器”对话框

“标注样式管理器”对话框中各选项说明如下：

（1）“当前标注样式”标签

显示出当前标注样式的名称。

（2）“样式”列表框

列出已有标注样式的名称。

（3）“列出”下拉列表框

确定要在“样式”列表框中列出哪些标注样式。

（4）“预览”图片框

用于预览在“样式”列表框中所选的标注样式的标注效果。

（5）“说明”标签框

用于显示在“样式”列表框中所选的标注样式的说明。

（6）“置为当前”按钮

把将在“样式”列表框中选中的标注样式置为当前样式。

(7)“新建”按钮

用于创建新标注样式。

单击“新建”按钮,弹出“创建新标注样式”对话框,如图 5-30 所示。

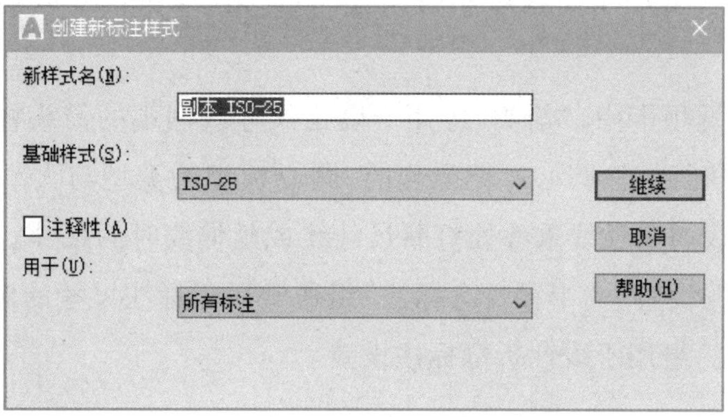

图 5-30　“创建新标注样式”对话框

在该对话框中的“新样式名”文本框中输入新样式的名称;通过“基础样式”下拉列表框确定用来创建新样式的基础样式;通过“用于”下拉列表框可确定新建标注样式的适用范围。单击“继续”按钮,弹出“新建标注样式”对话框,如图 5-31 所示。

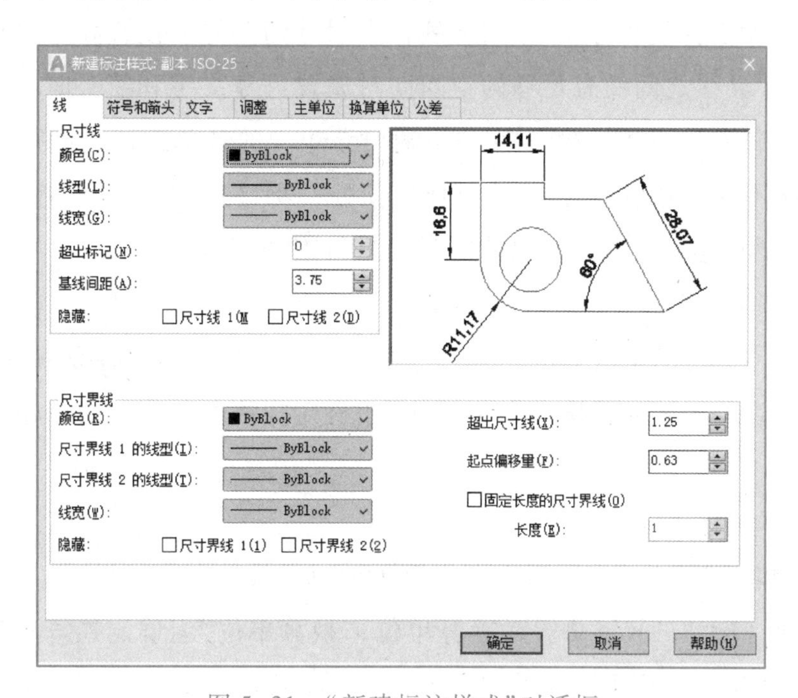

图 5-31　“新建标注样式”对话框

该对话框中有“线”“符号和箭头”“文字”“调整”“主单位”“换算单位”和“公差”7 个选项卡,下面分别予以介绍。

① “线”选项卡界面如图 5-31 所示。

在该选项卡中,设置尺寸线和尺寸界线的格式与属性。“尺寸线”组用于设置尺寸线的颜色、线型、线宽、超出标记、基线间距等参数;“尺寸界线”组用于设置尺寸界线的样式。预览窗口可根据当前的样式设置显示出对应的标注效果示例。

② “符号和箭头”选项卡。

“符号和箭头”选项卡用于设置尺寸箭头、圆心标记、弧长符号以及半径折弯标注方面的格式。

在“符号和箭头”选项卡中,“箭头”组用于确定尺寸线两端的箭头样式。“圆心标记”组用于确定当对圆或圆弧执行标注圆心标记操作时,圆心标记的类型与大小。“折断标注”组用于确定在尺寸线或延伸线与其他线重叠处打断尺寸线或延伸线时的尺寸。“弧长符号”组用于为圆弧标注长度尺寸时的设置。“半径折弯标注”组通常用于标注尺寸的圆弧中心点位于较远位置时。“线性折弯标注”组用于线性折弯标注设置。

③ “文字”选项卡。

此选项卡用于设置尺寸文字的外观、位置以及对齐方式等。

在“文字”选项卡中,“文字外观”组用于设置尺寸文字的样式等;“文字位置”组用于设置尺寸文字的位置;“文字对齐”组则用于确定尺寸文字的对齐方式。

④ “调整”选项卡。

“调整”选项卡用于控制尺寸文字、尺寸线以及尺寸箭头等的位置和其他一些特征。“调整选项”组确定当尺寸界线之间没有足够的空间同时放置尺寸文字和箭头时,应首先从尺寸界线之间移出尺寸文字和箭头的哪一部分,用户可通过该组中的各单选按钮进行选择;“文字位置”组确定当尺寸文字不在默认位置时,应将其放在何处;“标注特征比例”组用于设置所标注尺寸的缩放关系;“优化”组用于设置标注尺寸时是否进行附加调整。

⑤ “主单位”选项卡。

“主单位”选项卡用于设置主单位的格式、精度以及尺寸文字的前缀和后缀。“线性标注”组用于设置线性标注的格式与精度;“角度标注”组确定标注角度尺寸时的单位、精度以及是否消零。

⑥ “换算单位”选项卡。

“换算单位”选项卡用于确定是否使用换算单位以及换算单位的格式。“显示换算单位”复选框用于确定是否在标注的尺寸中显示换算单位;“换算单位”组确定换算单位的单位格式、精度等设置;“消零”组确定是否消除换算单位的前导或后续零;“位置”组则用于确定换算单位的位置。用户可在“主值后”与“主值下”之间选择。

⑦ “公差”选项卡。

“公差”选项卡用于确定是否标注公差,如果标注公差的话,以何种方式进行标注。“公差格式”组用于确定公差的标注格式;“换算单位公差”组确定当标注换算单位时换算单位公差的精度与是否消零。

利用“新建标注样式”对话框设置样式后，单击对话框中的“确定”按钮，完成样式的设置，返回“标注样式管理器”对话框。

（8）“修改”按钮

用于修改已有标注样式。

（9）“替代”按钮

用于设置当前样式的替代样式。

（10）“比较”按钮

用于对两个标注样式进行比较，或了解某一样式的全部特性。

“标注样式管理器”对话框中有关设置完成后，单击“关闭”按钮，完成尺寸标注样式的设置。

二、线性标注

线性标注指标注图形对象在水平方向、垂直方向或指定方向的尺寸，分为水平标注、垂直标注和旋转标注 3 种类型。

线性标注命令的调用方法有以下几种：

- 使用选项卡：单击“注释”选项卡→“标注”面板→“线性标注”按钮。
- 使用菜单命令：单击“标注”→“线性”菜单命令。
- 使用“标注”工具栏：单击“线性标注”按钮。

执行该命令后，命令行提示如下：

指定第一条尺寸界线原点或 <选择对象>：

在此提示下有两种选择，即确定一点作为第一条尺寸界线的起始点或直接按 Enter 键选择对象。

1. 指定第一条尺寸界线原点

指定第一条尺寸界线的起始点后，命令行提示如下：

指定第二条尺寸界线原点： //确定另一条尺寸界线的起始点位置

指定尺寸线位置或

[多行文字(M)/文字(T)/角度(A)/水平(H)/垂直(V)/旋转(R)]：

①“指定尺寸线位置”选项用于确定尺寸线的位置。通过拖动鼠标的方式确定尺寸线的位置后，单击，AutoCAD 根据自动测量出的两条尺寸界线起始点间的对应距离值标注出尺寸。

②“多行文字”选项用于在文字编辑器中输入尺寸或文字。“文字”选项用于在命令行中输入尺寸或文字；“角度”选项用于确定尺寸文字的旋转角度；“水平”选项用于标注水平尺寸，即沿水平方向的尺寸；“垂直”选项用于标注垂直尺寸，即沿垂直方向的尺寸；“旋转”选项用于旋转标注，即标注沿指定方向的尺寸。

2. 选择对象

在“指定第一条尺寸界线原点或<选择对象>:”提示下直接按 Enter 键，即执行“选择对象”选项，命令行提示如下：

选择标注对象:

选择要标注尺寸的对象，AutoCAD 将该对象的两端点作为两条尺寸界线的起始点，并提示：

指定尺寸线位置或

[多行文字(M)/文字(T)/角度(A)/水平(H)/垂直(V)/旋转(R)]:

此提示的操作与前面介绍的操作相同。

三、基线标注

基线标注指多个尺寸线从同一条尺寸界线处引出。

基线标注命令的调用方法有以下几种：

- 使用选项卡：单击“注释”选项卡→“标注”面板→“基线标注”按钮。
- 使用“标注”工具栏：单击“基线标注”按钮。

执行该命令后，命令行提示如下：

指定第二条尺寸界线原点或[放弃(U)/选择(S)]<选择>:

1. 指定第二条尺寸界线原点

指定第二条尺寸界线的起始点后，AutoCAD 按基线标注方式标注出尺寸，默认上次标注的尺寸为基准，而后继续提示：

指定第二条尺寸界线原点或[放弃(U)/选择(S)]<选择>:

此时可再确定下一个尺寸的第二条尺寸界线起点位置。用此方式标注出全部尺寸后，在同样的提示下按 Enter 键或空格键，结束命令的执行。

2. 选择

该选项用于指定基线标注时作为基线的尺寸界线。按 Enter 键执行该选项，命令行提示如下：

选择基准标注:

在该提示下选择尺寸界线后，命令行继续提示：

指定第二条尺寸界线原点或[放弃(U)/选择(S)]<选择>:

在该提示下标注出的各尺寸均从指定的基线引出。此提示的操作与前面介绍的操作相同。

四、连续标注

连续标注指在标注出的尺寸中，相邻两尺寸线共用同一条尺寸界线。

连续标注命令的调用方法有以下几种：

- 使用菜单命令：单击“标注”→“连续”菜单命令。
- 使用“标注”工具栏：单击“连续标注”按钮。

连续标注的操作与基线标注相同。

五、快速标注

快速标注可以动态地、自动地标注尺寸。

快速标注命令的调用方法有以下几种：

- 使用菜单命令：单击“标注”→“快速标注”菜单命令。
- 使用“标注”工具栏：单击“快速标注”按钮。

根据选择的对象（可以同时选择多个标注对象）和标注方式，输入相应选项的字母，进行标注。

六、多种标注

创建多种标注类型，综合了上述各种标注。

多种标注命令的调用方法有以下几种：

- 使用选项卡：单击“默认”选项卡→“注释”面板→“标注”按钮。
- 使用选项卡：单击“注释”选项卡→“标注”面板→“标注”按钮。

执行该命令后，根据命令行提示输入相应选项的字母即可进行相应的标注。

1. 打开文件并新建图层

打开项目 3 任务 5 中绘制的图 3-34，新建名为“CC”的图层，颜色为“红色”，并设为当前图层，将尺寸标注在该图层上。

2. 设置尺寸标注样式

单击“标注样式”按钮，在弹出的“标注样式管理器”对话框中单击“新建”按钮，在弹出的“创建新标注样式”对话框中设置“新样式”名为“轴线”。单击“继续”按钮，弹出“新建标注样式：轴线”对话框，在该对话框中完成以下设置。

在“线”选项卡中，超出尺寸线为“30”，起点偏移量为“200”；在“符号和箭头”选项卡中，箭头样式选“建筑标记”，箭头大小为“170”；在“文字”选项卡中，文字样式为“仿宋体”，文字高度为“180”，从尺寸线偏移为“30”。单击“确定”按钮，将该样式“置为当前”。关闭所有对话框。

说明：在设置样式过程中，参数值的大小往往不是一次就能准确合理地设置好，由于绘图过程中图形尺寸大小、窗口显示等不断变化和调整，原来默认的参数可能无法达到满意的效果，设置时，需要根据显示效果多次进行修改。

3. 调出“标注”工具栏

为了标注方便，把“标注”工具栏调到绘图区。单击“工具”→“工具栏”→“AutoCAD”→“标注”菜单命令，即调出“标注”工具栏，如图 5-32 所示，将其移动到合适位置。

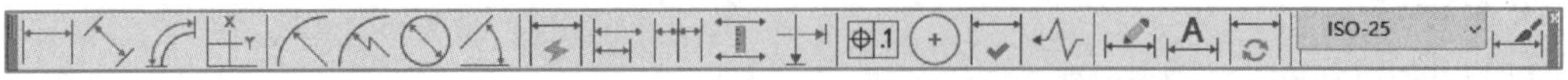

图 5-32 “标注”工具栏

4. 标注水平轴线尺寸

(1) 标注左侧房间的水平尺寸

标注墙体尺寸时，以墙体轴线为尺寸界线，所以需将该图形设置的轴线图层打开。

单击“线性标注”按钮，命令行提示和操作步骤如下：

命令：dimlinear

指定第一个尺寸界线原点或 <选择对象>： //打开对象捕捉状态，并设置捕捉对象为端点，单击要标注尺寸的左下端点

指定第二条尺寸界线原点： //单击要标注尺寸的右下端点

指定尺寸线位置或

[多行文字(M)/文字(T)/角度(A)/水平(H)/垂直(V)/旋转(R)]： //拖动尺寸线到合适位置单击

标注文字=2 240

(2) 标注右侧房间的窗户位置、窗户尺寸

单击“线性标注”按钮，命令行提示和操作步骤如下：

命令：dimlinear

指定第一个尺寸界线原点或 <选择对象>： //打开对象捕捉状态，并设置捕捉对象为端点，单击要标注尺寸的左上端点

指定第二条尺寸界线原点： //单击右侧房间窗户的左端点

指定尺寸线位置或

[多行文字(M)/文字(T)/角度(A)/水平(H)/垂直(V)/旋转(R)]： //拖动尺寸线到合适位置

标注文字=3 880

单击“连续标注”按钮，命令行提示和操作步骤如下：

命令：dimcontinue

指定第二条尺寸界线原点或[放弃(U)/选择(S)]<选择>： //单击窗户的右端点

标注文字=800

指定第二条尺寸界线原点或[放弃(U)/选择(S)]<选择>：　//按 Enter 键

说明：使用连续标注时，系统默认以前一次标注为基准。

(3) 标注总体水平尺寸

单击“线性标注”按钮，命令行提示和操作步骤如下：

命令：dimlinear

指定第一个尺寸界线原点或 <选择对象>：　//单击要标注尺寸的左端点

指定第二条尺寸界线原点：　//单击要标注尺寸的右端点

指定尺寸线位置或

[多行文字(M)/文字(T)/角度(A)/水平(H)/垂直(V)/旋转(R)]：　//拖动尺寸线到合适位置

标注文字=6 060

完成后效果如图 5-33 所示。

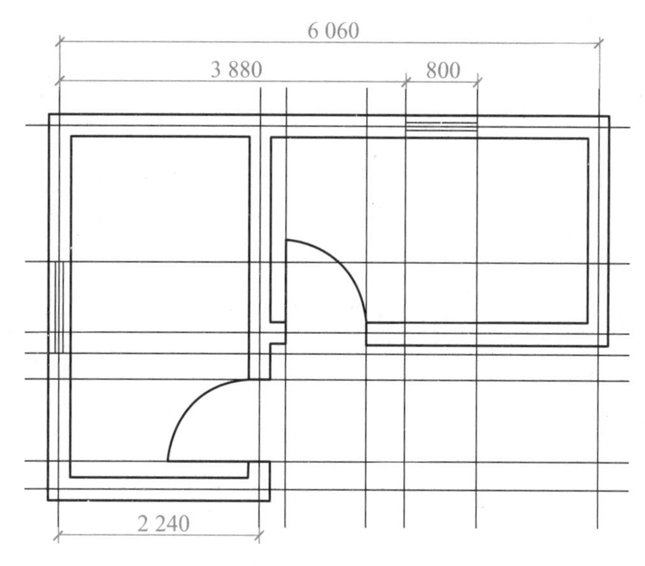

图 5-33　标注水平轴线尺寸效果

5. 标注垂直轴线尺寸

(1) 标注左侧房间的垂直尺寸

单击“线性标注”按钮，命令行提示和操作步骤如下：

命令：dimlinear

指定第一个尺寸界线原点或 <选择对象>：　//打开对象捕捉状态，并设置捕捉对象为端点，单击要标注尺寸的上端点

指定第二条尺寸界线原点：　//单击左侧房间窗户的上端点

指定尺寸线位置或

[多行文字(M)/文字(T)/角度(A)/水平(H)/垂直(V)/旋转(R)]：　//拖动尺寸线到合

适位置

标注文字＝1 480

单击“连续标注”按钮，命令行提示和操作步骤如下：

命令：dimcontinue

指定第二条尺寸界线原点或[放弃(U)/选择(S)]<选择>：　//单击窗户的下端点

标注文字＝1 000

指定第二条尺寸界线原点或[放弃(U)/选择(S)]<选择>：　//按 Enter 键

（2）标注总体垂直尺寸

单击“线性标注”按钮，命令行提示和操作步骤如下：

命令：dimlinear

指定第一个尺寸界线原点或 <选择对象>：　//单击房屋轴线上端点

指定第二条尺寸界线原点：　//单击房屋轴线下端点

指定尺寸线位置或

[多行文字(M)/文字(T)/角度(A)/水平(H)/垂直(V)/旋转(R)]：　//拖动尺寸线到合适位置

标注文字＝3 960

（3）标注右侧房间垂直轴线尺寸

单击“线性标注”按钮，命令行提示和操作步骤如下：

命令：dimlinear

指定第一个尺寸界线原点或 <选择对象>：　//单击房屋轴线上端点

指定第二条尺寸界线原点：　//单击房屋轴线下端点

指定尺寸线位置或

[多行文字(M)/文字(T)/角度(A)/水平(H)/垂直(V)/旋转(R)]：　//拖动尺寸线到合适位置

标注文字＝2 260

完成后效果如图 5-34 所示。

6. 标注房屋其他尺寸

（1）标注房门的尺寸

单击“线性标注”按钮，命令行提示和操作步骤如下：

命令：dimlinear

指定第一个尺寸界线原点或 <选择对象>：　//单击右侧房间房门左端点

指定第二条尺寸界线原点：　//单击房门右端点

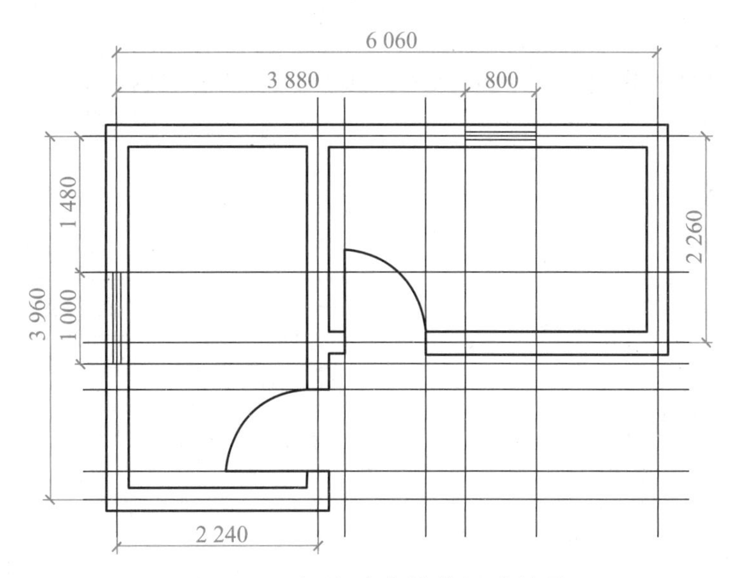

图 5-34　标注垂直轴线尺寸效果

指定尺寸线位置或

[多行文字(M)/文字(T)/角度(A)/水平(H)/垂直(V)/旋转(R)]：　//拖动尺寸线到合适位置

标注文字=900

(2) 标注墙体厚度尺寸和房门位置

单击“线性标注”按钮，命令行提示和操作步骤如下：

命令：dimlinear

指定第一个尺寸界线原点或 <选择对象>：　//单击左侧房间房门下方墙线端点

指定第二条尺寸界线原点：　//单击房门下端点

指定尺寸线位置或

[多行文字(M)/文字(T)/角度(A)/水平(H)/垂直(V)/旋转(R)]：　//拖动尺寸线到合适位置

标注文字=180

单击“线性标注”按钮，命令行提示和操作步骤如下：

命令：dimlinear

指定第一个尺寸界线原点或 <选择对象>：　//单击左侧房间房门下方墙线端点

指定第二条尺寸界线原点：　//单击墙线最下方另一端点

指定尺寸线位置或

[多行文字(M)/文字(T)/角度(A)/水平(H)/垂直(V)/旋转(R)]：　//拖动尺寸线到合适位置

标注文字=240

7. 保存文件

删除或关闭轴线图层，保存文件。完成后图形如图 3-34 所示。

任务评价

序号	评价内容	评价完成效果		
		★★★	★★	★
1	掌握尺寸样式的设置方法			
2	掌握线性标注的方法			
3	掌握快速标注、连续标注、基线标注方法			
4	熟练完成任务内容			

巩固提高

1. 在本任务中标注墙体厚度尺寸和房门位置时，选择第一、第二条尺寸界线的顺序不同，标注结果一样吗？

2. 完成图 3-49、图 4-21 的尺寸标注。

任务 4　标注洗手池尺寸

任务目标

1. 掌握标注样式的设置方法
2. 掌握直径标注、半径标注、角度标注、对齐标注、引线标注的方法
3. 掌握修改和编辑标注的方法

任务内容

标注如图 3-15 所示的洗手池尺寸。

洗手池图形中有直线、圆、圆弧等图形要素,标注尺寸时涉及的命令有:创建新标注样式、线性标注、直径标注、半径标注、连续标注、修改编辑等命令。标注的思路如下:

(1) 设置尺寸标注样式

(2) 标注水平方向的尺寸

(3) 标注垂直方向的尺寸

(4) 标注直径尺寸

(5) 标注半径尺寸

(6) 修改尺寸

一、直径标注

直径标注命令的调用方法有以下几种:

- 使用菜单命令:单击“标注”→“直径”菜单命令。
- 使用“标注”工具栏:单击“直径”按钮⃠。

执行该命令后,命令行提示如下:

选择圆弧或圆: //选择要标注直径的圆或圆弧

指定尺寸线位置或[多行文字(M)/文字(T)/角度(A)]:

如果在该提示下直接确定尺寸线的位置,AutoCAD 按实际测量值标注出圆或圆弧的直径。也可以通过“多行文字”“文字”以及“角度”选项确定尺寸文字和尺寸文字的旋转角度。

二、半径标注

半径标注命令的调用方法有以下几种:

- 使用菜单命令:单击“标注”→“半径”菜单命令。
- 使用“标注”工具栏:单击“半径”按钮。

执行该命令后,命令行提示如下:

选择圆弧或圆: //选择要标注半径的圆弧或圆

指定尺寸线位置或[多行文字(M)/文字(T)/角度(A)]:

半径标注的操作方法与直径标注相同。

三、角度标注

角度标注命令常用的调用方法有以下几种:

- 使用菜单栏命令：单击“标注”→“角度”菜单命令。
- 使用“标注”工具栏：单击“角度”按钮。

执行该命令后，命令行提示如下：

选择圆弧、圆、直线或 <指定顶点>:

角度标注的操作方法与直径标注相同。

四、对齐标注

对齐标注指所标注尺寸的尺寸线与两条尺寸界线起始点间的连线平行。

对齐标注命令常用的调用方法有以下几种：

- 使用菜单命令：单击“标注”→“对齐”菜单命令。
- 使用“标注”工具栏：单击“对齐”按钮。

执行该命令后，命令行提示如下：

指定第一条尺寸界线原点或 <选择对象>:

在此提示下的操作与线性标注尺寸类似。

五、多重引线标注

利用多重引线标注，用户可以标注（标记）注释、说明等。

1. 多重引线样式

多重引线样式命令的调用方法有以下几种：

- 使用菜单命令：单击“格式”→“多重引线样式”菜单命令。
- 使用“多重引线”工具栏：单击“多重引线样式”按钮。

执行多重引线样式命令后，打开“多重引线样式管理器”对话框，如图 5-35 所示。

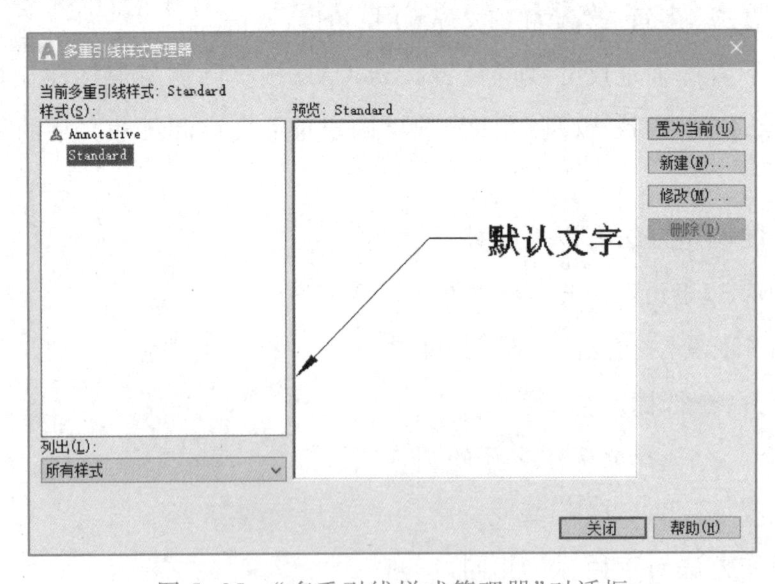

图 5-35 “多重引线样式管理器”对话框

在该对话框中，单击“新建”按钮，打开“创建新多重引线样式”对话框，如图 5-36 所示。

在该对话框中，输入新样式的名称，确定用于创建新样式的基础样式后，单击“继续”按钮，打开“修改多重引线样式”对话框，如图 5-37 所示。

在该对话框中有“引线格式”“引线结构”和“内容”3个选项卡。在各选项卡中设置好相应内容后，单击“确定”按钮，关闭所有对话框。

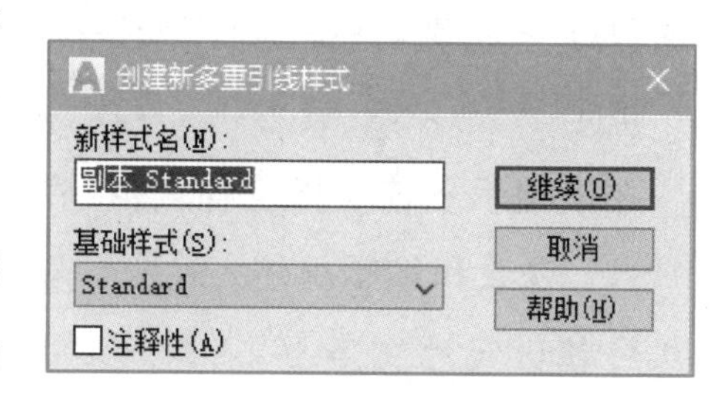

图 5-36 “创建新多重引线样式”对话框

2. 多重引线标注

多重引线标注命令的调用方法有以下几种：

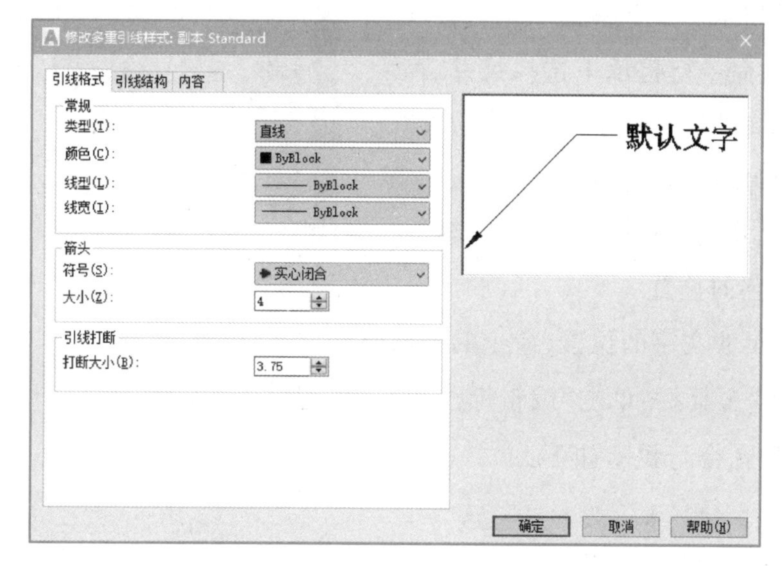

图 5-37 “修改多重引线样式”对话框

- 使用菜单命令：单击“标注”→“多重引线”菜单命令。
- 使用“多重引线”工具栏：单击“多重引线”按钮。

执行多重引线命令后，命令行提示如下：

指定引线箭头的位置或[引线基线优先(L)/内容优先(C)/选项(O)]<选项>:

命令行提示中，“引线基线优先”和“内容优先”分别用于确定是首先确定引线基线的位置还是首先确定标注内容，用户根据需要选择即可；“选项”项用于多重引线标注的设置，执行该选项后，命令行提示如下：

输入选项[引线类型(L)/引线基线(A)/内容类型(C)/最大节点数(M)/第一个角度(F)/第二个角度(S)/退出选项(X)]<内容类型>:

其中：“引线类型”用于确定引线的类型；“引线基线”选项用于确定是否使用基线；“内容类型”用于确定多重引线标注的内容(多行文字、块或无)；“最大节点数”用于确定引线端点的最大数量；“第一个角度”和“第二个角度”用于确定前两段引线的方向角度。

执行多重引线命令后，如果在“指定引线箭头的位置或[引线基线优先(L)/内容优先(C)/

选项(O)]<选项>:”提示下指定一点,即指定引线的箭头位置后,命令行提示如下:

指定下一点或[端点(E)]<端点>:

在该提示下依次指定各点,然后按 Enter 键,输入对应的多行文字后,即可完成引线标注。

六、修改和编辑标注

1. 修改尺寸文字

修改尺寸文字命令的调用方法如下:

- 使用“特性”工具板:单击“文字替代”按钮。

使用工具板修改时,选择要修改的尺寸,弹出“特性”工具板,在“文字替代”选项中输入新的字符,如图 5-38 所示。

执行命令后,在命令行提示下选择尺寸,AutoCAD 弹出“文字编辑器”选项卡,并将所选择尺寸的尺寸文字设置为编辑状态,用户可直接对其进行修改,如修改尺寸值、修改或添加公差等。

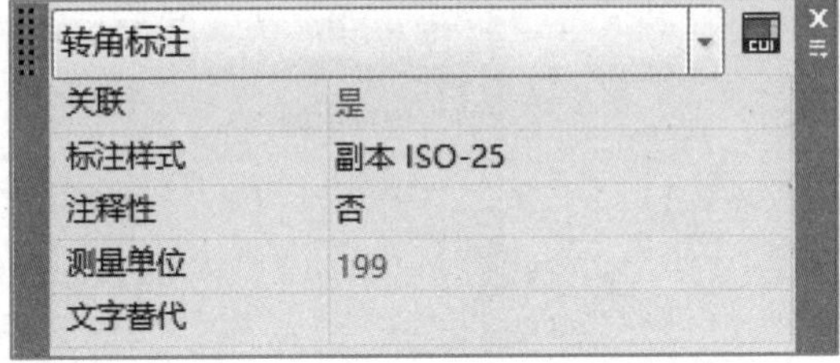

图 5-38 “特性”工具板

2. 修改尺寸文字的位置

修改已标注的尺寸文字的位置,命令的调用方法如下:

- 使用“标注”工具栏:单击“编辑标注文字”按钮。

执行该命令后,命令行提示如下:

选择标注: //选择尺寸

指定标注文字的新位置或[左(L)/右(R)/中心(C)/默认(H)/角度(A)]:

其中:“指定标注文字的新位置”用于确定尺寸文字的新位置,将尺寸文字拖动到新位置后单击即可;“左”和“右”仅对非角度标注起作用,它们分别决定尺寸文字是沿尺寸线左对齐还是右对齐;“中心”可将尺寸文字放在尺寸线的中间;“默认”将按默认位置、方向放置尺寸文字;“角度”可以使尺寸文字旋转指定的角度。

1. 打开文件并创建图层

打开项目 3 任务 3 中绘制的图 3-20 所示的洗手池图形,新建名为“尺寸”的图层,颜色为“红色”,并设为当前图层。

2. 设置尺寸标注样式

单击“标注”工具栏中的“标注样式”按钮,在弹出的“标注样式管理器”对话框中单击“新建”按钮,在弹出的“创建新标注样式”对话框中设置“新样式”名为“线性”,基础样式为“ISO-25”。单击“继续”按钮,弹出“新建标注样式:线性”对话框,在对话框中完成以下设置。

在“线”选项卡中，超出尺寸线为“7”，起点偏移量为“7”；在“符号和箭头”选项卡中，箭头选“建筑标记”，大小为“12”；在“文字”选项卡中，文字高度为“15”，从尺寸线偏移为“6”。设置完成，单击“确定”按钮。

继续设置尺寸样式，新建标注样式名为“半径”，基础样式为“线性”，在“文字”选项卡中，文字对齐为“ISO 标准”，设置完成，单击“确定”按钮，关闭所有对话框。

3. 标注水平方向的尺寸

在“样式”工具栏中，单击下拉列表，选择当前尺寸样式为“线性”。

单击“线性标注”按钮，命令行提示和操作步骤如下：

命令：dimlinear

指定第一个尺寸界线原点或 <选择对象>： //打开对象捕捉状态，并设置捕捉对象为端点，单击矩形左上角点

指定第二条尺寸界线原点： //单击矩形右上角点

指定尺寸线位置或

[多行文字(M)/文字(T)/角度(A)/水平(H)/垂直(V)/旋转(R)]： //拖动尺寸线到合适位置

标注文字=38

按 Enter 键，继续执行“线性标注”命令，命令行提示和操作步骤如下：

命令：dimlinear

指定第一个尺寸界线原点或 <选择对象>： //设置捕捉对象为圆心，单击左侧同心圆的圆心

指定第二条尺寸界线原点： //单击右侧同心圆的圆心

指定尺寸线位置或

[多行文字(M)/文字(T)/角度(A)/水平(H)/垂直(V)/旋转(R)]： //拖动尺寸线到合适位置

标注文字=199

4. 标注垂直方向的尺寸

单击“线性标注”按钮，命令行提示和操作步骤如下：

命令：dimlinear

指定第一个尺寸界线原点或 <选择对象>： //单击直径为 460 的圆心

指定第二条尺寸界线原点： //单击直径为 45 的圆心

指定尺寸线位置或

[多行文字(M)/文字(T)/角度(A)/水平(H)/垂直(V)/旋转(R)]： //拖动尺寸线到合适位置

标注文字=23

单击“连续标注”按钮，命令行提示和操作步骤如下：

命令：dimcontinue

指定第二条尺寸界线原点或[放弃(U)/选择(S)]<选择>：　//单击右侧直径为 31 的圆心

标注文字 = 109

指定第二条尺寸界线原点或[放弃(U)/选择(S)]<选择>：　//按 Enter 键

单击“线性标注”按钮，命令行提示和操作步骤如下：

命令：dimlinear

指定第一个尺寸界线原点或 <选择对象>：　//单击直径为 45 的圆心

指定第二条尺寸界线原点：　//单击矩形右下角端点

指定尺寸线位置或

[多行文字(M)/文字(T)/角度(A)/水平(H)/垂直(V)/旋转(R)]：　//拖动尺寸线到合适位置

标注文字 = 18

单击“连续标注”按钮，命令行提示和操作步骤如下：

命令：dimcontinue

指定第二条尺寸界线原点或[放弃(U)/选择(S)]<选择>：　//单击矩形右上角端点

标注文字 = 104

指定第二条尺寸界线原点或[放弃(U)/选择(S)]<选择>：　//按 Enter 键

完成水平和垂直方向尺寸标注后图形如图 5-39 所示。

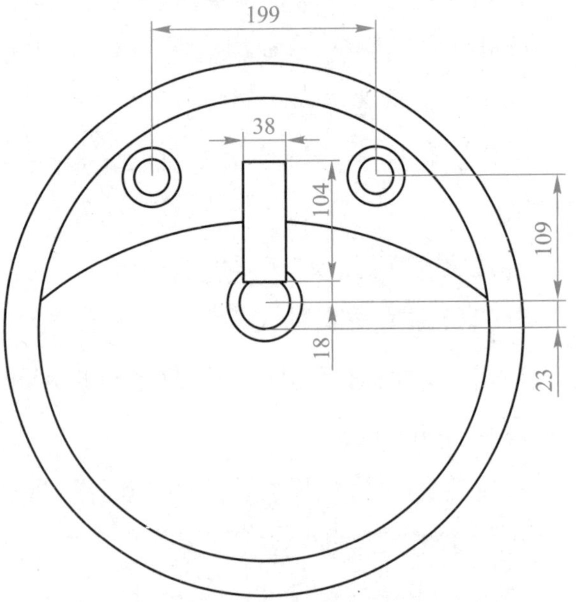

图 5-39　完成水平和垂直方向尺寸标注后的图形

5. 标注直径尺寸

(1) 用“线性标注”标注直径

单击“线性标注”按钮，命令行提示和操作步骤如下：

命令：dimlinear

指定第一个尺寸界线原点或 <选择对象>：　//设置捕捉对象为象限点，单击直径为 400 的圆的左象限点

指定第二条尺寸界线原点：　//单击该圆的右象限点

指定尺寸线位置或

[多行文字(M)/文字(T)/角度(A)/水平(H)/垂直(V)/旋转(R)]：　//拖动尺寸线到合适位置

标注文字=400

按 Enter 键，命令行提示和操作步骤如下：

命令：dimlinear

指定第一个尺寸界线原点或 <选择对象>： //单击直径为 460 的圆的左象限点

指定第二条尺寸界线原点： //单击该圆的右象限点

指定尺寸线位置或

[多行文字(M)/文字(T)/角度(A)/水平(H)/垂直(V)/旋转(R)]： //拖动尺寸线到合适位置

标注文字=460

用同样方法标注其余圆的直径。

用“线性标注”标注后的图形如图 5-40 所示。

进行线性标注后，直径数值前面没有直径符号“Φ”。修改方法如下：

右击要修改的尺寸标注（直径 460 的尺寸标注），在弹出的快捷菜单中选择“特性”命令，在弹出的“特性”工具板中，在“文字替代”文本框中输入“%%c460”，按 Enter 键后，完成修改。继续选择其他要修改的尺寸标注，进行修改。

加入直径符号后的图形如图 5-41 所示。

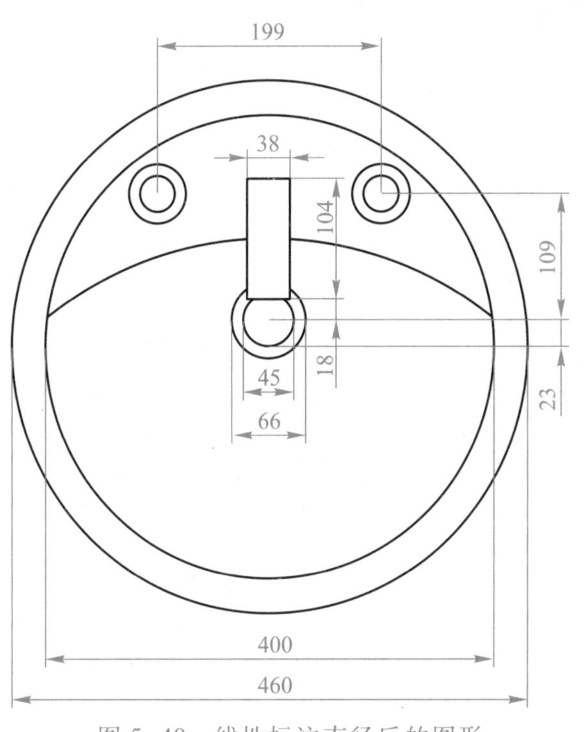

图 5-40　线性标注直径后的图形

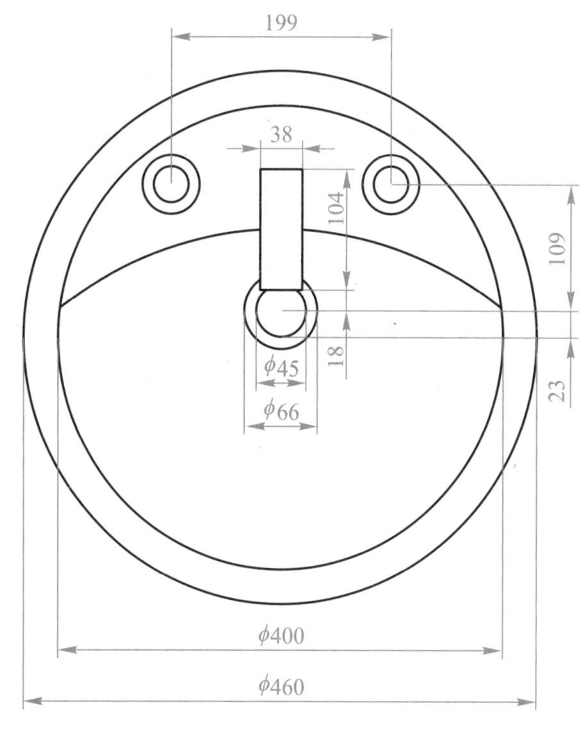

图 5-41　加入直径符号后的图形

（2）用“直径标注”标注直径

单击“直径标注”按钮，命令行提示和操作步骤如下：

命令：dimdiameter

选择圆弧或圆：　//选择直径为 51 的圆

标注文字 = 51

指定尺寸线位置或[多行文字(M)/文字(T)/角度(A)]：　//拖动尺寸线到合适位置

按 Enter 键，命令行提示和操作步骤如下：

命令：dimdiameter

选择圆弧或圆：　//选择直径为 31 的圆

标注文字 = 31

指定尺寸线位置或[多行文字(M)/文字(T)/角度(A)]：　//拖动尺寸线到合适位置

用“直径标注”后的图形如图 5-42 所示。

说明：这些直径也可以选择线性标注方法。

6. 标注半径尺寸

选择“半径”样式为当前尺寸样式。

单击“半径标注”按钮，命令行提示和操作步骤如下：

命令：dimradius

选择圆弧或圆：　//选择要标注的圆弧

标注文字 = 323.56

指定尺寸线位置或[多行文字(M)/文字(T)/角度(A)]：　//拖动尺寸线到合适位置

用“半径标注”完成后的图形如图 5-43 所示。

7. 保存图形

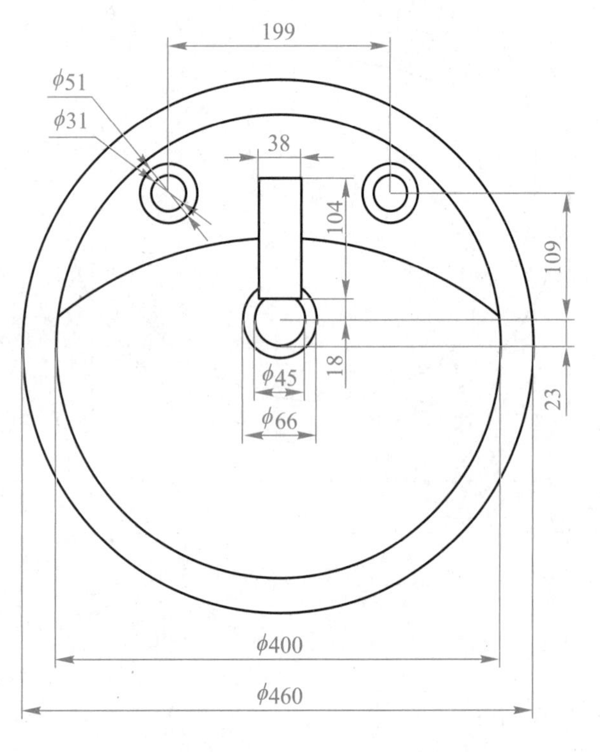

图 5-42　直径标注后的图形

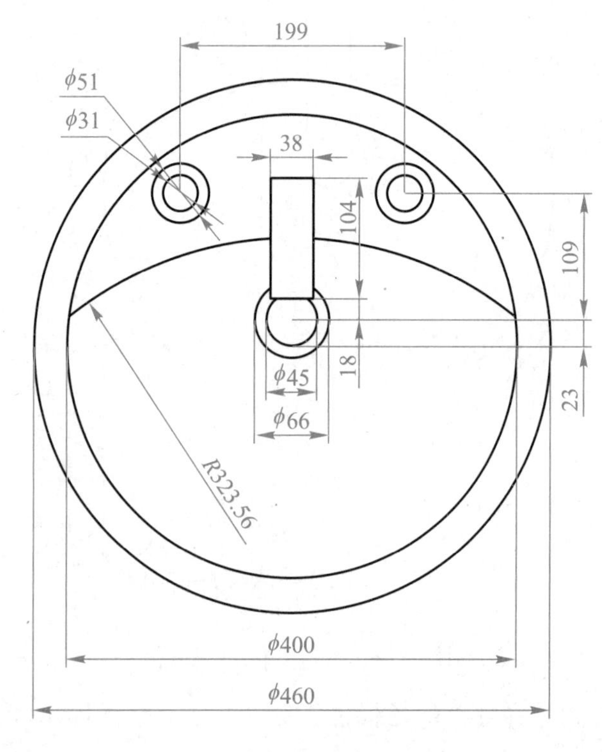

图 5-43　半径标注完成后的图形

序号	评价内容	评价完成效果		
		★★★	★★	★
1	进一步掌握尺寸标注样式的设置方法			
2	掌握直径、半径、角度标注的方法			
3	掌握修改和编辑尺寸的方法			
4	熟练完成任务内容			

1. 完成图 3-4、图 3-6、图 3-33、图 3-57、图 4-36 的尺寸标注。
2. 标注尺寸后,如何修改尺寸数值?

任务 5　打印输出图形

1. 掌握打印图形的设置
2. 掌握输出图形的方法
3. 进一步熟悉块的创建和插入
4. 进一步熟悉表格的绘制和样式设置

将图 5-1 打印成图 5-44 所示的图形,并将图形输出为“客厅布置.wmf”文件。纸张大小为 A3,方向为横向。

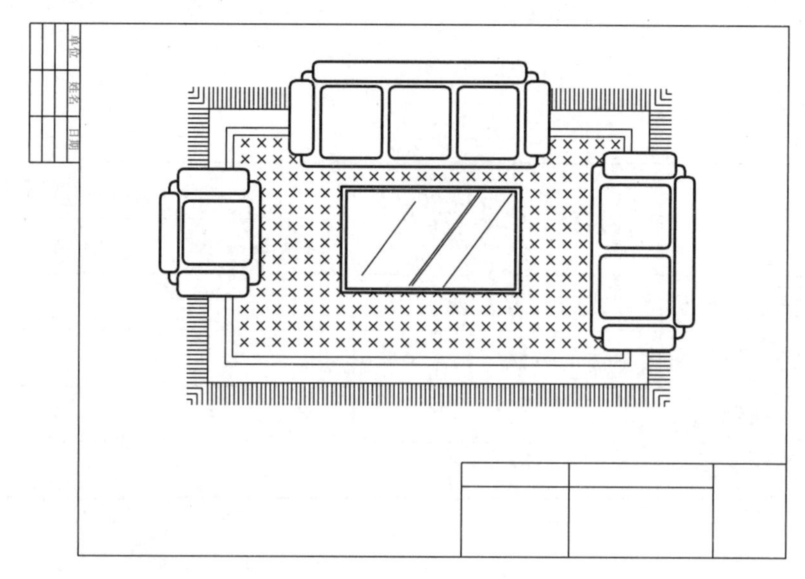

图 5-44　客厅家具布置图

任务分析

本任务中的图形已在前面任务中完成，打印输出图形时，需选择图纸后绘制图框、标题栏和会签栏，具体思路是：

（1）绘制图框、标题栏、会签栏

（2）创建图框块并保存样板图

（3）打开要打印的图形，插入和调整图框

（4）打印图形

完成本任务时涉及的命令有：矩形、设置表格样式、创建表格、旋转、移动、创建图块、插入图块、缩放、打印等命令。

任务实施

一、创建“图框块”

1. 绘制图框

执行矩形命令，绘制 395×287 的矩形。

2. 绘制标题栏

（1）设置表格样式

单击“表格样式”按钮，在弹出的“表格样式”对话框中，单击“新建”按钮，在“创建新的表格样式”对话框中输入“标题”新样式名，执行继续命令，在“新建表格样式”对话框中，在“单元样式”组中的下拉列表中选择“数据”选项，在“文字”选项卡中设置“文字高度”为“8”；在“常规”选项卡的“页边距”组中将“水平”和“垂直”都设置为“1”。单击“确定”按钮，关闭所有对话框，如图 5-45 所示。

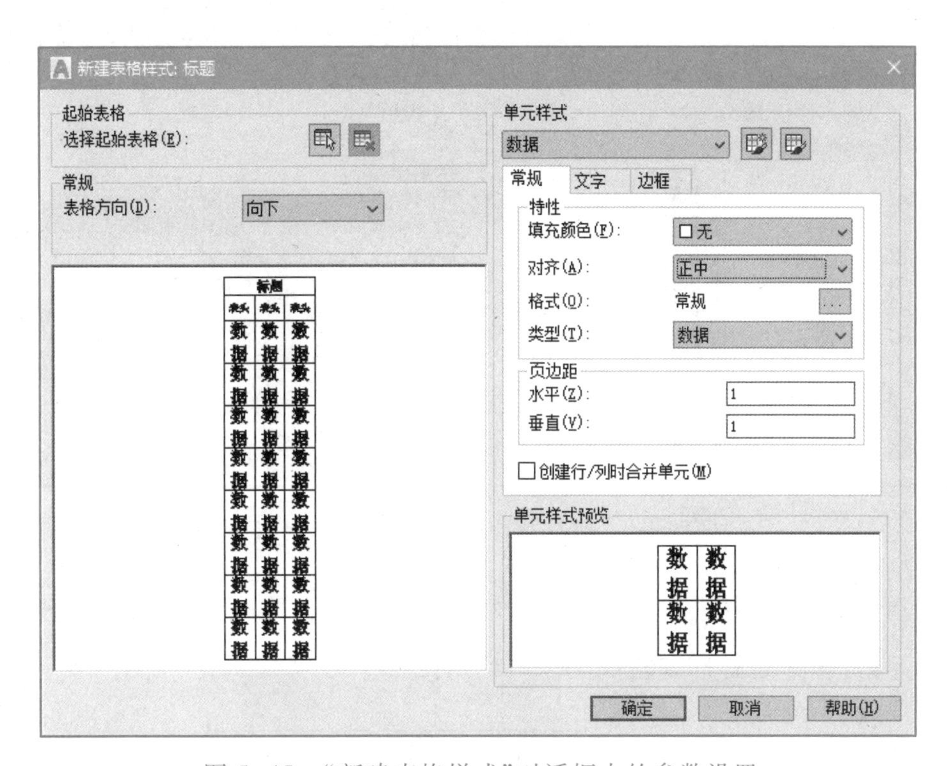

图 5-45 “新建表格样式”对话框中的参数设置

（2）创建表格

单击“表格”按钮，弹出“插入表格”对话框，在“列和行设置”组中设置“列数”为“9”，“列宽”为“20”，“数据行数”为“2”，“行高”为“1”；在“设置单元样式”组中，将“第一行单元样式”和“第二行单元样式”均设为“数据”，如图 5-46 所示。

单击“确定”按钮，在绘图区图框右下角指定位置，生成表格，表格中不输入文字，按 Enter 键，如图 5-47 所示。

（3）调整标题栏

执行移动命令，命令行提示和操作步骤如下：

命令：move

选择对象：找到 1 个//选择表格

选择对象：↙ //按 Enter 键

指定基点或[位移(D)]<位移>： //打开对象捕捉状态，并设置捕捉对象为端点，拾取表格右下角端点

指定第二个点或 <使用第一个点作为位移>： //拾取图框右下角端点

单击表格中的单元格，“表格单元”选项卡被调出。按住 Shift 键，选择 A1、B1、C1 这 3 个单

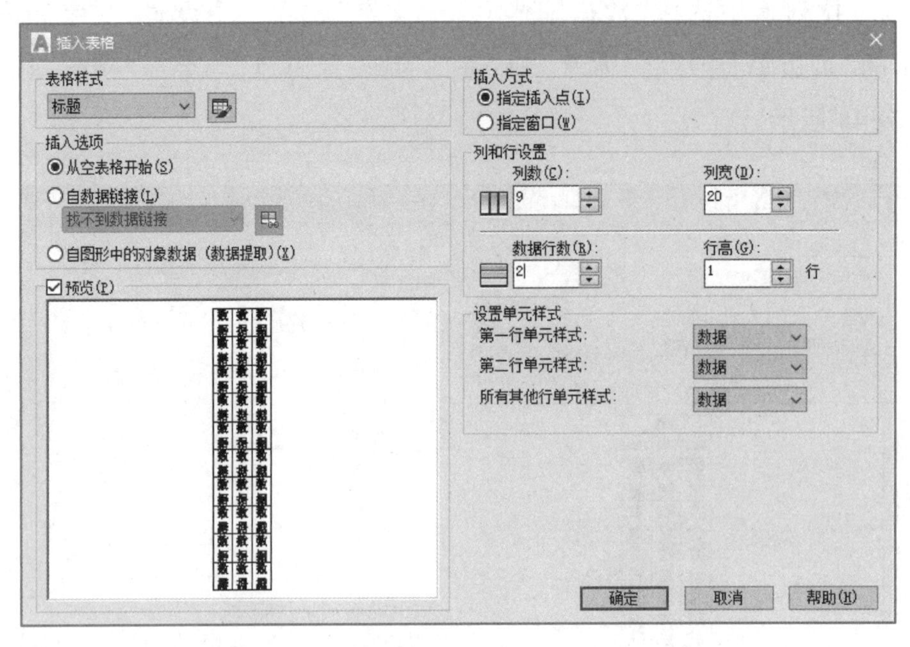

图 5-46 "插入表格"对话框中的参数设置

元格,在"表格单元"选项卡中单击"合并单元格"按钮下拉列表中的"合并全部",按同样方法合并其余单元格,合并后的标题栏如图 5-48 所示。

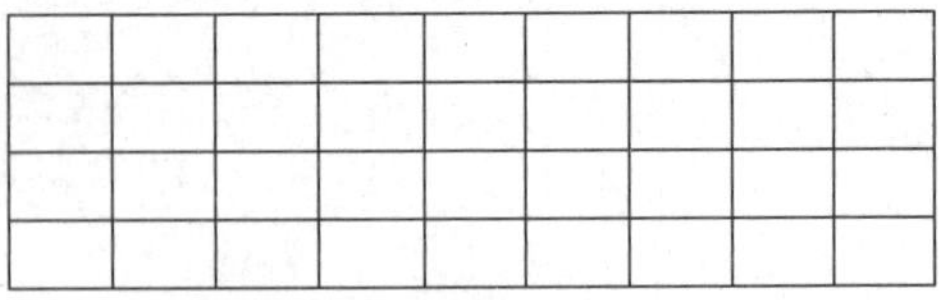

图 5-47 绘制好的表格

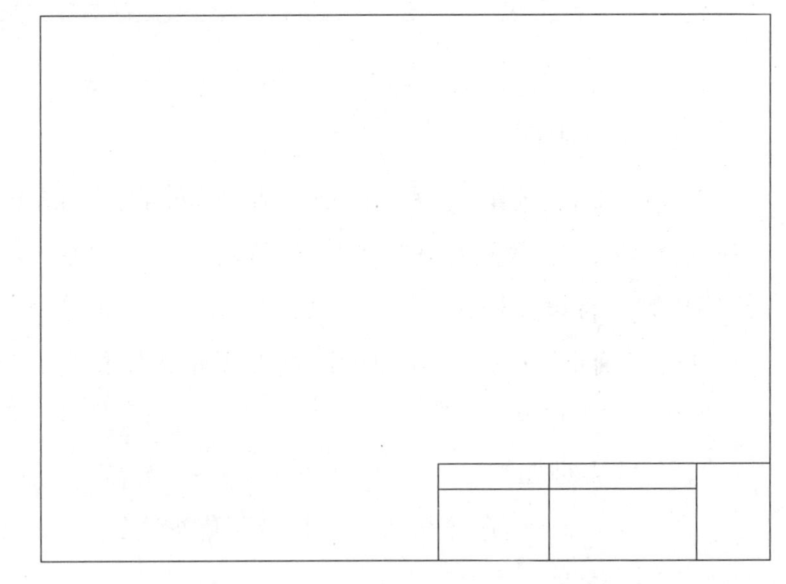

图 5-48 合并单元格后的标题栏

3. 绘制会签栏

(1) 设置会签栏样式

单击"表格样式"按钮,在弹出的"表格样式"对话框中,单击"新建"按钮,在"创建新的表格样式"对话框中输入"会签"新样式名,执行继续命令,在"修改表格样式"对话框中,在"单元样式"组的下拉列表中选择"数据"选项,在"文字"选项卡中设置"文字高度"为"4";在"常规”选项卡“页边距”组将“水平”和“垂直”都设置为“0.5”。

（2）创建表格

单击“绘图”工具栏中的“表格”按钮，弹出“插入表格”对话框，在“列和行设置”组中设置“列数”为“3”，“列宽”为“25”，“数据行数”为“2”，“行高”为“1”；在“设置单元样式”组中，将“第一行单元样式”和“第二行单元样式”均设为“数据”。单击“确定”按钮，在绘图区图框左上角指定位置，生成表格，同时在表格第一行单元格中依次输入“单位”“姓名”“日期”。

（3）调整会签栏

执行旋转命令，命令行提示和操作步骤如下：

命令：rotate

UCS 当前的正角方向： ANGDIR＝逆时针 ANGBASE＝0

选择对象：找到 1 个//选择表格

选择对象：↙ //按 Enter 键

指定基点： //拾取表格左上角端点

指定旋转角度，或［复制（C）/参照（R）］<0>：-90 ↙ //输入-90，按 Enter 键

执行移动命令，命令行提示和操作步骤如下：

命令：move

选择对象：找到 1 个 //选择表格

选择对象：↙ //按 Enter 键

指定基点或［位移（D）］<位移>： //拾取表格右上角端点

指定第二个点或 <使用第一个点作为位移>： //拾取图框左上角端点

绘制会签栏后的图框如图 5-49 所示。

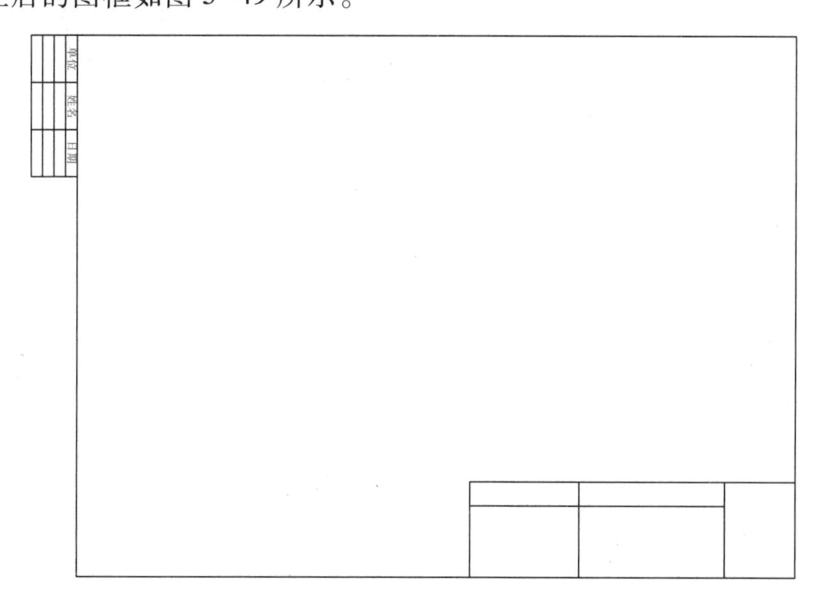

图 5-49 绘制好的图框

4. 创建图框块或保存样板图

在命令行中输入 w，按 Enter 键，在打开的“写块”对话框中，输入文件名与路径，如“d\块文件\A3 图框”；单击“拾取点”按钮，选择矩形左下角端点为基点；单击“选择对象”按钮，在绘图区选取所绘制的图形和表格。单击“确定”按钮，完成图框块的创建。

也可将其保存为样板图。方法是：单击“文件”→“另存为”菜单命令，在弹出的“另存为”对话框中将图形保存为“A3 图框.dwt”格式的文件。

二、绘制图形

可以打开已绘制好的图形，也可以新建一图形文件，绘制图形。本任务中打开已绘制的图形——图 5-1。

三、插入图框

1. 插入图框

在打开的客厅布置图中，单击“插入块”按钮，在弹出的“插入”对话框中，单击“浏览”按钮，选择刚创建的“A3 图框”，单击“打开”按钮，在绘图区中图形的左下方确定一点，插入图块，如图 5-50 所示。

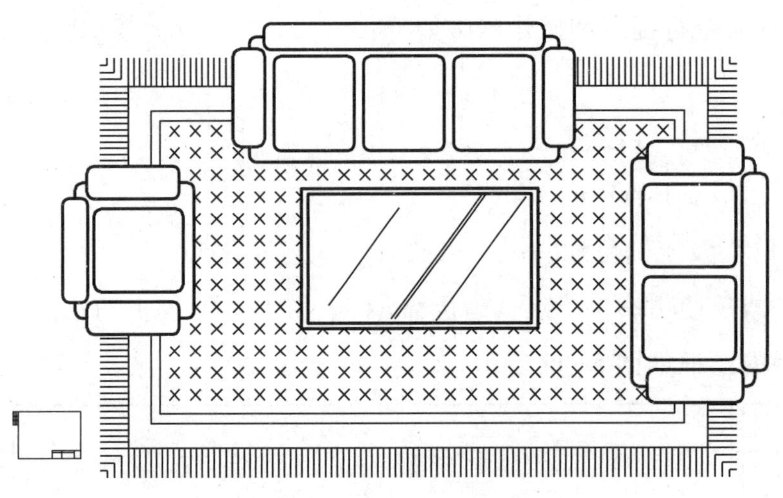

图 5-50 插入块后的图形

2. 调整图框

单击“缩放”按钮，命令行提示和操作步骤如下：

命令：scale

选择对象：找到 1 个 //选取图块

选择对象：↙ //按 Enter 键

指定基点： //选取图框左下角端点

指定比例因子或[复制(C)/参照(R)]：15↙ //目测图框与整个图形之间的比例，估算需放大比例，也可计算图形总长和宽后，计算与图框边线的比例。本处输入放大比例 15，按

Enter 键

进一步调整图框位置和比例，使绘制的整个家具图形放在图框内的合适位置。

调整图框后的图形如图 5-44 所示。

四、打印图形

单击“打印”按钮，弹出“打印-模型”对话框。在该对话框中，选择打印机型号；“图纸尺寸”选择“A3 旋转”；在“打印区域”组的“打印范围”中选择“窗口”选项，在绘图区中用窗选方式选择整个图形；在“打印偏移”组中勾选“居中打印”复选框；在“打印比例”组中勾选“布满图纸”复选框；“图形方向”选择“横向”。

完成设置后，单击“预览”按钮，查看设置效果，按 Esc 键退出预览。观察图形的位置，如不满意重新设置，满意后单击“确定”按钮。

五、输出图形

单击“文件”→“输出”菜单命令，打开“输出数据”对话框。在该对话框中，在“文件类型”下拉列表中选择“图元文件（ *.wmf）”，输入文件名，选择保存位置，单击“确定”按钮，在绘图区中选择整个图形，按 Enter 键，完成输出。

序号	评价内容	评价完成效果		
		★★★	★★	★
1	掌握打印和输出图形的方法			
2	进一步掌握块的创建和插入方法			
3	进一步掌握表格样式的设置方法			
4	熟练运用绘图命令和编辑修改命令			
5	熟练完成任务内容			

巩固提高

1. 制作 A4 图纸的横向图框和样板图。

2. 选定前面任务绘制的一幅图，进行打印设置，纸张大小自定，有条件的可打印图纸。

项目 6　绘制三维图形

在装饰设计中，有时候为了增强设计的视觉效果，需要绘制三维模型。在本项目中，我们将通过完成模型实体的绘制任务，了解和熟悉三维实体的绘制方法。

任务 1　绘 制 凉 亭

1. 掌握圆柱体、正棱柱、圆锥体的绘制方法
2. 掌握坐标系的建立方法
3. 掌握三维阵列、剖切、并集、面域的操作方法

绘制如图 6-1 所示的凉亭模型，其结构尺寸如图 6-2 所示。

凉亭主要由正六棱柱、圆柱体、圆锥体、四面体组成。

创建文件，新建相应图层和设置图层属性后，绘制凉亭的思路如下：

（1）绘制凉亭地面

凉亭地面为正六棱柱，可采用绘制正六边形后进行拉伸的方法完成。

（2）绘制立柱

立柱在正六棱柱上绘制，为便于确定立柱位置，可先建立新的坐标系，绘制一个立柱后利用阵列命令绘制其他立柱。

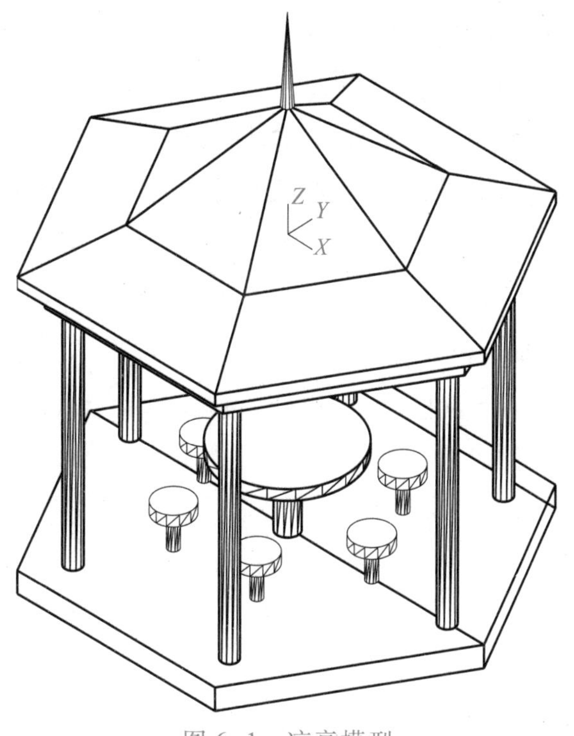

图 6-1　凉亭模型

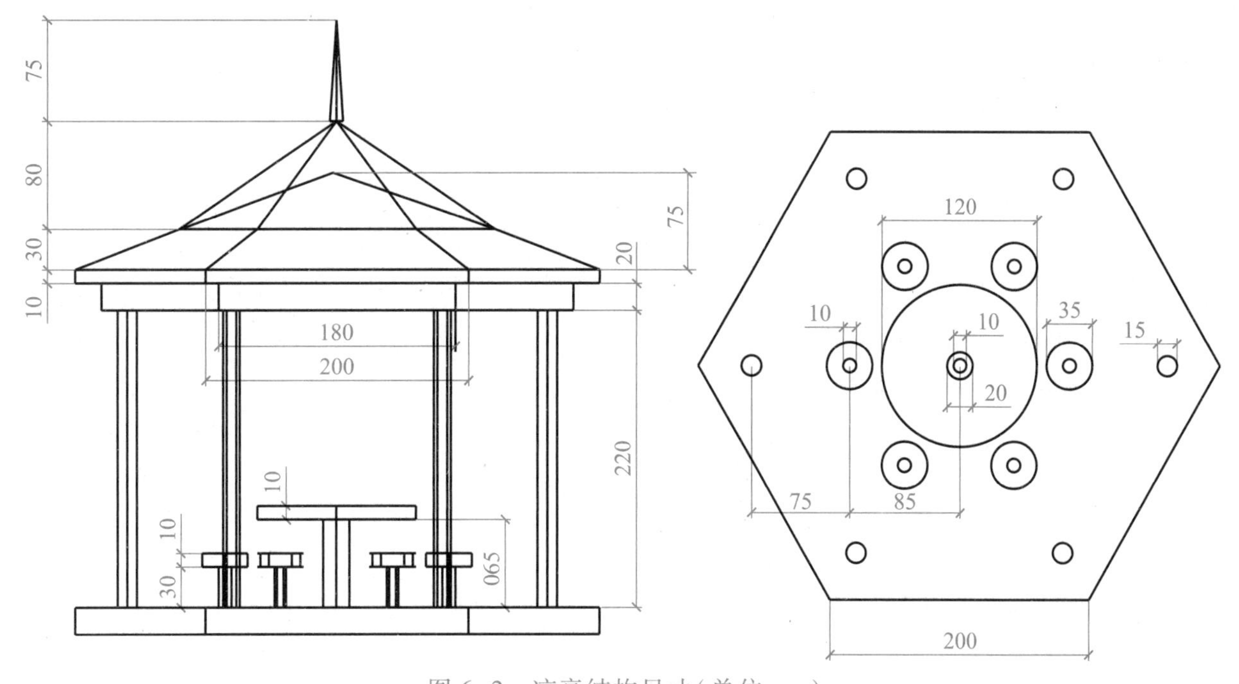

图 6-2　凉亭结构尺寸(单位:cm)

(3) 绘制桌子和凳子

桌子和凳子的图形对象均为圆柱体,绘制底座和桌面或凳子面后将两者合并,执行阵列命令可以绘制其他凳子。

(4) 绘制凉亭顶部

凉亭顶部是在 6 个立柱上建立的,因此为了方便绘制,可重新建立坐标系。

亭顶由两个正六棱柱和六个四面体组成。

正六边体采用拉伸正六边形的方法获得。

四面体的绘制思路是：先绘制两个圆锥体，利用剖切命令，对两个圆锥体进行剖切，剩下两个1/6圆锥体，然后将两个1/6圆锥体分别剖切成四面体，将两个四面体合并。最后阵列6个四面体。

（5）绘制凉亭顶尖

用圆锥体命令绘制凉亭顶尖。

在绘制过程中涉及的主要命令有：正多边形、拉伸、圆柱体、圆锥体、合并、阵列、建立UCS坐标系、剖切等命令。

任务实施

一、创建“凉亭”图形文件

启动AutoCAD，创建名为“凉亭”的文件。新建“地面”“立柱”“桌子”“凳子”“亭顶”图层，各图层颜色分别为“灰色”“红色”“蓝色”“洋红色”“黑色”，其余特性随层或者默认。设置绘图单位为cm。

二、绘制凉亭地面

1. 绘制正六边形

将“地面”图层设为当前图层。

单击“多边形”按钮，命令行提示和操作步骤如下：

命令：polygon 输入侧面数 <6>：↙　//输入6，按Enter键

指定正多边形的中心点或［边(E)］：　//在绘图区确定一点

输入选项［内接于圆(I)/外切于圆(C)］<I>：↙　//按Enter键

指定圆的半径：200↙　//输入200，按Enter键

2. 拉伸正六边形

单击“绘图”→“建模”→“拉伸”菜单命令，命令行提示和操作步骤如下：

命令：extrude

当前线框密度：ISOLINES=4，闭合轮廓创建模式=实体

选择要拉伸的对象或［模式(MO)］：_MO 闭合轮廓创建模式［实体(SO)/曲面(SU)］<实体>：_SO

选择要拉伸的对象或［模式(MO)］：找到1个　//选择正六边形

选择要拉伸的对象或［模式(MO)］：↙　//按Enter键

指定拉伸的高度或［方向(D)/路径(P)/倾斜角(T)/表达式(E)］：20↙　//输入20，按

Enter 键

3. 改变视图显示方式

单击“视图”→“三维视图”→“东南等轴测”菜单命令，改变视图的显示方式，拉伸后的正六边形如图 6-3 所示。

三、绘制立柱

1. 建立 UCS 坐标系

（1）在正六边形顶面绘制辅助线

将“立柱”图层设为当前图层。

单击“直线”按钮，命令行提示和操作步骤如下：

命令：line 指定第一点： //打开对象捕捉状态，并设置捕捉对象为端点，单击正六边形顶面上任一端点

指定下一点或［放弃(U)］： //单击正六边形顶面上刚选择的第一点的对角端点

指定下一点或［放弃(U)］：↙ //按 Enter 键

绘制辅助线后的图形如图 6-4 所示。

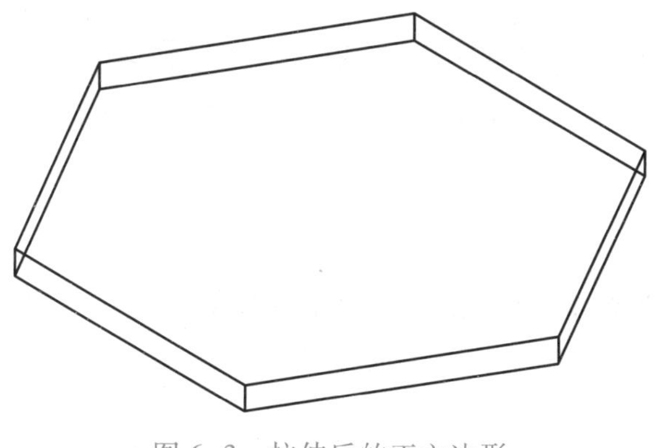

图 6-3　拉伸后的正六边形

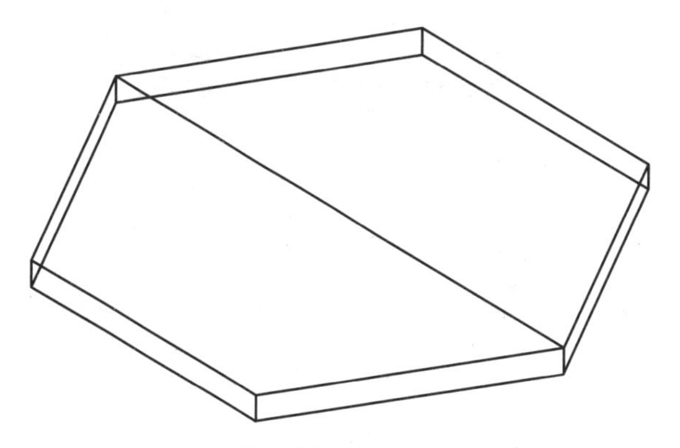

图 6-4　绘制辅助线后的正六边形

（2）建立新用户坐标系

单击“工具”→“新建 UCS”→“三点”菜单命令，命令行提示和操作步骤如下：

命令：ucs

当前 UCS 名称：*世界*

指定 UCS 的原点或［面(F)/命名(NA)/对象(OB)/上一个(P)/视图(V)/世界(W)/X/Y/Z/Z 轴(ZA)］<世界>：_3

指定新原点 <0,0,0>： //打开对象捕捉状态，并设置捕捉对象为中点、端点，单击辅助线的中点

在正 X 轴范围上指定点 <2037.2022,980.9752,20.0000>： //单击辅助线的右下角端点

在 UCS XY 平面的正 Y 轴范围上指定点 <2036.2022,981.9752,20.0000>：↙ //按 Enter 键

改变坐标系后的图形如图 6-5 所示。

2. 绘制立柱

单击“绘图”→“建模”→“圆柱体”菜单命令，命令行提示和操作步骤如下：

命令：cylinder

指定底面的中心点或［三点(3P)/两点(2P)/切点、切点、半径(T)/椭圆(E)］：160,0,0↙ //输入 160,0,0，按 Enter 键

指定底面半径或［直径(D)］：7.5↙ //输入 7.5，按 Enter 键

指定高度或［两点(2P)/轴端点(A)］<20.0000>：220↙ //输入 220，按 Enter 键

绘制立柱后的图形如图 6-6 所示。

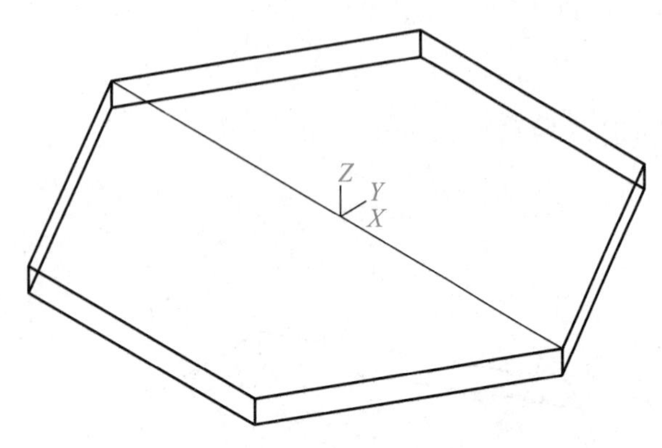

图 6-5 改变坐标系后的图形

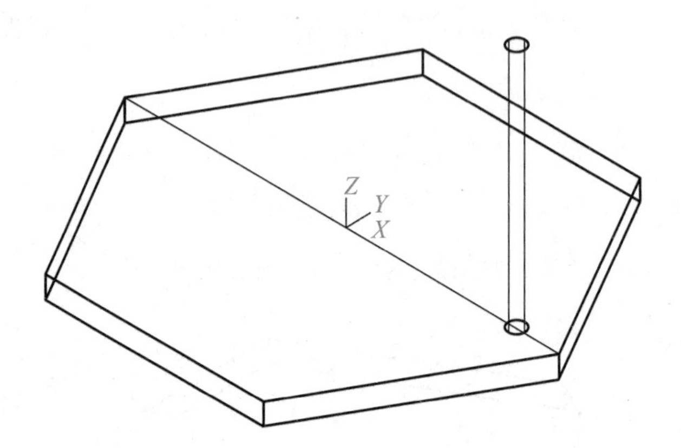

图 6-6 绘制立柱后的图形

3. 阵列其他立柱

单击“修改”→“三维操作”→“三维阵列”菜单命令，命令行提示和操作步骤如下：

命令：3darray

正在初始化... 已加载 3DARRAY。

选择对象：找到 1 个 //选择立柱

选择对象：↙ //按 Enter 键

输入阵列类型［矩形(R)/环形(P)］<矩形>：p↙ //输入 p，按 Enter 键

输入阵列中的项目数目：6↙ //输入 6，按 Enter 键

指定要填充的角度（+=逆时针，-=顺时针）<360>：↙ //按 Enter 键

旋转阵列对象？［是(Y)/否(N)］<Y>：↙ //按 Enter 键

指定阵列的中心点：↙ //输入 0,0,0，或捕捉辅助线中点，按 Enter 键

指定旋转轴上的第二点：0,0,50↙ //输入 0,0,50，按 Enter 键

阵列立柱后的图形如图 6-7 所示。

四、绘制桌子

将“桌子”图层设为当前图层。

1. 绘制桌子底座

单击“绘图”→“建模”→“圆柱体”菜单命令，命令行提示和操作步骤如下：

命令：cylinder

指定底面的中心点或［三点(3P)/两点(2P)/切点、切点、半径(T)/椭圆(E)］：↙　//捕捉辅助线中点

指定底面半径或［直径(D)］<7.5000>：10↙　//输入 10，按 Enter 键

指定高度或［两点(2P)/轴端点(A)］<220.0000>：65↙　//输入 65，按 Enter 键

2. 绘制桌面

单击“绘图”→“建模”→“圆柱体”菜单命令，命令行提示和操作步骤如下：

命令：cylinder

指定底面的中心点或［三点(3P)/两点(2P)/切点、切点、半径(T)/椭圆(E)］：0,0,65↙　//输入 0,0,65，按 Enter 键

指定底面半径或［直径(D)］<10.0000>：60↙　//输入 60，按 Enter 键

指定高度或［两点(2P)/轴端点(A)］<65.0000>：10↙　//输入 10，按 Enter 键

绘制桌子后的图形如图 6-8 所示。

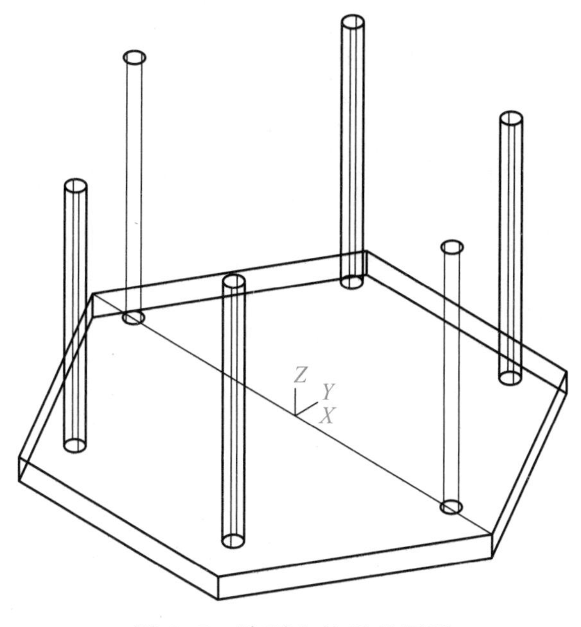

图 6-7　阵列立柱后的图形

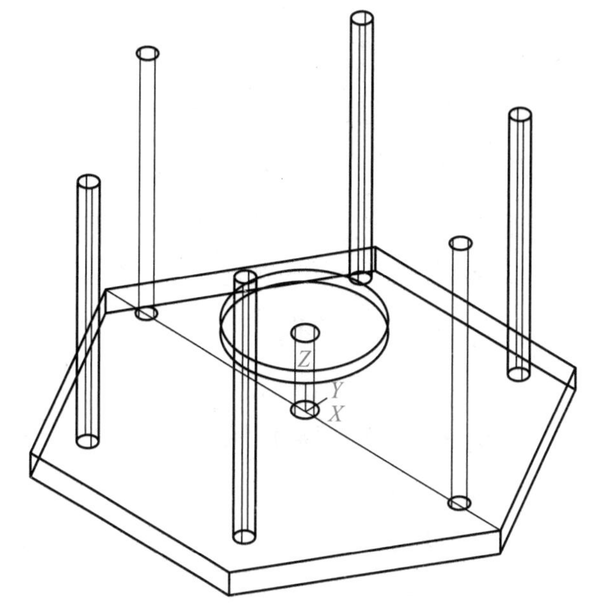

图 6-8　绘制桌子后的图形

3. 合并桌子底座和桌面

单击“修改”→“实体编辑”→“并集”菜单命令，命令行提示和操作步骤如下：

命令：union

选择对象：找到 1 个　//选择桌子底座

选择对象：找到 1 个，总计 2 个　//选择桌面

选择对象:↙ //按 Enter 键

五、绘制凳子

1. 绘制凳子底座

将“凳子”图层设为当前图层。

单击“绘图”→“建模”→“圆柱体”菜单命令,命令行提示和操作步骤如下:

命令:cylinder

指定底面的中心点或[三点(3P)/两点(2P)/切点、切点、半径(T)/椭圆(E)]:85,0,0↙ //输入 85,0,0,按 Enter 键

指定底面半径或[直径(D)]<60.0000>:5↙ //输入 5,按 Enter 键

指定高度或[两点(2P)/轴端点(A)]<10.0000>:30↙ //输入 30,按 Enter 键

2. 绘制凳子面

单击“绘图”→“建模”→“圆柱体”菜单命令,命令行提示和操作步骤如下:

命令:cylinder

指定底面的中心点或[三点(3P)/两点(2P)/切点、切点、半径(T)/椭圆(E)]: //打开对象捕捉,并设置捕捉对象为圆心,利用窗口缩放命令放大凳子底座,捕捉上表面圆心

指定底面半径或[直径(D)]<5.0000>:17.5↙ //输入 17.5,按 Enter 键

指定高度或[两点(2P)/轴端点(A)]<30.0000>:10↙ //输入 10,按 Enter 键

3. 合并凳子底座和凳子面

单击“修改”→“实体编辑”→“并集”菜单命令,命令行提示和操作步骤如下:

命令:union

选择对象:找到 1 个 //选择凳子底座

选择对象:找到 1 个,总计 2 个 //选择凳子面

选择对象:↙ //按 Enter 键

绘制凳子后的图形如图 6-9 所示。

4. 阵列凳子

单击“修改”→“三维操作”→“三维阵列”菜单命令,命令行提示和操作步骤如下:

命令:3darray

选择对象:找到 1 个 //选择凳子

选择对象:↙ //按 Enter 键

输入阵列类型[矩形(R)/环形(P)]<矩形>:p↙ //输入 p,按 Enter 键

输入阵列中的项目数目:6↙ //输入 6,按 Enter 键

指定要填充的角度(+=逆时针,-=顺时针)<360>:↙ //按 Enter 键

旋转阵列对象?[是(Y)/否(N)]<Y>:↙ //按 Enter 键

指定阵列的中心点： //捕捉辅助线中点

指定旋转轴上的第二点： //捕捉桌子顶面圆心

阵列凳子后的图形如图 6-10 所示。

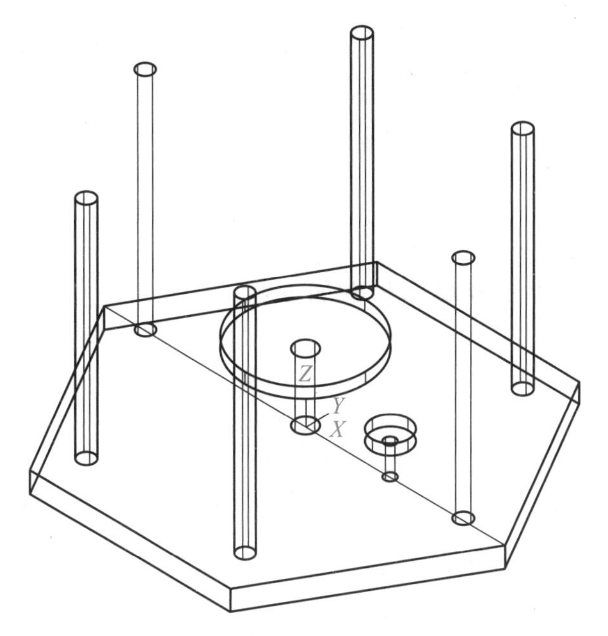

图 6-9 绘制凳子后的图形

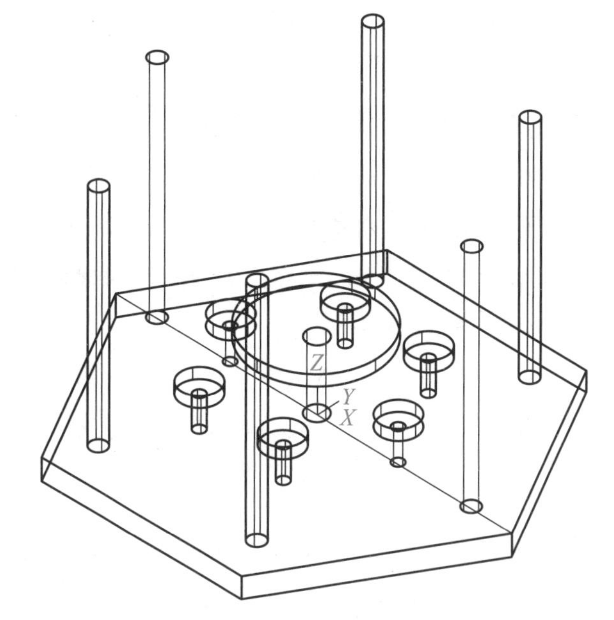

图 6-10 阵列凳子后的图形

六、绘制凉亭顶部

1. 绘制辅助线

将“亭顶”图层设为当前图层。

单击“直线”按钮,命令行提示和操作步骤如下：

命令：line 指定第一点： //捕捉立柱顶面圆心

指定下一点或［放弃(U)］： //捕捉刚选择的第一点的对角的立柱顶面圆心

指定下一点或［放弃(U)］：↙ //按 Enter 键

2. 建立新的用户坐标系

单击“工具”→“新建 UCS”→“三点”菜单命令,命令行提示和操作步骤如下：

命令：ucs

当前 UCS 名称：＊世界＊

指定 UCS 的原点或［面(F)/命名(NA)/对象(OB)/上一个(P)/视图(V)/世界(W)/X/Y/Z/Z 轴(ZA)］<世界>：_3

指定新原点 <0,0,0>： //单击辅助线的中点

在正 X 轴范围上指定点 <2037.2022,980.9752,20.0000>： //单击辅助线的右下角端点

在 UCS XY 平面的正 Y 轴范围上指定点 <2036.2022,981.9752,20.0000>：↙ //按 Enter 键

凉亭顶部改变坐标系后的图形如图 6-11 所示。

3. 绘制亭顶下底座

(1) 绘制正六边形

单击“多边形”按钮，命令行提示和操作步骤如下：

命令：polygon 输入侧面数 <6>:↙　//输入 6，按 Enter 键

指定正多边形的中心点或［边(E)］：　//单击辅助线中点

输入选项［内接于圆(I)/外切于圆(C)］<I>:↙　//按 Enter 键

指定圆的半径：180↙　//输入 180，按 Enter 键

(2) 拉伸正六边形

单击“绘图”→“建模”→“拉伸”菜单命令，命令行提示和操作步骤如下：

命令：extrude

当前线框密度：ISOLINES=4，闭合轮廓创建模式=实体

选择要拉伸的对象或［模式(MO)］：_MO 闭合轮廓创建模式［实体(SO)/曲面(SU)］<实体>：_SO

选择要拉伸的对象或［模式(MO)］：找到 1 个　//选择正六边形

选择要拉伸的对象或［模式(MO)］：↙　//按 Enter 键

指定拉伸的高度或［方向(D)/路径(P)/倾斜角(T)/表达式(E)］<10.0000>：20↙　//输入 20，按 Enter 键

绘制亭顶下底座后的图形如图 6-12 所示。

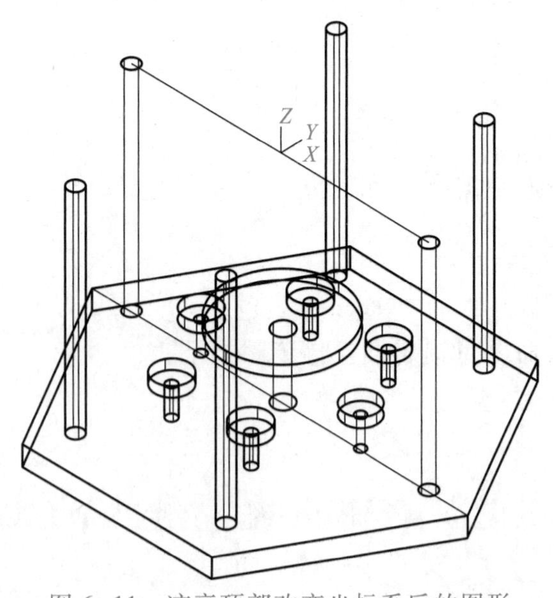

图 6-11　凉亭顶部改变坐标系后的图形

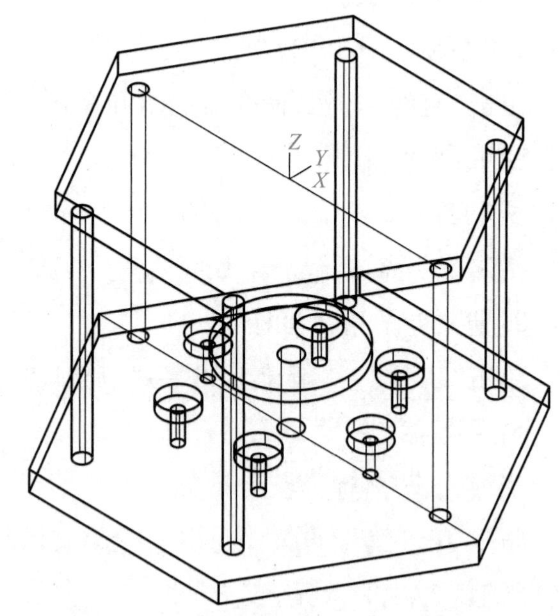

图 6-12　绘制亭顶下底座后的图形

4. 绘制亭顶上底座

绘制方法同绘制下底座，不再赘述。注意，绘制正六边形时，正多边形的中心点输入“0,0,20”，指定圆的半径输入“200”；拉伸正六边形时，拉伸高度输入“10”。

绘制亭顶上底座后的图形如图 6-13 所示。

如果绘制的两个正六边体不对正，可执行“修改”→“三维操作”→“三维旋转”菜单命令，对其中一个正六边体进行旋转。

5. 绘制亭顶圆锥体

(1) 绘制辅助线

单击“直线”按钮，命令行提示和操作步骤如下：

命令：line 指定第一点： //单击底座上表面的一个端点

指定下一点或［放弃(U)］： //捕捉刚选择的第一点的对角端点

指定下一点或［放弃(U)］：↙ //按 Enter 键

(2) 建立新的用户坐标系

单击“工具”→“新建 UCS”→“三点”菜单命令，命令行提示和操作步骤如下：

命令：ucs

当前 UCS 名称：* 世界 *

指定 UCS 的原点或［面(F)/命名(NA)/对象(OB)/上一个(P)/视图(V)/世界(W)/X/Y/Z/Z 轴(ZA)］<世界>：_3

指定新原点 <0,0,0>： //单击辅助线的中点

在正 X 轴范围上指定点 <2037.2022,980.9752,20.0000>： //单击辅助线的右下角端点

在 UCS XY 平面的正 Y 轴范围上指定点 <2036.2022,981.9752,20.0000>：↙ //按 Enter 键

图形中由于线框太多，为了查看图形效果，可单击“视图”→“消隐”菜单命令，效果如图 6-14 所示。

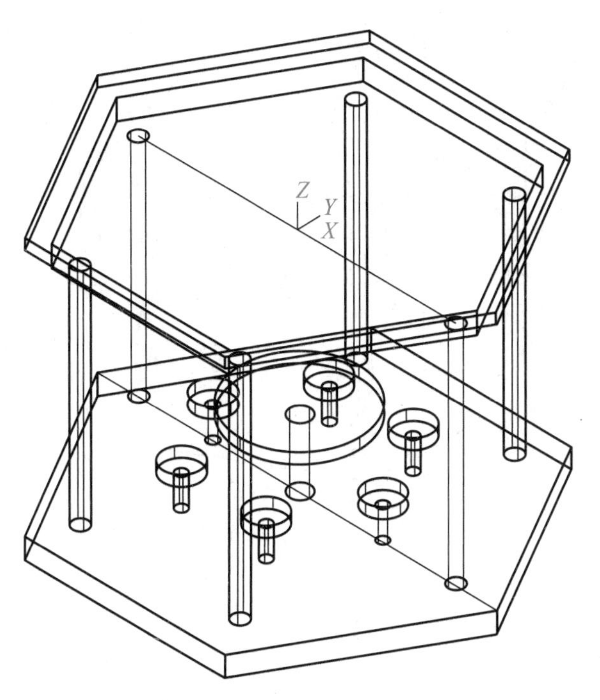

图 6-13 绘制亭顶上底座后的图形

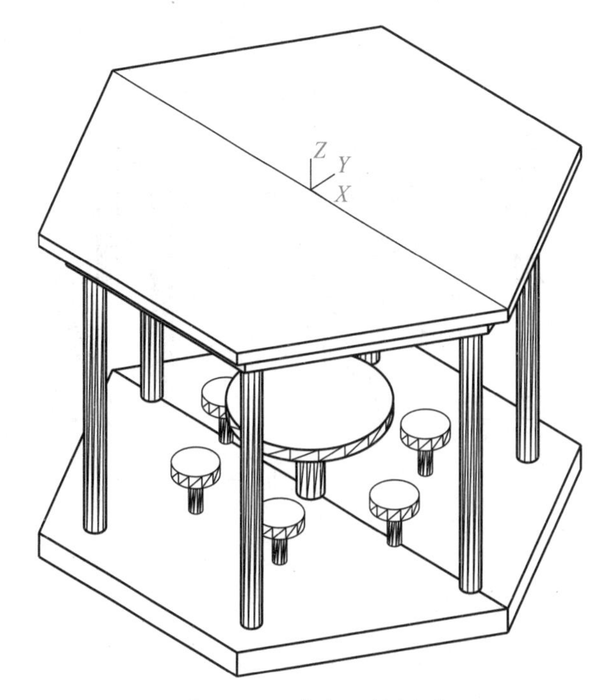

图 6-14 消隐后的图形

（3）绘制亭顶大圆锥体

单击“绘图”→“建模”→“圆锥体”菜单命令，命令行提示和操作步骤如下：

命令：cone

指定底面的中心点或［三点(3P)/两点(2P)/切点、切点、半径(T)/椭圆(E)］：　//单击辅助线中点

指定底面半径或［直径(D)］<120.0000>：200↙　//输入200，按Enter键

指定高度或［两点(2P)/轴端点(A)/顶面半径(T)］<30.0000>：75↙　//输入75，按Enter键

单击“消隐”命令，查看绘图效果，如图6-15所示。

（4）绘制亭顶小圆锥体

单击“绘图”→“建模”→“圆锥体”菜单命令，命令行提示和操作步骤如下：

命令：cone

指定底面的中心点或［三点(3P)/两点(2P)/切点、切点、半径(T)/椭圆(E)］：0,0,30↙　//输入0,0,30，按Enter键

指定底面半径或［直径(D)］<17.5000>：120↙　//输入120，按Enter键

指定高度或［两点(2P)/轴端点(A)/顶面半径(T)］<10.0000>：80↙　//输入80，按Enter键

单击“消隐”命令，查看绘图效果，如图6-16所示。

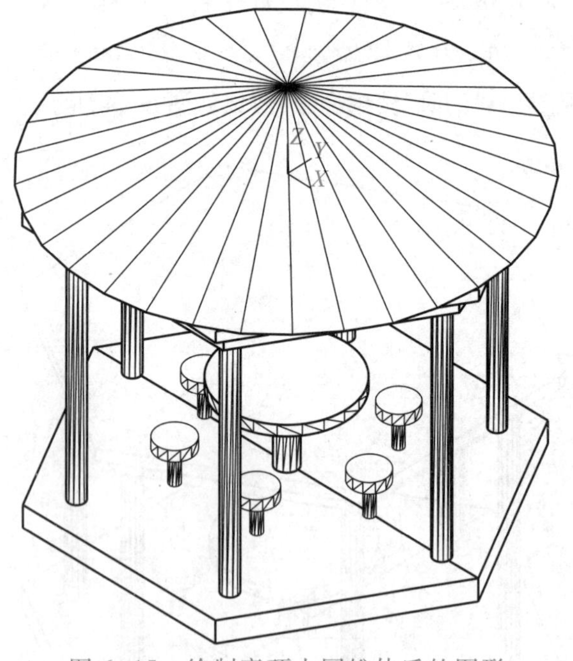

图6-15　绘制亭顶大圆锥体后的图形

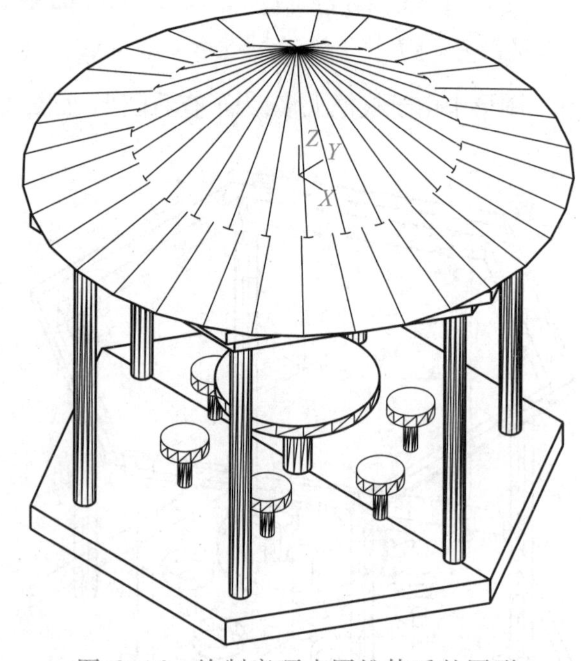

图6-16　绘制亭顶小圆锥体后的图形

6. 剖切圆锥体

（1）剖切两个圆锥体至1/2

单击“修改”→“三维操作”→“剖切”菜单命令，命令行提示和操作步骤如下：

命令：slice

选择要剖切的对象：找到 1 个　//选择小圆锥体

选择要剖切的对象：找到 1 个,总计 2 个　//选择大圆锥体

选择要剖切的对象：↙　//按 Enter 键

指定切面的起点或[平面对象(O)/曲面(S)/Z 轴(Z)/视图(V)/XY(XY)/YZ(YZ)/ZX(ZX)/三点(3)]<三点>：　//单击正六棱柱上绘制的辅助线的一个端点

指定平面上的第二个点：　//单击正六棱柱上绘制的辅助线的另一个端点

在所需的侧面上指定点或[保留两个侧面(B)]<保留两个侧面>：　//在圆锥体一侧单击

剖切 1/2 圆锥体后的图形如图 6-17 所示。

(2) 剖切两个圆锥体至 1/6

单击"修改"→"三维操作"→"剖切"菜单命令,命令行提示和操作步骤如下：

命令：slice

选择要剖切的对象：找到 1 个　//选择小圆锥体

选择要剖切的对象：找到 1 个,总计 2 个　//选择大圆锥体

选择要剖切的对象：↙　//按 Enter 键

指定切面的起点或[平面对象(O)/曲面(S)/Z 轴(Z)/视图(V)/XY(XY)/YZ(YZ)/ZX(ZX)/三点(3)]<三点>：　//单击大圆锥体顶点

指定平面上的第二个点：　//单击上方正六边体与大圆锥体的一个相交端点

在所需的侧面上指定点或[保留两个侧面(B)]<保留两个侧面>：　//在保留的 1/6 圆锥体上单击

剖切至 1/6 圆锥体后的图形如图 6-18 所示。

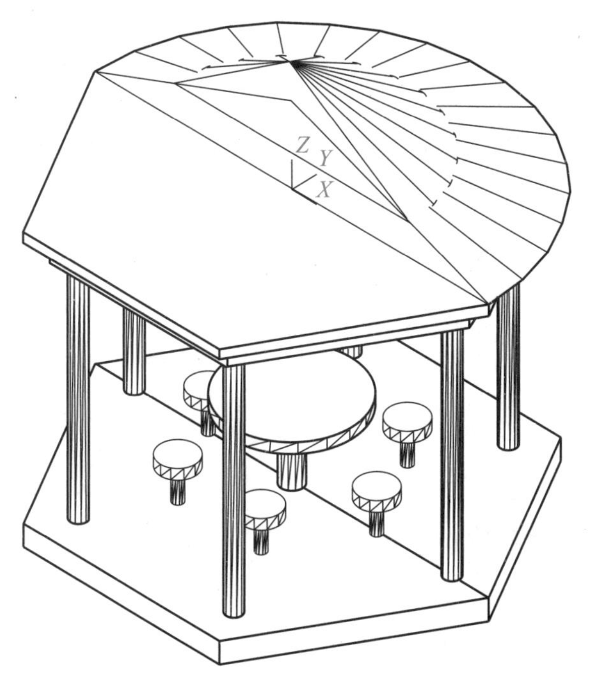

图 6-17　剖切 1/2 圆锥体后的图形

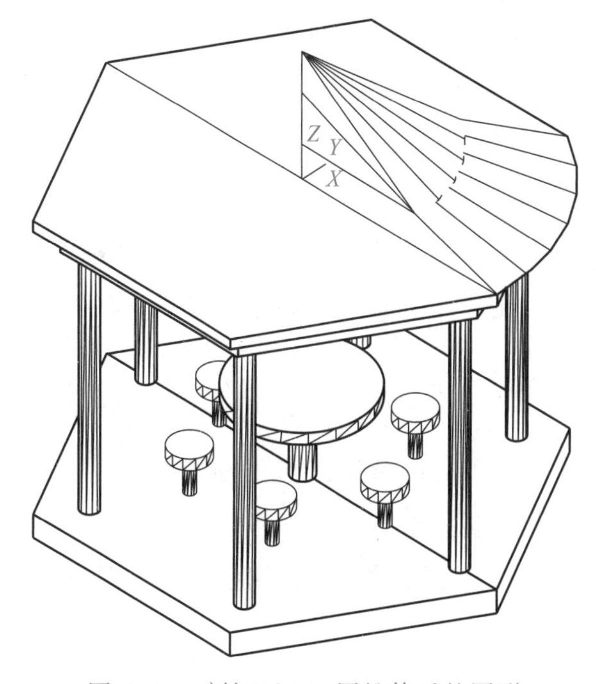

图 6-18　剖切至 1/6 圆锥体后的图形

（3）将大圆锥体剖切为四面体

① 绘制辅助剖切面。

单击“直线”按钮,命令行提示和操作步骤如下：

命令：line 指定第一点： //打开对象捕捉状态,并设置捕捉对象为端点,单击大圆锥体的顶点

指定下一点或［放弃(U)］： //单击大圆锥体底面的一个端点

指定下一点或［放弃(U)］： //单击大圆锥体底面的另一个端点

指定下一点或［放弃(U)］： //单击大圆锥体底面的顶点

指定下一点或［放弃(U)］：↙ //按 Enter 键

② 创建面域。

单击“绘图”→“面域”菜单命令,命令行提示和操作步骤如下：

命令：region

选择对象：找到 1 个 //选择绘制的直线

选择对象：找到 1 个,总计 2 个 //选择绘制的第 2 条直线

选择对象：找到 1 个,总计 3 个 //选择绘制的第 3 条直线

选择对象：↙ //按 Enter 键

③ 将大圆锥体剖切为四面体。

单击“修改”→“三维操作”→“剖切”菜单命令,命令行提示和操作步骤如下：

命令：slice

选择要剖切的对象：找到 1 个 //选择 1/6 的大圆锥体

选择要剖切的对象：↙ //按 Enter 键

指定切面的起点或［平面对象(O)/曲面(S)/Z 轴(Z)/视图(V)/XY(XY)/YZ(YZ)/ZX(ZX)/三点(3)］<三点>：o↙ //输入 o,按 Enter 键

选择用于定义剖切平面的圆、椭圆、圆弧、二维样条线或二维多段线： //选择创建的面域

在所需的侧面上指定点或［保留两个侧面(B)］<保留两个侧面>： //在要保留的四面体上单击。也可以按 Enter 键,保留两个侧面,然后删除要剖切的那部分

大圆锥体被剖切为四面体后的图形如图 6-19 所示。

（4）将小圆锥体剖切为四面体

绘制方法和步骤同将大圆锥体剖切为四面体,不再赘述,请自行绘制。

小圆锥体被剖切为四面体后的图形如图 6-20 所示。

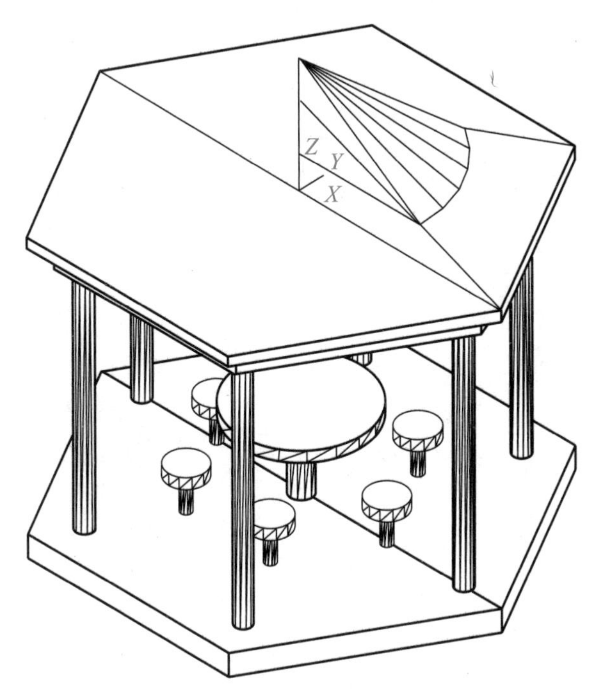

图 6-19　大圆锥体被剖切为四面体后的图形

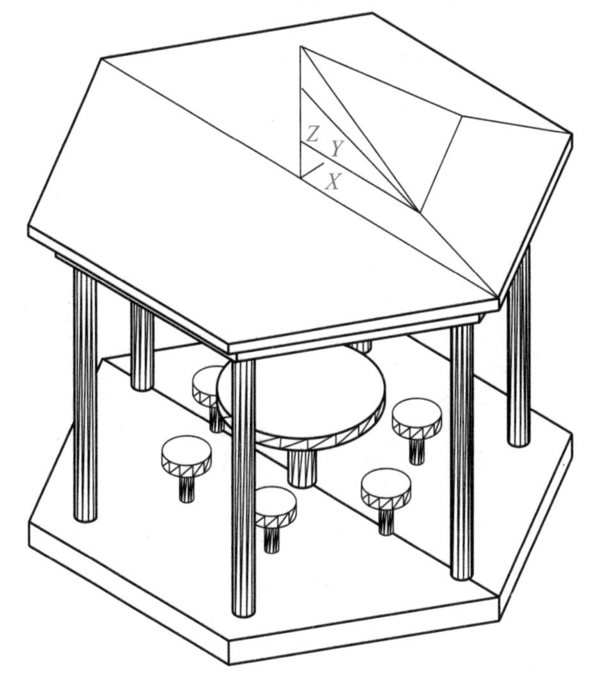

图 6-20　小圆锥体被剖切为四面体后的图形

（5）合并两个四面体

单击“修改”→“实体编辑”→“并集”菜单命令，命令行提示和操作步骤如下：

命令：union

选择对象：找到 1 个　//选择大四面体

选择对象：找到 1 个，总计 2 个　//选择小四面体

选择对象：↙　//按 Enter 键

合并两个四面体后的图形如图 6-21 所示。

7. 阵列四面体

单击“修改”→“三维操作”→“三维阵列”菜单命令，命令行提示和操作步骤如下：

命令：3darray

选择对象：找到 1 个　//选择合并后的四面体

选择对象：↙　//按 Enter 键

输入阵列类型［矩形(R)/环形(P)］<矩形>：p↙　//输入 p，按 Enter 键

输入阵列中的项目数目：6↙　//输入 6，按 Enter 键

指定要填充的角度（+=逆时针，-=顺时针）<360>：↙　//按 Enter 键

旋转阵列对象？［是(Y)/否(N)］<Y>：↙　//按 Enter 键

指定阵列的中心点：　//打开对象捕捉状态，并设置捕捉对象为端点，单击四面体在 Z 轴上的一个端点

指定旋转轴上的第二点：_.UCS　//单击四面体在 Z 轴上的另一个端点

阵列四面体后的图形如图 6-22 所示。

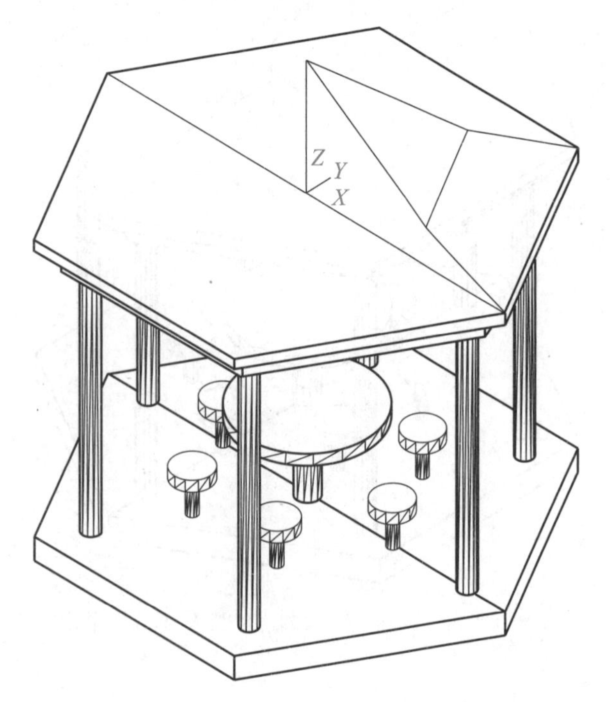

图 6-21　合并两个四面体后的图形

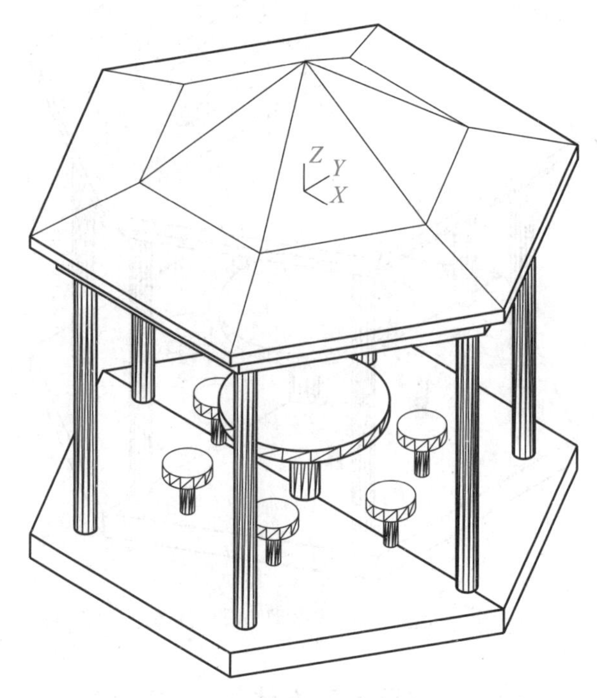

图 6-22　阵列四面体后的图形

七、绘制凉亭顶尖

单击“绘图”→“建模”→“圆锥体”菜单命令，命令行提示和操作步骤如下：

命令：cone

指定底面的中心点或［三点(3P)/两点(2P)/切点、切点、半径(T)/椭圆(E)］：　//单击四面体在 Z 轴上的顶部端点

指定底面半径或［直径(D)］<17.5000>:5↙

//输入 5，按 Enter 键

指定高度或［两点(2P)/轴端点(A)/顶面半径(T)］<10.0000>：80↙　//输入 80，按 Enter 键

绘制顶尖后的图形如图 6-23 所示。

八、删除辅助线和辅助面

选择两条辅助线和辅助的面域，按 Delete 键。

九、调整视图观察位置

单击“视图”→“动态观察”→“受约束的动态观察”菜单命令，在绘图区中拖动鼠标，视图观察位置也随之变化，最终将视图调整到图 6-1 要求的位置。

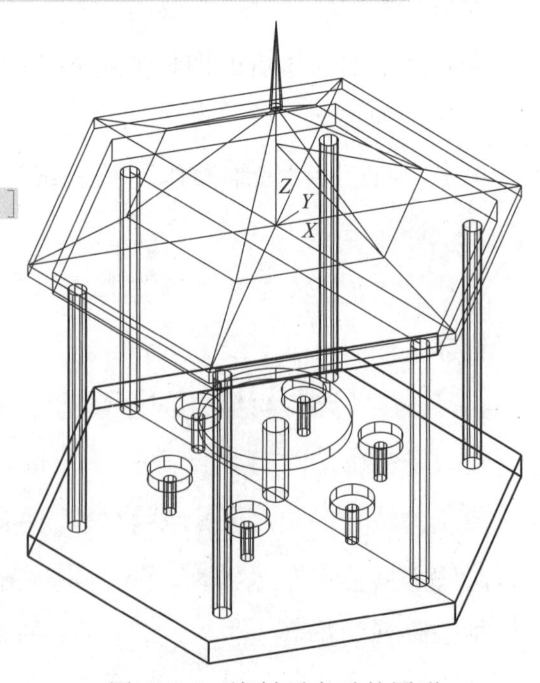

图 6-23　绘制顶尖后的图形

任务评价

序号	评价内容	评价完成效果		
		★★★	★★	★
1	掌握圆柱体、正多边体、圆锥体的绘制方法			
2	掌握坐标系的建立方法			
3	掌握三维阵列、剖切、并集、面域的操作方法			
4	比较顺利地完成任务内容			
5	了解本任务的完成思路			

巩固提高

1. 通过完成本任务，对你进行三维图形的绘制有哪些启发？
2. 试着改变三维视图类型，观察实体的变化。

任务2　绘制书柜

任务目标

1. 掌握长方体、球体的绘制方法
2. 掌握坐标系的调整方法
3. 掌握三维镜像、剖切、差集、面域的操作方法

任务内容

绘制如图6-24所示的书柜，其各部分尺寸如图6-25所示。

有关尺寸说明：

① 左挡板A处倒圆角半径为100 mm，B处倒圆角半径为50 mm，其余倒圆角半径为30 mm。后挡板各处倒角半径为200 mm。板厚20 mm。

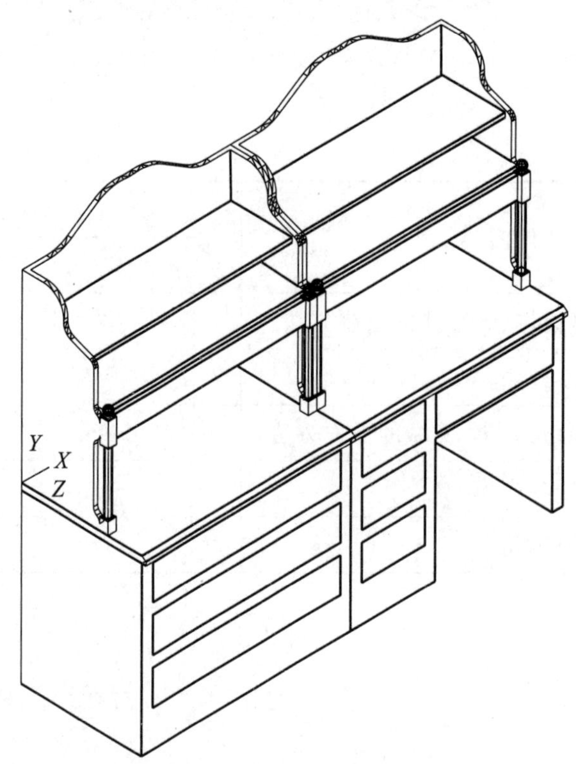

图 6-24 书柜实体模型

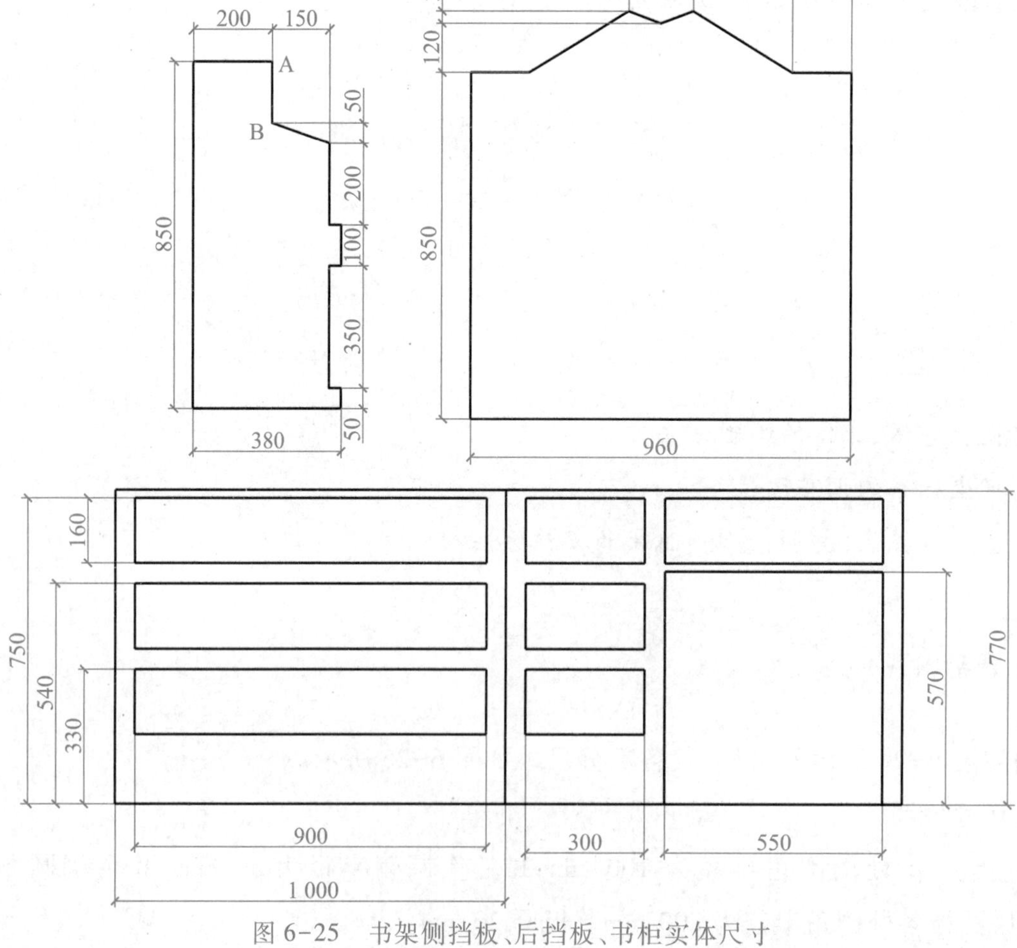

图 6-25 书架侧挡板、后挡板、书柜实体尺寸

② 挡板处立柱长方体长、宽分别为 40 mm、40 mm，高分别为 60 mm、120 mm，倒圆角半径为 5 mm。

③ 挡板处立柱圆柱体半径为 15 mm，高为 280 mm。

④ 挡板处立柱球体半径为 20 mm。

⑤ 书架下隔板长、宽、厚分别为 960 mm、360 mm、20 mm，上隔板长、宽、厚分别为 960 mm、300 mm、20 mm，横挡板长、厚、高分别为 960 mm、20 mm、100 mm。下隔板上表面距离柜面 450 mm。上隔板上表面距离柜面 650 mm。

⑥ 柜体宽 580 mm。柜面长、宽、厚分别为 1 000 mm、60 mm、30 mm，倒斜边 45°。

任务分析

书柜主要由长方体、圆柱体、球体组成。

创建文件，新建相应图层和设置图层属性后，绘制书柜的思路如下：

(1) 绘制柜体和柜面

执行长方体命令绘制柜体和柜面，然后剖切柜面棱边，复制柜体和柜面。

(2) 绘制柜体抽屉面

执行长方体命令和复制命令绘制柜体抽屉面，然后使用差集命令修剪右柜体。

(3) 绘制书架挡板

执行多段线命令绘制挡板平面，对多段线使用拉伸命令获得挡板，倒出挡板圆角。

(4) 绘制挡板处立柱

执行长方体、圆柱体、球体、倒圆角边以及合并命令，绘制出挡板处立柱，然后镜像挡板部分。

(5) 绘制书架后挡板

执行多段线命令绘制书架后挡板轮廓，然后将后挡板轮廓拉伸并倒圆角边。

(6) 绘制书架隔板

执行长方体命令，绘制书架的隔板。

(7) 合并书架各部分

将书架各部分合并，然后在右侧柜体上复制书架。

在绘制过程中涉及的主要命令有：长方体、球体、圆柱体、多段线、拉伸、面域、合并、差集、建立 UCS 坐标系、剖切、镜像、复制等命令。

任务实施

1. 创建“书柜”图形文件

启动 AutoCAD，新建名为“书柜”的文件。打开图层特性管理器，新建名为“柜体”“柜面”

“书架”的图层，颜色分别为“蓝色”“洋红”“索引 20 号颜色”。

单击“视图”→“三维视图”→“西南等轴测”菜单命令，使视图调整为西南视图。

2. 绘制柜体和柜面

(1) 绘制柜体

将“柜体”图层设为当前图层。

单击“绘图”→“建模”→“长方体”菜单命令，命令行提示和操作步骤如下：

命令：box

指定第一个角点或［中心(C)］： //在绘图区指定一点

指定其他角点或［立方体(C)/长度(L)］：@1 000,580↙ //输入@1 000,580，按 Enter 键

指定高度或［两点(2P)］<30.0000>：770↙ //输入 770，按 Enter 键

(2) 绘制柜面

将“柜面”图层设为当前图层。

单击“绘图”→“建模”→“长方体”菜单命令，命令行提示和操作步骤如下：

命令：box

指定第一个角点或［中心(C)］： //打开对象捕捉状态，并设置捕捉对象为端点，单击柜体长方体表面左上端点

指定其他角点或［立方体(C)/长度(L)］：@1 000,-600↙ //输入@1 000,-600，按 Enter 键

指定高度或［两点(2P)］<770.0000>：30↙ //输入 30，按 Enter 键

绘制柜体和柜面后的图形如图 6-26 所示。

3. 剖切柜面棱边

(1) 绘制剖切辅助面

单击“直线”按钮，命令行提示和操作步骤如下：

命令：line 指定第一点：_from 基点：<偏移>：@0,-20,785↙ //单击“对象捕捉”工具栏中的“捕捉自”按钮，捕捉柜体长方体下表面左下角端点，输入@0,-20,785，按 Enter 键

指定下一点或［放弃(U)］：_from 基点：<偏移>：@1 000,-20,785↙ //单击“捕捉自”按钮，捕捉柜体长方体下表面左下角端点，输入@1 000,-20,785，按 Enter 键

指定下一点或［放弃(U)］：_from 基点：<偏移>：@0,0,800↙ //单击“捕捉自”按钮，捕捉柜体长方体下表面左下角端点，输入@0,0,800，按 Enter 键

指定下一点或［闭合(C)/放弃(U)］：c↙ //输入 c，按 Enter 键

(2) 创建面域

单击“绘图”→“面域”菜单命令，命令行提示和操作步骤如下：

命令：region

选择对象:找到 1 个　//选择一条直线

选择对象: 找到 1 个,总计 2 个　//选择第 2 条直线

选择对象: 找到 1 个,总计 3 个　//选择第 3 条直线

选择对象: ↙　//按 Enter 键

(3) 剖切柜面棱边

单击“修改”→“三维操作”→“剖切”菜单命令,命令行提示和操作步骤如下:

命令: slice

选择要剖切的对象: 找到 1 个　//选择柜面长方体

选择要剖切的对象: ↙　//按 Enter 键

指定 切面 的起点或[平面对象(O)/曲面(S)/Z 轴(Z)/视图(V)/XY(XY)/YZ(YZ)/ZX(ZX)/三点(3)]<三点>: o ↙　//输入 o,按 Enter 键

选择用于定义剖切平面的圆、椭圆、圆弧、二维样条线或二维多段线:　//选择面域

在所需的侧面上指定点或[保留两个侧面(B)]<保留两个侧面>:↙　//按 Enter 键

删除柜面长方体剖切后外边缘小四面体,保留柜面部分。

剖切柜面棱边后的图形如图 6-27 所示。

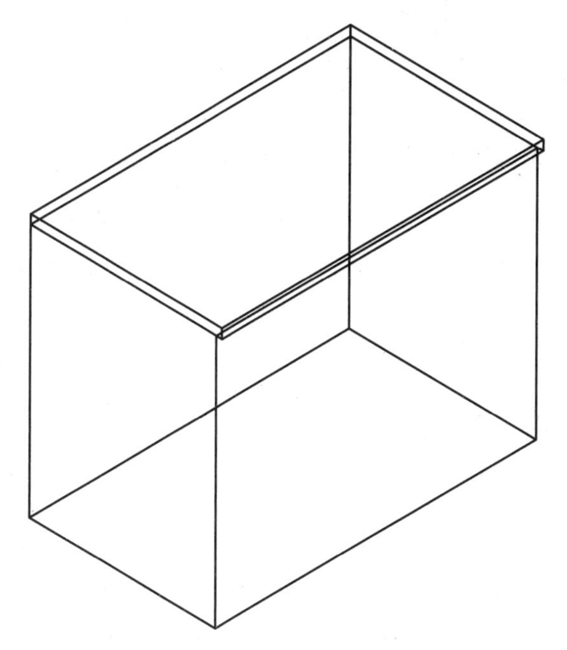

图 6-26　绘制柜体和柜面后的图形

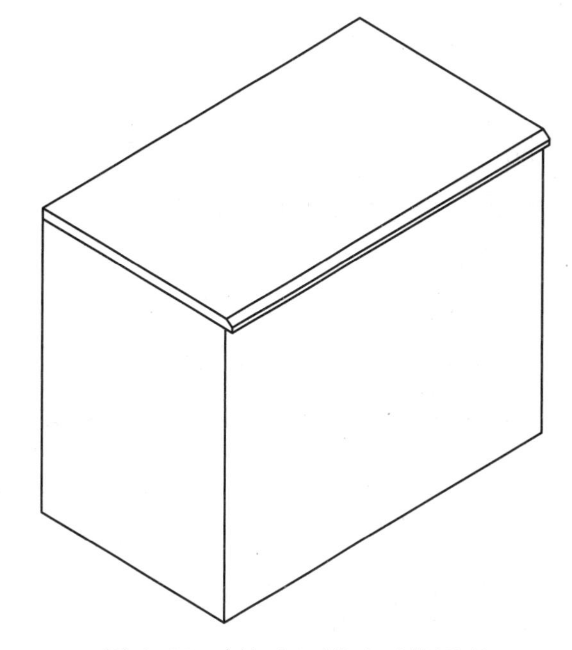

图 6-27　剖切柜面棱边后的图形

4. 复制柜体和柜面

单击“复制”按钮,命令行提示和操作步骤如下:

命令: copy

选择对象: 找到 1 个　//选取柜体长方体

选择对象：找到 1 个，总计 2 个　//选取柜面长方体

选择对象：↙　//按 Enter 键

当前设置：复制模式 = 多个

指定基点或［位移(D)/模式(O)］<位移>：　//单击柜体底面左下角端点

指定第二个点或［阵列(A)］<使用第一个点作为位移>：　//单击柜体底面右下角端点

指定第二个点或［阵列(A)/退出(E)/放弃(U)］<退出>：↙　//按 Enter 键

复制后的图形如图 6-28 所示。

5. 绘制左柜体抽屉面

(1) 建立新的坐标系

单击“工具”→“新建 UCS”→“三点”菜单命令，命令行提示和操作步骤如下：

命令：ucs

当前 UCS 名称：*世界*

指定 UCS 的原点或［面(F)/命名(NA)/对象(OB)/上一个(P)/视图(V)/世界(W)/X/Y/Z/Z 轴(ZA)］<世界>：_3

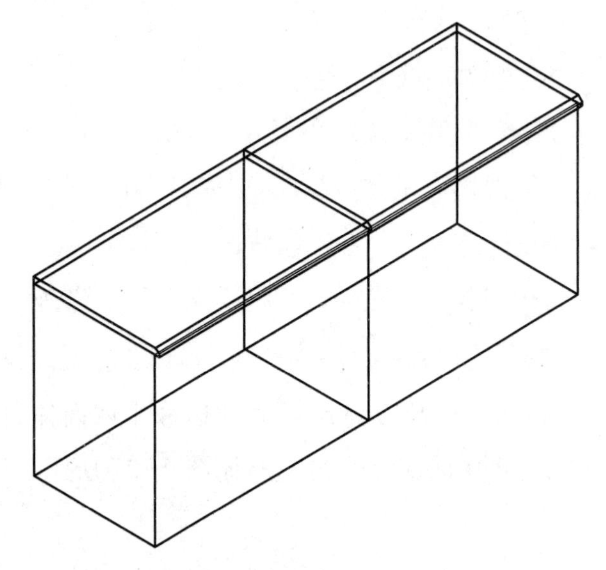

图 6-28　复制后的图形

指定新原点 <0,0,0>：　//打开对象捕捉，设置捕捉对象为端点，单击柜体底面左下角端点

在正 X 轴范围上指定点 <639.6637,766.9537,0.0000>：　//单击柜体底面右下角端点

在 UCS XY 平面的正 Y 轴范围上指定点 <639.6637,766.9537,0.0000>：　//单击柜体底面左上角端点

(2) 绘制第一个抽屉面

将“柜体”图层设为当前图层。

单击“建模”工具栏中的“长方体”按钮，命令行提示和操作步骤如下：

命令：box

指定第一个角点或［中心(C)］：50,0,750↙　//输入 50,0,750，按 Enter 键

指定其他角点或［立方体(C)/长度(L)］：@900,-5,0↙　//输入@900,-5,0，按 Enter 键

指定高度或［两点(2P)］<160.0000>：-160↙　//输入-160，按 Enter 键

绘制左柜体第一个抽屉面后的图形如图 6-29 所示。

(3) 复制另外两个抽屉面

单击“复制”按钮，命令行提示和操作步骤如下：

命令：copy

选择对象：找到 1 个　//选择第一个抽屉面

选择对象：↙　//按 Enter 键

当前设置：复制模式=多个

指定基点或［位移(D)/模式(O)］<位移>：　//单击捕捉第一个抽屉面左上角端点

指定第二个点或［阵列(A)］<使用第一个点作为位移>：@0,0,-210↙　//输入@0,0,-210,按 Enter 键

指定第二个点或［阵列(A)/退出(E)/放弃(U)］<退出>：@0,0,-420↙　//输入@0,0,-420,按 Enter 键

指定第二个点或［阵列(A)/退出(E)/放弃(U)］<退出>：↙　//按 Enter 键

左柜体三个抽屉面完成后的图形如图 6-30 所示。

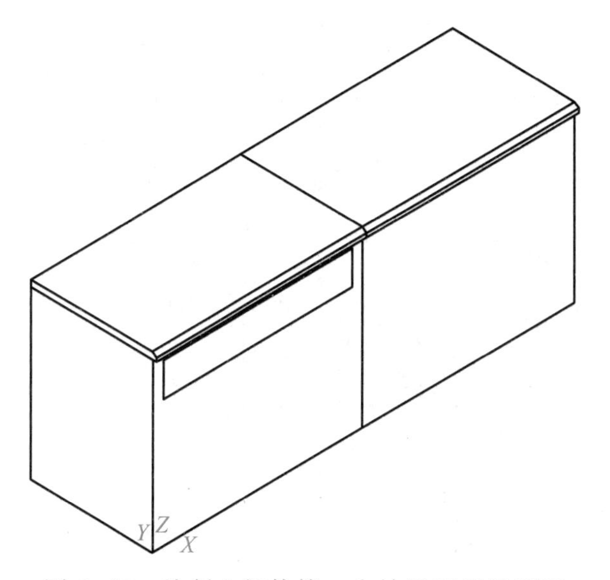

图 6-29　绘制左柜体第一个抽屉面后的图形

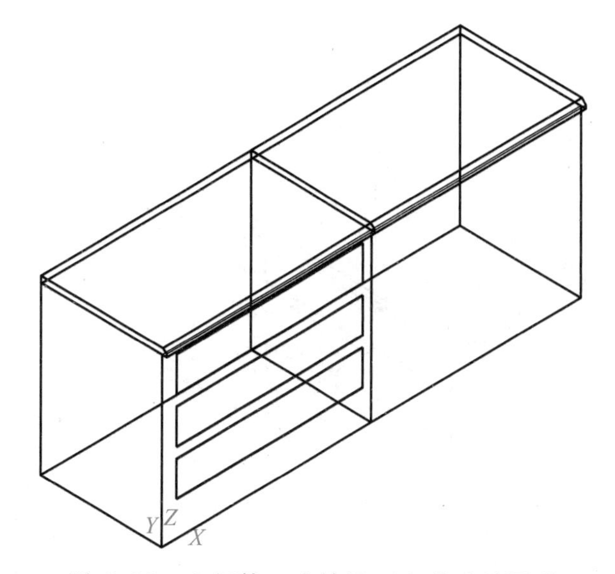

图 6-30　左柜体三个抽屉面完成后的图形

6. 绘制右柜体抽屉面

(1) 绘制第一个抽屉面

单击“建模”工具栏中的“长方体”按钮,命令行提示和操作步骤如下：

命令：box

指定第一个角点或［中心(C)］：1 050,0,750↙　//输入 1 050,0,750,按 Enter 键

指定其他角点或［立方体(C)/长度(L)］：@300,-5,0↙　//输入@300,-5,0,按 Enter 键

指定高度或［两点(2P)］<160.0000>：-160↙　//输入-160,按 Enter 键

绘制右柜体第一个抽屉面后的图形如图 6-31 所示。

(2) 复制另外两个抽屉面

单击“复制”按钮,命令行提示和操作步骤如下：

命令：copy

选择对象：找到 1 个　//选择第一个抽屉面

选择对象：↙ //按 Enter 键

当前设置：复制模式 = 多个

指定基点或［位移(D)/模式(O)］<位移>： //单击捕捉第一个抽屉面左上角端点

指定第二个点或［阵列(A)］<使用第一个点作为位移>：@0,0,-210↙ //输入@0,0,-210，按 Enter 键

指定第二个点或［阵列(A)/退出(E)/放弃(U)］<退出>：@0,0,-420↙ //输入@0,0,-420，按 Enter 键

指定第二个点或［阵列(A)/退出(E)/放弃(U)］<退出>：↙ //按 Enter 键

右柜体三个抽屉面完成后的图形如图 6-32 所示。

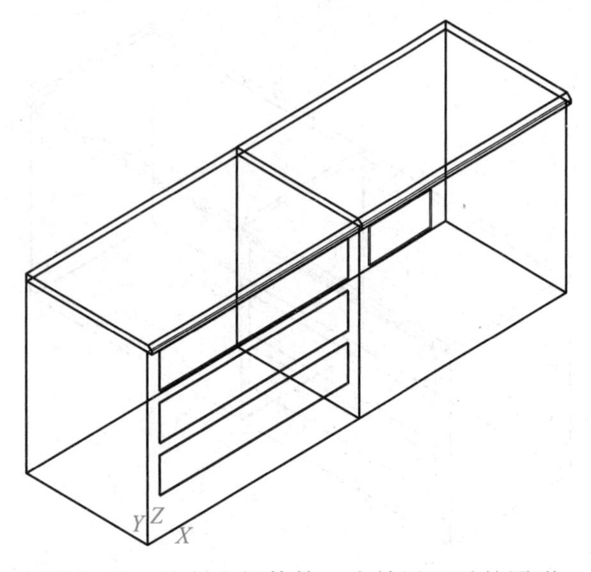

图 6-31　绘制右柜体第一个抽屉面后的图形

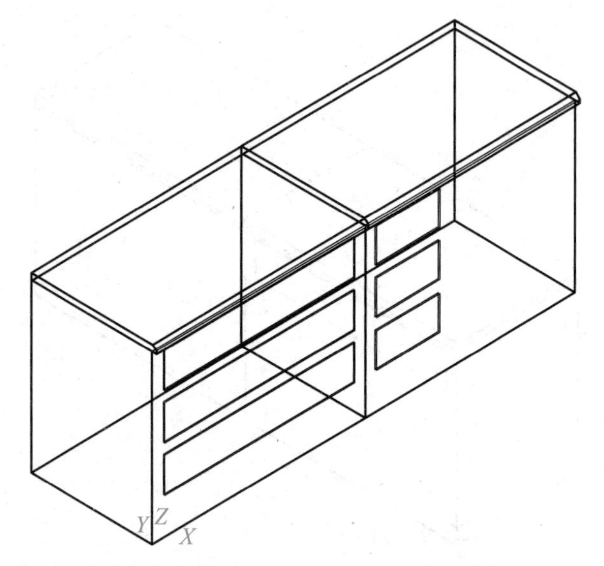

图 6-32　右柜体三个抽屉面完成后的图形

7. 绘制右柜体大抽屉

单击"建模"工具栏中的"长方体"按钮，命令行提示和操作步骤如下：

命令：box

指定第一个角点或［中心(C)］：1 400,0,750↙ //输入 1 400,0,750，按 Enter 键

指定其他角点或［立方体(C)/长度(L)］：@550,-5,0↙ //输入@550,-5,0，按 Enter 键

指定高度或［两点(2P)］<-160.0000>：-160↙ //按 Enter 键

绘制右柜体大抽屉后的图形如图 6-33 所示。

8. 修剪右柜体下方

(1) 绘制长方体

单击"建模"工具栏中的"长方体"按钮，命令行提示和操作步骤如下：

命令：box

指定第一个角点或［中心(C)］：1 400,0,0↙ //输入 1 400,0,0，按 Enter 键

指定其他角点或［立方体(C)/长度(L)］:@ 550,560,0↙　//输入@ 550,560,0,按 Enter 键

指定高度或［两点(2P)］ <-160.0000>: 570↙　//输入 570,按 Enter 键

绘制右柜体大抽屉下方长方体后的图形如图 6-34 所示。

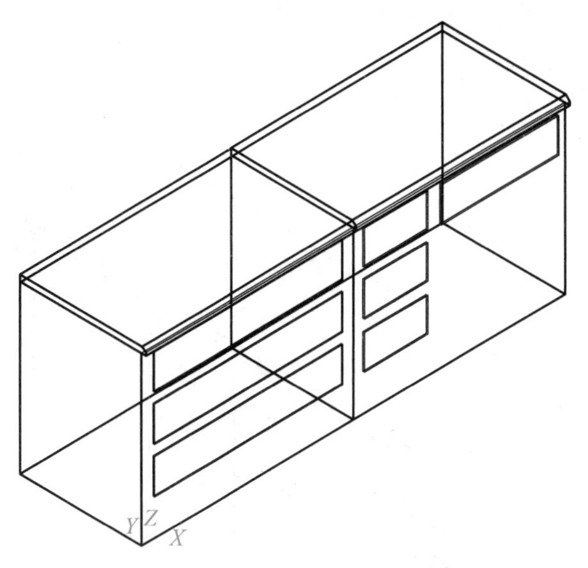

图 6-33　绘制右柜体大抽屉后的图形

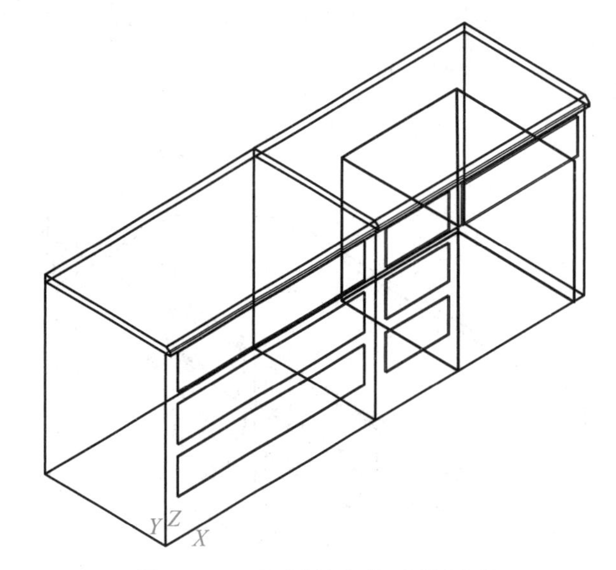

图 6-34　绘制长方体后的图形

(2) 修剪右柜体下方柜体

单击“修改”→“实体编辑”→“差集”菜单命令,命令行提示和操作步骤如下:

命令: subtract 选择要从中减去的实体、曲面和面域...

选择对象: 找到 1 个　//选择右柜体

选择对象: ↙　//按 Enter 键

选择要减去的实体、曲面和面域...

选择对象: 找到 1 个　//选择上一步绘制的长方体

选择对象: ↙　//按 Enter 键

修剪后的图形如图 6-35 所示。

为了便于查看效果,单击“视图”→“消隐”菜单命令,视图效果如图 6-36 所示。

9. 绘制书架左挡板

(1) 调整坐标系位置

单击“工具”→“新建 UCS”→“三点”菜单命令,命令行提示和操作步骤如下:

命令: ucs

当前 UCS 名称: * 世界 *

指定 UCS 的原点或［面(F)/命名(NA)/对象(OB)/上一个(P)/视图(V)/世界(W)/X/Y/Z/Z 轴(ZA)］<世界>: _3

指定新原点 <0,0,0>:　//打开对象捕捉,设置捕捉对象为端点,单击左柜面上表面的左

上角端点

在正 X 轴范围上指定点 <639.6637,766.9537,0.0000>： //单击左柜面上表面的左下角端点

在 UCS XY 平面的正 Y 轴范围上指定点 <639.6637,766.9537,0.0000>： //打开正交状态，将鼠标移至原点正上方单击

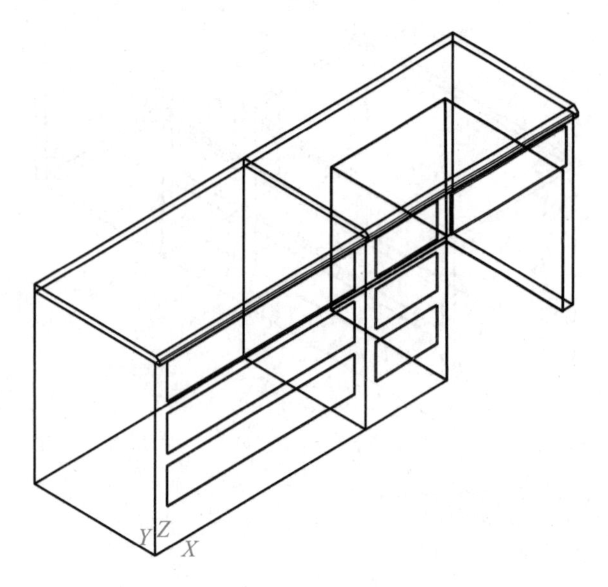

图 6-35 右柜体下方修剪后的图形

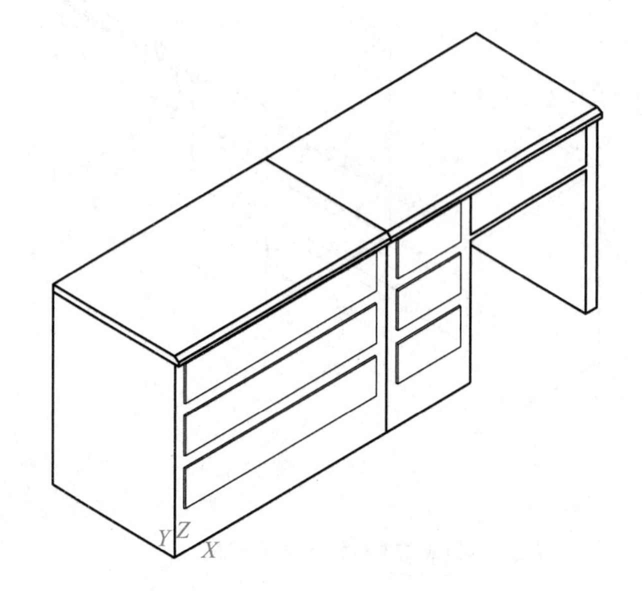

图 6-36 消隐后的柜体效果图

调整坐标系后的图形如图 6-37 所示。

（2）绘制挡板面

将“书架”图层设为当前图层。

单击“多段线”按钮，命令行提示和操作步骤如下：

命令：pline

指定起点： //单击原点

当前线宽为 0.0000

指定下一个点或［圆弧(A)/半宽(H)/长度(L)/放弃(U)/宽度(W)］：0,850↙ //输入 0,850，按 Enter 键

指定下一点或［圆弧(A)/闭合(C)/半宽(H)/长度(L)/放弃(U)/宽度(W)］：@200,0↙ //输入@200,0，按 Enter 键

指定下一点或［圆弧(A)/闭合(C)/半宽(H)/长度(L)/放弃(U)/宽度(W)］： //依次输入点“@0,-150”“@150,-50”“@0,-200”“@30,0”“@0,-100”“@-30,0”“@0,-300”“@30,0”“@0,-50”“c”，按 Enter 键

绘制多段线后的图形如图 6-38 所示。

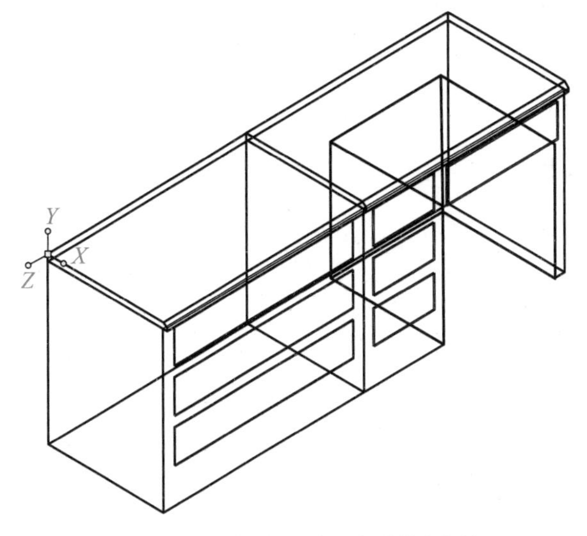

图 6-37　调整坐标系后的图形

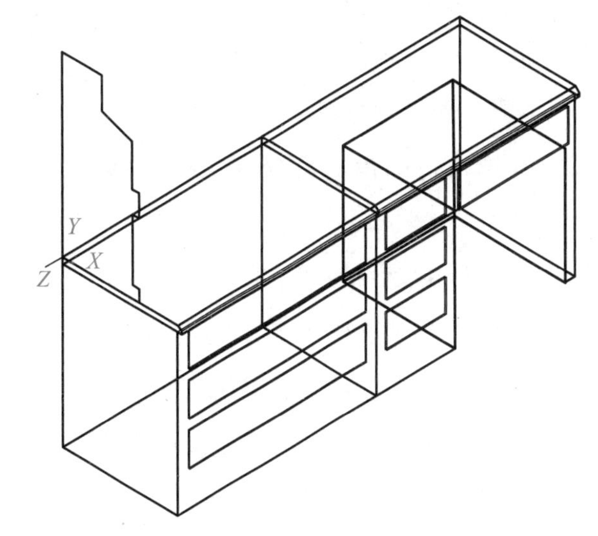

图 6-38　绘制多段线后的图形

（3）拉伸多段线

单击“建模”工具栏中的“拉伸”按钮，命令行提示和操作步骤如下：

命令：extrude

当前线框密度：　ISOLINES=4，闭合轮廓创建模式=+实体

选择要拉伸的对象或［模式(MO)］：_MO 闭合轮廓创建模式［实体(SO)/曲面(SU)］<实体>：_SO

选择要拉伸的对象或［模式(MO)］：找到 1 个　//选择多段线

选择要拉伸的对象或［模式(MO)］：↙　//按 Enter 键

指定拉伸的高度或［方向(D)/路径(P)/倾斜角(T)/表达式(E)］<570.0000>：-20↙　//输入-20，按 Enter 键

拉伸多段线后的图形如图 6-39 所示。

（4）倒圆角

单击“修改”→“实体编辑”→“圆角边”菜单命令，命令行提示和操作步骤如下：

命令：filletedge

半径=1.0000

选择边或［链(C)/环(L)/半径(R)］：r↙　//输入 r，按 Enter 键

输入圆角半径或［表达式(E)］<1.0000>：100↙　//输入 100，按 Enter 键

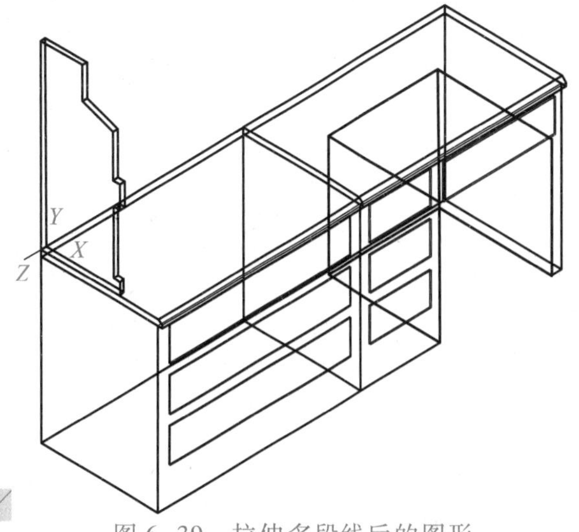

图 6-39　拉伸多段线后的图形

选择边或［链(C)/环(L)/半径(R)］：　//选择图 6-40 中所示的棱边 1

选择边或［链(C)/环(L)/半径(R)］：↙　//按 Enter 键

已选定 1 个边用于圆角

按 Enter 键接受圆角或［半径(R)］：↙　//按 Enter 键

继续执行圆角边命令，命令行提示和操作步骤如下：

命令：filletedge

半径＝100.0000

选择边或［链(C)/环(L)/半径(R)］：r↙　//输入 r，按 Enter 键

输入圆角半径或［表达式(E)］<100.0000>：50↙　//输入 50，按 Enter 键

选择边或［链(C)/环(L)/半径(R)］：　//选择图 6-40 中所示的棱边 2

选择边或［链(C)/环(L)/半径(R)］：↙　//按 Enter 键

已选定 1 个边用于圆角

按 Enter 键接受圆角或［半径(R)］：↙　//按 Enter 键

继续执行圆角边命令，对其余棱边进行倒圆角，圆角半径为 30。完成倒圆角边后的局部图形和整体图形分别如图 6-41 和图 6-42 所示。

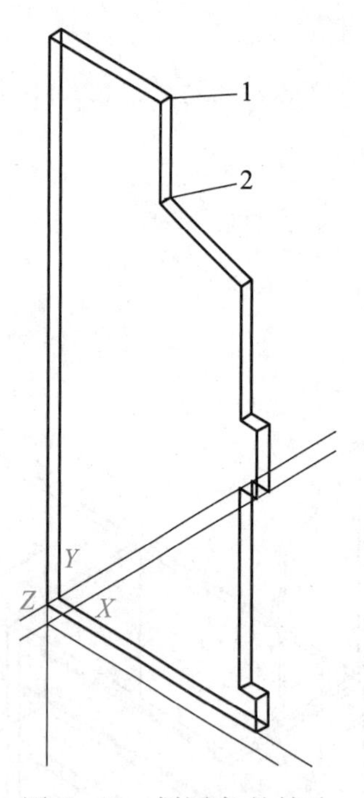

图 6-40　倒圆角的棱边

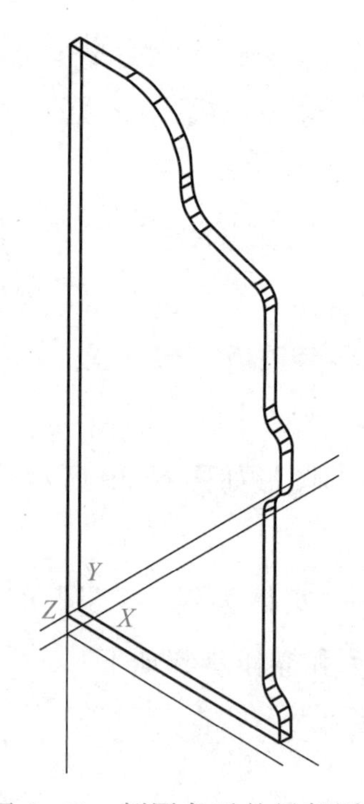

图 6-41　倒圆角后的局部图形

10. 绘制立柱

(1) 绘制立柱底座长方体

单击“建模”工具栏中的“长方体”按钮，命令行提示和操作步骤如下：

命令：box

指定第一个角点或[中心(C)]： //打开对象捕捉状态，并设置捕捉对象为端点，单击挡板外侧右下角端点

指定其他角点或[立方体(C)/长度(L)]：@40,60↙ //输入@40,60，按Enter键

指定高度或[两点(2P)] <-20.0000>：-40↙ //输入-40，按Enter键

绘制立柱底座长方体后的图形如图6-43所示。

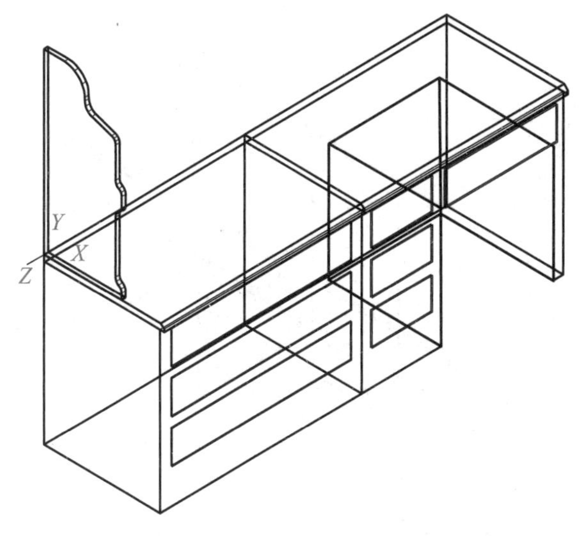

图6-42 倒圆角后的整体图形

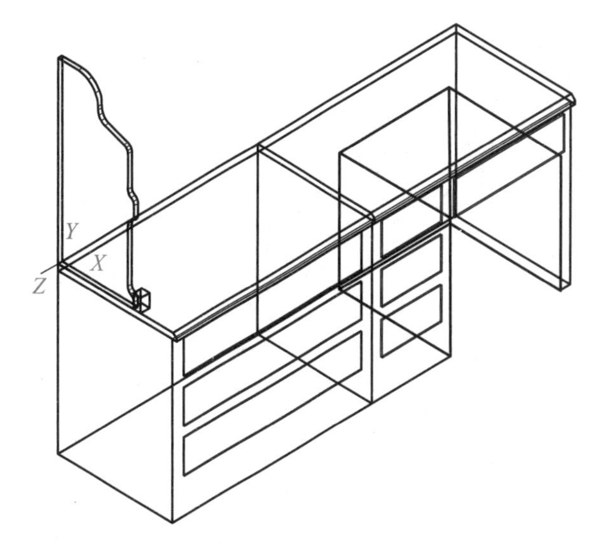

图6-43 绘制立柱底座长方体

(2) 绘制立柱顶部长方体

单击"建模"工具栏中的"长方体"按钮，命令行提示和操作步骤如下：

命令：box

指定第一个角点或[中心(C)]：_from 基点：<偏移>：@0,280,0↙ //单击"对象捕捉"工具栏中的"捕捉自"按钮，捕捉前一个长方体的上表面左上角端点，输入@0,280,0，按Enter键

指定其他角点或[立方体(C)/长度(L)]：@40,120↙ //输入@40,120，按Enter键

指定高度或[两点(2P)] <-40.0000>：-40↙ //输入-40，按Enter键

绘制立柱顶部长方体后的图形如图6-44所示。

(3) 绘制立柱圆柱体

① 旋转坐标系位置。

单击"工具"→"新建UCD"→"X"菜单命令，命令行提示和操作步骤如下：

命令：ucs

当前UCS名称：*没有名称*

指定UCS的原点或[面(F)/命名(NA)/对象(OB)/上一个(P)/视图(V)/世界(W)/X/Y/Z/Z轴(ZA)]<世界>：_x

指定绕 X 轴的旋转角度 <90>：-90↙　　//输入-90，按 Enter 键

旋转坐标系后的图形如图 6-45 所示。

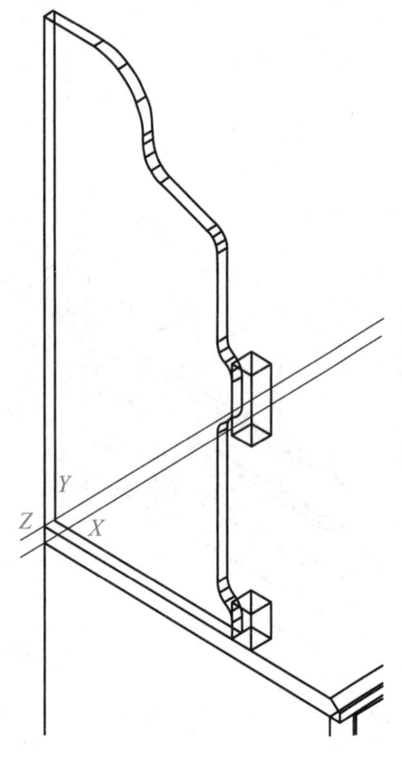

图 6-44　绘制立柱顶部长方体

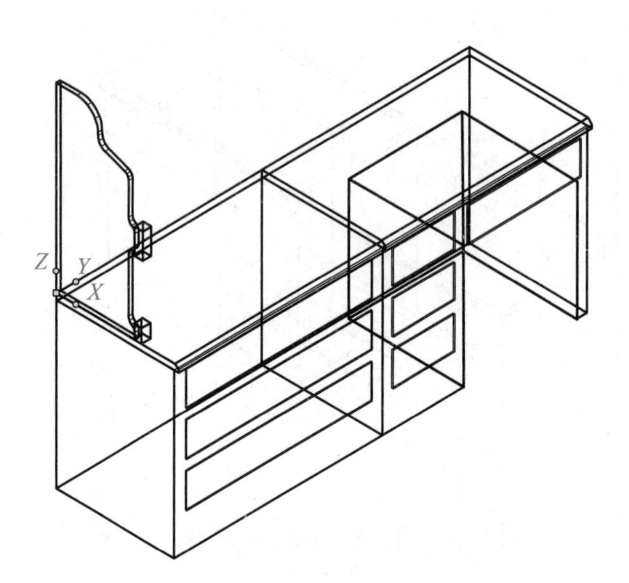

图 6-45　旋转坐标系后的图形

② 绘制立柱圆柱体。

单击“直线”按钮，绘制辅助线，命令行提示和操作步骤如下：

命令：line 指定第一点：　//捕捉立柱底座长方体上表面一端点

指定下一点或［放弃(U)］：　//捕捉上一个端点的对角点

指定下一点或［放弃(U)］：↙　　//按 Enter 键

单击“建模”工具栏中的“圆柱体”按钮，命令行提示和操作步骤如下：

命令：cylinder

指定底面的中心点或［三点(3P)/两点(2P)/切点、切点、半径(T)/椭圆(E)］：　//捕捉辅助线中点

指定底面半径或［直径(D)］：15↙　　//输入 15，按 Enter 键

指定高度或［两点(2P)/轴端点(A)］<-40.0000>：280↙　　//输入 280，按 Enter 键

绘制立柱圆柱体后的图形如图 6-46 所示。

（4）绘制球体

单击“直线”按钮，绘制辅助线，命令行提示和操作步骤如下：

命令：line 指定第一点：　//捕捉立柱上方长方体上表面一端点

指定下一点或［放弃(U)］： //捕捉上一个端点的对角点

指定下一点或［放弃(U)］：↙ //按 Enter 键

单击“建模”工具栏中的“球体”按钮，命令行提示和操作步骤如下：

命令：sphere

指定中心点或［三点(3P)/两点(2P)/切点、切点、半径(T)］：_from 基点：<偏移>：@0,0,20↙ //单击“捕捉自”按钮，捕捉辅助线中点，输入@0,0,20，按 Enter 键

指定半径或［直径(D)］<15.0000>：20↙ //输入 20，按 Enter 键

绘制球体后的图形如图 6-47 所示。

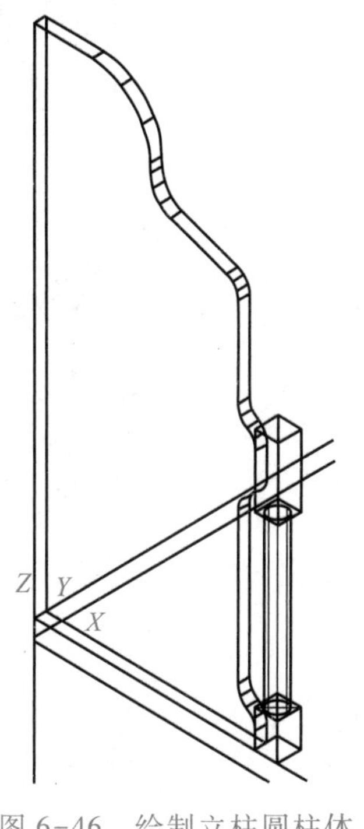

图 6-46 绘制立柱圆柱体

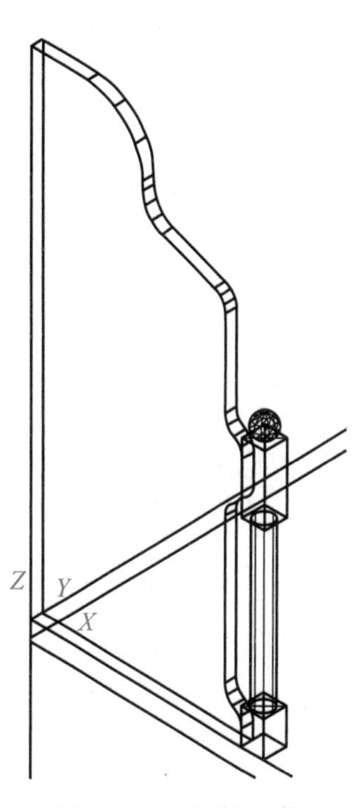

图 6-47 绘制球体

(5) 对两个长方体倒圆角边

单击“修改”→“实体编辑”→“圆角边”菜单命令，命令行提示和操作步骤如下：

命令：filletedge

半径 = 30.0000

选择边或［链(C)/环(L)/半径(R)］：r↙ //输入 r，按 Enter 键

输入圆角半径或［表达式(E)］<30.0000>：5↙ //输入 5，按 Enter 键

选择边或［链(C)/环(L)/半径(R)］： //依次选择立柱顶部长方体的上下表面的 8 个棱边

选择边或［链(C)/环(L)/半径(R)］：↙ //按 Enter 键

按 Enter 键接受圆角或［半径(R)］：↙ //按 Enter 键

继续执行圆角边命令，对立柱下方长方体的上表面倒圆角边，完成后的图形如图 6-48 所示。

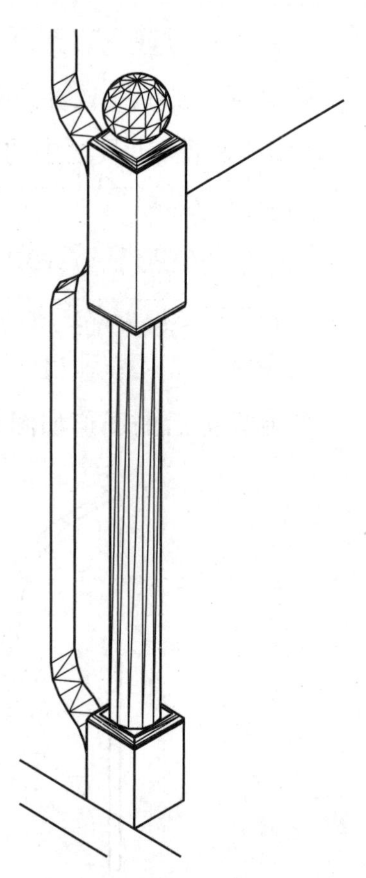

图 6-48　倒圆角边后的图形

11. 合并书架挡板各部分

删除两条辅助线。

单击"修改"→"实体编辑"→"并集"菜单命令，命令行提示和操作步骤如下：

命令：union

选择对象：找到 1 个，总计 5 个　//依次选择两个长方体、球体、挡板、圆柱体

选择对象：↙　//按 Enter 键

12. 镜像挡板部分

单击"修改"→"三维操作"→"三维镜像"菜单命令，命令行提示和操作步骤如下：

命令：mirror3d

选择对象：找到 1 个　//选择挡板

选择对象：↙　//按 Enter 键

指定镜像平面（三点）的第一个点或

[对象(O)/最近的(L)/Z 轴(Z)/视图(V)/XY 平面(XY)/YZ 平面(YZ)/ZX 平面(ZX)/三点(3)]<三点>：　//单击左柜长方体底面一长边中点

在镜像平面上指定第二点：在镜像平面上指定第三点：　//单击左柜长方体底面另一长边中点

在镜像平面上指定第三点：　//单击左柜长方体顶面一长边中点

是否删除源对象？[是(Y)/否(N)]<否>：↙　//按 Enter 键

镜像后的图形如图 6-49 所示。

13. 绘制书架后挡板

（1）调整坐标系

单击"工具"→"新建 UCS"→"三点"菜单命令，命令行提示和操作步骤如下：

命令：ucs

当前 UCS 名称：*没有名称*

指定 UCS 的原点或[面(F)/命名(NA)/对象(OB)/上一个(P)/视图(V)/世界(W)/X/Y/Z/Z 轴(ZA)]<世界>：_3

指定新原点 <0,0,0>：　//捕捉原来的原点

在正 X 轴范围上指定点 <1.0000,0.0000,0.0000>：　//单击左柜面长方体上表面内侧长

边端点

在 UCS XY 平面的正 Y 轴范围上指定点 <-1.0000,0.0000,0.0000>： //单击左书架挡板高度方向的端点

调整坐标系后的图形如图 6-50 所示。

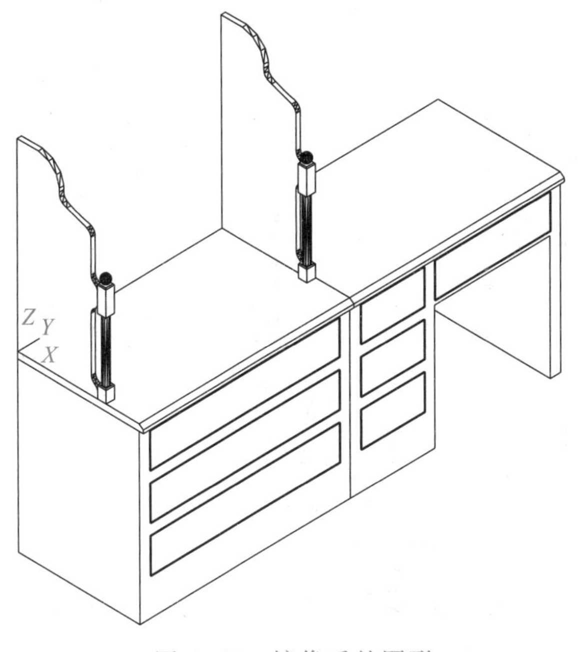

图 6-49 镜像后的图形

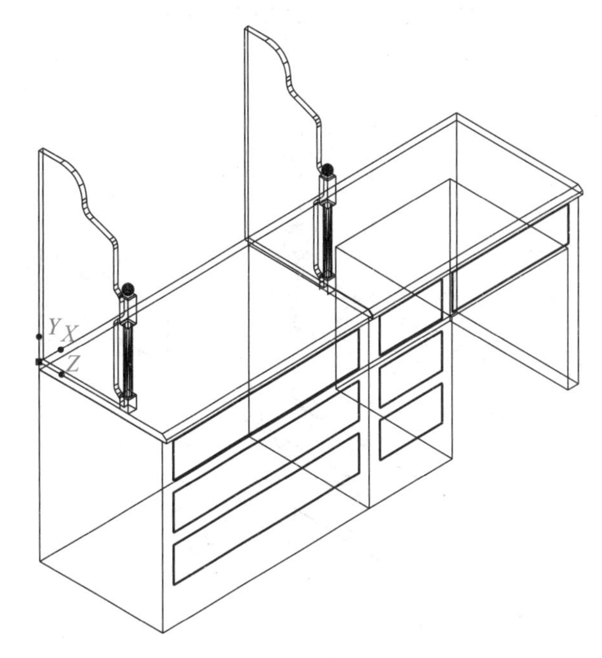

图 6-50 调整坐标系后的图形

（2）绘制书架后挡板轮廓

单击“多段线”按钮，命令行提示如下：

命令：pline

指定起点：20,0 //输入 20,0，按 Enter 键

当前线宽为 0.0000

指定下一个点或［圆弧(A)/半宽(H)/长度(L)/放弃(U)/宽度(W)］： //依次输入下列点：“@ 0,850”“@ 150,0”“@ 250,150”“@ 80,-30”“@ 80,30”“@ 250,-150”“@ 150,0”“@ 0,-850”“c”，按 Enter 键

绘制书架后挡板轮廓后的图形如图 6-51 所示。

（3）拉伸后挡板轮廓

单击“绘图”→“建模”→“拉伸”菜单命令，命令行提示和操作步骤如下：

命令：extrude

当前线框密度：ISOLINES=4，闭合轮廓创建模式=实体

选择要拉伸的对象或［模式(MO)］：_MO 闭合轮廓创建模式［实体(SO)/曲面(SU)］<实体>：_SO

选择要拉伸的对象或［模式(MO)］：找到 1 个　//选择多段线轮廓

选择要拉伸的对象或［模式(MO)］：↙　//按 Enter 键

指定拉伸的高度或［方向(D)/路径(P)/倾斜角(T)/表达式(E)］<280.0000>：20↙ //输入 20，按 Enter 键

拉伸后的图形如图 6-52 所示。

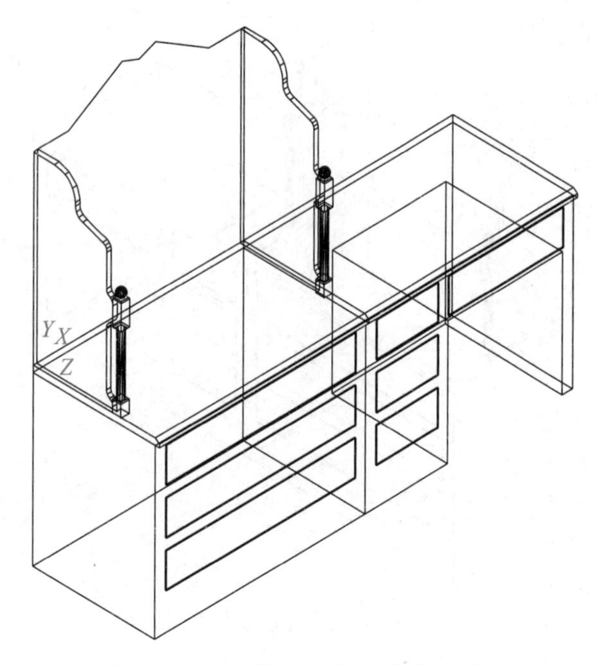

图 6-51　绘制书架后挡板轮廓后的图形

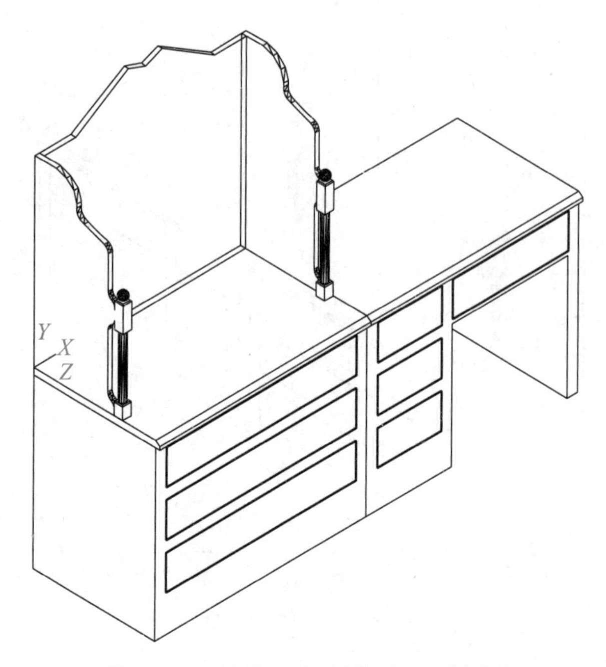

图 6-52　拉伸后挡板轮廓后的图形

（4）后挡板倒圆角

单击“修改”→“实体编辑”→“圆角边”菜单命令，命令行提示和操作步骤如下：

命令：filletedge

半径 = 5.0000

选择边或［链(C)/环(L)/半径(R)］：r↙　//输入 r，按 Enter 键

输入圆角半径或［表达式(E)］<5.0000>：200↙　//输入 200，按 Enter 键

选择边或［链(C)/环(L)/半径(R)］：　//依次选择后挡板上各棱边，共计 5 处，然后按 Enter 键

后挡板倒圆角后的图形如图 6-53 所示。

14. 绘制书架隔板

（1）绘制下横隔板

单击“建模”工具栏中的“长方体”按钮，命令行提示和操作步骤如下：

命令：box

指定第一个角点或［中心(C)］：20,450,20↙　//输入 20,450,20，按 Enter 键

指定其他角点或［立方体(C)/长度(L)］：@960,20↙　//输入@960,20,按 Enter 键

指定高度或［两点(2P)］<360.0000>：360↙　//输入 360,按 Enter 键

绘制下横隔板后的图形如图 6-54 所示。

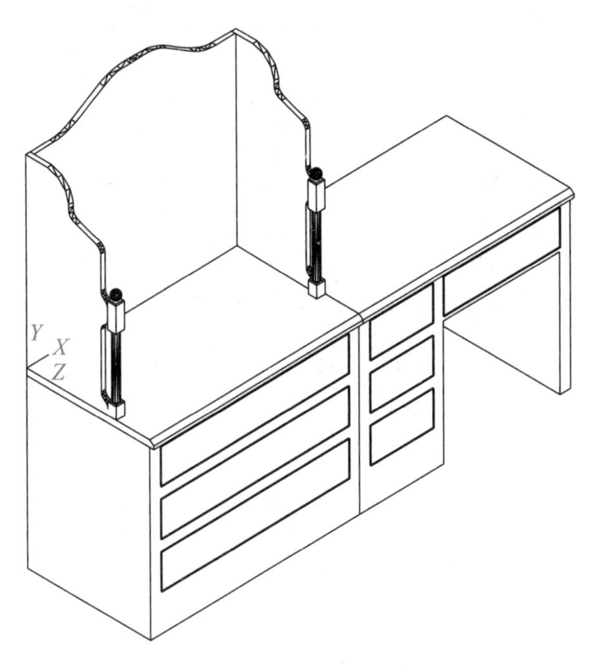

图 6-53　倒圆角后的图形

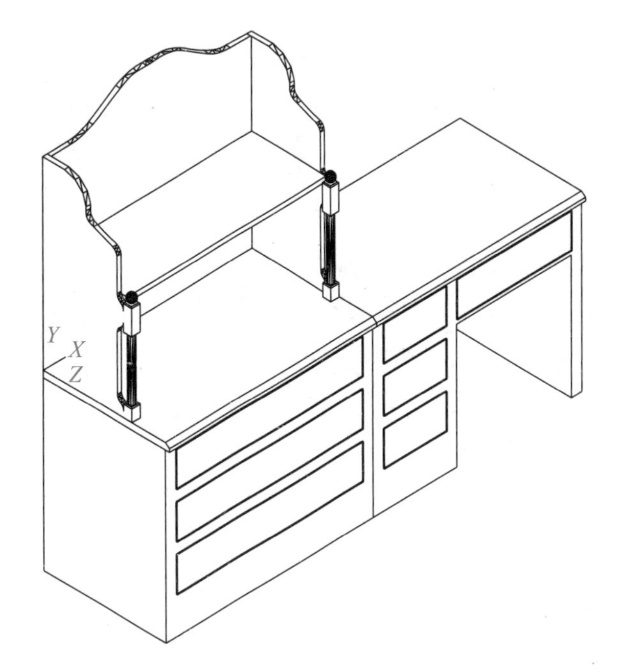

图 6-54　绘制下横隔板后的图形

（2）绘制上横隔板

单击“建模”工具栏中的“长方体”按钮,命令行提示和操作步骤如下：

命令：box

指定第一个角点或［中心(C)］：20,650,20↙　//输入 20,650,20,按 Enter 键

指定其他角点或［立方体(C)/长度(L)］：@960,-20↙　//输入@960,-20,按 Enter 键

指定高度或［两点(2P)］<360.0000>：300↙　//输入 300,按 Enter 键

绘制上横隔板后的图形如图 6-55 所示。

（3）绘制竖挡板

单击“建模”工具栏中的“长方体”按钮,命令行提示和操作步骤如下：

命令：box

指定第一个角点或［中心(C)］：20,450,380↙　//输入 20,450,380,按 Enter 键

指定其他角点或［立方体(C)/长度(L)］：@960,-100↙　//输 入 @ 960, - 100, 按 Enter 键

指定高度或［两点(2P)］<300.0000>：20↙　//输入 20,按 Enter 键

绘制竖挡板后的图形如图 6-56 所示。

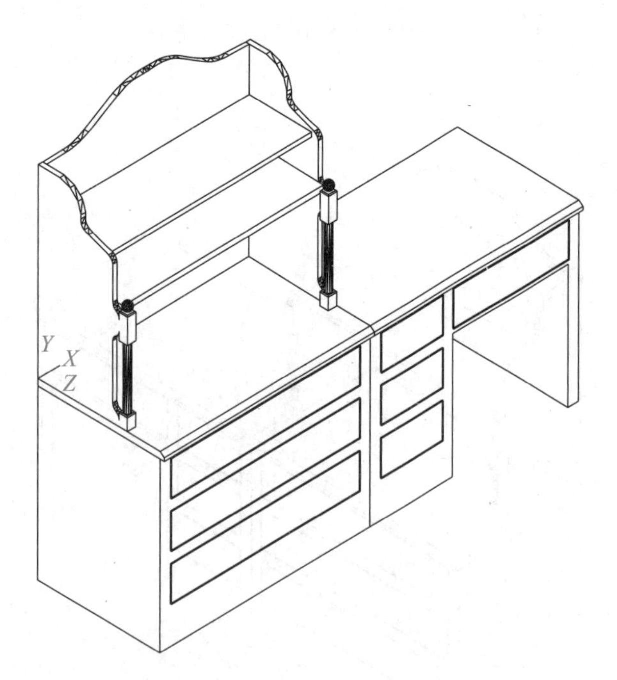

图 6-55　绘制上横隔板后的图形

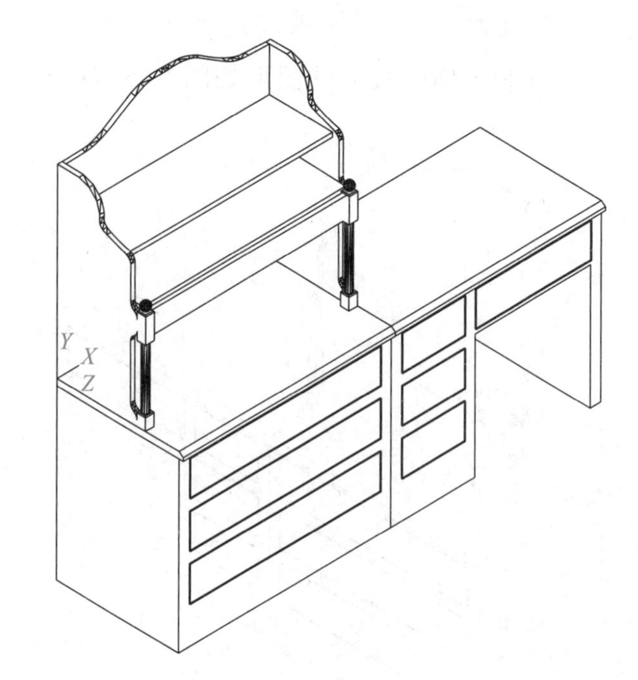

图 6-56　绘制竖挡板后的图形

15. 合并书架

单击“修改”→“实体编辑”→“并集”菜单命令，命令行提示和操作步骤如下：

命令：union

选择对象：　//依次选择书架 3 个挡板、3 个隔板，共计 6 个实体，然后按 Enter 键

16. 复制书架

单击“复制”按钮，命令行提示和操作步骤如下：

命令：copy

选择对象：找到 1 个　//选择书架

选择对象：↙　//按 Enter 键

当前设置：复制模式 = 多个

指定基点或［位移(D)/模式(O)］<位移>：0,0↙　//输入 0,0，按 Enter 键

指定第二个点或［阵列(A)］<使用第一个点作为位移>：@1 000,0↙　//输入@1 000,0，按 Enter 键

指定第二个点或［阵列(A)/退出(E)/放弃(U)］<退出>：↙　//按 Enter 键

复制后完成书柜的绘制，所得图形如图 6-24 所示。

序号	评价内容	评价完成效果		
		★★★	★★	★
1	掌握长方体、球体的绘制方法			
2	掌握坐标系的建立和调整方法			
3	掌握三维镜像、剖切、差集、面域的操作方法			
4	比较顺利地完成任务内容			
5	了解本任务的完成思路			

1. 在完成本任务过程中,你是如何利用窗口缩放功能的?
2. 执行“视图”→“动态观察”菜单命令,观察视图中实体模型的变化。

应 用 篇

项目 7　绘制室内装潢设计图

一套室内装潢设计方案需要以一定的方式表达出来,设计图无疑是最好的表达形式。这些设计图是设计人员与用户沟通的桥梁,也将成为工人工作时的基本依据;对用户而言,可以据此核算家装成本、验收装潢质量和效果,甚至将其作为以后维修的原始资料。一套完整的室内装潢设计图一般应包括室内原始平面图、室内平面布置图、地面布置图、顶面布置图、电器插座及照明控制图、给排水布置图,以及客厅、卧室、厨房、卫生间、餐厅等各房间和功能区的立面图,甚至还应包括自制家具或装饰物的构造详图、反映空间效果的三维透视图。本项目将绘制一套三居室的设计方案图,完成原始平面图、室内平面布置图、地面布置图、客厅主要立面图、主卧立面图的绘制。通过完成本项目的 5 个任务,使学习者在熟练操作 AutoCAD 的基础上,养成良好的操作习惯,积累绘图经验,提高绘图效率。

任务 1　绘制原始平面图

1. 了解原始平面图的绘制内容
2. 掌握绘制住宅建筑图的基本步骤
3. 进一步提高绘图的综合能力

原始平面图与建筑平面图类似,是将住宅结构利用水平剖切的方法,俯视得到的平面图。原始平面图详细说明了住宅内部结构以及有关墙体、门窗、地漏等构件的详细信息,是后续设计改造图、平面布置图、地面布置图、顶面布置图、电器插座及照明控制图等图纸绘制的依据。本任务将绘制三居室的原始平面图,如图 7-1 所示。

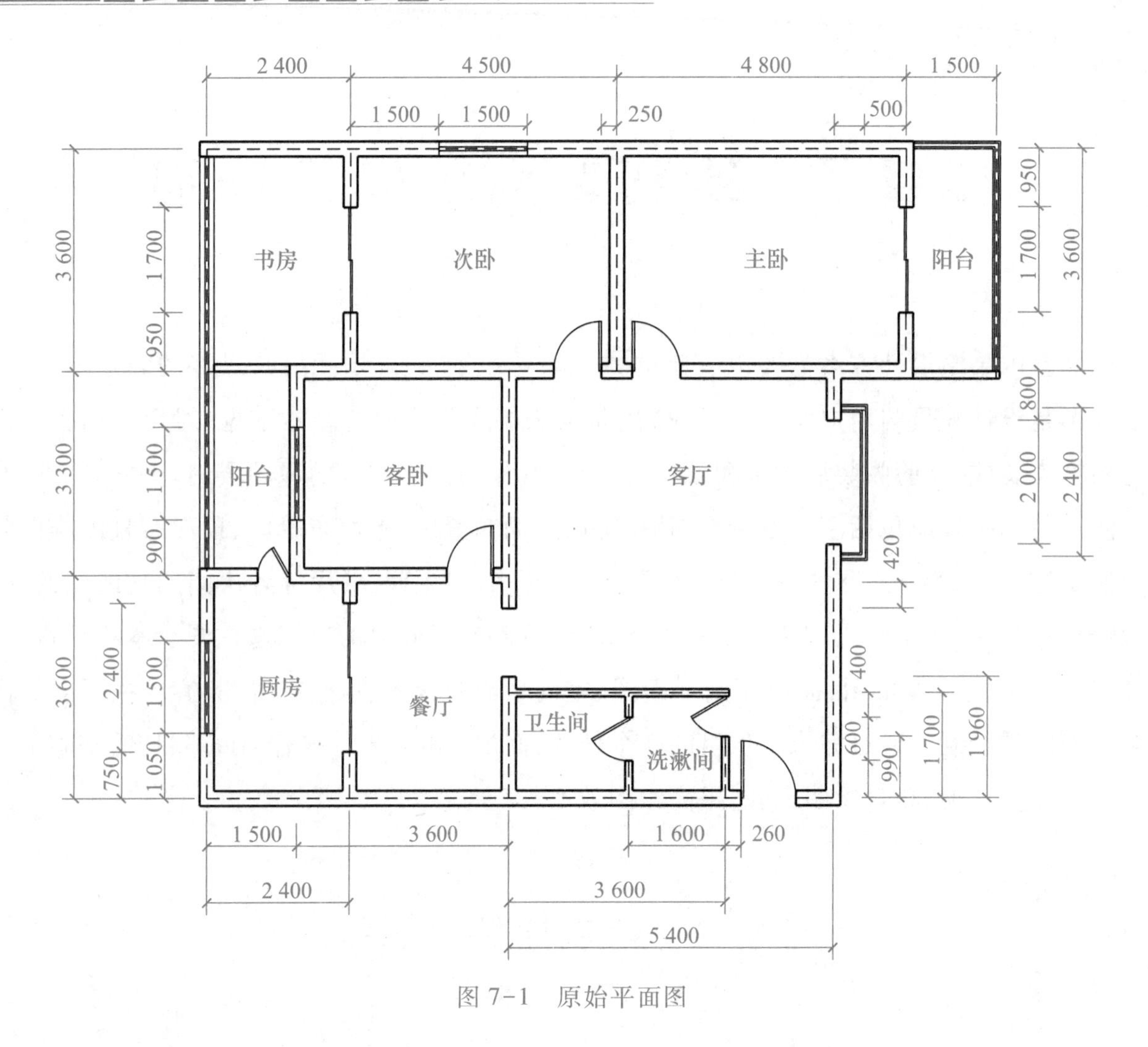

图 7-1　原始平面图

任务分析

绘制原始平面图主要工作是绘制墙线、标注尺寸和插入文字。在创建图形文件、新建有关图层、设置图层对象特性后，绘制图形的思路如下：

(1) 执行直线和偏移命令绘制轴线

(2) 设置多线样式，执行多线命令，绘制墙线，在“多线编辑工具”对话框中编辑墙线

(3) 设置多线样式，执行多线命令，绘制窗户线，在“多线编辑工具”对话框中编辑窗户线

(4) 绘制门和门框，执行修剪命令，修剪出门框。绘制门，并创建门图块，插入到门框中

(5) 标注尺寸，创建标注样式，执行线性标注命令，标注图中尺寸

(6) 插入文本，创建文字样式，完成各种房间和功能区的文字标注

1. 设置绘图环境

(1) 设置图形界限

新建文件,设置单位精度“0.00”,保存为“原始平面图”文件,图形界限的设置与否由操作者依个人绘图习惯自行决定。

(2) 新建图层

打开“图层特性管理器”对话框,新建以下图层,见表 7-1。

表 7-1 任务所需图层及对象特性

图层名称	颜色	线型	线宽
轴线	红色	虚线	默认
墙线	白色	实线	默认
门窗	蓝色	实线	默认
文字	白色	实线	默认
尺寸标注	蓝色	实线	默认

2. 绘制轴线

① 将“轴线”图层设为当前图层,分别绘制一条长为 13 200 的水平线和一条长为 10 500 的垂直线,如图 7-2 所示。

② 在绘图区无法将轴线全部显示出来,不利于绘图,单击“全部缩放”按钮将图形全部显示在绘图区。

③ 由于线型比例太小,无法显示轴线线型。右击所绘轴线,在弹出的快捷菜单中选择“特性”命令,在打开的“特性”选项板中将线型比例设置为“30”,如图 7-3 所示,按 Enter 键确认,关闭对话框。设置完成后显示结果如图 7-4 所示。

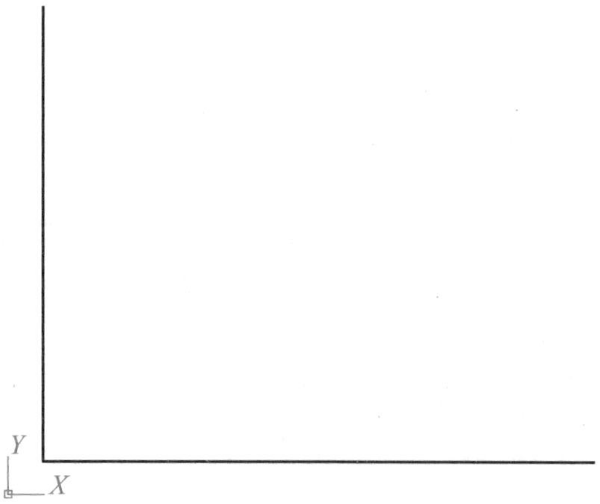

Y X

图 7-2 绘制轴线

④ 以前面两条轴线为基线,使用偏移命令绘制其他轴线。命令行提示和操作步骤如下:

命令: offset

当前设置: 删除源=否 图层=源 OFFSETGAPTYPE=0

指定偏移距离或 [通过(T)/删除(E)/图层(L)]<通过>:3 600↙ //输入 3 600,按 Enter 键

选择要偏移的对象，或［退出(E)/放弃(U)］<退出>：　//单击水平轴线

指定要偏移的那一侧上的点，或［退出(E)/多个(M)/放弃(U)］<退出>：　//在水平轴线上方单击

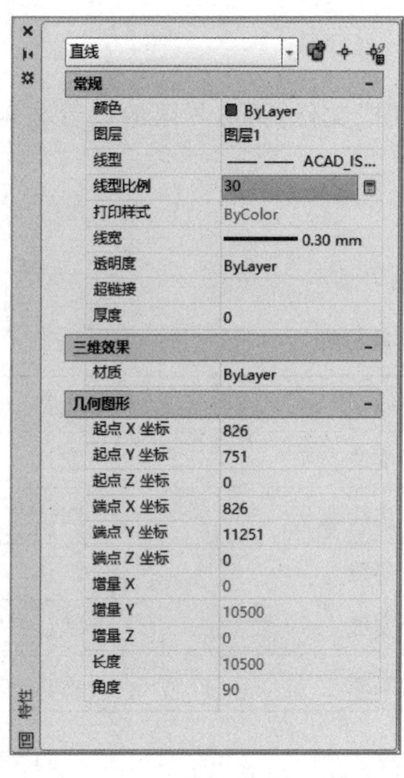

图 7-3　“特性”选项板

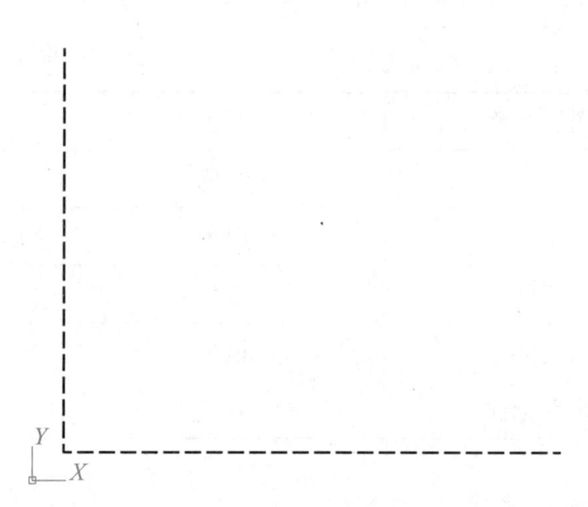

图 7-4　轴线线型显示结果

继续执行偏移命令，根据图 7-1，完成所有轴线的偏移绘制，结果如图 7-5 所示。

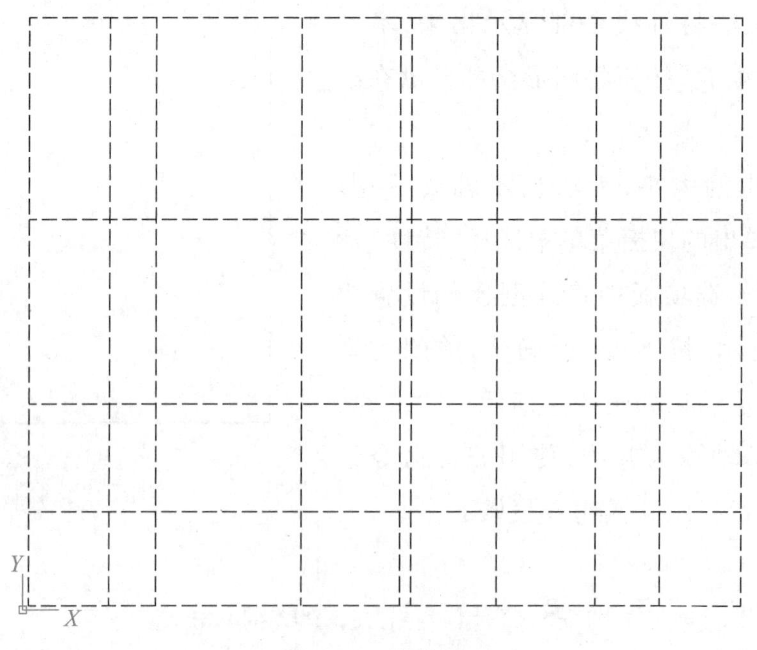

图 7-5　轴线图

3. 绘制墙线

① 打开“多线样式”对话框,创建并保存“Q1”“Q2”两个样式。“Q1”的偏移量为“120”和“-120”,比例为“1”;“Q2”的偏移量为“60”和“-60”。

② 将“墙线”图层作为当前图层,参考图 7-1,在图中绘制墙线。单击“绘图”→“多线”菜单命令,命令行提示和操作步骤如下:

命令: mline

当前设置: 对正=无,比例=1.00,样式=Q1

指定起点或[对正(J)/比例(S)/样式(ST)]: st↙ //输入 st,按 Enter 键

输入多线样式名或[?]: Q1↙ //输入 Q1,按 Enter 键

当前设置: 对正=无,比例=1.00,样式=Q1

指定起点或[对正(J)/比例(S)/样式(ST)]: s↙ //输入 s,按 Enter 键

输入多线比例 <1.00>: 1↙ //输入 1,按 Enter 键

当前设置: 对正=无,比例=1.00,样式=Q1

指定起点或[对正(J)/比例(S)/样式(ST)]: j↙ //输入 j,按 Enter 键

输入对正类型[上(T)/无(Z)/下(B)]<无>: z↙ //输入 z,按 Enter 键

当前设置: 对正=无,比例=1.00,样式=Q1

指定起点或[对正(J)/比例(S)/样式(ST)]: //打开对象捕捉模式,设置捕捉对象为交点和端点,根据轴线,单击要绘制的第一点

指定下一点: //单击轴线上另一点

继续执行多线命令完成所有墙线的绘制,注意图中有的墙线需使用样式 Q2 绘制。由于“绘图”工具栏中没有“多线”按钮,所以执行“多线”命令时不是很方便。如果是连续执行,按 Enter 键可继续绘制多线,另外可单击“视图”→“工具栏”菜单命令,打开“自定义用户界面”对话框,在“绘图”窗口的列表中找到“多线”,将其拖至绘图区,便于多次执行该命令。绘制墙线后的图形如图 7-6 所示。

为了绘图方便,可先不考虑门窗的绘制。

③ 编辑墙线。执行“修改”→“对象”→“多线”菜单命令,打开“多线编辑工具”对话框,如图 3-39 所示。

单击需要使用的按钮后,命令行提示如下:

命令: mledit

选择第一条多线: //选择要编辑的第一条多线

选择第二条多线: //选择要编辑的第二条多线

重复该命令,选择相应的编辑按钮,完成整个图形中多线的编辑,结果如图 7-7 所示。

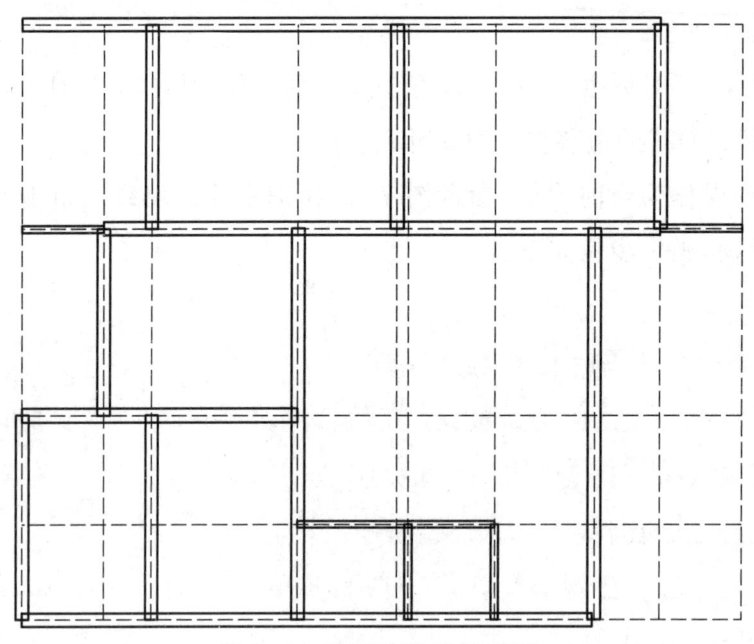

图 7-6　绘制墙线后的图形

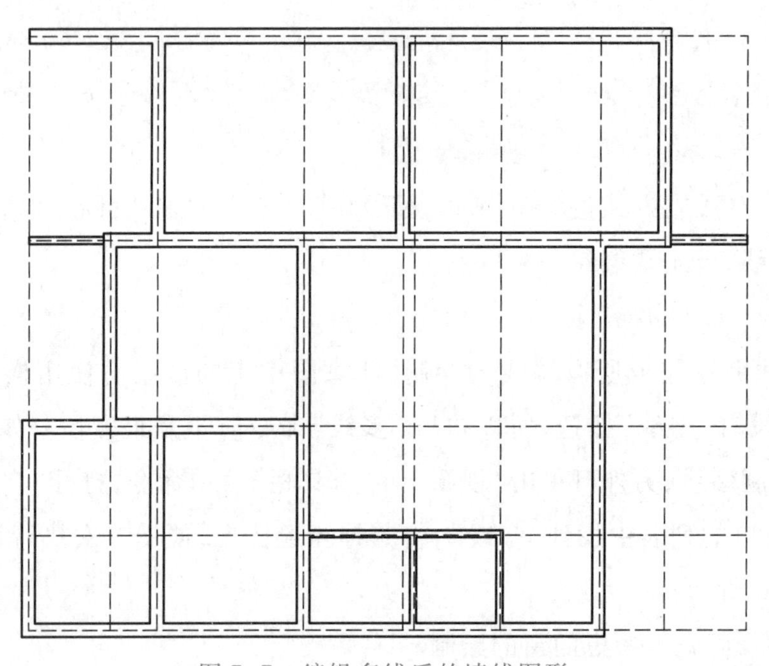

图 7-7　编辑多线后的墙线图形

4. 绘制窗户

① 打开“多线样式”对话框，创建并保存“C1”“C2”两个样式。“C1”偏移量为“120”“30”“-30”“-120”，比例为“1”；“C2”的偏移量为“60”“30”“-30”“-60”，比例为“1”。

② 将“门窗”图层作为当前图层，参考图 7-1，在图中绘制窗户线。单击“绘图”→“多线”菜单命令，命令行提示和操作步骤如下：

命令：mline

当前设置：对正=无，比例=1.00，样式=Q1

指定起点或［对正(J)/比例(S)/样式(ST)］:st↙　　//输入 st，按 Enter 键

输入多线样式名或［?］：　C1↙　　//输入 C1，按 Enter 键

当前设置：对正=无，比例=1.00，样式 =C1

指定起点或［对正(J)/比例(S)/样式(ST)］:s↙　　//输入 s，按 Enter 键

输入多线比例 <1.00>：　1↙　　//输入 1，按 Enter 键

当前设置：对正=无，比例=1.00，样式 =C1

指定起点或［对正(J)/比例(S)/样式(ST)］:j↙　　//输入 j，按 Enter 键

输入对正类型［上(T)/无(Z)/下(B)］<无>:z↙　　//输入 z，按 Enter 键

当前设置：对正=无，比例=1.00，样式 =C1

指定起点或［对正(J)/比例(S)/样式(ST)］：　　//打开对象捕捉模式，设置捕捉对象为交点，根据轴线，单击要绘制的第一点

指定下一点：　//单击轴线上另一点

继续执行多线命令完成所有窗户的绘制，注意图中有的窗线需使用样式 C2 绘制。绘制窗户线后的图形如图 7-8 所示。

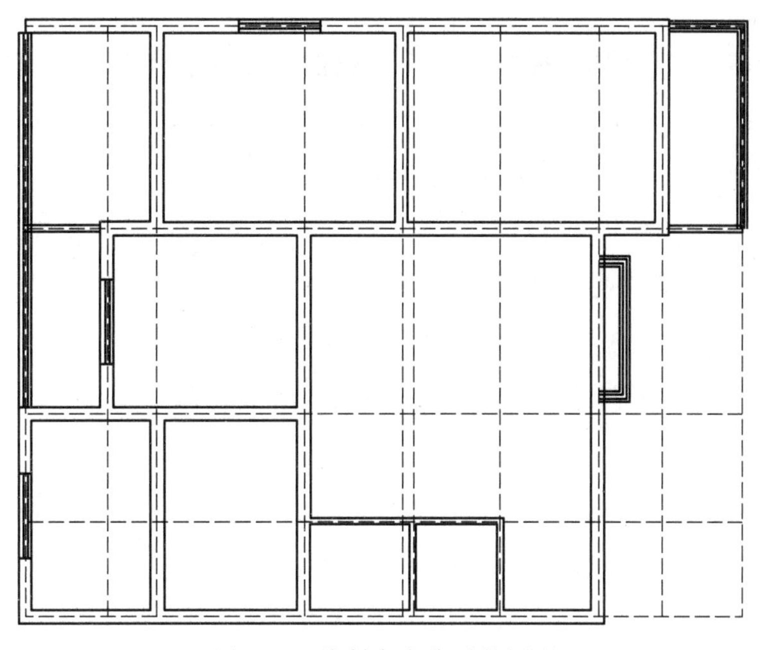

图 7-8　绘制窗户线后的图形

③ 编辑窗户线。操作方法与编辑墙线相同。在确定窗户位置时，需要利用“对象捕捉”→“捕捉自”命令。在对不同样式的多线进行编辑时，可充分利用夹点功能、修剪命令综合完成。

为了更直观地反映墙体和窗户，可将轴线进行修剪，也可在修剪后关闭“轴线”图层。编辑后的结果如图 7-9 所示。

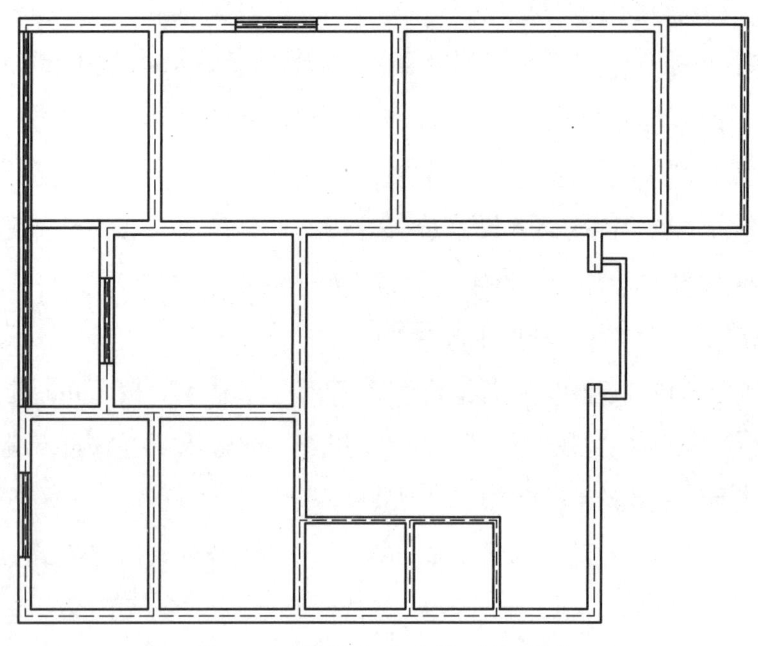

图 7-9　编辑窗户多线后的图形

5. 绘制门

(1) 修剪入户门

将“门窗”图层作为当前图层，根据图 7-1 提供的尺寸在墙线上修剪出门框。修剪入户门框的操作步骤如下：

① 绘制两条辅助线。命令行提示和操作步骤如下：

命令：offset

当前设置：删除源=否　图层=源　OFFSETGAPTYPE=0

指定偏移距离或［通过(T)/删除(E)/图层(L)］<1700.00>：260↙　//为了方便修剪，先绘制两条辅助线。思路是对图中门框左侧墙线的轴线进行偏移操作，确定门框的左右边线。输入偏移距离 260，按 Enter 键

选择要偏移的对象，或［退出(E)/放弃(U)］<退出>：　//单击门框左侧轴线

指定要偏移的那一侧上的点，或［退出(E)/多个(M)/放弃(U)］<退出>：　//单击轴线右侧，完成偏移

选择要偏移的对象，或［退出(E)/放弃(U)］<退出>：↙↙　//连续按两次 Enter 键，继续执行偏移命令

命令：offset

当前设置：删除源=否　图层=源　OFFSETGAPTYPE=0

指定偏移距离或［通过(T)/删除(E)/图层(L)］<260.00>：920↙　//输入偏移距离 920，按 Enter 键

选择要偏移的对象,或[退出(E)/放弃(U)]<退出>: //选择刚偏移的对象

指定要偏移的那一侧上的点,或[退出(E)/多个(M)/放弃(U)]<退出>: //在其右侧单击,完成偏移

选择要偏移的对象,或[退出(E)/放弃(U)]<退出>: *取消* //按 Enter 键

② 运用修剪命令对墙线进行修剪,确定门框。命令行提示和操作步骤如下:

命令: trim

当前设置:投影=UCS,边=无

选择剪切边...

选择对象或<全部选择>:找到 1 个 //选择辅助线

选择对象: 找到 1 个,总计 2 个 //选择辅助线

选择对象: ↙ //按 Enter 键

选择要修剪的对象,或按住 Shift 键选择要延伸的对象,或

[栏选(F)/窗交(C)/投影(P)/边(E)/删除(R)/放弃(U)]: //选择两条辅助线之间的墙线

修剪完成后删除两条辅助线。其他门框的修剪方法相同,不再重复。最后结果如图 7-10 所示,此图为关闭"轴线"图层后的图形。

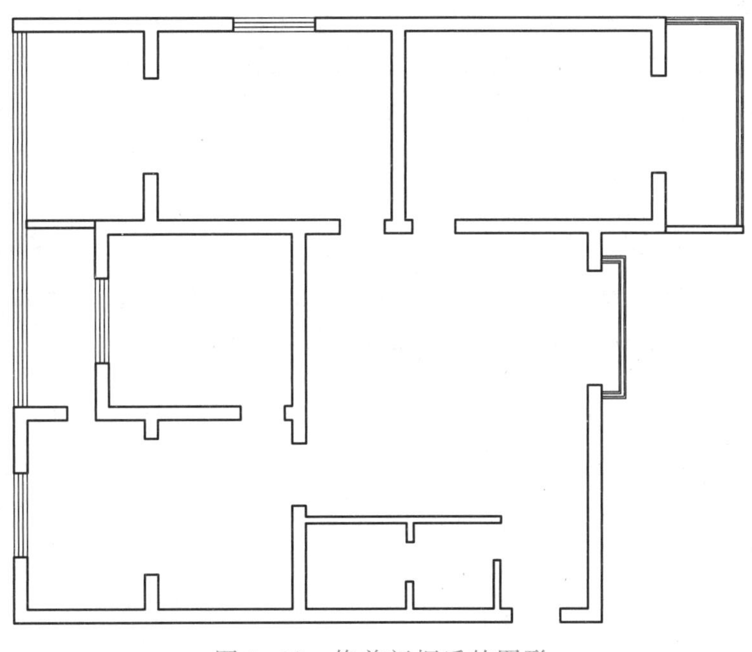

图 7-10 修剪门框后的图形

(2) 插入门图块

在前面的项目和任务中,我们曾创建过一些门的图块,为了节省绘图时间,可直接插入之前创建的门图块。如果没有相应的门图块,现在创建即可。各种门的尺寸见表 7-2。

表 7-2 门 尺 寸

入户门	卧室门	阳台门	书房门	阴台门	厨房门	餐厅门	洗漱间门	卫生间门
920×40	800×40	1 700×60	1 700×60	530×40	2 400×60	1 100×40	650×40	700×40

在前面的项目中，我们已掌握了图块的创建和插入方法，这里就不再赘述。绘制好门后的图形如图 7-11 所示。

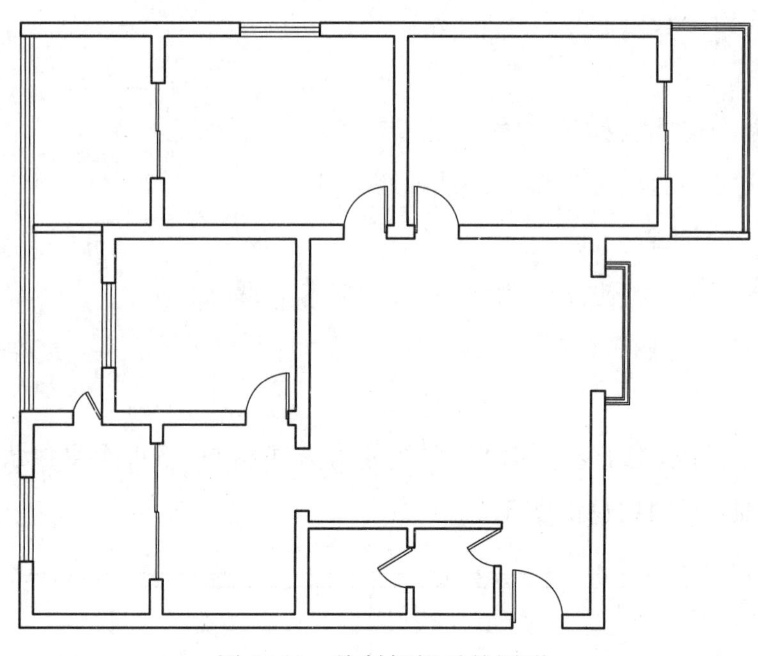

图 7-11 绘制好门后的图形

6. 标注尺寸

① 创建一个名为“cc1”的标注样式。单击“样式”→“标注样式”菜单命令或工具栏按钮，在弹出的“标注样式管理器”对话框中，设置“cc1”样式的以下参数：箭头样式为“建筑标记”，箭头大小为“150”，文字高度为“150”，尺寸线偏移为“50”，起点偏移量为“180”，超出尺寸线为“15”。

② 将“尺寸标注”图层设为当前图层，单击“标注”→“线性标注”菜单命令或工具栏按钮，标注轴线间的距离。一般图纸中以标注轴线间距离为主，为了设计方便和需要，也会标注主要房间和功能区的尺寸。

完成尺寸标注后的图形如图 7-12 所示。

7. 插入文本

① 创建一个名为“wz1”的文字样式。单击“样式”→“文字样式”菜单命令或工具栏按钮，在弹出的“文字样式”对话框中，设置“wz1”样式的以下参数：字体为“仿宋体”，文字高度为“200”。

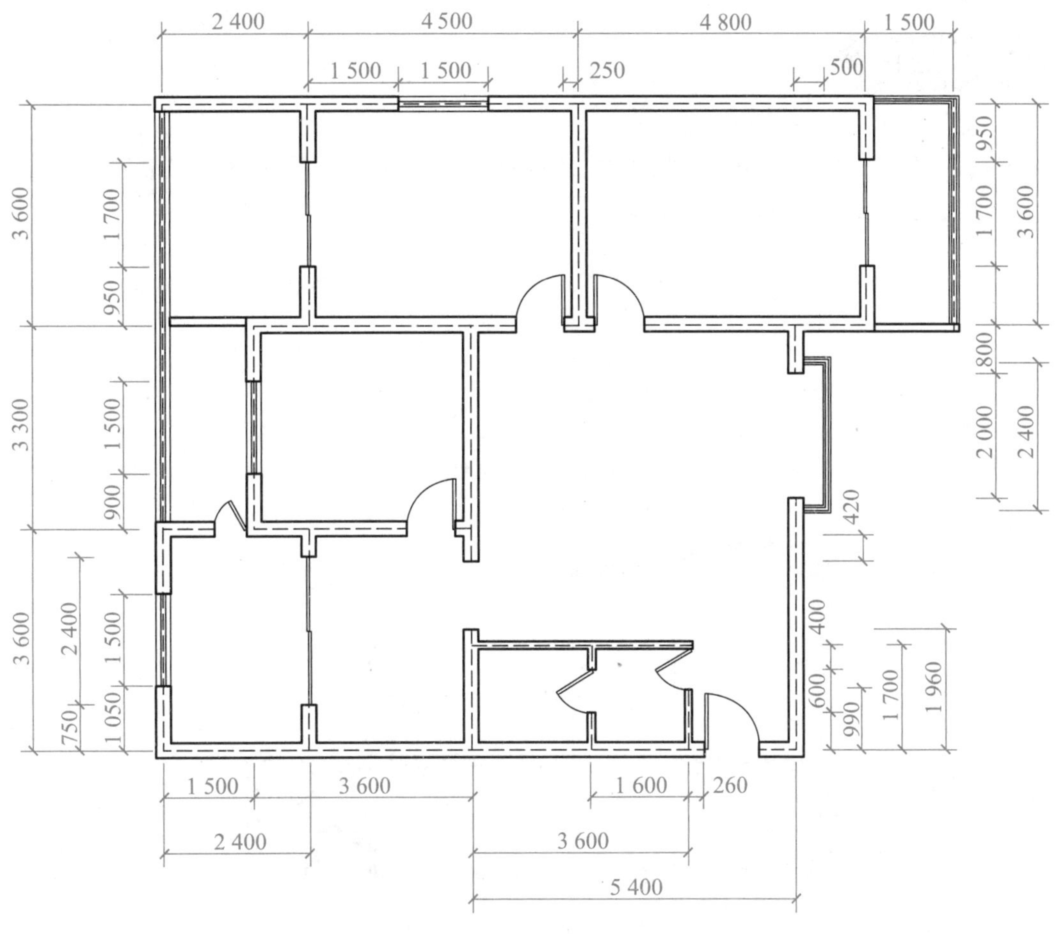

图 7-12　标注尺寸后的图形

② 将“文字”图层设为当前图层，单击“绘图”→“文字”菜单命令或工具栏按钮，完成各房间和功能区的标注。最后结果如图 7-1 所示。

8. 保存或打印图形

序号	评价内容	评价完成效果		
		★★★	★★	★
1	了解原始平面图绘制思路和绘制内容			
2	能熟练综合应用各种命令			
3	能分析和处理绘图过程中遇到的问题			
4	能顺利完成本任务			

巩固提高

1. 列举在绘图过程中遇到的各种问题，找出解决办法。总结自己在绘图过程中的经验。
2. 绘制居室平面图，如图 7-13 所示。

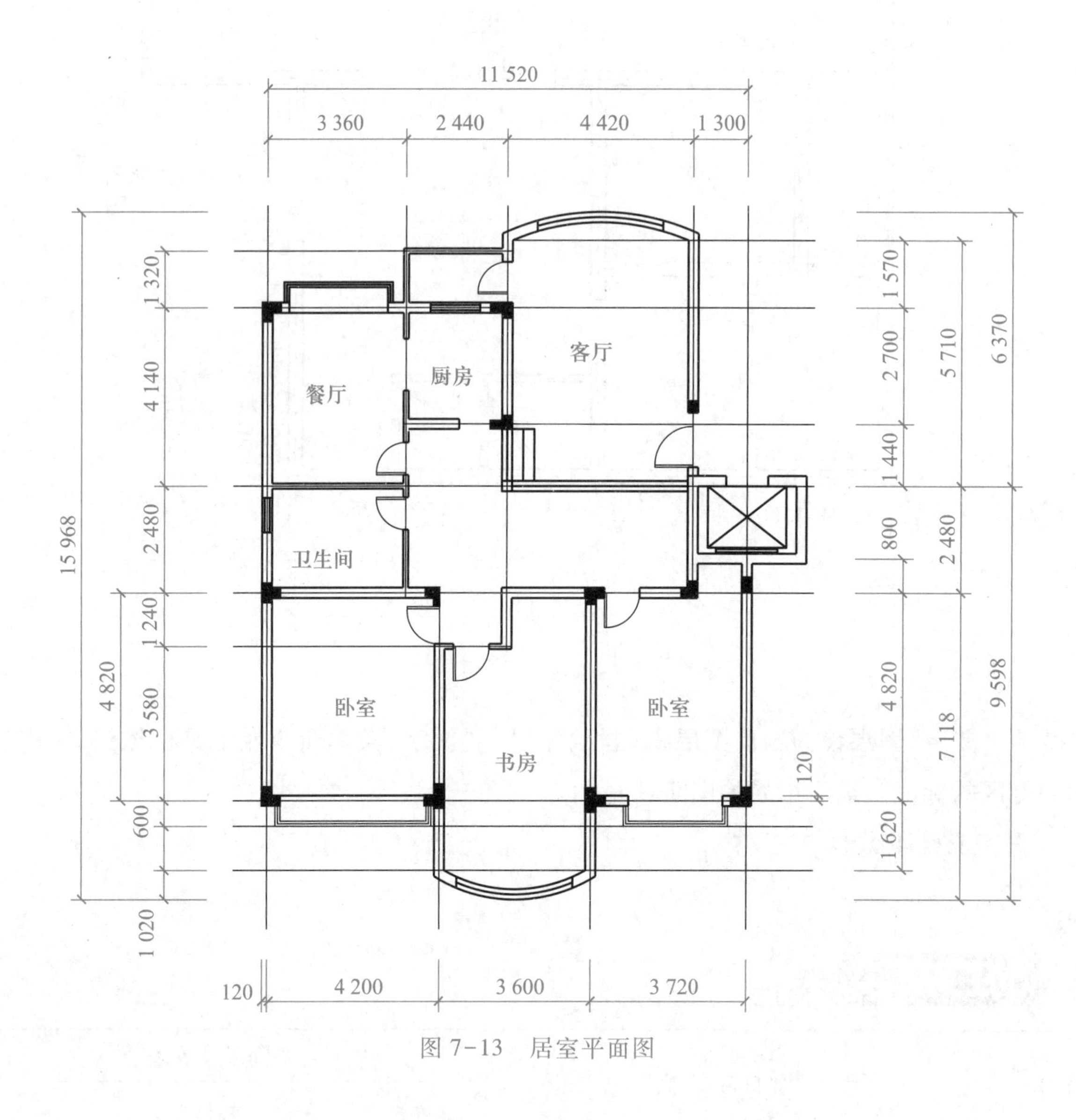

图 7-13　居室平面图

3. 绘制单元平面图，如图 7-14 所示。图 7-14 中的单元门及楼梯尺寸如图 7-15 所示。

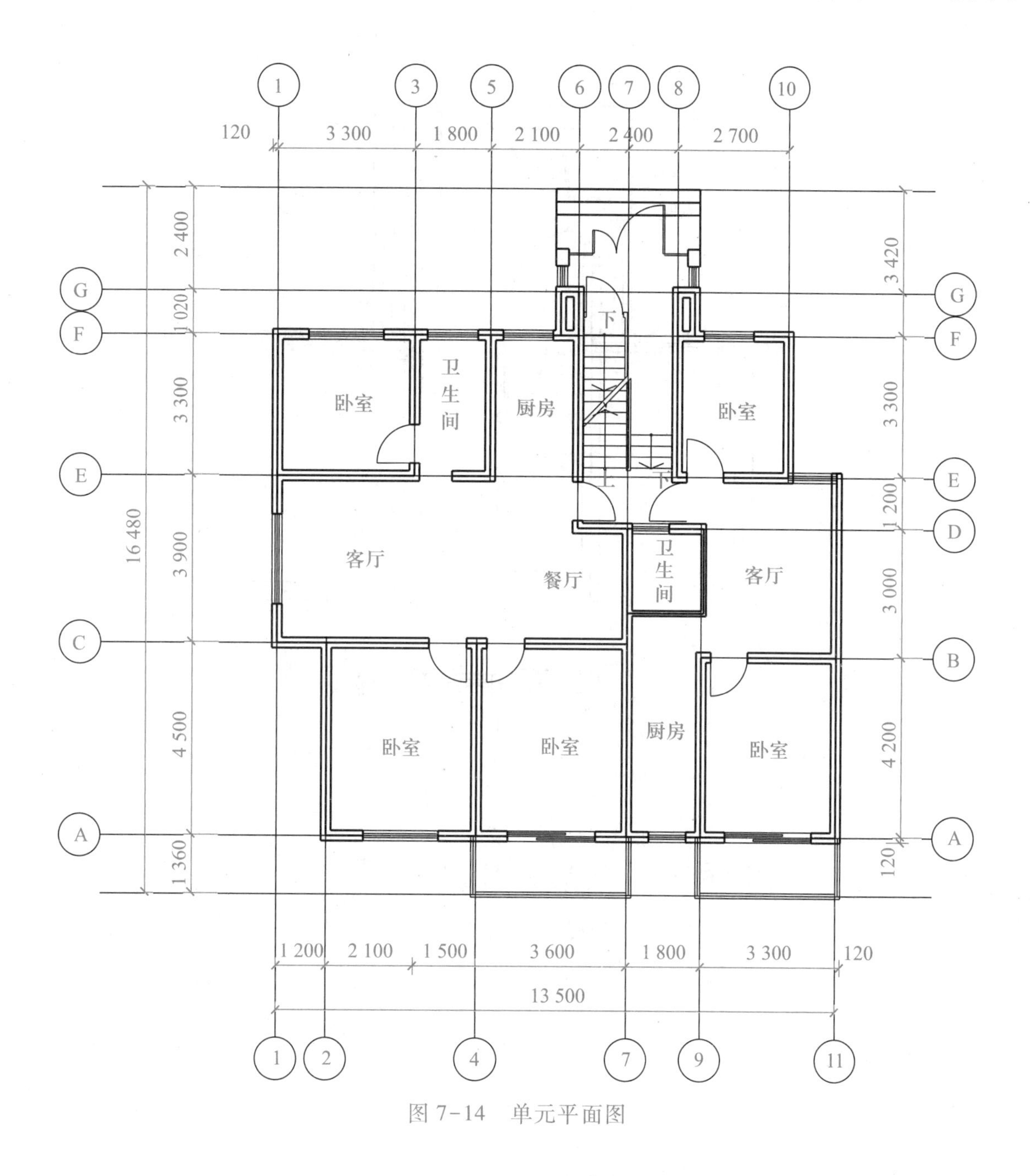

图 7-14　单元平面图

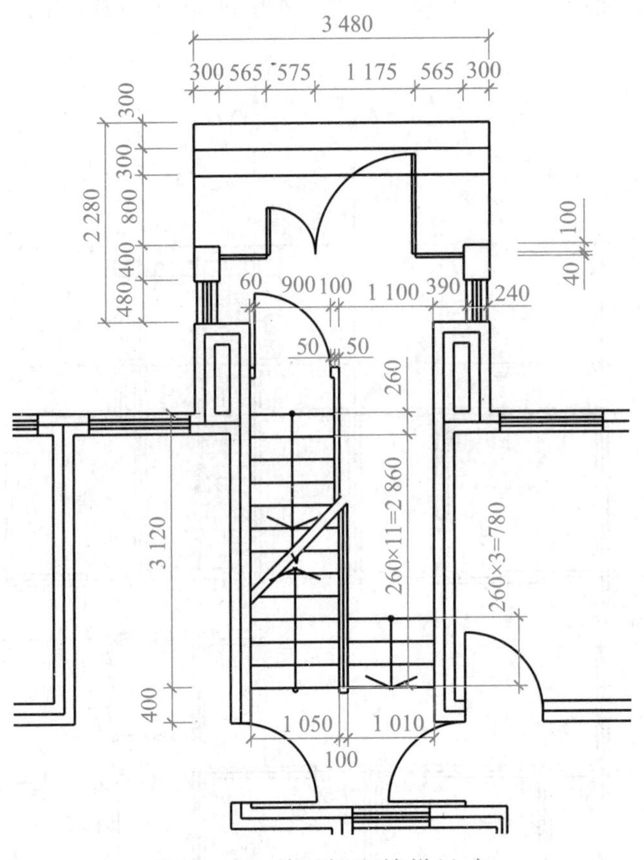

图 7-15 单元门和楼梯尺寸

任务2 绘制室内平面布置图

任务目标

1. 了解室内平面布置图的绘制内容
2. 掌握绘制室内平面布置图的基本步骤
3. 灵活自如地应用图块,提高绘图效率
4. 进一步提高绘图的综合能力

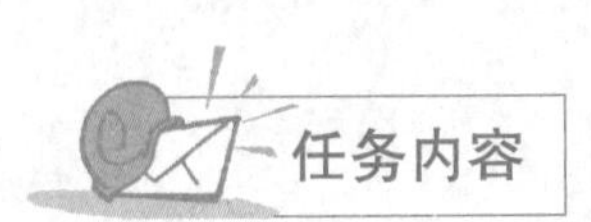

任务内容

本任务中,我们将充分利用在前面项目中绘制的有关图形,设计任务 1 中原始平面图的室内布置，最终效果如图 7-16 所示。

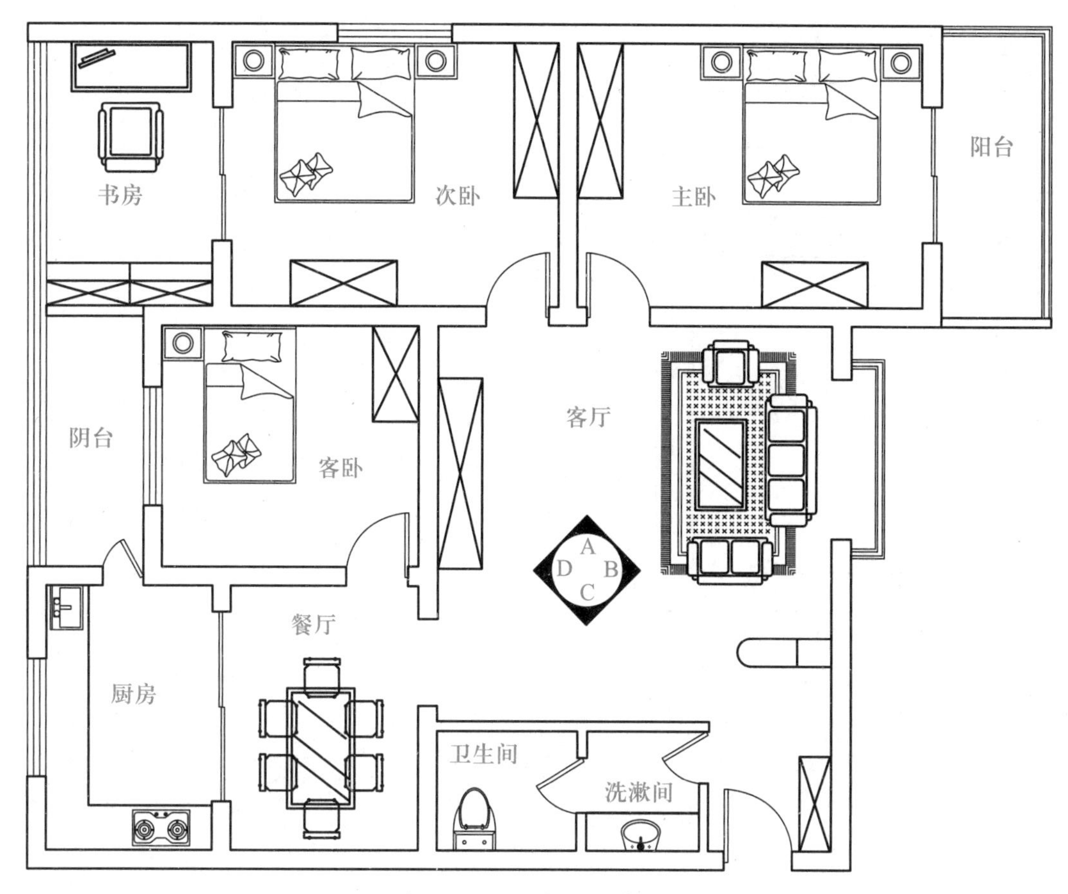

图 7-16　室内平面布置图

相关尺寸说明：

① 电视柜尺寸：2 200×600。

② 主卧和次卧衣柜尺寸：1 970×600，平柜尺寸：1 400×600。

③ 床头柜尺寸：550×450。

④ 客卧衣柜尺寸：1 200×600。

⑤ 单人床尺寸：2 000×1 200；双人床尺寸如图 3-56 所示。

⑥ 书桌尺寸：1 500×580。

⑦ 书房椅子尺寸如图 7-17 所示，可参照图 3-13 进行拉伸。

⑧ 书柜平面尺寸如图 7-18 所示。

⑨ 洗漱柜平面尺寸：1 480×480，洗脸池和坐便器尺寸分别如图 3-23 和图 3-33 所示。

⑩ 灶台尺寸如图 7-19 所示。

⑪ 水池尺寸如图 7-20 所示。

⑫ 门厅鞋柜平面尺寸：1 200×400。

⑬ 门厅柜平面尺寸如图 7-21 所示。

⑭ 橱柜沿厨房两面墙制作，宽为550。

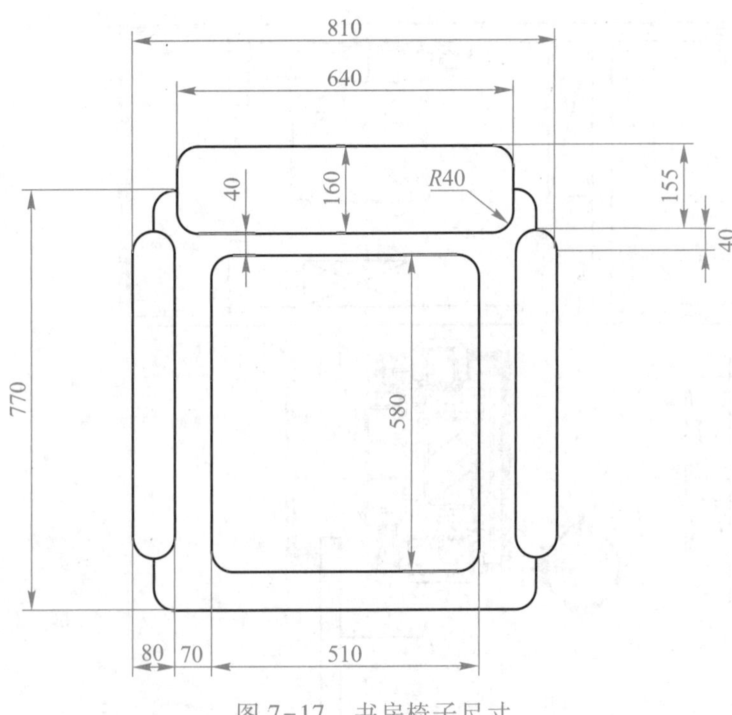

图 7-17　书房椅子尺寸

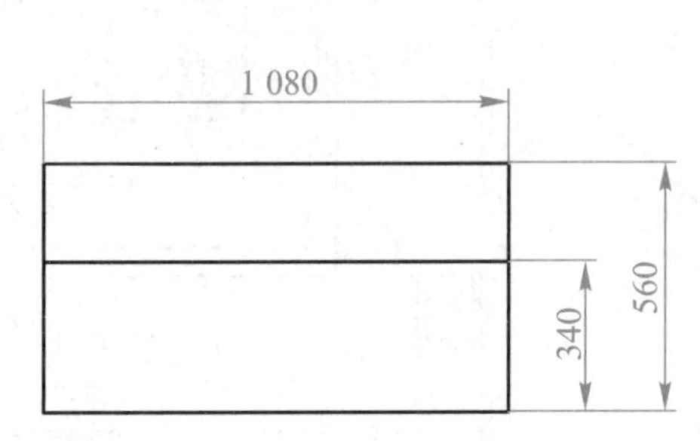

图 7-18　书柜平面尺寸

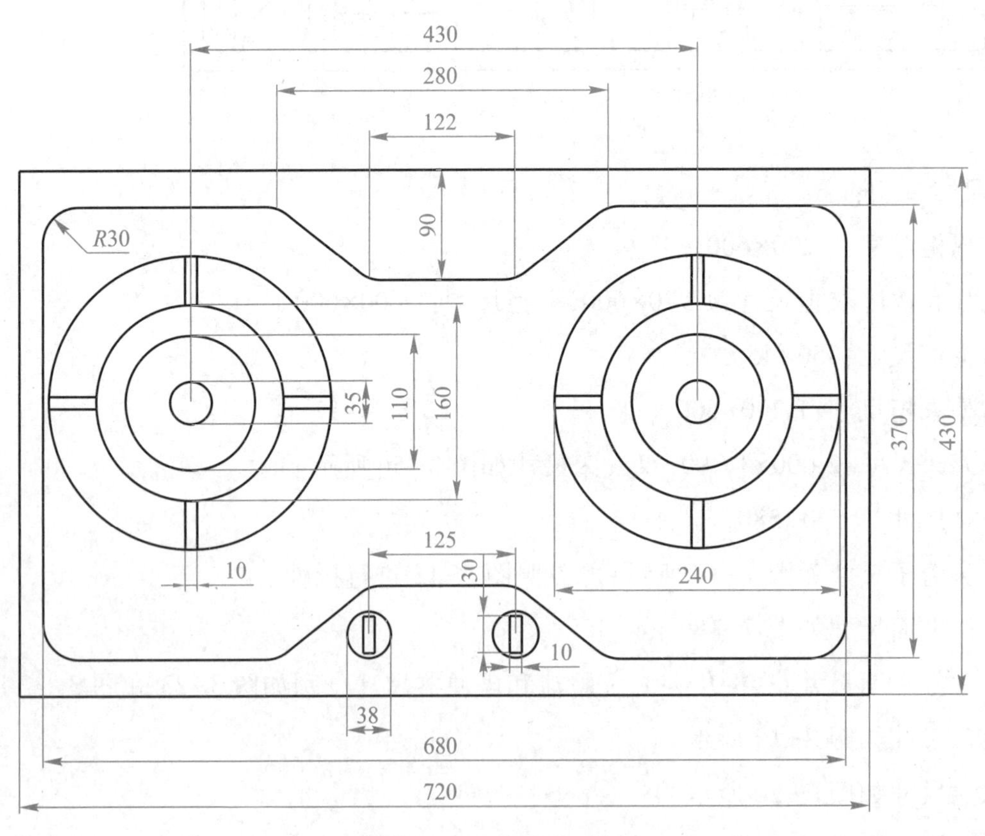

图 7-19　灶台尺寸

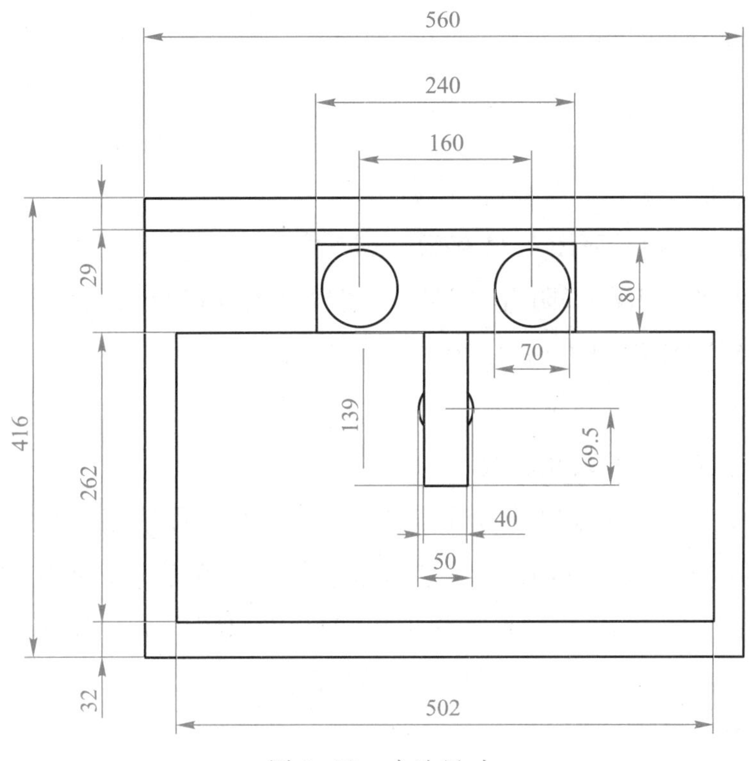

图 7-20　水池尺寸

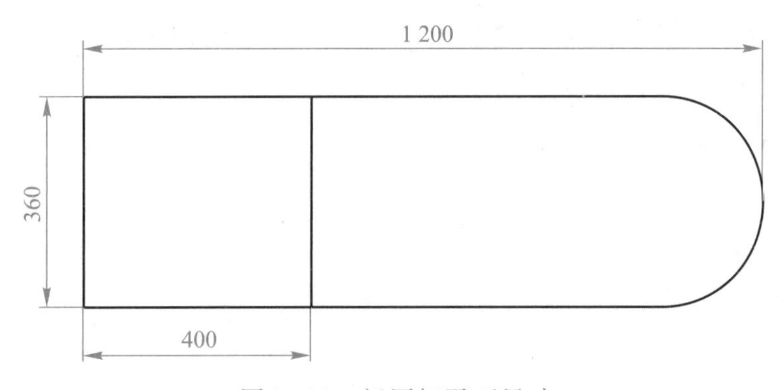

图 7-21　门厅柜平面尺寸

绘制室内平面布置图包括绘制家具平面图、创建家具图块，然后布置各功能区物品。在创建文件、新建图层和设置图层对象特性后，绘制室内平面布置图的基本思路如下：

（1）布置客厅

首先绘制并创建客厅沙发、茶几、电视柜图块，然后在客厅中插入这些图块，根据显示效果，调整图块大小和位置。

（2）布置餐厅、卧室、书房、卫生间、厨房、门厅

（3）绘制并插入方向符号图块

任务实施

1. 创建“室内平面布置图”文件

打开任务1中的“原始平面图”，另存为“房屋平面布置图”。新建“卧室”“客厅”“书房”“餐厅”“厨房”“卫生间”“阳台”“阴台”图层，各图层颜色分别为“索引30”“洋红”“索引150”“索引150”“索引150”“索引30”“索引30”“索引30”。

2. 布置客厅

(1) 绘制并创建客厅沙发茶几图块

打开项目5任务1中完成的“客厅布置图”，创建名为“客厅沙发茶几组合”图块。

在命令行中输入“w”，按Enter键，打开“写块”对话框，在该对话框中确定块的保存位置，输入“客厅沙发茶几组合”块名，拾取地毯左上角端点，选取图中所有对象，单击“确定”按钮，完成“客厅沙发茶几组合”图块的创建。关闭“客厅布置图”文件。

(2) 绘制电视柜平面图

切换至“房屋平面布置图”文件，将“客厅”图层设为当前图层。

其他功能区的布置方法与客厅布置方法相同。在绘制过程中，会涉及AutoCAD中的许多常用命令，本任务具有较强的综合性。

单击“矩形”按钮，命令行提示和操作步骤如下：

命令：rectang

指定第一个角点或［倒角(C)/标高(E)/圆角(F)/厚度(T)/宽度(W)］：_from 基点：<偏移>：@0,1100↙ //打开对象捕捉状态，并设置捕捉对象为中点，执行“捕捉自”命令，单击客厅电视柜墙线的中点，输入@0,1100，按Enter键

指定另一个角点或［面积(A)/尺寸(D)/旋转(R)］：@600,-2 200↙ //输入@600,-2 200，按Enter键

执行直线命令，绘制交叉直线。

绘制电视柜矩形后的图形如图7-22所示。

(3) 插入“客厅沙发茶几组合”图块

单击“插入块”按钮，弹出“插入”对话框，单击“浏览”按钮，在弹出的对话框中找到“客厅沙发茶几组合”图块，单击“打开”按钮，返回“插入”对话框。在“旋转”选项中输入“-90”，单击“确定”按钮，命令行中提示和操作步骤如下：

命令：insert

指定插入点或［基点(B)/比例(S)/旋转(R)］：指定比例因子 <1>： //在客厅摆放沙发处单击

指定比例因子 <1>:↙ //按 Enter 键

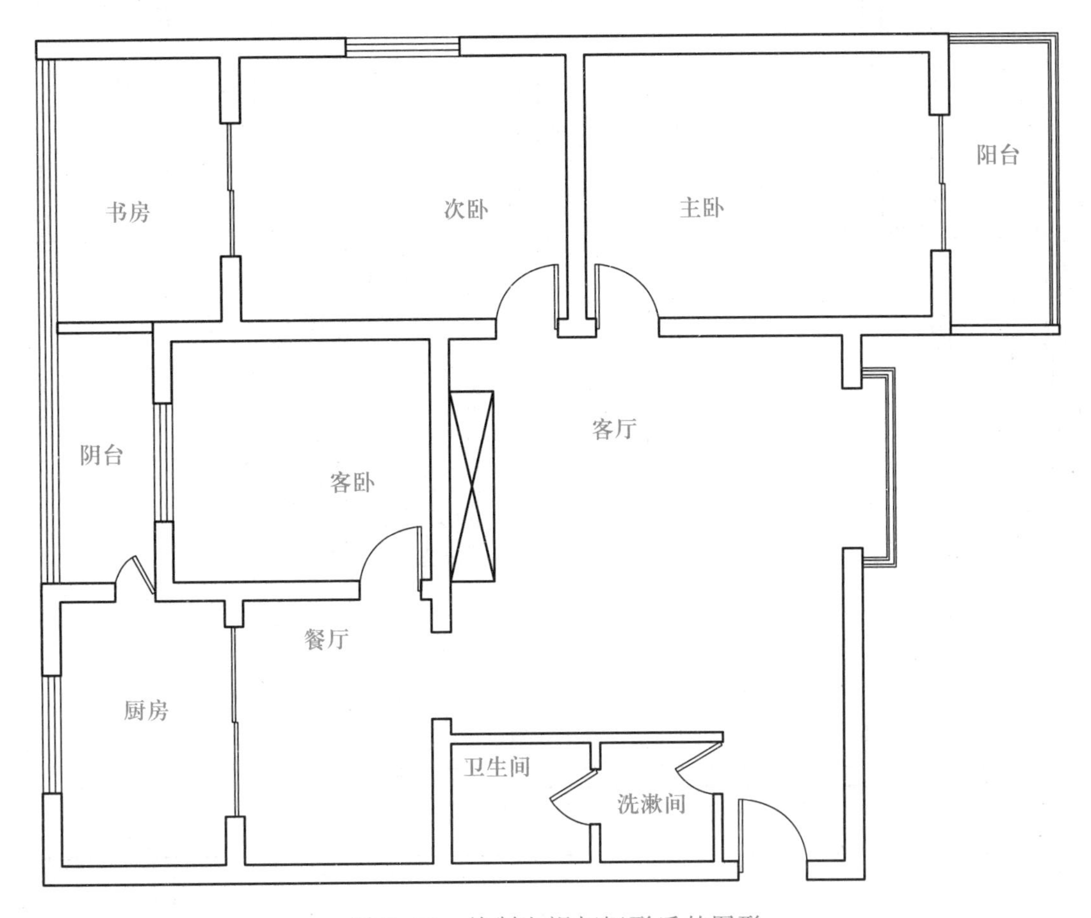

图 7-22 绘制电视柜矩形后的图形

插入图块后的图形如图 7-23 所示。

(4) 调整图块

单击“缩放”按钮,命令行提示和操作步骤如下:

命令: scale

选择对象: 找到 1 个↙ //选择客厅沙发茶几组合块,按 Enter 键

选择对象: ↙ //按 Enter 键

指定基点: //执行窗口缩放命令,放大沙发图块,拾取图块右上角端点

指定比例因子或 [复制(C)/参照(R)]: 0.7↙ //输入 0.7,按 Enter 键

观察插入后的效果,可对图块进行移动,直到位置和大小合适为止。调整图块后的图形如图 7-24 所示。

3. 布置餐厅

(1) 绘制餐桌图块

打开图 5-12 所示的图形文件,或根据该图绘制图形,创建名为“餐桌组合”的图块。

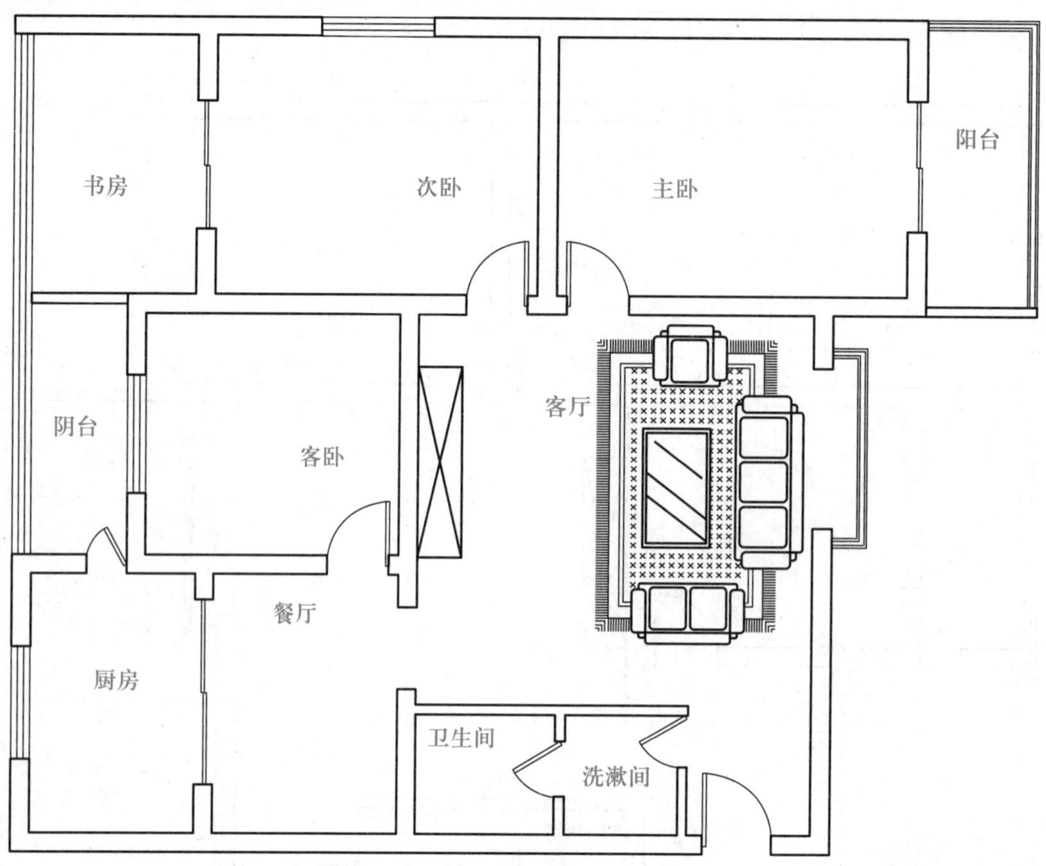

图 7-23　插入客厅沙发茶几图块

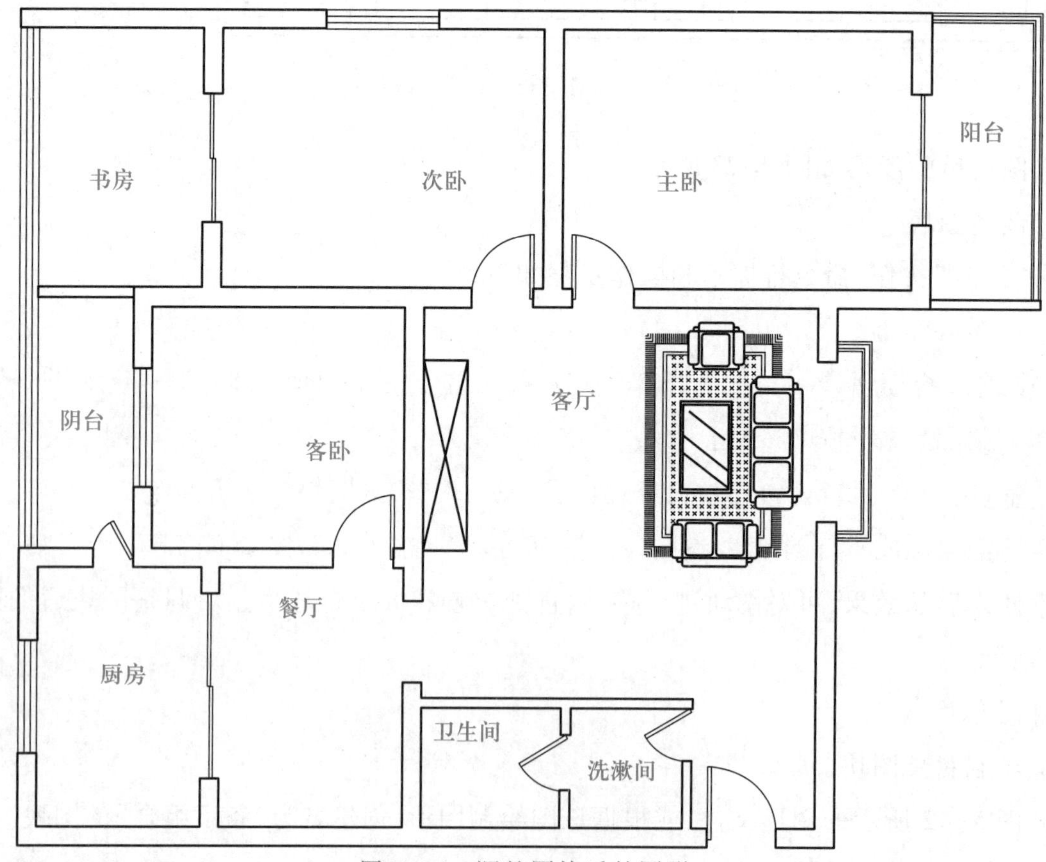

图 7-24　调整图块后的图形

在命令行中输入“w”，按 Enter 键，打开“写块”对话框，在该对话框中，确定块的保存位置，输入“餐桌组合”块名，拾取餐桌左上角端点，选取图中所有对象，单击“确定”按钮，创建“餐桌组合”图块，关闭该文件。

（2）插入图块

在本任务文件中，将“餐厅”图层设为当前图层。

单击“插入块”按钮，打开“插入”对话框，单击“浏览”按钮，在弹出的对话框中找到“餐桌组合”图块，插入。在“旋转”选项中输入“-90”，单击“确定”按钮，命令行中提示和操作步骤如下：

命令：insert

指定插入点或［基点(B)/比例(S)/旋转(R)］：指定比例因子 <1>： //在餐厅摆放餐桌处单击

指定比例因子 <1>：↙ //按 Enter 键

插入图块后，根据显示效果，可对图块进行缩放和移动操作，直到位置和大小满意为止，如图 7-25 所示。

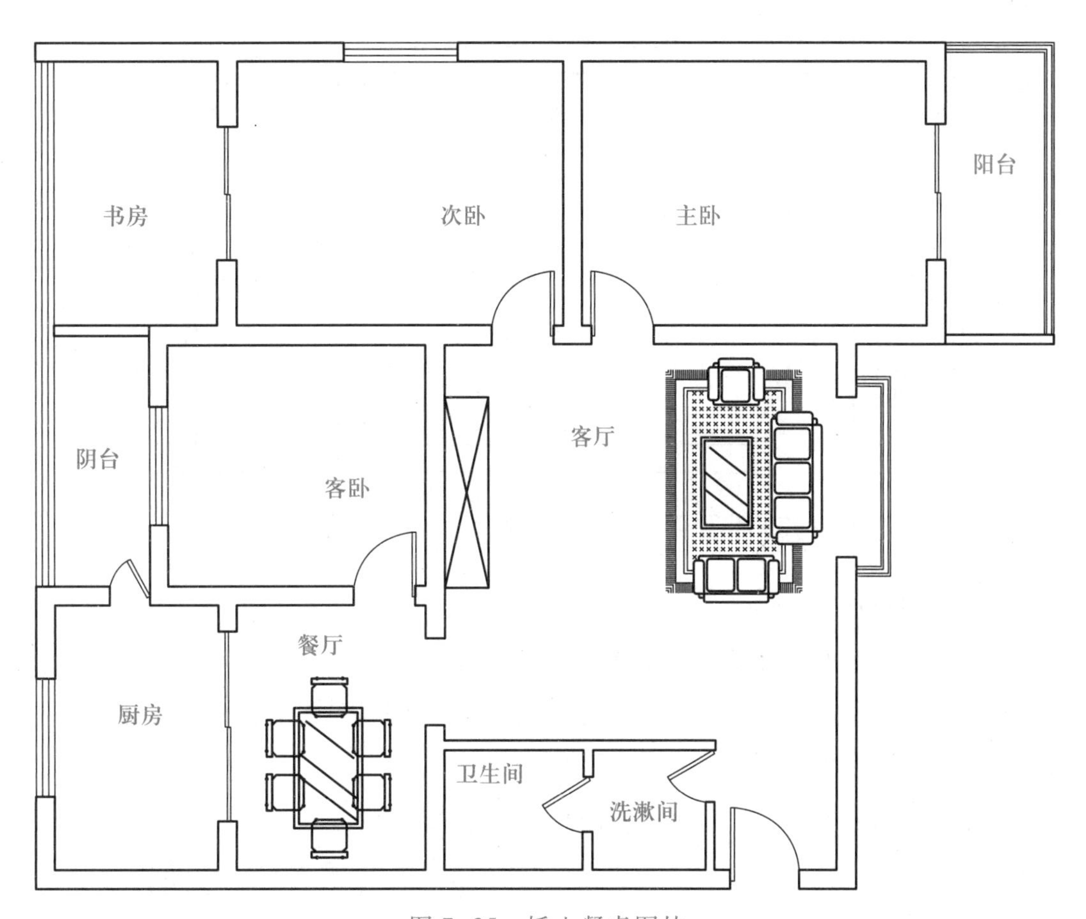

图 7-25　插入餐桌图块

4. 布置卧室

(1) 布置主卧

① 绘制衣柜平面图。

将“卧室”图层设为当前图层。

单击“矩形”按钮，命令行提示和操作步骤如下：

命令：rectang

指定第一个角点或［倒角(C)/标高(E)/圆角(F)/厚度(T)/宽度(W)］： <打开对象捕捉> //打开对象捕捉状态，捕捉主卧衣柜墙角端点

指定另一个角点或［面积(A)/尺寸(D)/旋转(R)］：@ 600,-1 970↙ //输入@ 600,-1 970，按 Enter 键

② 绘制平柜平面图。

执行矩形命令，绘制平柜平面图。

执行直线命令，绘制交叉直线。

绘制衣柜及平柜后的图形如图 7-26 所示。

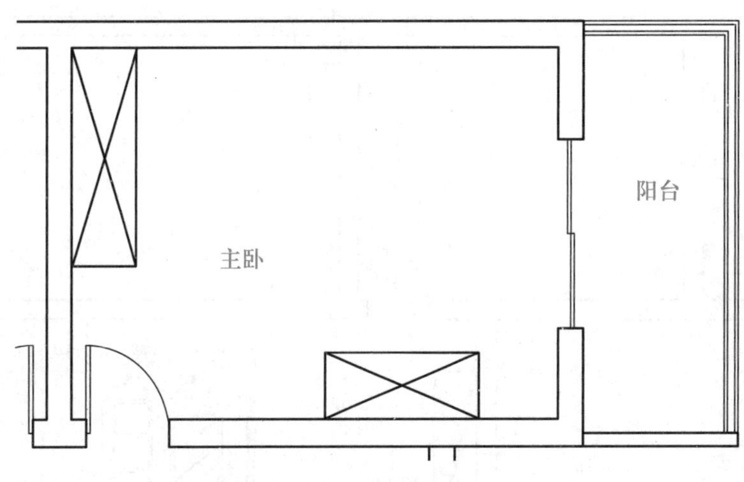

图 7-26　绘制衣柜及平柜后的图形

③ 绘制或插入床块。

打开图 3-50 所示的双人床文件，或根据该图绘制双人床图形。

使用矩形命令和圆命令，在双人床两侧绘制床头柜，绘制完成后的图形如图 7-27 所示。

创建名为“双人床”的图块。

插入“双人床”图块，然后调整至合适位置，如图 7-28 所示。

(2) 布置次卧

① 绘制衣柜和平柜平面图。

绘制方法和尺寸与主卧相同。

图 7-27　双人床及床头柜

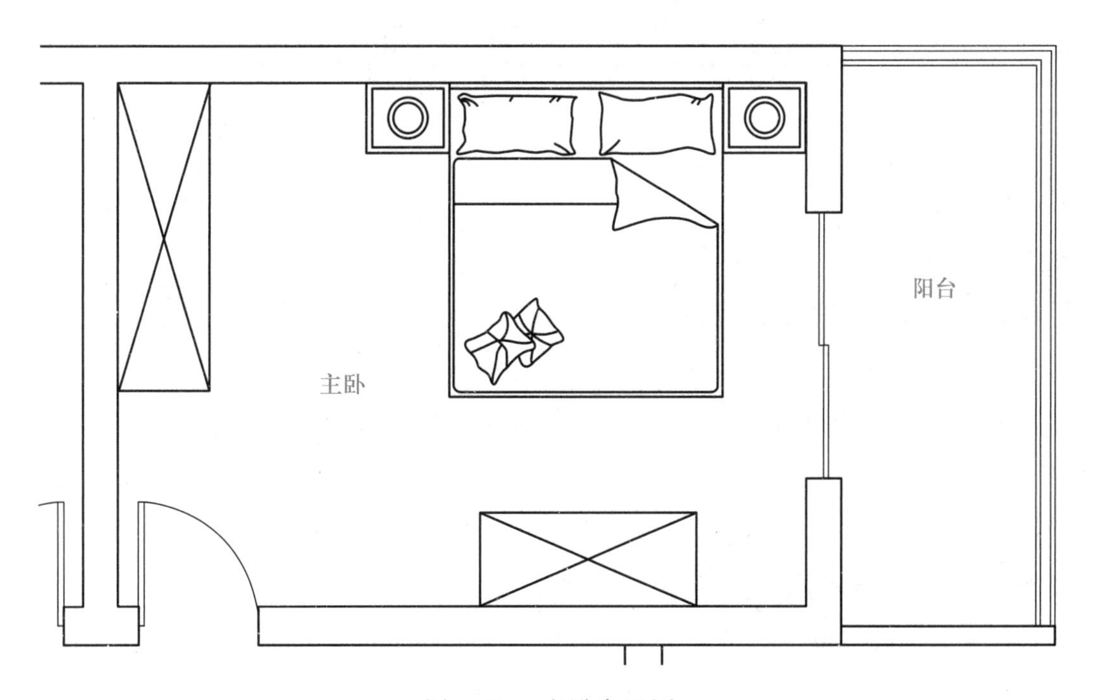

图 7-28　主卧布置图

② 插入床图块。

绘制方法和尺寸与主卧相同。

完成后的图形如图 7-29 所示。

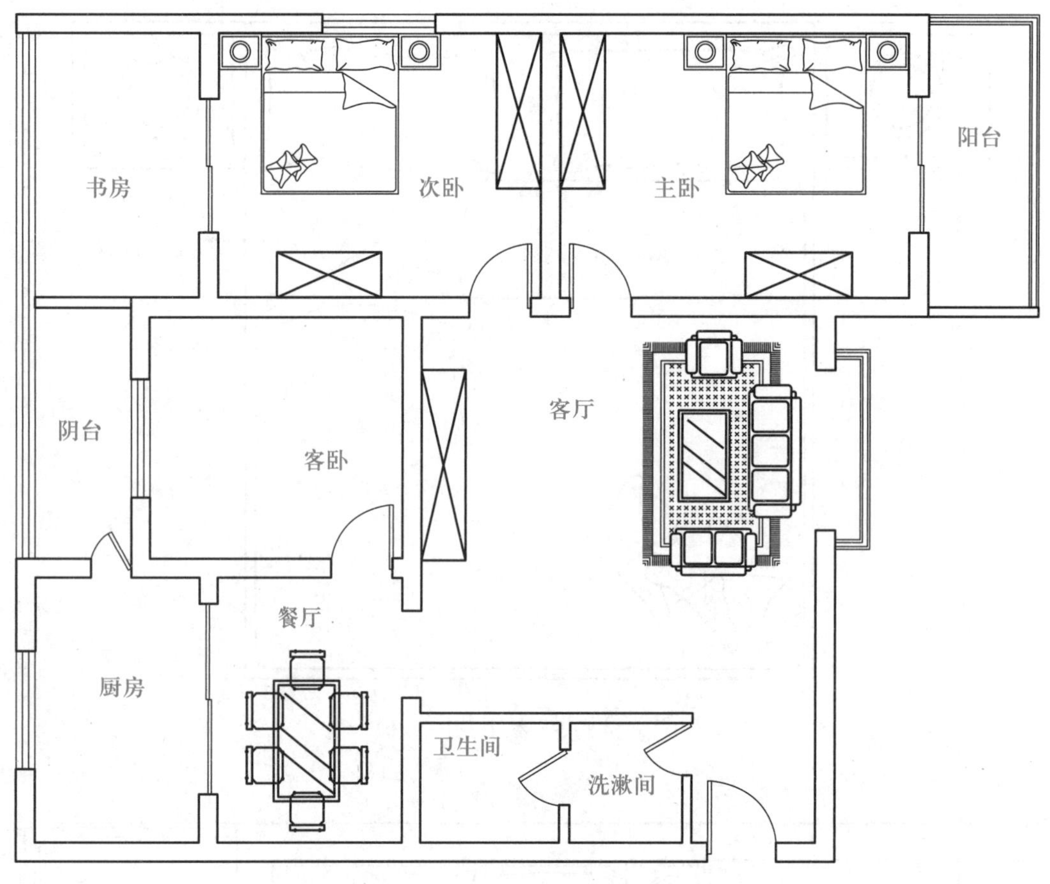

图 7-29　次卧布置图

（3）布置客卧

① 绘制衣柜平面图。

执行矩形命令和直线命令，绘制衣柜平面图，方法与前面操作相同。

② 绘制单人床。

打开“双人床”图形文件，删除图中一个枕头和床头柜。单击“拉伸”按钮，命令行提示和操作步骤如下：

命令：stretch

以交叉窗口或交叉多边形选择要拉伸的对象...

选择对象：指定对角点：找到 9 个　//以窗口方式选取双人床右侧

选择对象：指定对角点：找到 14 个（9 个重复），总计 14 个　//以窗交方式选取双人床右侧

选择对象：↙　//按 Enter 键

指定基点或［位移(D)］<位移>：　//打开对象捕捉状态，单击双人床右上角端点

指定第二个点或 <使用第一个点作为位移>：@ -600,0↙　//输入@ -600,0，按 Enter 键

移动枕头到合适位置。

拉伸后的单人床如图 7-30 所示。

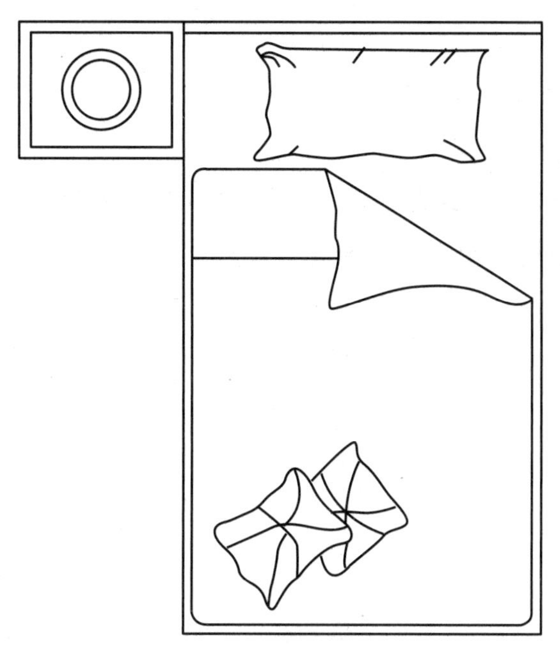

图 7-30 拉伸后的单人床

③ 创建并插入单人床图块。

创建和插入方法与前面的操作相同。完成后的图形如图 7-31 所示。

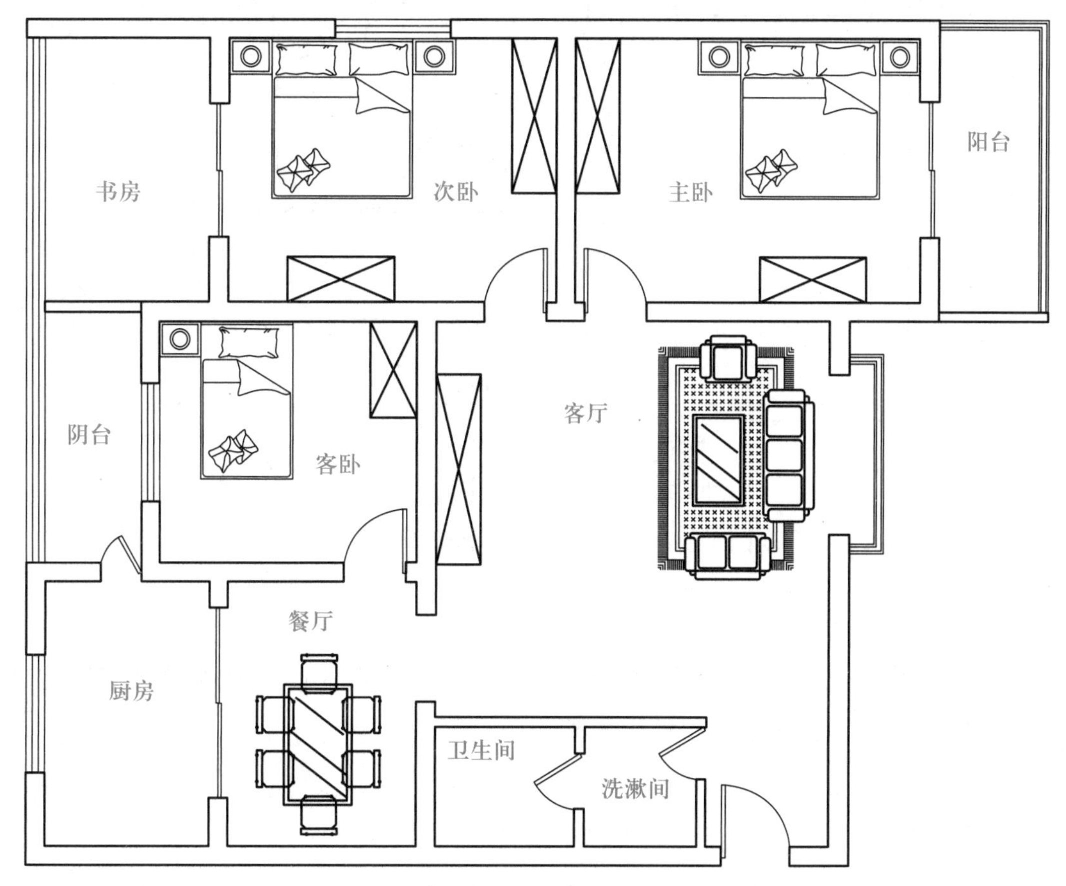

图 7-31 客卧布置图

5. 布置书房

(1) 绘制或插入书桌及显示器图块

将“书房”图层设为当前图层。

打开图 4-35,或根据图 4-36 绘制该图。将图中书桌长度变为 1 500。

单击“拉伸”按钮,命令行提示和操作步骤如下:

命令: stretch

以交叉窗口或交叉多边形选择要拉伸的对象...

选择对象: 指定对角点: 找到 1 个　//用窗口方式选择桌子右侧

选择对象: 指定对角点: 找到 5 个 (1 个重复),总计 5 个　//用窗交方式选择桌子右侧

选择对象: ↙　//按 Enter 键

指定基点或 [位移(D)] <位移>:　//选择桌子右上角端点

指定第二个点或 <使用第一个点作为位移>:@ 700,0↙　//输入@ 700,0,按 Enter 键

创建“书桌及显示器”图块,在本任务图中插入该图块。插入后的图形如图 7-32 所示。

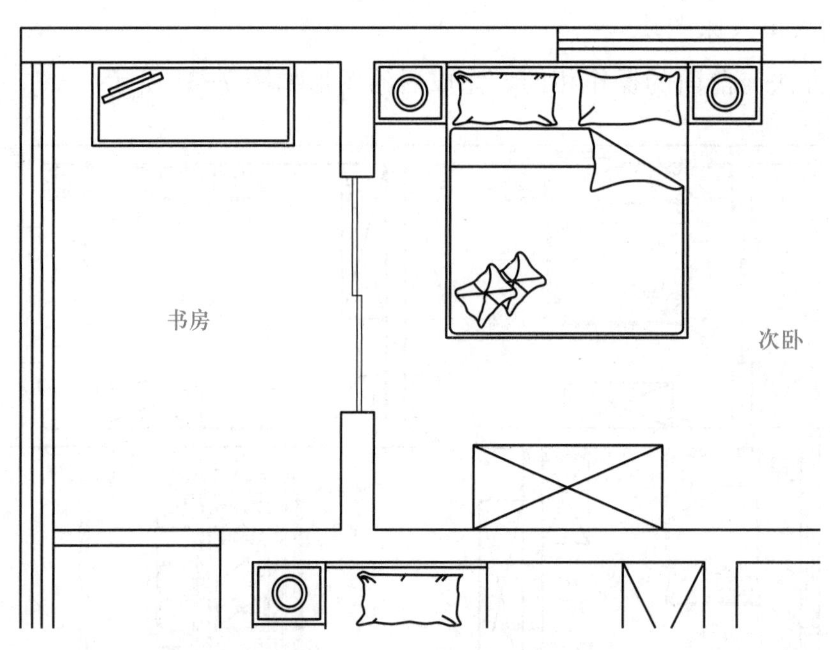

图 7-32　插入书桌及显示器图块

(2) 插入书房椅子图块

打开图 3-13,观察图 3-13 与图 7-17 的尺寸变化,利用拉伸命令修改变化的尺寸。

单击“拉伸”按钮,命令行提示和操作步骤如下:

命令: stretch

以交叉窗口或交叉多边形选择要拉伸的对象...

选择对象: 指定对角点: 找到 4 个　//用窗交方式选择右侧扶手的右边框

选择对象：↙　//按 Enter 键

指定基点或［位移(D)］<位移>：　//捕捉选择对象中的一个特征点

指定第二个点或 <使用第一个点作为位移>：　@-60,0↙　//输入@-60,0,按 Enter 键

按同样的操作方式,选择右侧扶手的左边框,向右侧拉伸 60;选择左侧扶手的左边框,向右侧拉伸 60;选择左侧扶手的右边框,向左侧拉伸 60。选择沙发右侧扶手和外围边框,向左拉伸 50;选择沙发左侧扶手和外围边框,向右拉伸 50。

创建"书房椅子"图块,在本任务图中插入该图块,旋转角度为 180°,插入后将椅子移动到合适位置,如图 7-33 所示。

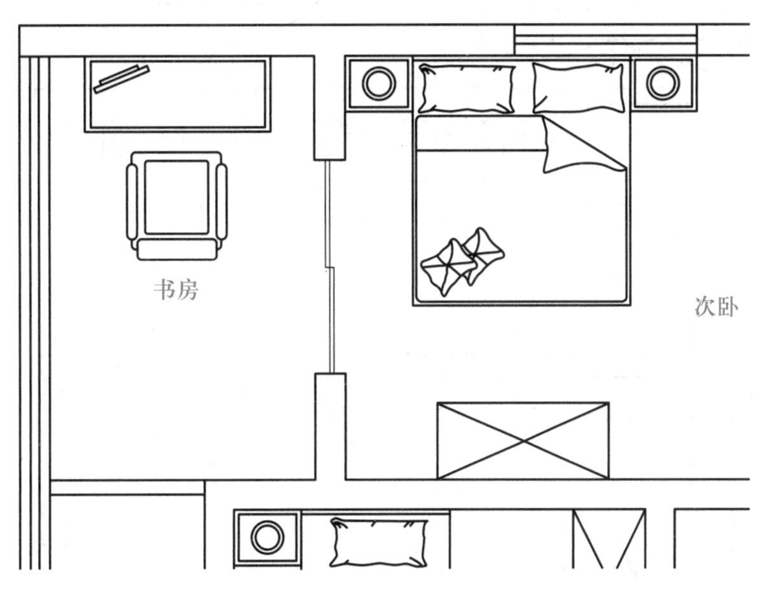

图 7-33　插入书房椅子图块

(3) 绘制或插入书柜图块

执行直线命令,按图 7-18 绘制书柜平面图,绘制后图形如图 7-34 所示。

6. 布置卫生间

(1) 创建并插入坐便器图块

将"卫生间"图层设为当前图层。

打开图 3-33,创建"坐便器"图块,并插入到本任务图形中的卫生间中,旋转角度为 90°,完成后如图 7-35 所示。

(2) 绘制洗漱柜平面图

执行矩形命令,绘制洗漱柜平面图。

(3) 创建并插入洗脸池图块

打开图 3-32,创建"洗脸池"图块,并插入到本任务图形中的洗漱间,旋转角度为 180°,如图 7-36 所示。

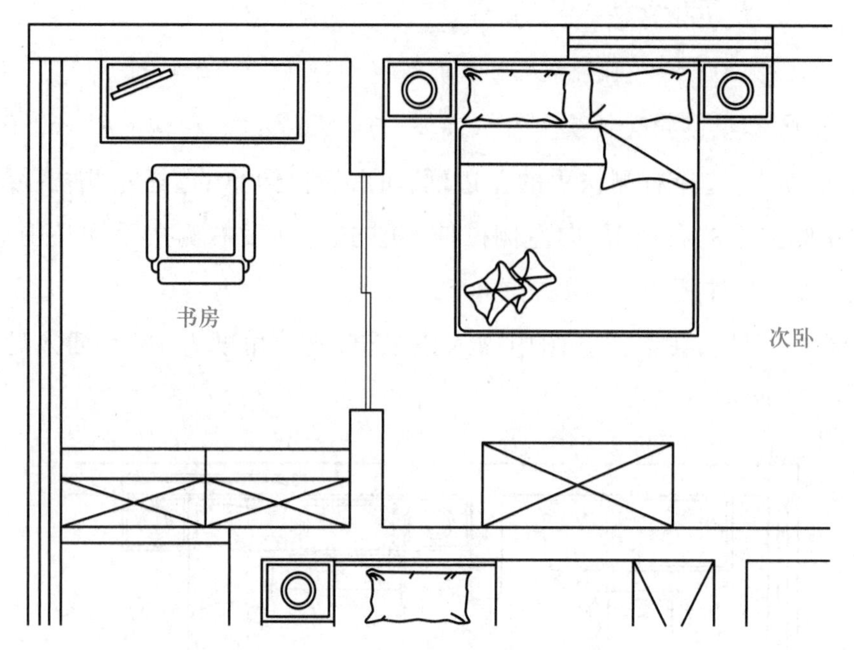

图 7-34　书房布置图

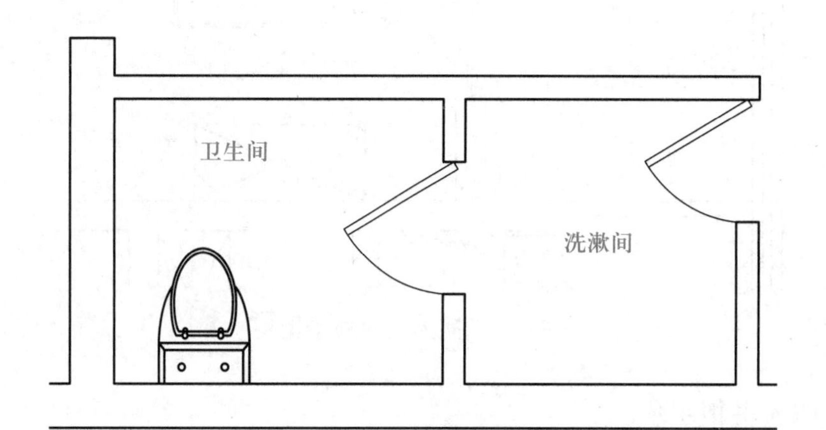

图 7-35　插入坐便器图块

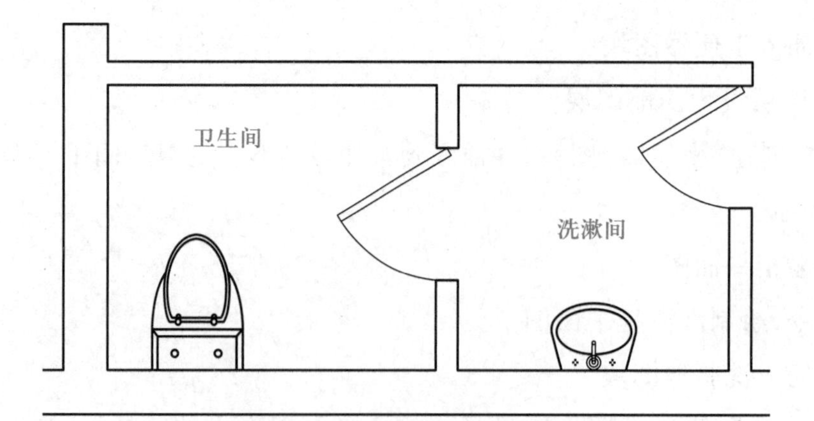

图 7-36　卫生间布置图

7. 布置厨房

将“厨房”图层设为当前图层。

(1) 绘制橱柜平面

执行直线命令,沿厨房两面墙绘制橱柜平面图形。

(2) 绘制、创建并插入水池图块

新建名为“水池”的文件,根据图 7-20 绘制水池图形。

创建“水池”图块,在本任务图中插入该图块,根据橱柜宽度调整“水池”位置。

(3) 绘制、创建并插入燃气灶台图块

新建名为“燃气灶台”的文件,根据图 7-19 绘制燃气灶台图形。

创建“燃气灶台”图块,在本任务图中插入该图块,根据橱柜宽度,调整“燃气灶台”位置,插入后如图 7-37 所示。

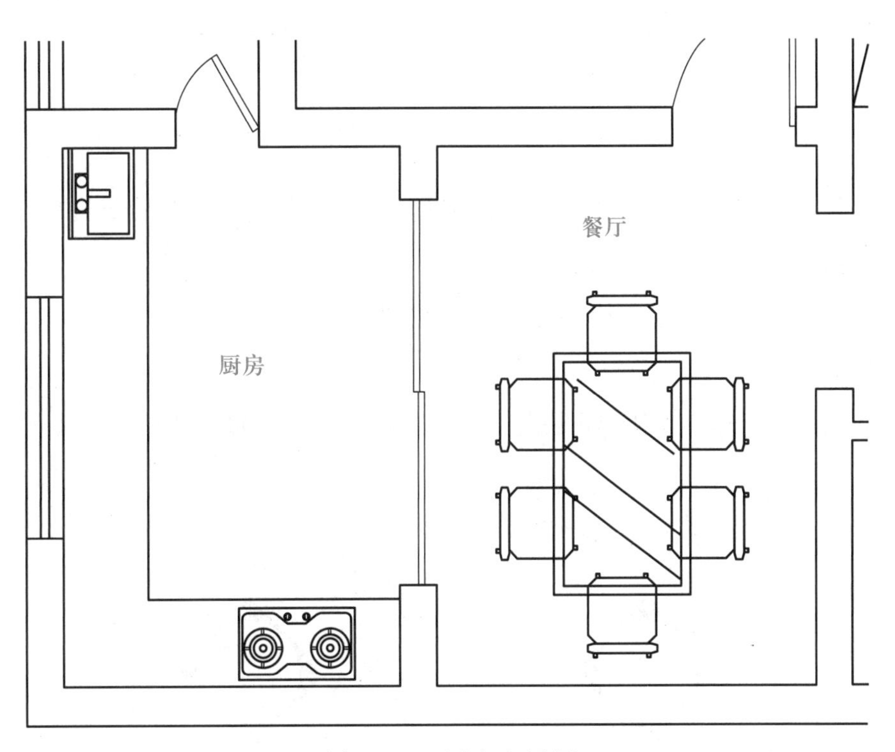

图 7-37 厨房布置图

8. 布置门厅

将“客厅”图层设为当前图层。

根据图 7-21,绘制门厅柜平面图,门厅柜位置自定。绘制鞋柜平面图,如图 7-38 所示。

为了更清楚地反映家具位置,可在衣柜平面图中加画十字交叉线。完成后效果如图 7-16 所示。

9. 绘制方向符号图块

在平面布置图形中,各立面的方向用方向符号表示。方向符号的画法如下:

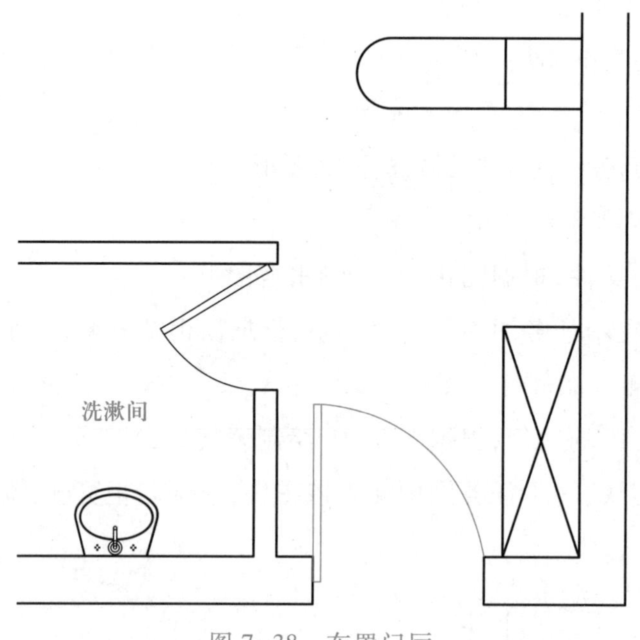

图 7-38　布置门厅

（1）绘制一个正四边形

执行矩形命令，绘制一个正四边形，边长自拟。执行旋转命令，将正四边形旋转 45°。

（2）绘制内切圆

执行圆命令，选择“三点”方式绘制正四边形的内切圆。

（3）填充图案

执行图案填充命令，选择“SOLID”图案，对图形进行填充，如图 7-39 所示。

（4）标注文字

执行多行文字命令，标注文字，如图 7-40 所示。

图 7-39　填充图案

图 7-40　方向符号

（5）创建“方向符号”图块

将本图形创建为“方向符号”图块，在本任务图中的客厅处插入该块，也可在图形下方插入。

完成后效果如图 7-16 所示。

序号	评价内容	评价完成效果		
		★★★	★★	★
1	了解室内平面布置图的绘制内容			
2	掌握绘制室内平面布置图的基本步骤			
3	灵活自如地应用图块			
4	能分析和处理绘图过程中遇到的问题			
5	能顺利地完成本任务			

1. 完成图 7-13 所示居室的平面布置设计。
2. 完成图 7-14 所示单元房间的平面布置设计。

任务 3　绘制客厅 D 立面图

1. 了解室内立面图的绘制内容
2. 掌握绘制室内立面图的基本步骤
3. 能灵活自如地运用绘图命令和工具,提高绘图效率

本任务将根据图 7-16 平面布置图,设计完成客厅 D 立面图,最终效果如图 7-41 所示。

有关家具及饰品尺寸如下:

① 电视柜立面图尺寸如图 7-42 所示。

② 电视机立面图尺寸如图 7-43 所示。

图 7-41　客厅 D 立面图

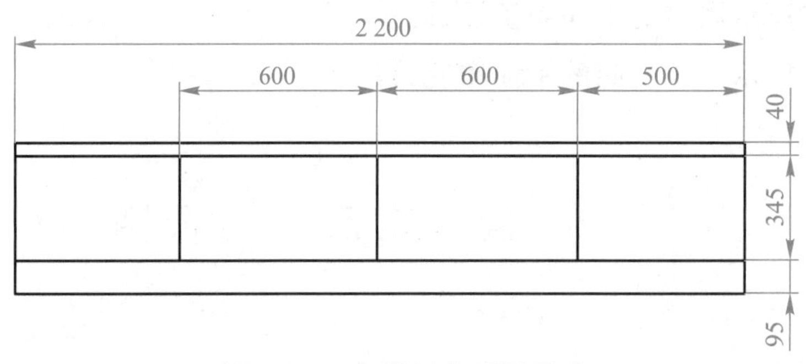

图 7-42　电视柜立面图尺寸

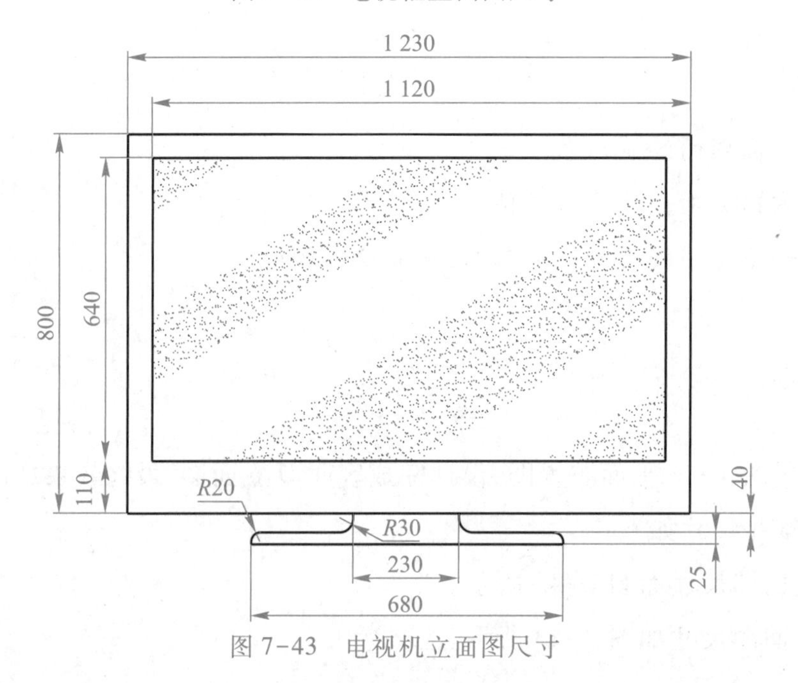

图 7-43　电视机立面图尺寸

③ 干花立面图如图 7-44 所示,尺寸自拟。

④ 盆景立面图如图 7-45 所示,尺寸自拟。

图 7-44　干花立面图

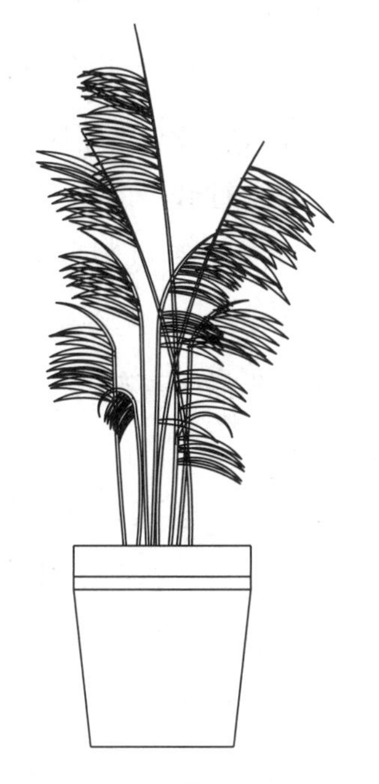

图 7-45　盆景立面图

任务分析

绘制客厅 D 立面图包括绘制家具和物品的立面图、创建家具图块,然后插入到客厅 D 立面图。在创建文件、新建图层和设置图层对象特性后,绘制客厅 D 立面图的基本思路是:

(1) 绘制 D 立面结构线

(2) 创建家具和陈设件的立面图块

(3) 插入有关图块

(4) 修整图形

绘图过程中,涉及的命令有:直线、矩形、样条曲线、偏移、倒圆角、填充图案、创建和插入图块、镜像、圆弧、复制、移动、修剪等命令,综合性较强。

任务实施

1. 创建“客厅 D 立面图”文件并新建图层

创建“客厅 D 立面图”文件,新建以下图层:“轴线”“墙线”“家具”“陈设”“标注文字”,颜色分别为“红色”“白色”“蓝色”“洋红”和“白色”。

2. 绘制客厅D立面结构线

(1) 绘制绘图区墙线

将“墙线”图层设为当前图层。

根据图7-1原始平面图,绘制客厅D立面的墙线,作为绘图区。

执行直线命令,绘制水平墙线长3 720,垂直墙线高2 800的矩形。

(2) 绘制轴线

将“轴线”图层设为当前图层。

执行直线命令,在水平墙线的中点处绘制确定电视柜位置的垂直轴线。

执行偏移命令,将垂直轴线左右各偏移300。

本任务中其他家具和陈设的位置依据电视柜位置确定,可以先不绘制它们的轴线,在插入图块过程中根据情况再定。

(3) 绘制踢脚线

将“墙线”图层设为当前图层。

执行偏移命令,将水平地面线向上偏移100,完成后的图形如图7-46所示。

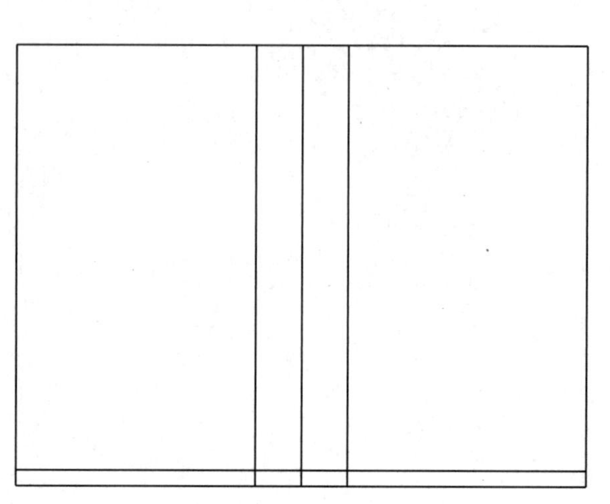

图7-46 绘制客厅墙线和踢脚线

3. 创建家具和陈设件的立面图块

(1) 绘制电视柜立面图及图块

新建名为“电视柜立面”的图形文件,根据图7-42所示尺寸,绘制电视柜立面图,并创建“电视柜”图块,如图7-47所示。

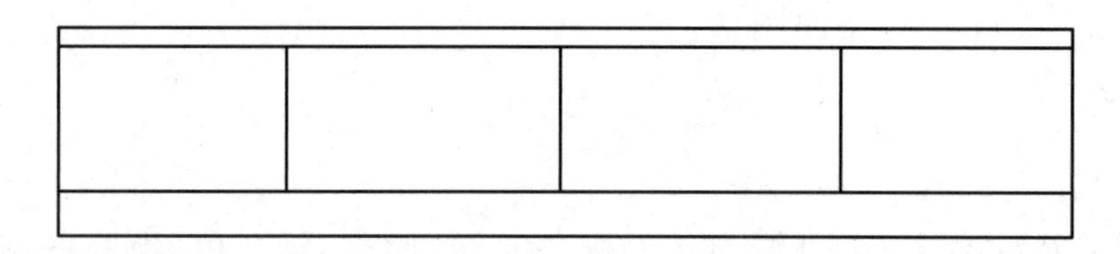

图7-47 电视柜立面图

(2) 绘制电视机立面图及图块

新建名为“电视机立面”的图形文件,根据图7-43所示尺寸,绘制电视机立面图,并创建“电视机”图块。

绘制电视机的步骤如下:

① 绘制矩形。

执行矩形命令,绘制1 230×800和1 120×640的矩形。也可以利用直线命令绘制矩形。

② 绘制底座。

a. 绘制辅助线。绘制一条垂直的直线，一端点取矩形长边的中点，另一端点绘制在两矩形下方约距离 70 处。

b. 偏移辅助线。执行偏移命令，将垂直直线向左右两侧分别按偏移值 115 和 340 进行偏移。分解矩形 1 230×800，将矩形下方长边向下偏移 40 和 65。

得到的图形如图 7-48 所示。

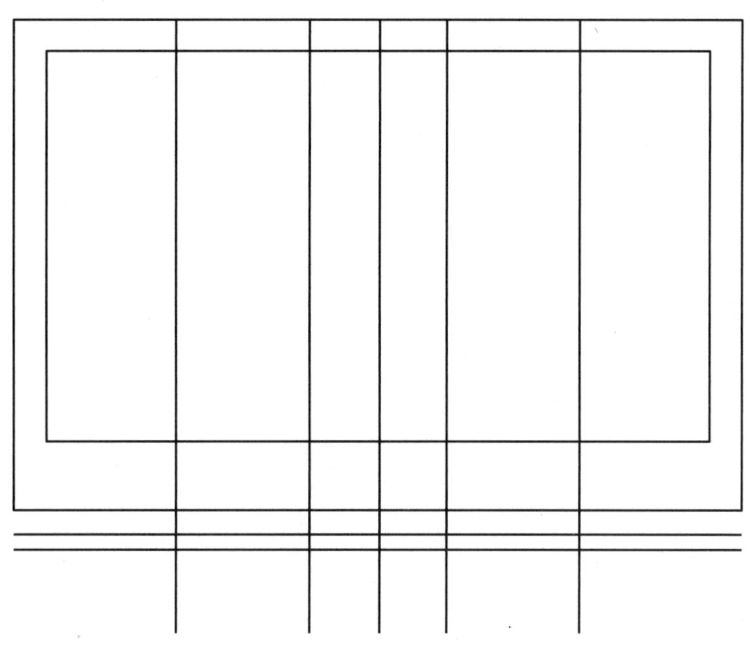

图 7-48　绘制电视机辅助线

c. 修剪底座直线轮廓。执行修剪命令，根据图 7-43，对偏移的直线进行修剪，绘制出底座轮廓线，如图 7-49 所示。

d. 倒圆角。根据图 7-43，对轮廓直线进行倒圆角，圆角半径分别为 30 和 20，完成后如图 7-50所示。

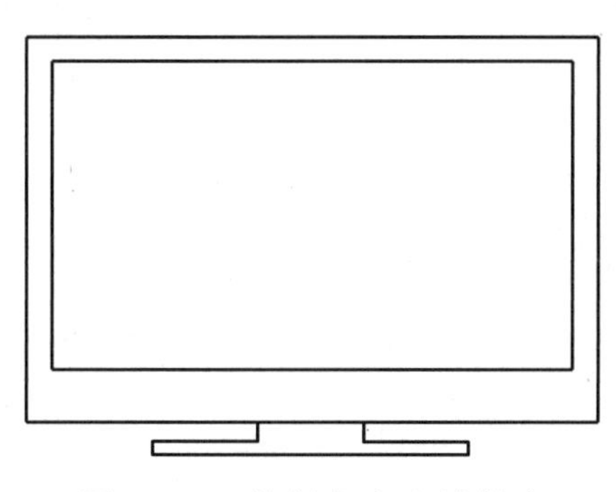

图 7-49　绘制底座直线轮廓

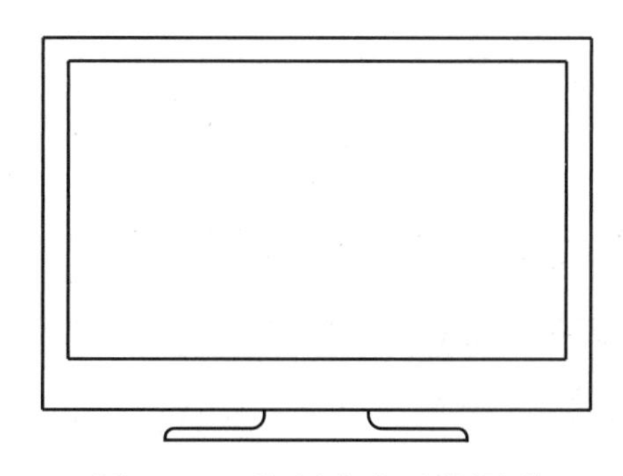

图 7-50　绘制底座后的图形

③ 修饰屏幕。

a. 在屏幕区域绘制一条斜线。

b. 绘制5条斜向平行线，间隔可自定，如图7-51所示。

先绘制一条斜线，绘制其他5条线时，打开对象捕捉和捕捉追踪状态，并设置“平行线”为捕捉对象，执行直线命令，确定一个端点，确定另一个端点时，将鼠标移至已绘制好的斜线处，出现平行线提示符号后移动鼠标，当出现平行虚线时，在确定直线的端点处单击。

c. 填充图案。执行图案填充命令，选择“AR-SAND”图案，比例设为“0.5”，拾取斜线之间的四处间隔区进行填充，填充后删除斜线。

电视机绘制完成后的图形如图7-52所示。

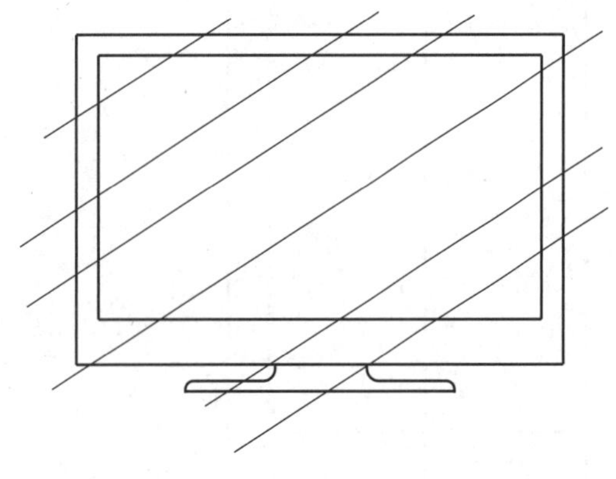

图7-51　在屏幕区域绘制斜线

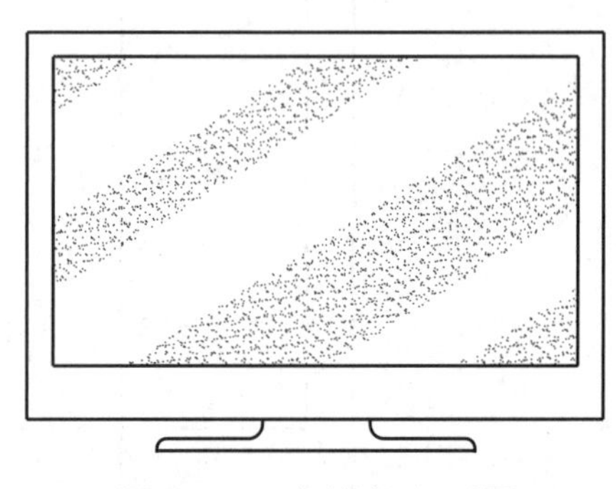

图7-52　电视机立面图

（3）绘制干花和盆景等陈设件立面图及图块

新建名为“干花1立面”的图形文件，根据图7-44，绘制干花1的立面图，并创建“干花1”图块；新建名为“干花2立面”的图形文件，根据图7-44，绘制干花2的立面图，并创建“干花2”图块；新建名为“盆景”的图形文件，根据图7-45，绘制盆景立面图，并创建“盆景”图块。

绘制提示：利用直线、样条曲线、偏移、镜像、修剪等命令绘制花盆；利用圆弧、偏移等命令绘制枝干；利用圆弧、复制、镜像、修剪等命令绘制叶片。尺寸自拟。绘制叶片和枝干时需耐心细致。

4. 插入有关图块

（1）插入电视柜图块

将“家具”图层设为当前图层。

执行插入块命令，插入电视柜图块。移动电视柜，使其水平中点移至墙线中点轴线处，如图7-53所示。

（2）插入电视机图块

将“陈设”图层设为当前图层。

执行插入块命令，插入电视机图块。移动电视机，使其水平中点移至电视柜中点处，如图7-54所示。

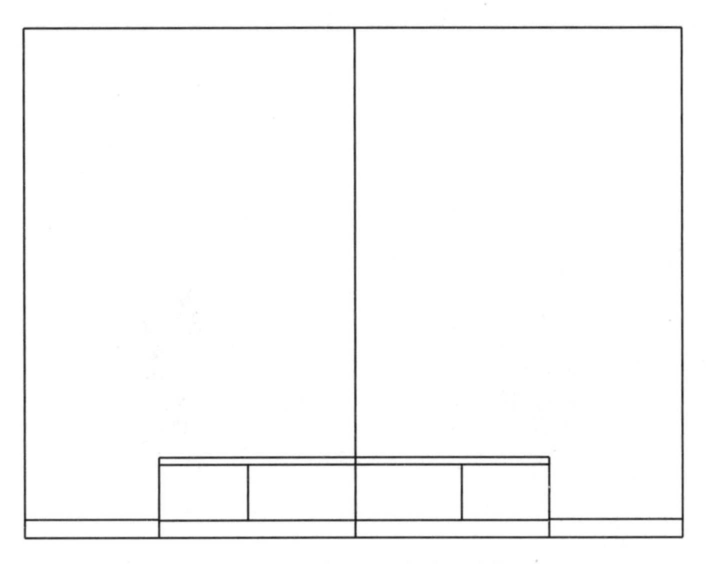
图 7-53　插入电视柜图块

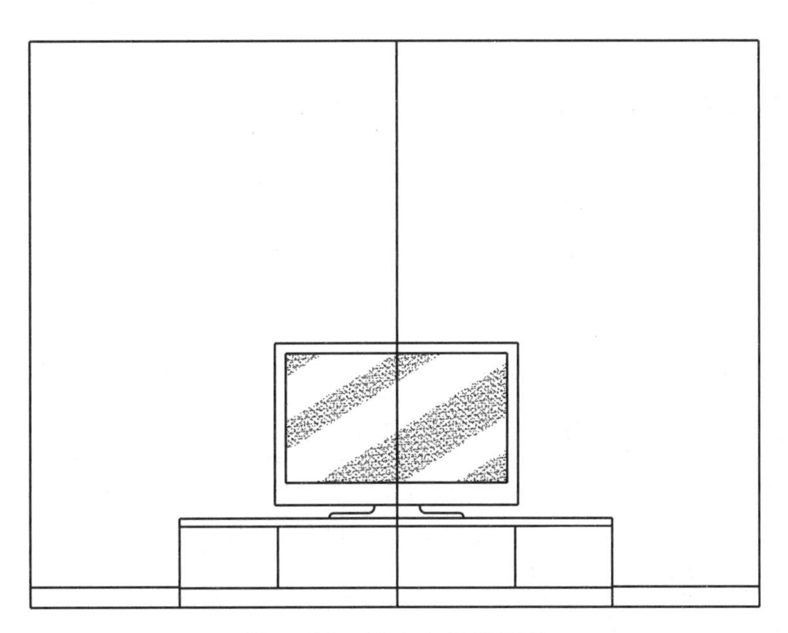
图 7-54　插入电视机图块

（3）插入干花和盆景图块

执行插入块命令，在本任务图形中插入干花、盆景图块。缩放并移动这些图块，使其处于电视柜上或电视柜旁适当位置，如图 7-55 所示。

（4）绘制电视背景

使用矩形命令绘制电视背景框，尺寸自拟。对该矩形进行以下填充：颜色为“索引颜色 111”，图案为“CROSS”，比例为“10”。

5. 修整图形

删除轴线和背景矩形，修剪电视柜和干花与踢脚线之间的交线，背景图形与电视机之间的交线，也可关闭相应图层。仔细检查插入图块的位置是否正确，修整图形。

图 7-55　插入干花和盆景图块

至此，完成客厅 D 立面图的绘制，效果如图 7-41 所示。

6. 保存文件

任务评价

序号	评价内容	评价完成效果		
		★★★	★★	★
1	了解房间立面图的绘制内容			
2	掌握绘制房间立面图的基本步骤			
3	灵活自如地运用绘图工具			
4	能独立分析和处理绘图过程中遇到的问题			
5	能顺利地完成本任务			

巩固提高

1. 设计图 7-16 中书房的 C 立面图。

2. 设计图 7-13 所示居室的某一房间立面图。

3. 单击“工具”→“选项板”→“设计中心”菜单命令，在弹出的对话框中，你有什么发现？你能通过“设计中心”插入图形、插入图块和打开图形吗？

任务4　绘制主卧室 A 立面图

1. 熟悉室内立面图的绘制内容
2. 掌握室内立面图的绘制步骤
3. 能灵活自如地运用绘图命令和工具,提高绘图效率
4. 能独立设计一些室内简单的陈设

本任务将根据图 7-16 平面布置图,设计完成主卧室 A 立面图,最终效果如图 7-56 所示。

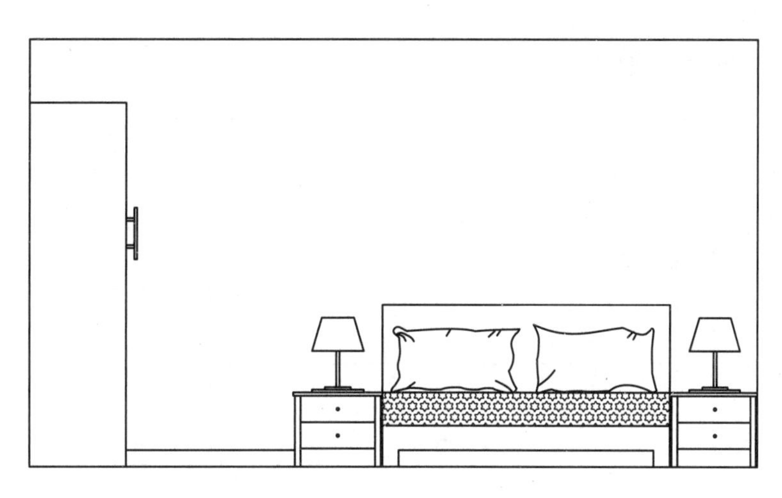

图 7-56　主卧室 A 立面图

绘制主卧室 A 立面图的基本思路与绘制客厅 D 立面图思路类似

(1) 绘制主卧 A 立面结构线

(2) 创建家具和陈设件的立面图块

(3) 插入有关图块

（4）修整图形

绘图过程中，涉及的命令有：直线、圆、矩形、偏移、修剪、填充图案、创建和插入图块、镜像、圆弧、复制、移动等命令，综合性较强。

有关家具及饰品尺寸如下：

（1）双人床立面图尺寸如图 7-57。

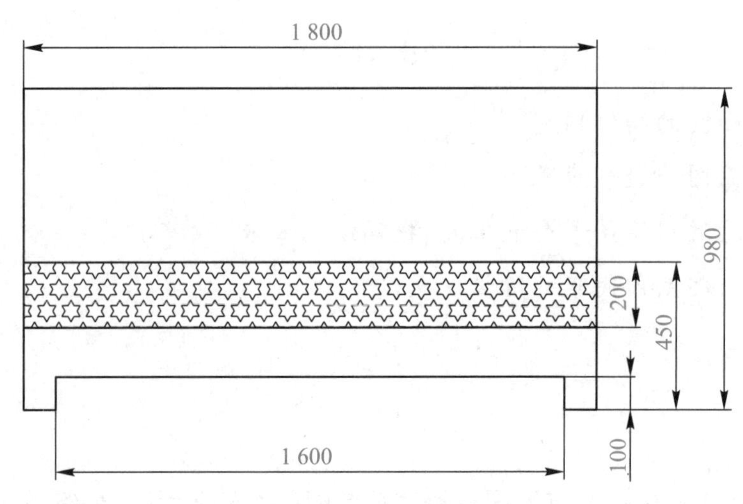

图 7-57　双人床立面图尺寸

（2）床头柜立面图尺寸如图 7-58。

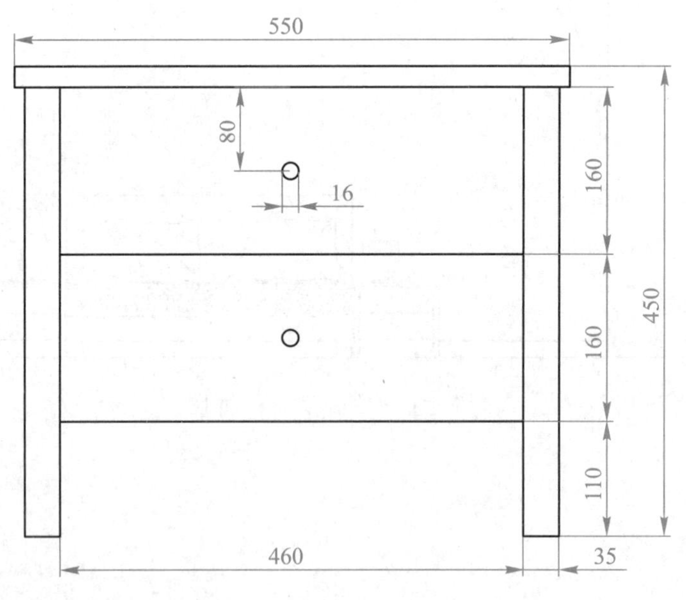

图 7-58　床头柜立面图尺寸

（3）台灯立面图尺寸如图 7-59。

（4）枕头立面图如图 7-60，尺寸自拟，可参考图 3-50。

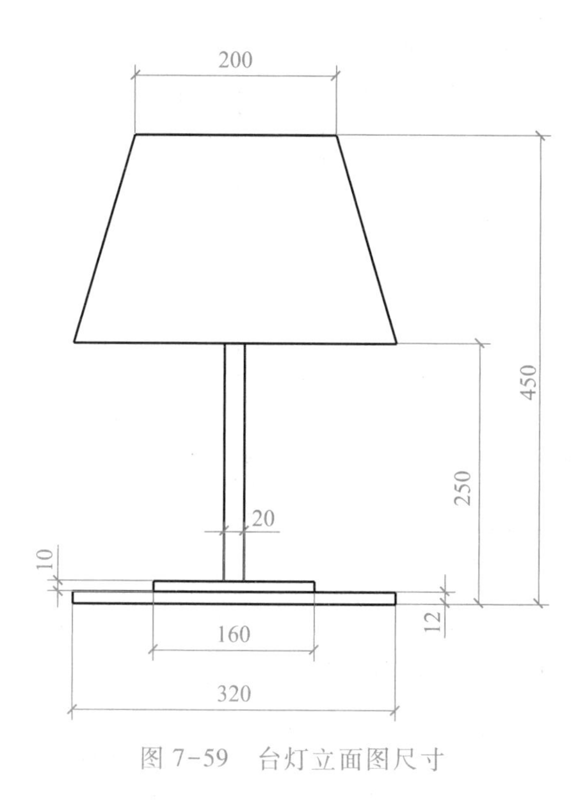

图 7-59　台灯立面图尺寸

图 7-60　枕头立面图

1. 创建“主卧 A 立面图”文件并新建图层

创建“主卧 A 立面图”文件,新建以下图层:“轴线”“墙线”“家具”“陈设”“标注文字”,颜色分别为“红色”“白色”“蓝色”“洋红”和“白色”。

2. 绘制主卧 A 立面结构线

(1) 绘制绘图区墙线

将“墙线”图层设为当前图层。

根据图 7-1 原始平面图,绘制主卧 A 立面的墙线,作为绘图区。

执行直线命令,绘制水平墙线长 4 800、垂直墙线高 2 800 的矩形。

(2) 绘制轴线

将“轴线”图层设为当前图层。

执行偏移命令,将右侧墙线依次向左偏移 550、2 350、2 900,将左侧墙线向右偏移 600,将水平地面线向上偏移 450。

本任务中其他家具和陈设的位置在插入图块过程中根据情况再确定。

(3) 绘制踢脚线

将“墙线”图层设为当前图层。

执行偏移命令，将水平地面线向上偏移100。完成后的图形如图7-61所示。

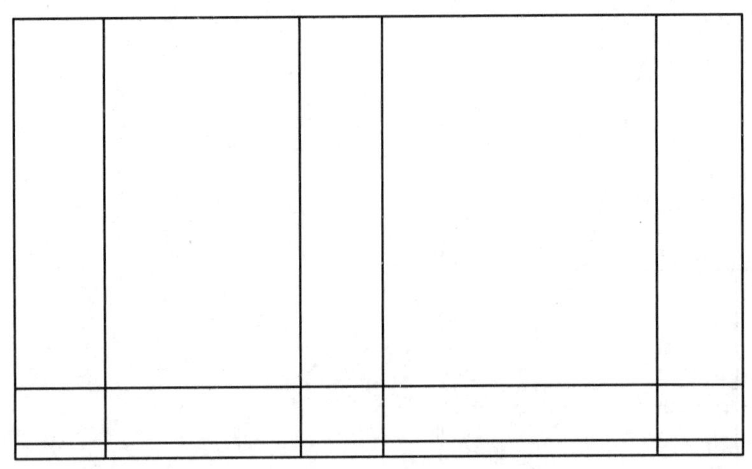

图7-61　绘制主卧墙线和踢脚线

3. 创建家具和陈设件的立面图块

（1）绘制双人床立面图及图块

新建名为“双人床立面图”的图形文件，根据图7-57所示的尺寸，绘制双人床立面图，并创建“双人床立面”图块，如图7-62所示。

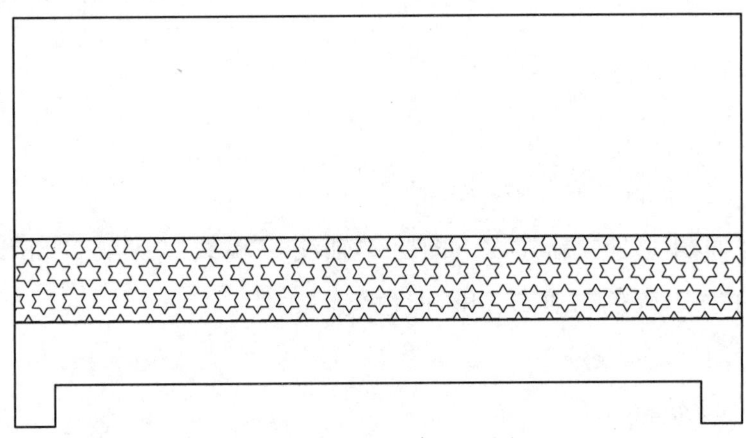

图7-62　双人床立面图

（2）绘制床头柜立面图及图块

新建名为“床头柜立面图”的图形文件，根据图7-58所示的尺寸，绘制床头柜立面图，并创建“床头柜立面”图块，如图7-63所示。

（3）绘制台灯立面图及图块

新建名为“台灯立面图”的图形文件，根据图7-59所示的尺寸，绘制台灯立面图，并创建“台灯立面”图块，如图7-64所示。

（4）绘制枕头立面图及图块

新建名为“枕头立面图”的图形文件，根据图7-60所示的尺寸，绘制枕头立面图，并创建“枕头立面”图块。

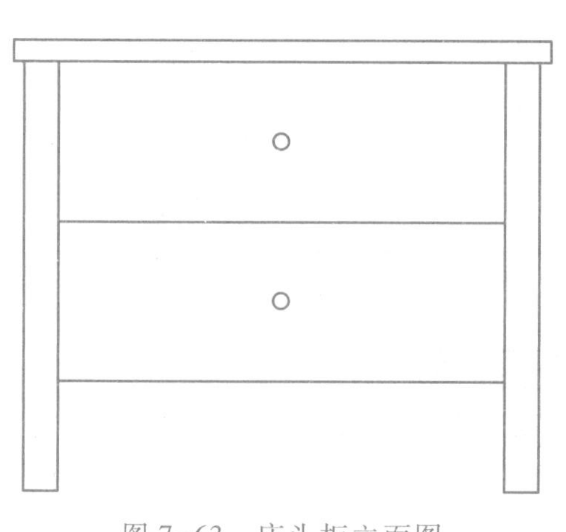

图 7-63　床头柜立面图

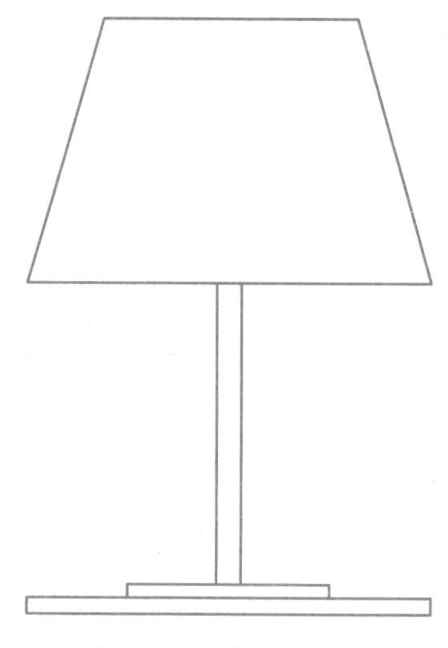

图 7-64　台灯立面图

4. 插入有关图块

（1）插入双人床立面图块

将“家具”图层设为当前图层。

执行插入块命令，插入双人床立面图块到第三条轴线处，如图 7-65 所示。

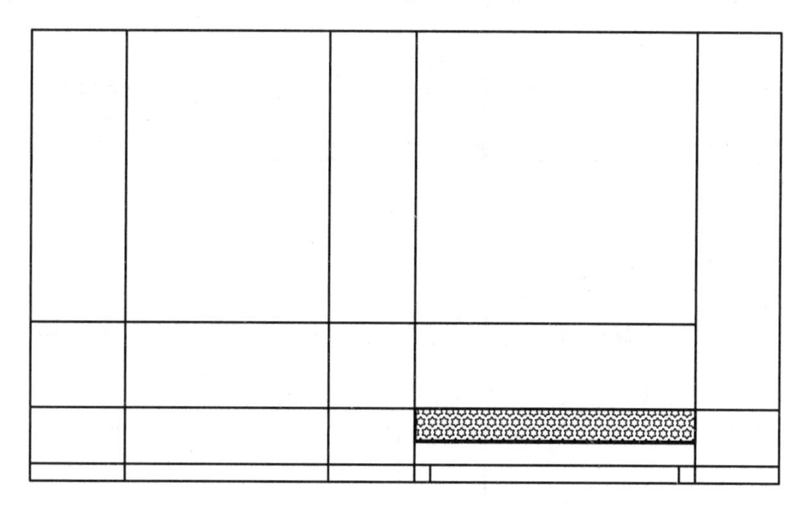

图 7-65　插入双人床立面图块

（2）插入床头柜立面图块

执行插入块命令，插入床头柜立面图块到双人床左侧，插入点为水平轴线与第 3 条垂直轴线的交点。复制或插入床头柜立面图块到双人床右侧，如图 7-66 所示。

（3）插入台灯立面图块

将“陈设”图层设为当前图层。

执行插入块命令，插入台灯立面图块到两个床头柜上方，如图 7-67 所示。

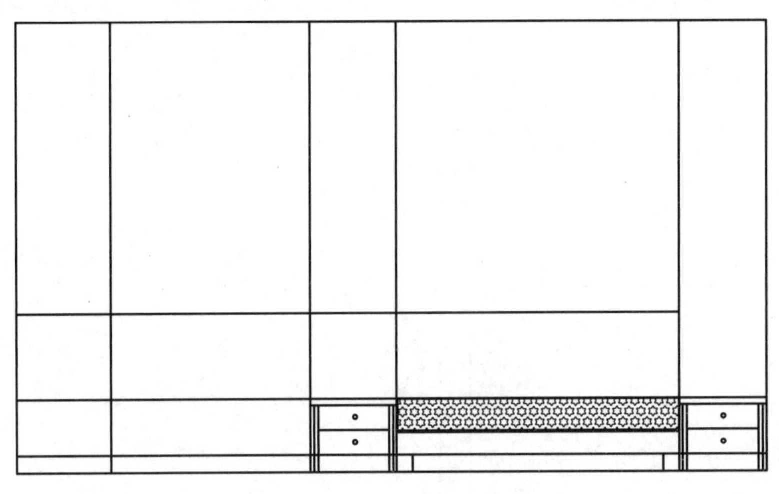

图 7-66　插入床头柜立面图块

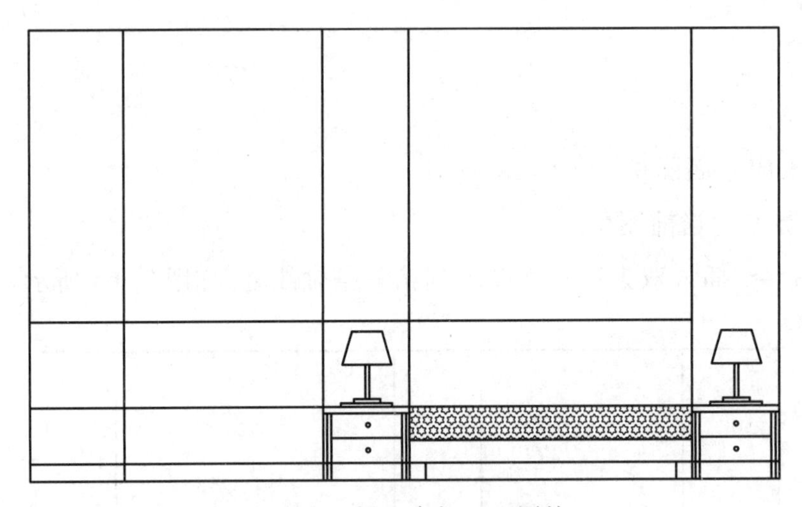

图 7-67　插入台灯立面图块

（4）插入枕头立面图块

执行插入块命令，插入枕头立面图块到双人床上，调整和移动两枕头位置，效果如图 7-68 所示。

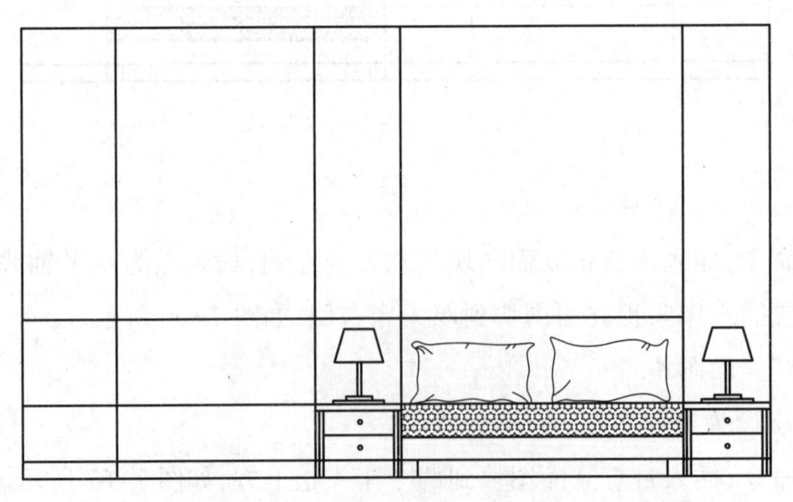

图 7-68　插入枕头立面图块

(5) 绘制衣柜立面线

将“家具”图层设为当前图层。

执行直线命令,绘制衣柜立面线。尺寸为高 2 200、宽 600,如图 7-69 所示。

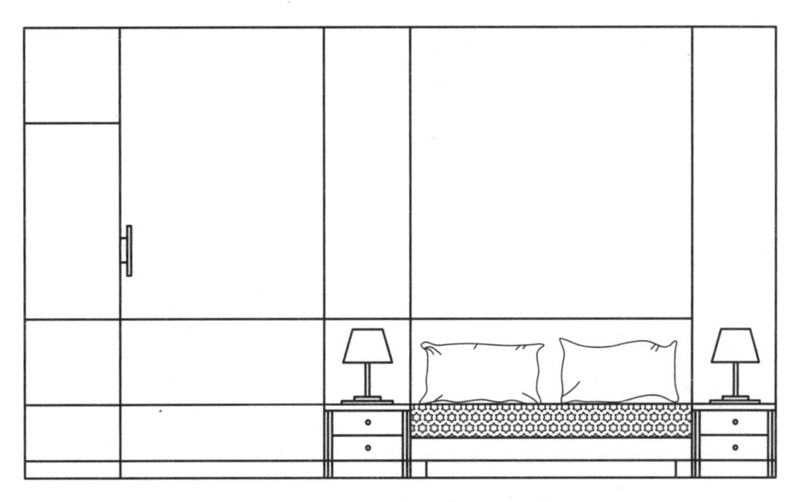

图 7-69 绘制衣柜立面线

5. 修整图形，绘制其他附属设施等细节

删除轴线,修剪双人床、床头柜、衣柜与踢脚线之间的交线,也可关闭相应图层。仔细检查插入图块的位置是否正确,修整图形。

至此,完成主卧室 A 立面图的绘制,效果如图 7-56 所示。

任务评价

序号	评价内容	评价完成效果		
		★★★	★★	★
1	了解房间立面图的绘制内容			
2	掌握绘制房间立面图的基本步骤			
3	灵活自如地运用绘图工具			
4	能独立分析和处理绘图过程中遇到的问题			
5	能顺利地完成本任务			

巩固提高

1. 在本任务中,自行设计主卧 A 立面墙的背景。

2. 设计一画框,插入到主卧 A 立面墙双人床上方。

3. 设计图 7-13 所示居室的某一房间立面图。

任务5　绘制地面布置图

任务目标

1. 熟悉地面布置图的绘制内容
2. 掌握地面布置图的绘制步骤
3. 能灵活自如地运用绘图命令和工具,提高绘图效率

任务内容

本任务将根据图 7-1 原始平面图,完成地面布置图的绘制,最终效果如图 7-70 所示。各房间地面材质见表 7-3。

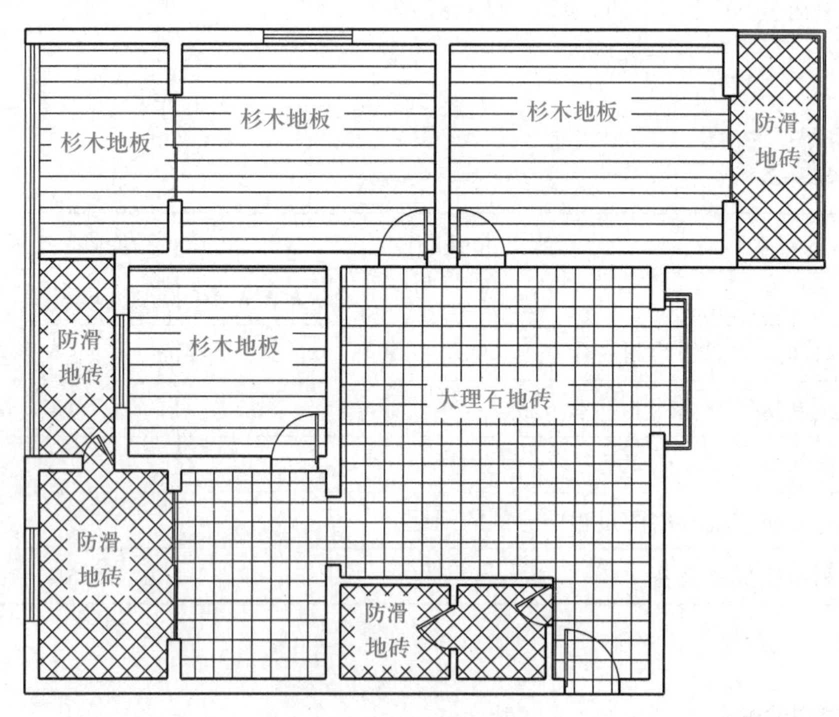

图 7-70　地面布置图

表 7-3　各房间地面材质列表

房间	材质	房间	材质
主卧	杉木地板	客厅	大理石防滑地砖 800×800
次卧	杉木地板	餐厅	大理石防滑地砖 800×800
客卧	杉木地板	厨房	防滑地砖 400×400
书房	杉木地板	阳台	防滑地砖 400×400
阴台	防滑地砖 400×400	卫生间	防滑地砖 400×400

任务分析

本任务是根据图 7-1 原始平面图,完成地面布置图的绘制。在创建文件、创建图层和设置图层对象特性后,绘制地面布置图的基本思路如下:

(1) 绘制辅助线,将各功能区变成封闭区域

(2) 在各房间中插入文字,说明材质

(3) 根据房间地面材质,填充各房间图案

绘图过程中,本任务使用的主要命令是图案填充。

任务实施

1. 创建“地面布置图”文件并新建图层

打开图 7-1 所示的文件,另存为“地面布置图”文件,关闭或删除与墙线、门、窗无关的图层。新建“地面布置”图层,并设为当前图层。

2. 绘制辅助线

由于填充图案时必须为封闭区域,所以先绘制辅助线,将要填充图案的区域进行封闭。

执行直线命令,在各卧室门、洗漱间门、入户门处绘制直线,为了便于选择和查看这些辅助线,可将其颜色设为红色,如图 7-71 所示。

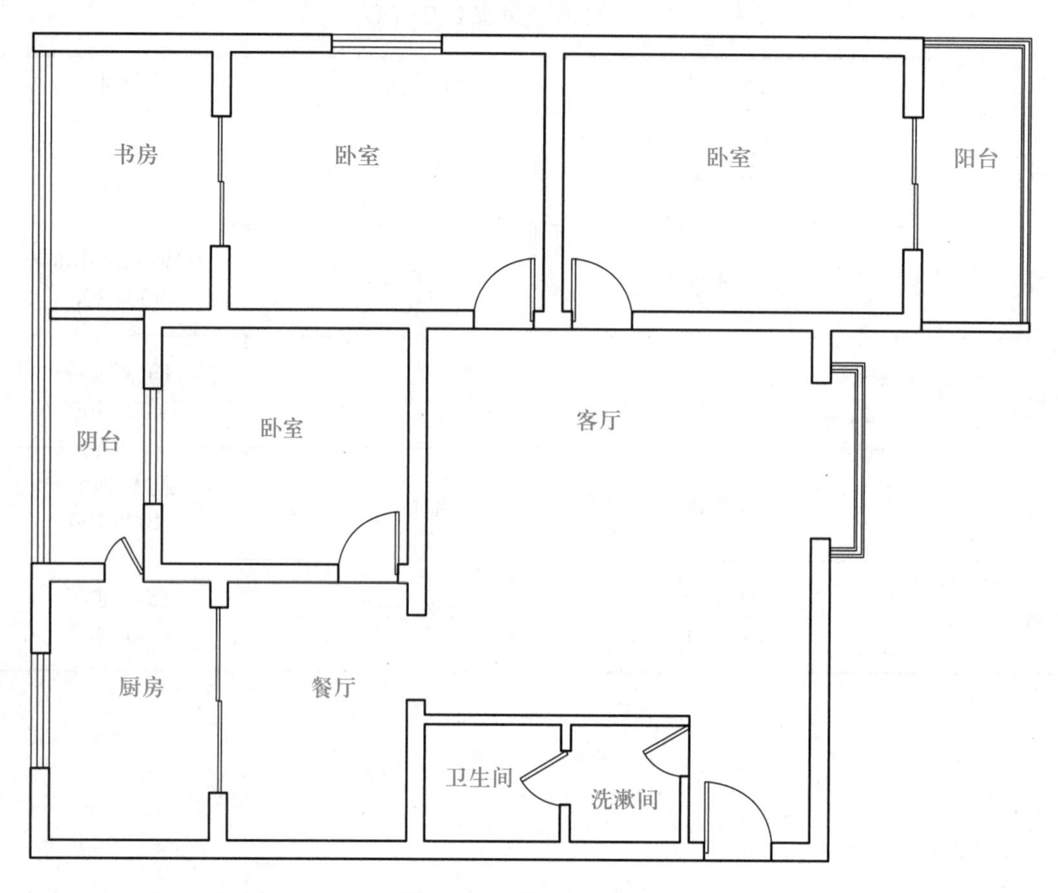

图 7-71 绘制辅助线

3. 插入材质文字说明

为了便于观察操作效果,关闭“文本”图层。

在各房间中插入文字,说明地面材质。文字内容参见表 7-3,文字大小自行设置,如图 7-72所示。

4. 根据房间地面材质,填充各房间图案

(1) 填充客厅和餐厅

执行图案填充命令,选择客厅和餐厅,图案为“NET”,比例为“100”。

(2) 填充各卧室和书房

执行图案填充命令,选择各卧室和书房,图案为“LINE”,比例为“80”。

(3) 填充卫生间、洗漱间、厨房、阴台、阳台

执行图案填充命令,选择卫生间、洗漱间、厨房、阴台、阳台,图案为“NET”,比例为“60”,角度为“45°”。

填充完成后效果如图 7-70 所示。

图 7-72　插入文字说明

任务评价

序号	评价内容	评价完成效果		
		★★★	★★	★
1	掌握房间地面布置图的绘制内容和步骤			
2	能独立分析和处理遇到的问题			
3	熟悉图案填充的操作			
4	能顺利完成本任务			

巩固提高

1. 对图 7-13 所示居室进行地面布置,地面材质自行设置。
2. 对图 7-14 所示单元房间进行地面布置,地面材质自行设置。